普通高等教育“十一五”国家级规划教材

电子微连接技术与材料

主　编　杜长华　陈　方
副主编　黄福祥　何秀坤
参　编　杜云飞　唐丽文　伍光凤
　　　　甘贵生　王卫生　谭安平
主　审　马莒生　许先果

机械工业出版社

本书是普通高等教育“十一五”国家级规划教材。本书对现代电子微连接技术和材料作了全面、系统的介绍，全书共分8章，主要内容包括电子微连接的原理、方法及工艺，微连接材料及试验方法，现代微电子封装技术、芯片互连技术与材料等。

本书以微连接技术为主线，突出微连接技术与材料的结合，注重分析问题和解决问题的思路，理论联系实际。书中大量收录了国内外近年来在电子微连接技术领域取得的最新成果以及工程应用实例，立足培养学生在工程方面的技术和科研能力，对教学、科研和生产均具有重要的实用价值。

本书可作为高等院校材料、机械、电子、仪器仪表类相关专业本科生的教材，也可供研究生学习。对电子、通信、仪器仪表、汽车电子、计算机、家用电器以及锡钎料生产行业的广大工程技术人员（包括供销人员）也是一本实用的参考书。

图书在版编目（CIP）数据

电子微连接技术与材料/杜长华，陈方主编. —北京：机械工业出版社，2008.2（2025.8重印）

普通高等教育“十一五”国家级规划教材

ISBN 978-7-111-23192-9

Ⅰ.电… Ⅱ.①杜…②陈… Ⅲ.微电子技术：连接技术—高等学校—教材 Ⅳ.TN4 TN605

中国版本图书馆CIP数据核字（2007）第206368号

机械工业出版社（北京市百万庄大街22号 邮政编码100037）
策划编辑：冯春生 责任编辑：冯春生 版式设计：霍永明
责任校对：刘志文 封面设计：张 静 责任印制：单爱军
北京盛通数码印刷有限公司印刷
2025年8月第1版第7次印刷
184mm×260mm · 15.5印张 · 378千字
标准书号：ISBN 978-7-111-23192-9
定价：45.00元

电话服务 网络服务
客服电话：010-88361066 机 工 官 网：www.cmpbook.com
010-88379833 机 工 官 博：weibo.com/cmp1952
010-68326294 金 书 网：www.golden-book.com
封底无防伪标均为盗版 机工教育服务网：www.cmpedu.com

前 言

本书根据教育部下达的普通高等教育“十一五”国家级规划教材指南，经主编申报、出版社审核、教育部组织专家评审并批准进行编写。

1961 年，西方工业发达国家首先提出“微连接”这一术语。20 世纪 80 年代国际焊接协会（IIW）成立了微连接技术委员会，随后，日本、德国、中国也相继成立了专门的学术机构。如今，微连接已自成体系，成为一门独立的制造技术。

微连接技术的特点是由于连接对象尺寸微小精细，在传统焊接技术中可以忽略的某些因素，如溶解量、扩散层厚度、表面张力、应变量等，将对材料的焊接性和连接质量产生不可忽视的影响，使微连接在工艺、材料、设备等方面与传统焊接技术有着显著的不同。微连接技术的主要应用对象是微电子产品内部的引线连接和电子元器件在印制电路板上的组装，涉及的主要连接工艺为软钎焊技术。

现代电子产品向微型化、薄型化、轻量化和高精度方向发展，对连接材料的质量和性能提出了崭新的要求。微连接材料之所以成为一类重要的电子信息材料，是因为没有高性能连接材料，元器件引出端的质量就没有保证，分立的电子元器件就无法连接成为高可靠性的整机，各种单一功能的器件就无法形成具有整体功能的电子设备，其信息的采集、储存、传输、转换、处理、显示就难以实现。所以，在电子信息产业发展进程中，有一代电子器件，就有一代连接技术，也就有一代与之相适应的连接材料。微连接材料的发展，反过来又推动微连接技术的进步，进而推动电子信息产业的发展。因此，微连接技术与材料密切相关。

多年来，我国电子信息产业高速发展，特别是沿海经济发达地区，几乎到处都是电子企业，家家都有微连接。随着中西部的崛起，在内地中心城市也随处可见电子工业和微连接。我国已成为世界电子产品制造中心，也是世界微连接中心，但从事微连接的专业技术人才较为缺乏。因此，无论是高等院校的教学、科研院所的研究和产品开发，还是企业一线的生产，都需要一本新的、与时俱进的教材问世。我们编写这本教材，目的是使相关专业的学生和广大工程技术人员系统学习和掌握这方面的知识，更好地解决工程技术问题，为我国电子信息产业的发展服务。

本书系统地介绍了电子微连接的原理、方法及工艺，微连接材料及试验方法，现代微电子封装技术，芯片互连技术与材料，大量收录了作者和国内外近年来电子微连接技术和材料领域的最新科技成果，可作为材料、机械、电子、仪器仪表类相关专业本科生的教材，也可供研究生学习和有关工程技术人员参考。

本书由重庆理工大学杜长华、陈方担任主编。其中第 1~5 章由杜长华、陈方编写，

第6章由杜长华、何秀坤编写，第7、8章由黄福祥、陈方编写。杜云飞参加了外文资料翻译和微连接术语中英文对照的编写，王卫生、甘贵生参加了第3章和第5章的部分编写工作，谭安平参加了部分插图的绘制，部分组织结构照片由唐丽文、伍光凤、甘贵生、王卫生提供。本书由清华大学马莒生教授（博导）、重庆大学许先果教授审稿。

由于编者水平、时间有限，书中难免存在个别错误与不当之处，恳请广大读者和同仁批评指正。

编　者

目　录

第1章 绪 论

1.1 微连接技术和材料概述

当前，全世界都在加速信息化的进程，科技、经济、军事无不依赖于信息化。随着人类社会信息化步伐的加快，电子微连接技术作为先进制造技术的重要组成部分已成为当代科学技术研究的前沿领域之一。

20世纪90年代以来，以计算机（Computer）、通信（Communication）和家用电器等消费类电子产品（Consumer Electronics）为代表的电子技术（Information Technology——IT）产业获得了前所未有的迅猛发展。它为社会的技术进步和信息化以及人民生活水平的提高发挥了巨大的作用，为人类社会创造了巨大的财富，并带动了社会相关产业的发展，因此电子信息技术产业在国民经济中发挥着越来越重要的作用。如果说美国的硅谷是世界IT产业的研发基地，那么，我国珠江三角洲、长江三角洲和环渤海湾地区则是世界最大的电子产品生产基地[1]。

电子材料是电子信息产业发展的物质基础，而电子元器件又是电子整机的基础，其中连接技术和连接材料占有十分重要的地位。在电子信息产业发展进程中，一代电子元器件的诞生，就需要有一代相应的连接技术和连接材料。连接材料的发展，反过来又推动连接技术的进步，二者相互促进、共同发展。

由于我国电子信息产业相对于发达国家起步较晚，又因为我国人力资源、有色金属资源比较丰富，制造成本较低，使我国在世界电子信息产业链的分工中主要承担下游产品的制造，也就是说，我国在世界电子产业分工中所承担的连接与封装的比重很大。与其说我国是世界电子产品制造中心，还不如说是微连接加工中心。因此，微连接技术和材料对我国电子信息产业的发展起着重要的作用。

1.1.1 微连接的定义和特点

“微连接”又称精密连接，这一术语于1961年首先由西方工业发达国家提出。20世纪80年代后期国际焊接协会（International Institute for Welding——IIW）成立了微连接技术委员会（Micro-joining Selected Committee），随后日本、德国、中国也相继成立了专门的学术机构。如今，微连接已自成体系，并形成了一门独立的制造技术[2]。不论是“微连接”或是“精密连接”，皆是指连接对象的细微特征，这种特征导致了微连接工艺与普通焊接工艺具有显著的区别，因此在连接中必须考虑连接尺寸的精密性，这种必须考虑接合部位尺寸效应的精密连接方法统称为微连接。焊接领域的微连接技术，在电子产品生产工艺中又称为微电子焊接。

电子产品的微连接是一个复杂的系统工程，其原理涉及物理、化学、金属工艺学、冶金学、材料学以及电子、机械等相关知识。与传统焊接方法相比，电子产品微连接技术具有如下特点：

1）传统焊接技术的主体主要是指熔焊，其主要焊接对象以黑色金属为主，而电子产品的微连接技术主要采用特种焊接技术，其中又以钎焊占主导地位，所涉及的材料主要是有色金属。因此，电子产品所用的连接材料大多数是指有色金属材料，如Sn、Pb、Sb、Cu、Ag、Au、Al、Bi、In等金属及合金。

2）小、细、精、薄是被连接对象的重要特征。例如：片式阻容元件尺寸已从20世纪70年代的3.2mm×1.6mm×1.2mm发展到现在的0.6mm×0.3mm×0.3mm以下，而体积从6.14mm^{3}减小至0.054mm^{3}以下；芯片外引线中心间距从最初的1.27mm分期快速减小至0.65mm、0.5mm、0.4mm和0.3mm以下；与元器件相匹配的印制电路板（PCB）从早期的单面板、双面板发展为多层板，板面上的线宽已从0.2~0.3mm缩小至0.15mm和0.1mm，甚至到0.05mm。又如BGA（球栅阵列）封装技术，其钎料球中心距离为0.75mm，BGA钎料球尺寸为ϕ0.35mm，焊盘覆铜箔厚度为0.102mm[3]，如图1-1所示。

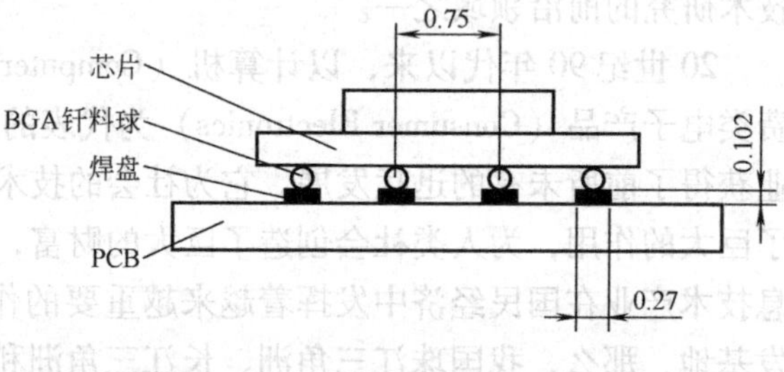

图1-1　BGA封装的连接尺寸示意图

3）由于连接对象的微细化，在传统焊接技术中可以忽略的某些因素已成为影响连接质量的决定性的因素，如溶解量、扩散层厚度、表面张力、应变量等。

4）由于微电子材料结构、性能的特殊性，例如，微电子材料在形态上一般为薄膜、厚膜、箔等，且这些箔和膜多为金属复合层，而金属复合层不是单独存在而是附着在基板上的，这就需要采用特殊的连接方法，同时在连接过程中不能对器件的功能产生任何影响[4]。

5）由于连接接头的界面在服役过程中受到力、热等的作用会随时间的延长而发生变化，将逐步影响连接的力学性能、电气性能及接头的可靠性。因此，要求连接精度很高，键合时间很短，对加热、加压等能量的控制要求非常精确[4]。

随着微电子技术的迅猛发展，尤其是芯片和超大规模集成电路的突破，使连接对象已由微细特征向显微特征转化，即焊点由毫米尺寸向微米尺寸发展。例如，目前键合金丝的直径已小于18μm，其引线键合尺寸也在微米尺寸范围。这就使得连接工艺趋于显微化和多样化，连接设备更加趋于精密化和自动化，所用能源已由电能扩展到超声波能、激光能等。

1.1.2　微连接技术的分类

微连接技术并不是独立于传统焊接技术之外的其他的连接方法，而只是由于其尺寸效应，使微连接技术在工艺、材料、设备等方面与传统的焊接技术具有显著的不同[2]。在电子产品制造中应用的微连接技术主要有以下几类。

（1）精密软钎焊　精密软钎焊是电子微连接中最主要的连接工艺，包括烙铁软钎焊、浸渍焊、拖焊、波峰焊以及再流焊（又分为红外再流焊、气相再流焊、激光再流焊）、BGA（球栅阵列）等。电子软钎焊所需要的微连接材料最多，传统的钎料主要是指含铅的锡基合金，包括由Sn、Pb、Sb、Ag、Cu、Bi、In等有色金属组成的二元、三元、四元系合金。根据连接方法的需要，可以将这些合金成形为锭、条、棒、丝、板、带、箔、片、球、粉、膏等钎料制品来使用。除钎料合金以外，钎焊时还需使用各种辅助材料，包括钎剂、清洗剂、阻焊剂、防氧化剂、粘接剂等。

（2）精密电阻焊 包括平行间隙的电阻焊、闪光焊，其母材多为导电、导热良好的铜和银。这种方法在接头内无熔核产生，所以它又是一种特殊的扩散焊，而当接触界面存在低熔点金属镀层时它又具有扩散钎焊的特性。精密电阻焊主要应用于宇航硅太阳电池的焊接、继电器簧片与触点的焊接，以及微电子接插件的焊接[5]。

（3）精密压焊 包括冷压焊、热压焊、超声波焊和热压超声焊，它们主要用于芯片互连，使用的连接材料主要是微细的 Au、Al、Cu 及其合金丝。

（4）粘接 主要是指起粘接、定位和密封作用的贴装胶、密封胶、插件胶，还包括起连接作用的导电胶等。

可见，电子微连接技术是非常复杂的，所用的微连接材料主要是指软钎焊过程中使用的钎料、钎剂、清洗剂和粘接剂以及微细 Au、Al、Cu 及其合金丝。

1.2 微连接的主要对象

微连接的主要对象包括：①电子元器件制造过程中内部引线和外部引线的连接；②各种电子元器件在印制电路板上的连接组装。因此，我们有必要认识和了解微连接的主要对象——电子元器件和印制电路板。

1.2.1 电子元器件

电子整机产品是由具有一定功能的电子元器件、电路和工艺结构组成的，而电子整机中的每一个电子元器件都是电路中具有相对独立电气功能的基本单元。因此，元器件在各类电子产品中占有非常重要的地位，特别是通用电子元器件，如电阻器、电容器、电感器、晶体管、集成电路和开关、接插件等，更是电子设备中不可缺少的基本组元。

科学技术的发展不断对元器件提出新的要求，由于新材料、新工艺的采用，新的电子元器件不断推出，为电子产品尤其是电子整机的发展奠定了基础。通常，对电子元器件的要求主要是高精度、高可靠性、性能稳定、体积小、符合使用环境条件的要求等。电子元器件总的发展趋势是向功能集成化、结构微型化、高性能和高可靠性方向发展。

电子元器件可以分为有源元器件和无源元器件两大类。有源元器件在工作时，其输出不仅依靠输入信号，还要依靠电源，或者说，它在电路中起到能量转换的作用。例如晶体管、集成电路等就是最常用的有源元器件。无源元器件一般又可分为耗能元件、储能元件和结构元件，例如电阻器是典型的耗能元件，电容器（储存电能）和电感器（储存磁能）是典型的储能元件，接插件和开关是典型的结构元件[1]。

电子元器件的品种规格极为繁多，发展很快，不同的元器件在电路中起着各种不同的作用。就装配连接的方式来说，有传统的通孔插装（THT）方式用元器件和表面组装（SMT）方式用元器件。本书重点介绍这两类元器件在外形、结构、引线以及连接方式上的区别。

1. 电阻器

电阻器是一种消耗电能的元件，在电路中用于稳定、调节、控制电压或电流的大小，起限流、降压、偏置、取样、调节时间常数和抑制寄生振荡等作用。统计表明，电阻器在一般电子产品中占全部元器件总数的50%以上，是电子整机中使用最多的基本元器件之一。电阻器品种繁多，其分类方式也各不相同。按制造工艺或材料可分为薄膜型、合金型、合成型；按使用范围及用途可分为普通型、精密型、高频型、高压型、高阻型；按外形可分为圆柱形、管形、方形、片状、集成电阻（电阻排）；按特殊用途可分为熔断电阻（又称为保险电阻）、水泥电阻、敏感电阻（包括热敏、压敏、光敏、湿敏、磁敏、气敏和力敏等）。几种常用电阻器的外形、结构和安装连接方式见表1-1。

表1-1　几种常用电阻器的外形、结构和安装连接方式

名　称	外　形	结　构	安装连接方式
金属膜电　阻		在陶瓷骨架表面，经过真空高温或烧渗工艺蒸发沉积一层金属膜或合金膜	
绕线电阻	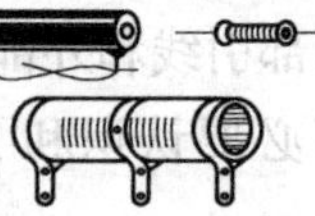	用锰铜丝或镍铬合金丝绕在瓷管架上，表面涂保护漆或玻璃釉	
水泥电阻	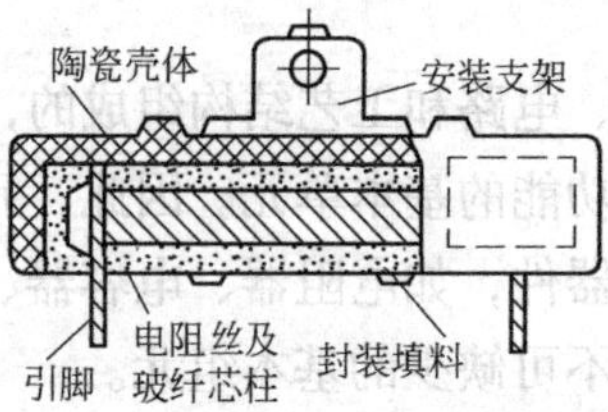	封装在陶瓷外壳内，并用水泥填充固化的一种绕线电阻	通孔插装 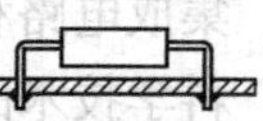
光敏电阻	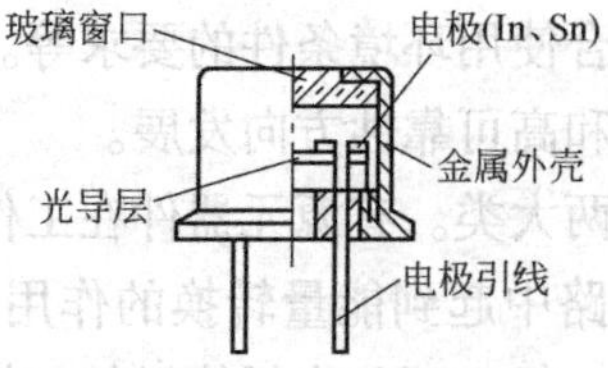	利用某些半导体材料（CdS、PbS等）的光电效应制成	
集成电阻		采用高稳定金属膜在陶瓷基体上蒸发或溅射而得到高精度电阻网络	

（续）

名 称	外 形	结 构	安装连接方式
矩形片式电阻	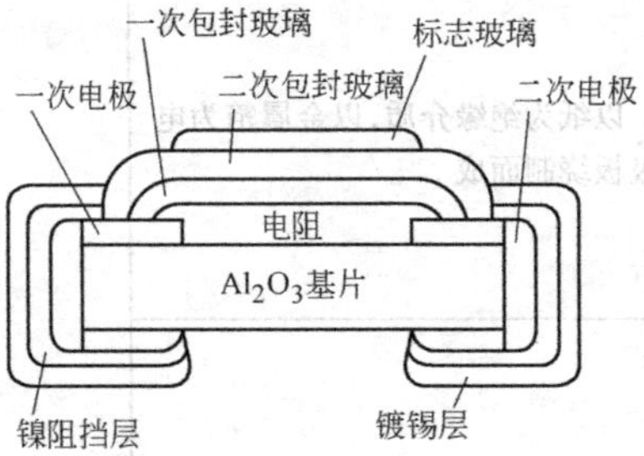	在 Al_2O_3 陶瓷基板平面上依次印刷、烧结 Ag-Pd 浆料、RuO_2 电阻浆料、玻璃浆料，形成内层电极、电阻膜、保护膜，然后镀 Ni 形成中间电极（又称阻挡层），镀 Sn-Pb 形成外层电极（又称可焊层）	表面贴装 
圆柱形固定电阻	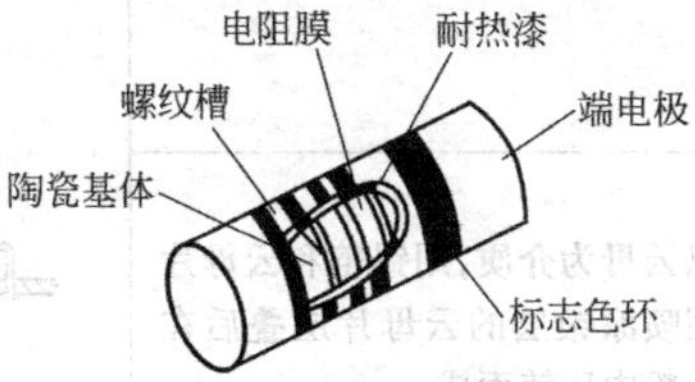	在高铝陶瓷基体上覆金属膜或碳膜，两端压上金属帽电极，采用刻螺纹槽调整电阻值	

2. 电容器

电容器是一种储能元器件，它在各类电子线路中是必不可少的重要元器件之一。最简单的电容器是由两片相距很近的金属板或金属薄膜中间夹一层绝缘材料（电介质）所构成的。

因此，任何两个被绝缘介质分开而又相互靠近的导体都可以看成是一个电容器。图 1-2 所示的是最简单的电容器，它由绝缘介质隔开的两块相互平行且靠得很近的金属片组成，这种电容器称为平板电容器。图 1-2 中两侧的金属片叫做极板，中间的绝缘介质称为电介质，空气、纸、云母片、油以及塑料等都可以作为电介质。

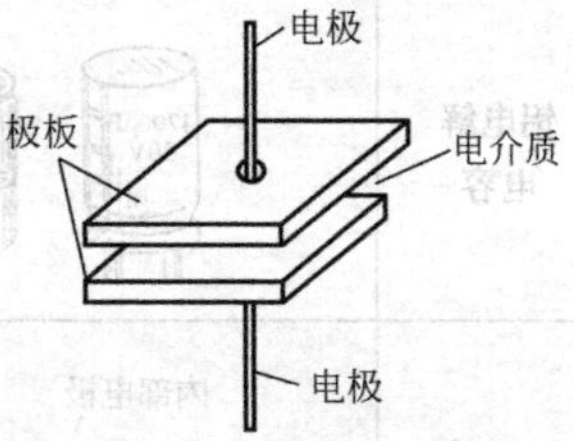

图 1-2 平板电容器的结构

当在电容器的两端加上电压以后，极板之间的电介质即处于电场之中。电介质在电场的作用下将产生极化现象，即电介质不能继续维持原来的电中性而在其内部形成电场。在极化状态下的介质两边，可以储存一定量的电荷，其储存电荷的能力用电容量来表示。

电容器的种类很多，有不同的分类。按其结构可分为固定电容器、可变电容器和微调式电容器；按电介质类型可分为无机介质电容器、有机介质电容器、电解电容器以及液体介质电容器等。电容器的性能、结构和用途在很大程度上与所用的电介质有关。表 1-2 列出了几种常用电容器的结构、外形及安装连接方式。

3. 电感器

电感器又称电感线圈，是利用电磁感应原理制成的元器件，即用漆包线、纱包线或裸导线在绝缘管上或磁心上绕起来所制成的一种无源元件。它在电路中起阻流、变压及传送信号的作用。电感器的应用范围很广，它在调谐、振荡、耦合、匹配、滤波、延迟、补偿及偏转聚焦等电路中都是必不可少的。

表 1-2　常用电容器的结构、外形及安装连接方式

名　称	外　形	结　构	安装连接方式
纸介电容	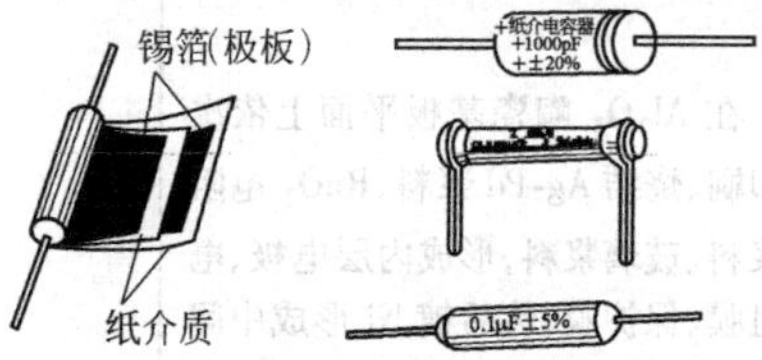	以纸为绝缘介质,以金属箔为电极板绕制而成	
聚苯乙烯电容	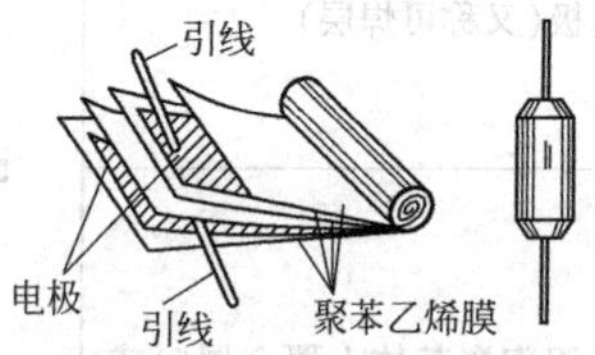	以聚苯乙烯膜为介质	
云母电容	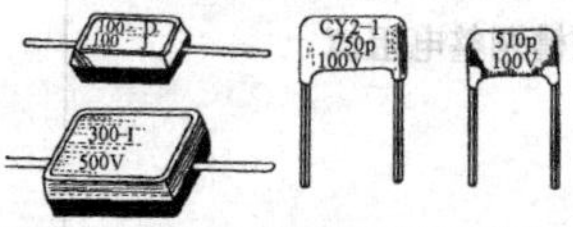	以云母为介质,用锡箔和云母片或用喷涂银层的云母片层叠后在胶木粉中压铸而成	通孔插装 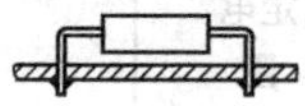
玻璃电容	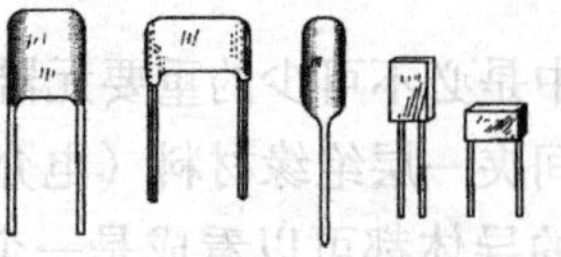	将玻璃薄膜与金属电极交替叠合后经热压而成	
铝电解电容	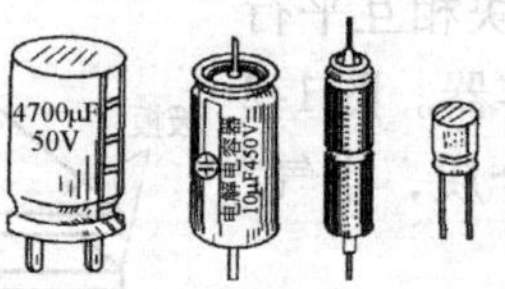	用铝箔和浸有电解液的纤维带交叠卷成圆柱形后,封装在铝壳内	
矩形片状瓷介电容	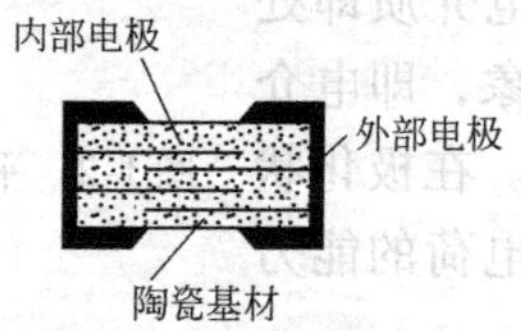	内电极材料(铂金、钯或银浆料)印刷烧结在陶瓷膜上,经层叠烧结后,再敷外电极(内层为 Ag 或 Ag-Pd:20 ~ 30μm;中间镀 Ni:1 ~ 2μm;外层镀 Sn-Pb:1 ~ 2μm)	表面贴装 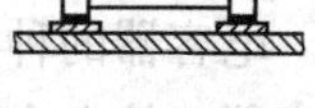
矩形铝电解电容	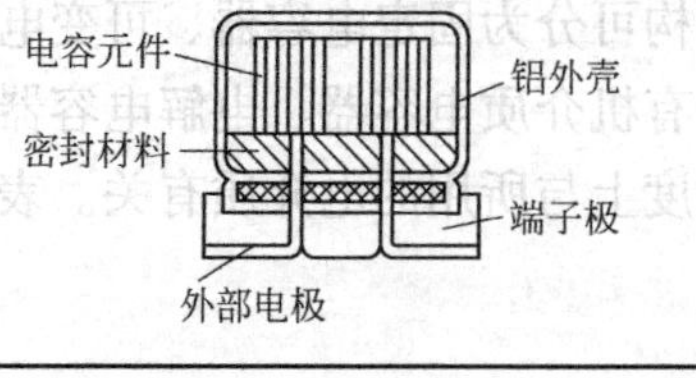	用电解纸将铝阳极箔和铝阴极箔隔开后绕成电容器芯子,经电解液浸泡后,封装在铝壳内	

电感器的种类很多，结构和外形各异。按其外形可分为固定电感器、可变电感器和微调电感器三类；按导磁性质又分为空心电感器、磁心电感器以及铁心电感器等；按绕制方式和结构分为单层、多层、蜂房式、有骨架和无骨架式电感器。常用电感器的结构、外形及安装连接方式见表 1-3。

表 1-3 常用电感器的结构、外形及安装连接方式

名称	外 形	结 构	安装连接方式
单层空心线圈		将漆包线或纱包线逐圈绕在纸筒或胶木筒上而成	
磁心线圈	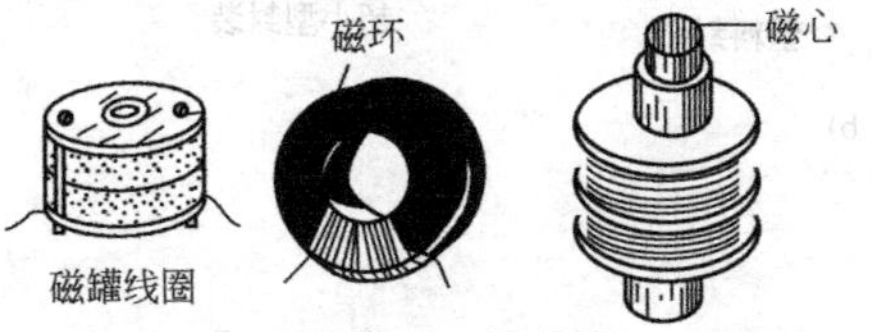	在空心线圈中插入配套的磁心或用导线直接在圆磁心、磁环上绕制成线圈	通孔插装 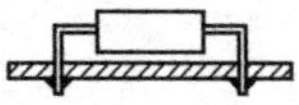
小型固定电感	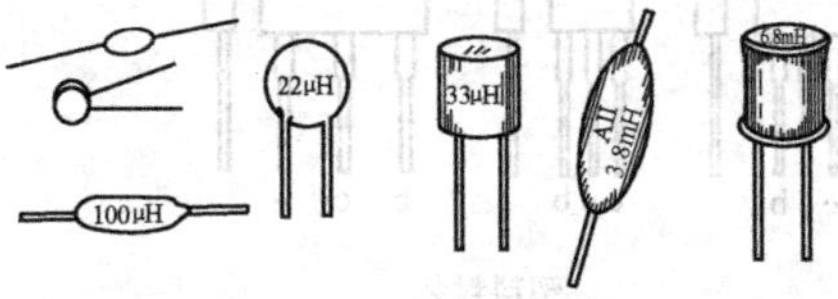	将不同直径的铜丝按指定匝数绕在磁心上，再用环氧树脂或塑封材料包封	
多层片式电感	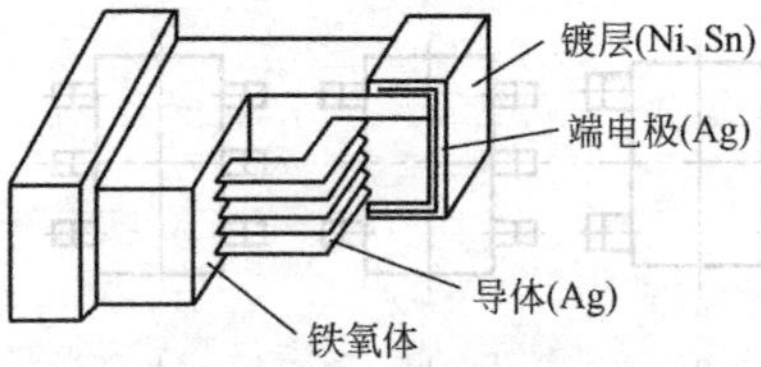	把铁氧体软片（或浆料）和内导体浆料分层交替重叠后烧结成一个整体	表面贴装 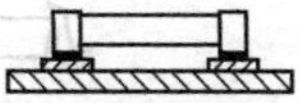
片式磁珠	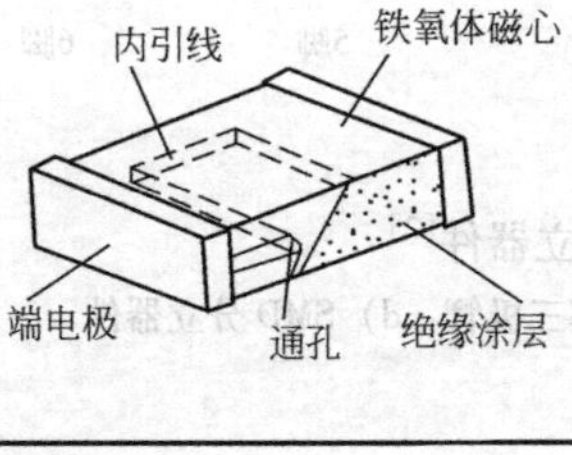	在矩形的铁氧体磁珠上设置 2～4 个通孔，将金属内引线贯通其间，然后用金属电极盖在两端做成外部端子	

4. 半导体分立器件

半导体分立器件包括二极管、三极管及半导体特殊器件。近年来，集成电路已经广泛应用并在不少场合取代了晶体管，但由于受功率、频率等因素的制约，半导体分立器件仍然是不可缺少的电子元器件。常用半导体分立器件外形封装及引脚如图 1-3 所示。

半导体器件的分类方法很多，按半导体材料可分为锗管和硅管；按制造工艺、结构可分为点接触型、面结构型、平面型等；按封装形式可分为金属封装、陶瓷封装、塑料封装及玻璃封装等。通常将半导体器件分为四类：二极管、双极型晶体管、晶闸管、场效应晶体管。图 1-3 中 a、b、c 为传统分立器件，d 为 SMD 分立器件，也称为表面贴装器件。

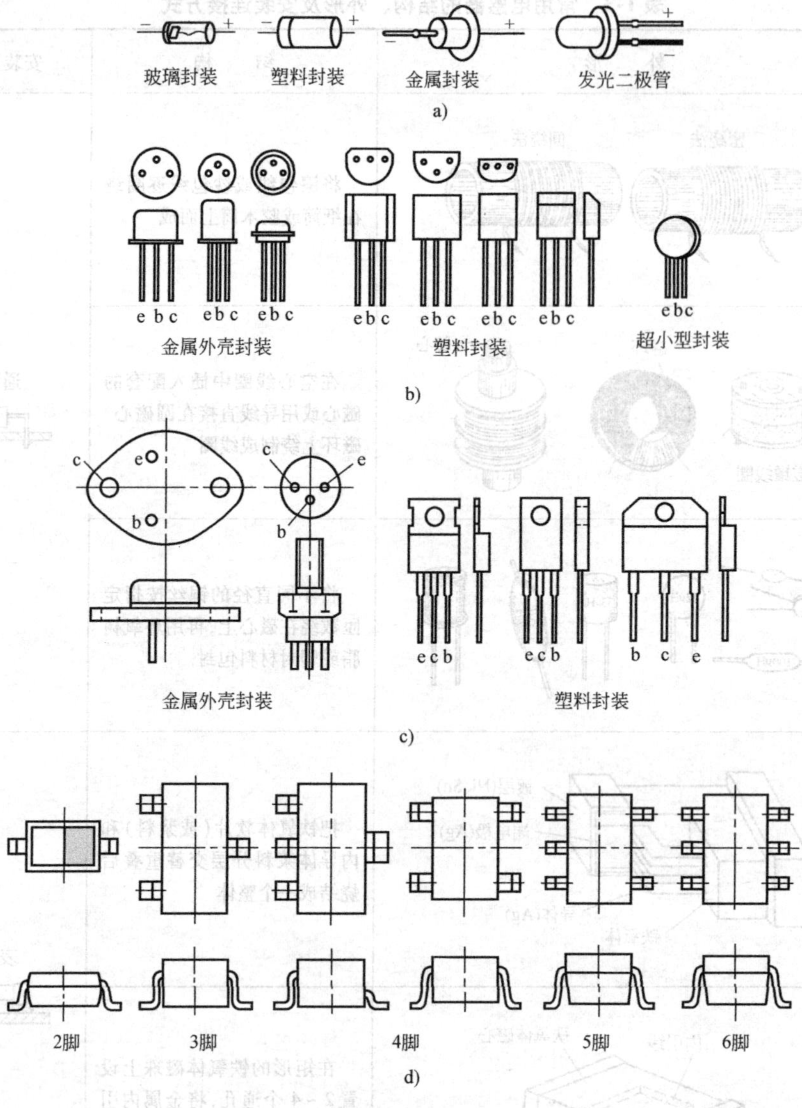

图 1-3　常用半导体分立器件[2]

a）二极管　b）小功率三极管　c）大功率三极管　d）SMD 分立器件

1.2.2 集成电路

集成电路是电子元器件中的高端产品。随着电子工业的高速发展，集成电路已成为一类重要的器件（微电子器件或半导体器件）。近几十年来，随着集成电路制造技术的迅速发展，集成电路得到了极其广泛的应用。

集成电路是利用半导体工艺或厚膜、薄膜工艺，将电阻、电容、二极管、双极型晶体管、场效应晶体管等元器件按照设计要求连接起来，制作在同一硅片上的具有特定功能的电路。这种器件打破了传统电路的概念，实现了材料、元器件、电路的三位一体，与分立元器件组成的电路相比，具有体积小、功耗低、性能好、重量轻、可靠性高及成本低等许多优点[1]。

由于集成电路的品种繁多，新品层出不穷，所以集成电路有不同的分类方法。下面对集成电路的不同的分类方法作一简单介绍。

（1）按制造工艺分类　按集成电路的制造工艺可分为半导体集成电路、薄膜集成电路、厚膜集成电路、混合集成电路。其中半导体集成电路作为独立的商品，品种最多，应用最为广泛，一般所说的集成电路就是指半导体集成电路。这种集成电路是采用平面氧化、光刻、扩散、外延等工艺，在半导体晶片上制成的电路。其典型的制造工艺如图 1-4 所示。

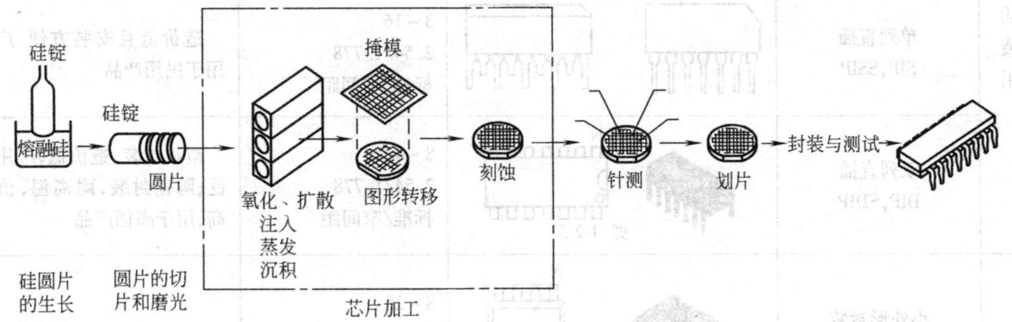

图 1-4　典型集成电路的制造工艺[6]

（2）按基本单元核心器件分类　按基本单元核心器件的不同，可以分为双极型集成电路、MOS 型集成电路、双极-MOS 型（BIMOS）集成电路。

（3）按集成度分类　集成度是指单个硅片上含有的元器件的数目。按集成度的复杂程度，可分为小规模、中规模、大规模和超大规模集成电路。

表 1-4 是早期按集成度的分类。一般常用集成电路以中、大规模电路为主，超大规模电路主要用于存储器及计算机 CPU 等专用芯片中。随着微电子技术的飞速发展，集成度呈指数发展趋势，2005 年已达到单个芯片上集成 5×10^9 个元器件。

表 1-4　早期按集成度分类的集成电路[7]　（单位：个）

缩　写	名　称	数字 MOS	数字双极	模　拟
SSI	小规模		<100	<30
MSI	中规模	100 ~ 1000	100 ~ 500	30 ~ 100
LSI	大规模	1000 ~ 10000	500 ~ 2000	100 ~ 300
VLSI	超大规模	>10000	>2000	>300

（4）按电气功能分类　按电气功能的不同，可分为数字集成电路和模拟集成电路。

（5）按连接与封装形式分类　根据集成电路的电极引脚的形式，可分为通孔插装式和表面安装式两类；根据集成电路的封装材料的不同，可分为金属封装、陶瓷封装和塑料封装三类。典型集成电路的封装引脚及特点见表 1-5[7]。

1.2.3　印制电路板

印制电路板（Printed Circuit Board）旧称印刷线路板，简称 PCB。在形形色色的现代电子产品中，无论是家用电器、计算机、手机，还是宇宙飞船、每秒亿万次运算的巨型计算机，它们都是由各种不同的电子元器件组成。为了避免这些元器件相互连接的杂乱无章，人们设计制造了印制电路板。

表 1-5 典型集成电路封装引脚及特点

	名称及代号	外 形	管脚数及间距/mm	特点及应用
通孔插装用	金属圆形 TO	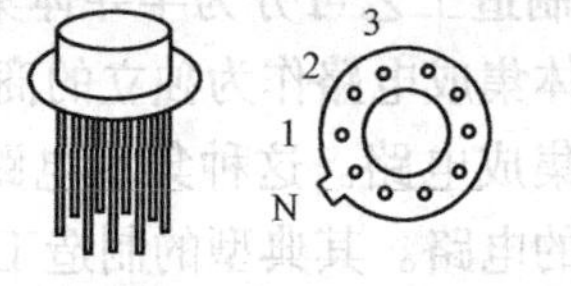	8～12	可靠性高，散热、屏蔽性良好，价格高，主要用于高档产品
	单列直插 SIP，SSIP	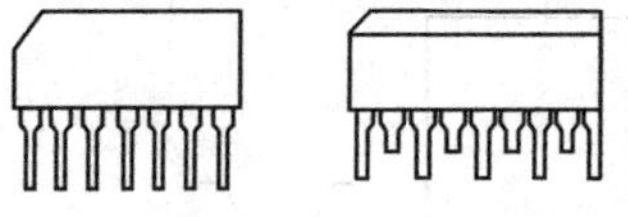	3～16 2.54/1.778 标准/窄间距	造价低且安装方便，广泛用于民用产品
	双列直插 DIP，SDIP	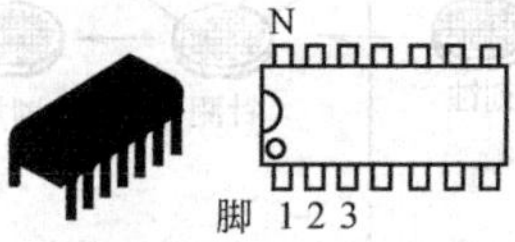	8～40 2.54/1.778 标准/窄间距	塑料封装，造价低，应用广泛；陶瓷封装，耐高温，价格高，用于高档产品
表面安装用	小外形封装 SOP，SSOP	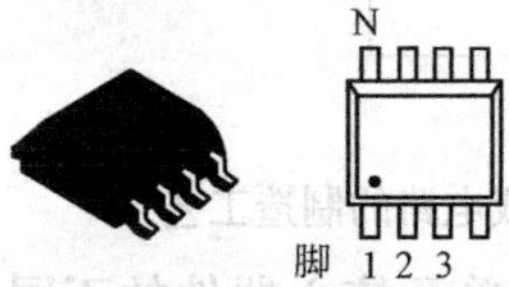	8～28 1.27/0.8 标准/窄间距	体积小，用于微组装产品
	四侧引脚扁平封装 QFP，SQFP		20～300 1.27/0.3 标准/窄间距	引脚数多，引线间距小，用于大规模集成电路
	球栅阵列封装 BGA，μBGA	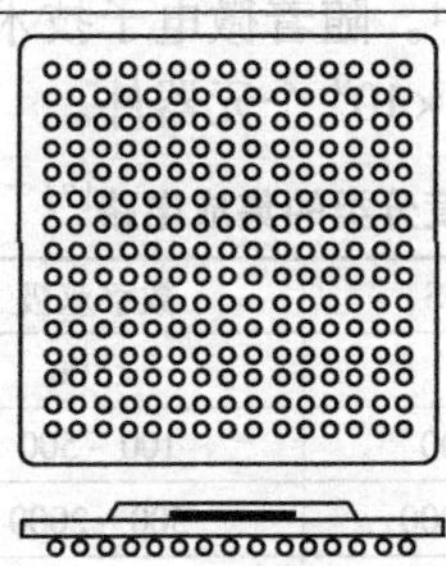	72～2000 钎料球间距 1.5～0.5	输入/输出电极由引线变为钎料球，提高了装配密度和组装可靠性，且缩小了封装尺寸

如图 1-5 所示，印制电路板是由绝缘基板、连接导线和装配电子元器件的焊盘组成的，在印制电路板的绝缘基板上，有序地分布着大量的导电线路。这些线路代替了复杂的布线而方便地实现了电路中各个元器件的机械连接和电气连接，不仅减少了传统方式的接线工作量，简化了电子产品的装配、焊接和调试工作量，还缩小了整机体积，降低了生产成本，提高了电子设备的质量和可靠性。

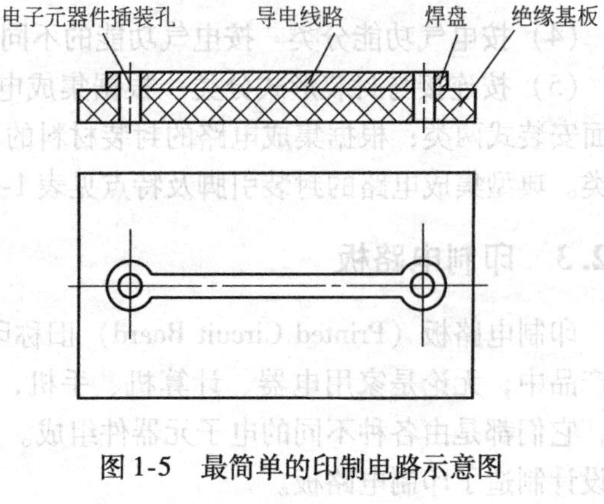

图 1-5 最简单的印制电路示意图

1. 印制电路板的分类

（1）按电路在印制电路板上的分布情况分类 可将印制电路板分为单面板、双面板和多层板。单面板是仅在一个表面上有导电图形的印制电路板；双面板是在两个表面上都有导电图形的印制电路板；而多层板是由三层或三层以上导电图形与绝缘材料层压合而成的印制电路板。

（2）按印制电路板上焊点的数目分类 可将印制电路板分为简单印制电路板、一般印制电路板和复杂印制电路板。实际使用的电子设备中，印制电路板的功能千差万别，最简单的可能只有几个焊点和几条导线，如图1-6所示；一般印制电路板焊点为数十到数百个，如图1-7所示；一般情况下，焊点数超过1000个的则称为复杂印制电路板，如图1-8所示。

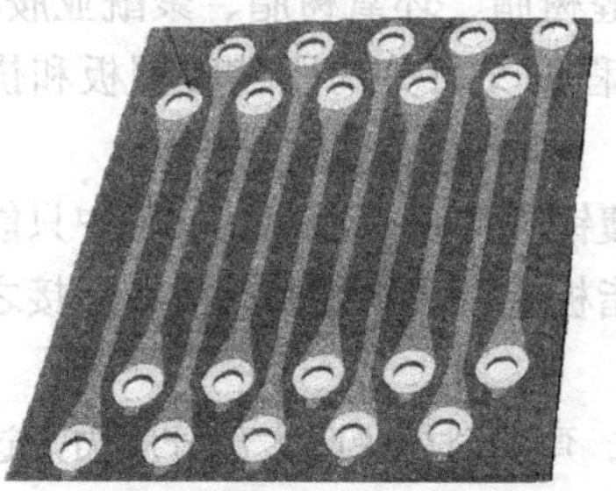

图1-6 简单印制电路板

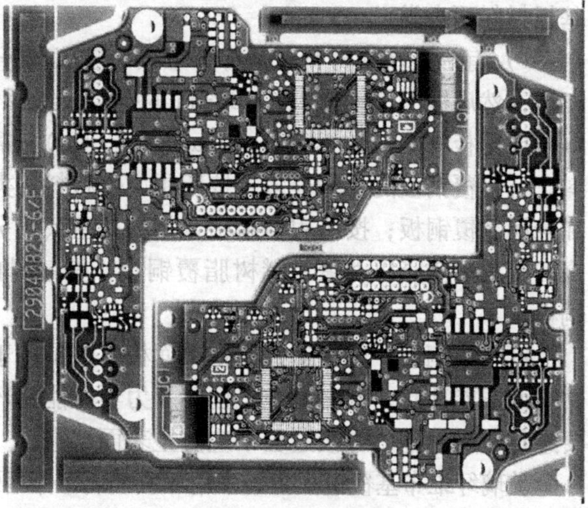

图1-7 一般印制电路板

图1-8 复杂印制电路板

2. 印制电路板的制造方法

在绝缘基板上制造导电图形的方法有减成法、加成法、雕刻法和蚀刻法。

减成法是先在绝缘基板上敷铜箔，再用化学或用机械方法除去不需要的部分，只留下导电线路部分。

加成法是用丝印电镀法或粘贴法，将所需要的导电图形敷设到绝缘基板上，得到印制电路板。

雕刻法是用机械加工方法除去不需要的铜箔而留下导电线路部分制得的印制电路板。

蚀刻法是采用化学腐蚀的方法除去不需要的铜箔，留下焊盘、印制导线及符号的图形的制造方法。

（1）基板材料　用于印制电路板（PCB）基板的材料可分为有机类基板材料和无机类基板材料两大类。

1）有机类基板材料。是将纤维纸、玻璃毡等玻璃纤维布浸树脂粘合剂，再经烘干形成坯料，然后覆上厚度为18～105μm的铜箔，最后经高温高压制成的基板。这类基板称为覆铜箔层压板（Copper Clad Laminates——CCL），简称覆铜板，是制造印制电路板的主要材料。有机覆铜板的品种很多，按所用增强材料的类型又可分为纸基、玻璃纤维布基、复合基和金属基覆铜板；按所用树脂粘合剂的类型又可分为酚醛树脂、环氧树脂、聚酰亚胺树脂、聚四氟乙烯树脂以及聚苯醚树脂覆铜板；按基材的刚柔程度又可分为刚性覆铜板和挠性覆铜板。

纸基覆铜板一般仅适合制作单面板，这是由于纸基覆铜板的疏松性，在加工中只能采取钻孔而不能冲孔，同时其介电性能及力学性能比环氧树脂板差，吸水性高，故在焊接之前需要进行干燥处理，焊接过程中应防止表面起泡。

玻璃纤维布基覆铜板主要采用环氧玻璃布作增强材料，弯曲时能吸收大部分应力。这种覆铜板不仅具有良好的力学性能，还具有良好的电气性能和防潮性能，因此它既可制作双面板，又可制作多层板，同时可用高速钻孔制得内壁光滑的通孔，而且通孔的金属化效果也非常好。

继纸基和玻璃纤维布基之后，复合基覆铜板得到迅速发展。其截面结构如图1-9所示。其中一种是纸基浸渍环氧树脂后，再双面复合一层玻璃纤维布，然后又与铜箔复合热压而成，具有优异的机械强度、耐潮性、平整度、耐热性、电气性能等综合性能，广泛用于制作频率特性要求高的印制电路板。另一种是采用玻璃毡浸渍环氧树脂后，再两面合贴玻璃纤维布，然后与铜箔复合热压成形，从而增强了韧性，使之在钻孔、冲孔加工中更为方便。

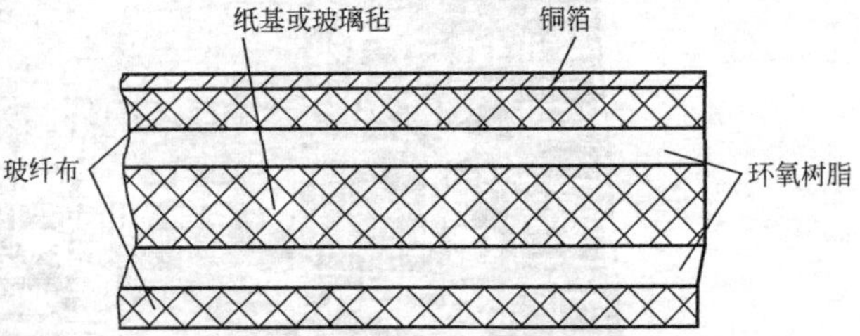

图1-9　复合基覆铜板截面结构

金属基覆铜板是以金属板为底层或内芯，在金属板上覆盖绝缘层，再在最外层覆铜箔，如图1-10所示。主要采用0.3～2.0mm厚的铝板、钢板、铜板与环氧树脂半固化片及铜箔三者热压复合而成，具有良好的力学性能、散热性能和防电磁波辐射的作用。

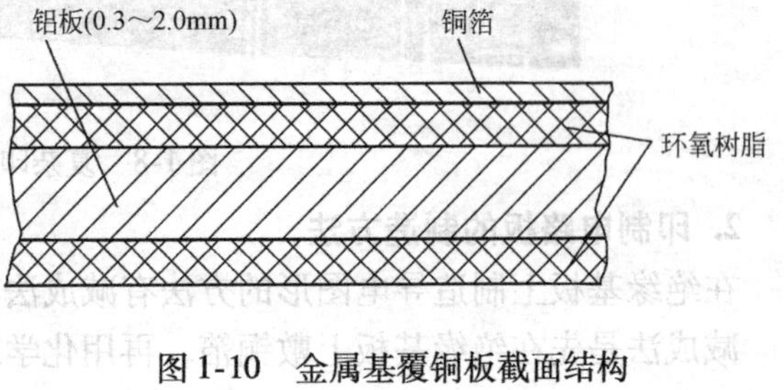

图1-10　金属基覆铜板截面结构

挠性覆铜板是超薄型的聚酯薄膜覆铜板或聚酰亚胺薄膜覆铜板，具有弯折性能，广泛用于军工、航天、航空、通信以及照相机、汽车电子等领域。

2）无机类基板材料。主要是陶瓷板和瓷釉包覆钢基板。

陶瓷基板通常是用纯度为96%氧化铝或氧化铍烧结而成，其中氧化铍基板具有更高的导热性能和电气绝缘性能。陶瓷电路基板主要用于厚/薄膜混合集成电路封装，即将无源元件和互连线以膜的形态在绝缘基板上形成一种集成电路，具有热膨胀系数低、耐高温、化学稳定性强等特点。

（2）焊盘　焊盘是指印制电路板上的被连接部分的母材。对于插装元器件来说，将元器件的电极引线插到印制电路板上的插装孔内，然后用钎料把它焊接起来，其被连接的引线孔及周围的铜箔称为焊盘。同样，对于贴装元器件来说，在表面组装技术电路板上的焊盘也是指形成焊点的铜箔。焊盘与引线焊接起来，才能实现元器件在电路中的机械连接和电气连接。焊盘的形状、面积大小应根据印制电路板上布置的元器件的数量、形状和位置大小来进行设计。焊盘的形状是多种多样的，常见的焊盘形状简单介绍如下。

图1-11a所示为岛形焊盘，特点是焊盘与印制导线合为一体，外形犹如一个小岛。岛形焊盘的优点是有利于元器件的不规则排列和密集固定，可减少印制导线的长度和数量，能在一定程度上抑制分布参数对电路造成的影响，由于铜箔的面积加大而提高了焊盘的力学性能，使焊盘的抗剥离强度增加。图1-11b所示为圆形焊盘，外形特征是焊盘与引线孔是一个同心圆，通常焊盘的外径是孔径的2～3倍。圆形焊盘的优点是外形简单，有利于在印制电路板上装配规则排列的元器件，也有利于双面印制电路板的装配。图1-11c所示为方形焊盘，特点是焊盘呈方形，当印制电路板上排列的元器件较大而数量较少，且需要的导线比较简单时多采用方形焊盘。方形焊盘制作简单，并有利于大电流的通过。

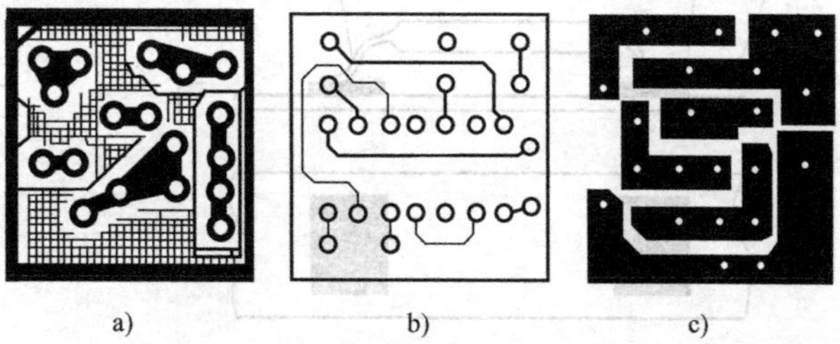

图1-11　岛形、圆形、方形焊盘[7]

a）岛形　b）圆形　c）方形

图1-12a所示为椭圆焊盘，这种焊盘与方形焊盘类似，由于面积较大，抗剥离能力较强，而在相同方向上尺寸较小有利于中间走线，有利于作为双列直插式元器件或插座类元器件的焊盘。图1-12b所示为泪滴式焊盘，这种焊盘与印制导线呈圆滑过渡，在高频电路中有利于减少传输损耗，提高传输效率。图1-12c所示为开口焊盘，开口的作用是为了保证在波峰焊以后，进行手工补焊时焊盘孔不被钎料材料封死。

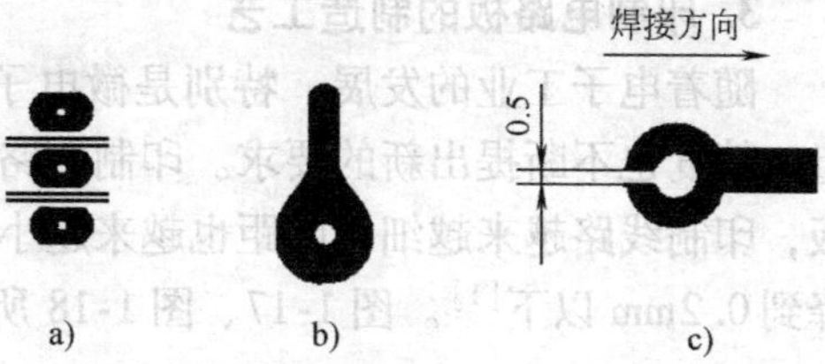

图1-12　椭圆、泪滴式、开口焊盘[7]

a）椭圆　b）泪滴式　c）开口

图1-13a所示为矩形焊盘，图1-13b所示为多边形焊盘，图1-13c所示为异型孔焊盘。这几种形式的焊盘主要用于需要剥离强度较大，且焊盘外形接近而孔径不同的印制电路板。异型孔焊盘主要用于安装片式元器件。

对于表面组装焊盘来说，印制电路板上的焊盘位于板面上的指定位置，焊盘形状是与元器件的电极焊端形状相匹配的矩形。几种典型表面贴装元器件的焊盘图形如图 1-14～图 1-16所示。

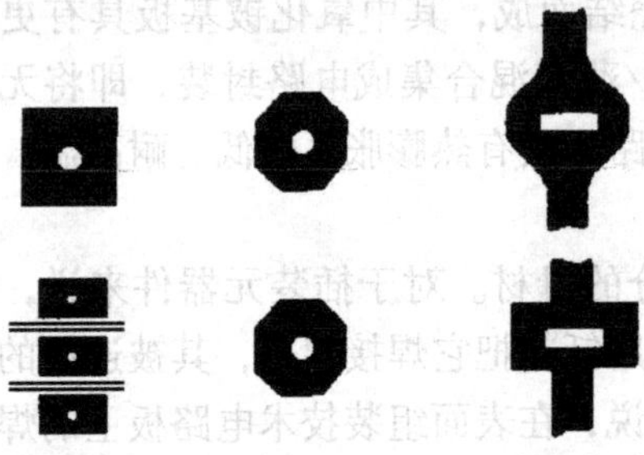

图 1-13 矩形、多边形、异型孔焊盘[7]

a）矩形 b）多边形 c）异型孔

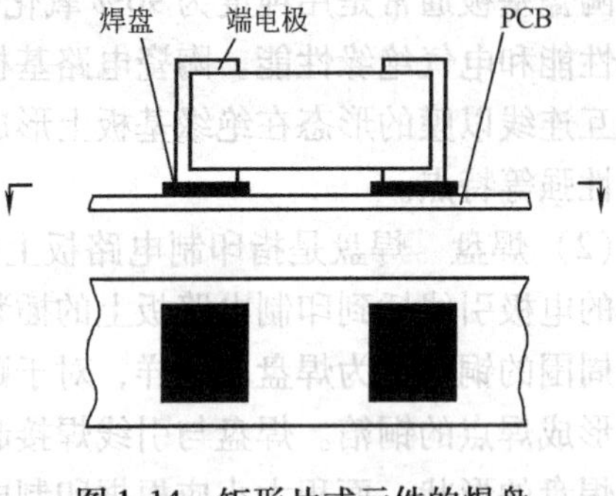

图 1-14 矩形片式元件的焊盘

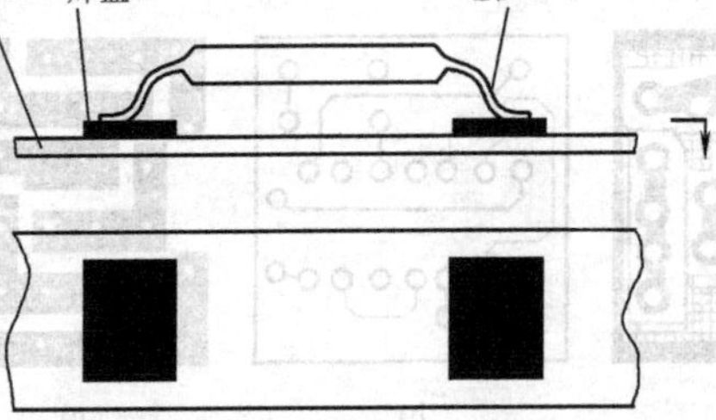

图 1-15 钽电容片式元件的焊盘

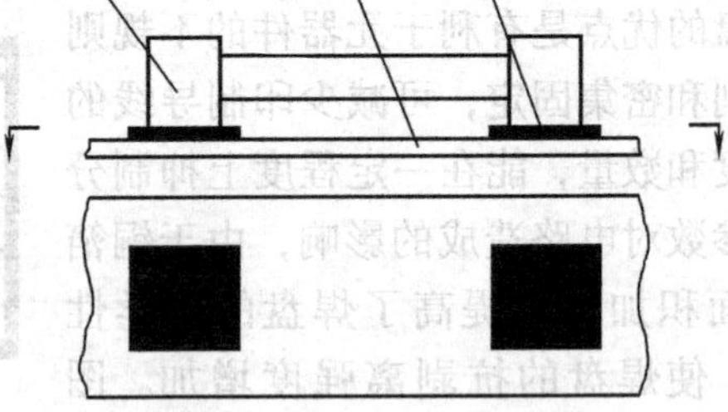

图 1-16 QFP 及焊盘

（3）引线孔 只有在通孔插装电路板上才有引线孔，它对元器件起机械固定和电气连接作用。引线孔一般在焊盘的中心。为了方便地插装元器件，引线孔的孔径应比所插入的引线直径略大一些，通常应大 0.2～0.3mm。若孔径太大，则会使焊接间隙增大而容易造成虚焊等焊接缺陷，不仅降低焊点的机械强度，而且使信号的传输变差。同一块电路板上引线孔的尺寸规格不宜太多，并尽可能避免异型孔，以便降低加工成本。设计时应优先采用标准孔径，例如直径为 0.6mm、0.8mm、1.0mm、2.0mm 的孔径。

3. 印制电路板的制造工艺

随着电子工业的发展，特别是微电子技术的飞速发展，对印制电路板的制造工艺和质量、精度也不断提出新的要求。印制电路板的品种已从单面板、双面板发展到多层板和柔性板，印制线路越来越细，间距也越来越小。目前，许多高密度印制电路板的线宽和间距已经降到 0.2mm 以下[1]。图 1-17、图 1-18 所示为单面电路板和双面电路板示意图。

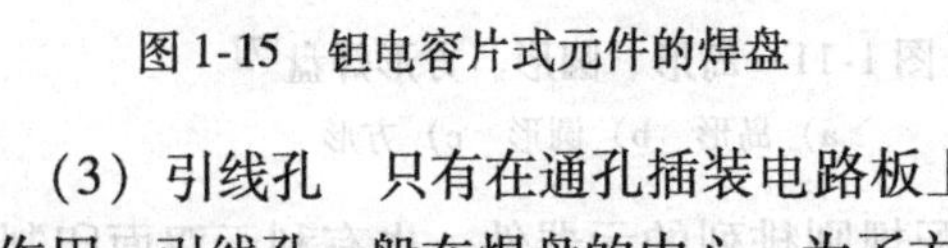

图 1-17 单面电路板示意图

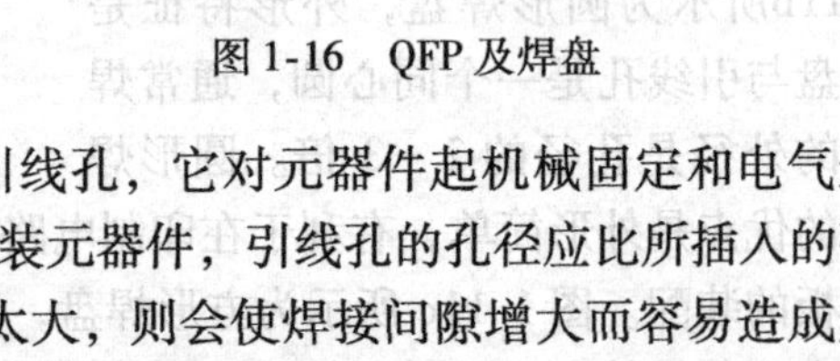

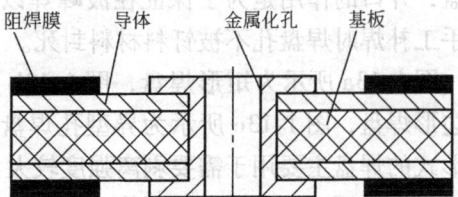

图 1-18 双面电路板示意图

印制电路板的主要制造工艺包括：底图胶片制板→下料→钻引线孔→引线孔的金属化→贴膜→图形转移→电镀→去膜蚀刻→表面涂覆→检验→印制电路板产品。其中一些重要工序简单介绍如下。

（1）底图胶片制板　使用符合质量要求的1:1的底图胶片（也叫原版底片），并把它翻拍成生产底片。

（2）图形转移　采用丝网漏印、光化学法等方法，把底图胶片上的印制电路图形转移到覆铜板上。

（3）电镀　采用电镀方法在板的表面和引线通孔中形成金属化的电路图形。

（4）孔的金属化　金属化孔的作用是连通印制板两面的导线或焊盘。图1-19所示是多层板中金属化孔连通的示意图。孔的金属化就是采用化学沉积的方法把铜沉积在孔壁上。金属化孔的制造一般要经过钻孔、去油、粗化、浸清洗液、孔壁活化、化学沉铜、电镀铜加厚等一系列过程。

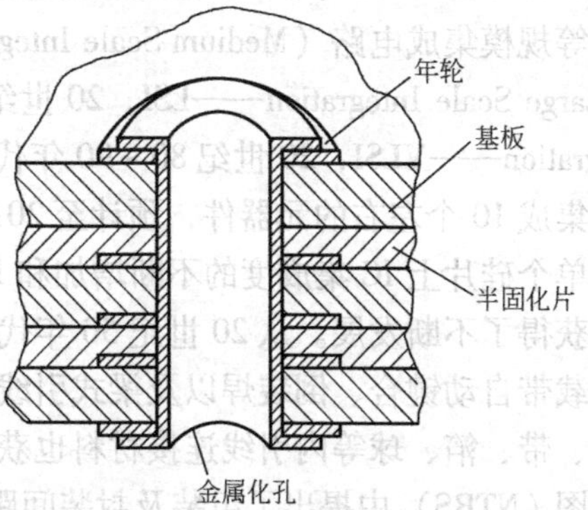

图1-19　多层板中金属化孔连通示意图[7]

（5）去膜蚀刻　蚀刻是利用化学方法把焊盘、印制导线及符号等图形以外的不需要的铜箔除去。蚀刻过程非常严格，一旦产生质量问题将很难补救。

（6）涂覆金属　通过化学蚀刻获得的铜箔电路图形的厚度是有限的，性能也较差，应采用电镀或化学镀方法在印制电路板铜箔图形上涂覆一层金属，其镀层材料有金、银、锡、锡铅合金等。这样才能提高印制电路的导电性、焊接性、耐磨性和装饰性能，延长印制电路板的使用寿命，提高电气连接的可靠性。

（7）锡铅热熔　在很多场合，涂覆金属都采用电镀锡铅合金，但镀层疏松且存在有机夹杂物等缺陷，镀层与铜箔的结合不牢固。因此，要采用甘油浴或红外线加热，使电镀锡铅合金层在190～220℃下熔化，并充分润湿铜箔而形成牢固结合的致密涂层。近年来，大量采用热风整平工艺来取代电镀锡铅合金和热熔工艺。具体方法是使印制电路板先浸涂锡铅钎料，再从两个热压缩空气的风刀之间通过，使浸涂的锡铅合金熔化并将板面上多余的金属吹掉，获得光亮、平整、均匀的锡铅合金涂层。

（8）涂阻焊剂　最后，为了保护板面，确保焊接的质量和精度要求，必须在印制电路板上不需要焊接的部位涂覆一层阻焊薄膜，使印制电路板上除了需要焊接的焊盘和元器件引线孔被裸露以外，其他部位均在阻焊层的覆盖之下。这样才能限定焊接区域，防止焊接时产生搭焊、桥连而造成短路，提高焊接区域的准确性，减少虚焊。

1.3　微连接在电子产品中的重要性

1.3.1　微连接技术发展概况

在概要地了解微连接技术、材料以及微连接的对象——各种电子元器件和印制电路板之后，下面简单介绍微连接技术的发展概况，以及微连接在现代电子产品生产中的重要地位。

众所周知，自从无线电发明之日起，就诞生了与之相伴的电子组装技术。但电子组装技术的飞速发展是从20世纪40年代才开始的。经过几十年的发展，电子技术已经成为世界经济中最重要的支柱产业，而微连接技术也成为电子产品制造中最重要的工艺技术之一。从20世纪40年代末开始，电子产品逐渐由笨重、厚大、速度慢、功能少向小型化、薄型化、智能化、高可靠性方向发展，为人们的生产和生活带来了极大的方便。这些变化的技术基础来自于微电子器件组装密度的不断增大和IC特征尺寸的不断缩小，与此同时，微连接技术和材料的发展为此提供了强有力的支撑。

我们知道，电子元器件经历了从电子管→晶体管（1947年）→集成电路（Integrated Circuit——IC，1958年）→小规模集成电路（Small Scale Integration——SSI，20世纪60年代）→中等规模集成电路（Medium Scale Integration——MSI，20世纪60年代末）→大规模集成电路（Large Scale Integration——LSI，20世纪70年代）→超大规模集成电路（Very Large Scale Integration——VLSI，20世纪80~90年代）的发展历程[8]。在20世纪60年代，每个芯片上仅集成10个左右的元器件，预计至2010年每个芯片上集成的器件将达到5×10^{10}个。伴随着单个硅片上IC集成度的不断增加和IC特征尺寸的不断缩小，微电子器件内引线的连接技术获得了不断发展。从20世纪50年代开始发展了引线键合技术，20世纪60~70年代发展了载带自动键合、倒装焊以及梁式引线等连接技术，与此同时，微细金、铜、铝、锡铅合金丝、带、箔、球等内引线连接材料也获得了同步发展[9]。1997年美国国家半导体技术规划蓝图（NTRS）中提出了组装及封装间距的目标，即1999年焊盘间距达到180μm，2001年达到150μm，2003年达到130μm，2006年为100μm，2009年为70μm，2012年为50μm[10]。

在组装与封装方面，电子元器件与印制电路板之间的连接是电子产品中数量最多、批量最大、应用最广泛的一类连接模式。由于元器件的形状向微型化、片式化方向发展，其引线间距逐渐缩小，即由2.54mm逐步缩小至1.27mm、0.65mm、0.5mm、0.4mm，目前已降至0.2mm以下[3]。电子元器件引线与印制电路板之间的连接也经历了从通孔插装技术（Through Hole Packaging Technology——THT）向表面组装技术（Surface Mounting Technology——SMT）的发展历程，使电子产品的微型化、轻量化变为现实。

不论是通孔插装技术还是表面组装技术，所应用的连接技术主要是软钎焊，包括烙铁焊、浸焊、拖焊、波峰焊、再流焊等。人们在电子管时代使用手工烙铁焊接电子产品，在晶体管时代逐渐发展了浸焊、拖焊等技术。20世纪50年代，随着第一台波峰焊机的诞生，波峰焊技术的发展十分迅速，并逐步实现了电子产品的大规模工业化生产，为世界电子工业生产技术做出了巨大贡献。20世纪60年代，为了实现电子表行业和军事通信产品的微型化，开发出了无引线电子元件，并将这些元件直接贴装焊接到印制电路板的指定位置上，这就是所谓的表面组装技术（SMT）。伴随着SMT的诞生，再流焊技术得到了迅速发展。20世纪70年代，推出了与再流焊技术相适应的各种片式元器件、专用钎料膏和各种专用设备，如贴片机、再流焊炉、印刷机等。随后，SMT生产技术日趋完善。如今，航空、航天、通信、计算机、电子仪器、仪表、汽车、照相机、家用电器等电子产品的生产都应用了SMT生产技术。SMT被誉为电子组装技术的一次革命，是继手工装联、半自动插装、自动插装后的第四代电子组装技术。

与电子技术的发展一样，微连接技术的发展是没有止境的。微连接技术的发展速度令人惊叹，正如我们不能估计未来微电子技术究竟发展到什么程度一样，我们现在无法估计未来微连接技术将达到何种程度，但可以肯定的是，随着时间的推移和电子信息技术的进步，微连接技术将不断获得新的、更大的飞跃和发展。

1.3.2 微连接技术的重要地位

电子产品种类繁多，主要分为电子材料、元器件、配件、整机和系统。其中，各种电子材料及元器件是构成配件和整机的基本单元，配件和整机又是组成电子系统的基本单元。不同的产品应分别由各个专业化分工的厂家来完成，而每个工厂又必须根据自己产品的特点来制订不同的制造工艺。

根据电子元器件的功能，可分为普通电子元器件和集成电路元器件。普通电子元器件是将各种电子材料首先制备成功能器件，再通过引出端的连接和封装，得到电子元器件产品。集成电路元器件是先将半导体材料制成芯片，再通过内引线连接与封装得到集成电路器件。电子整机是按照设计电路，将这些元器件通过插装或贴装固定到印制电路板上，再通过微连接得到整机主板，最后通过整机装配工序即得到整机产品。

电子产品的一般制造过程如图1-20所示。

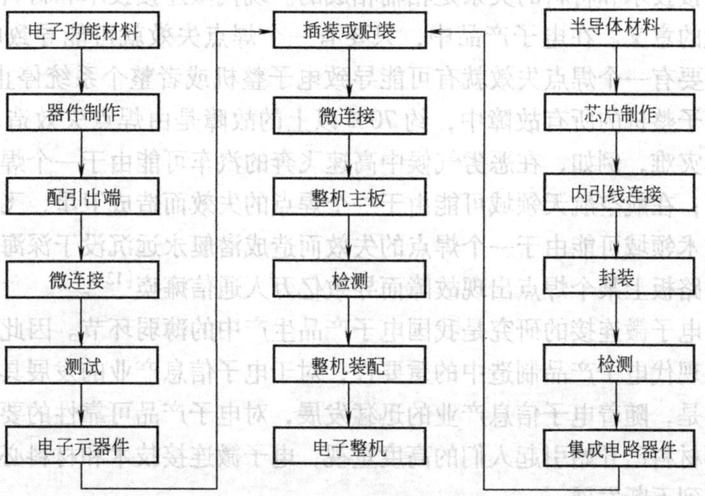

图1-20 电子产品的一般制造过程

从图1-20中可以看出，无论是电子元器件的制造还是电子整机的组装，都需要通过连接过程才能完成。因此，微连接是电子产品制造过程不可缺少的重要环节之一。

在集成电路器件制造中，芯片上大量的元器件之间需要通过薄膜互连工艺连接成电路，再通过引线键合、载带自动键合、倒装焊以及梁式引线等方式将信号端（内引线）与引线框架或芯片载体上的引出端相互连接实现封装，这类连接也称为微电子器件的内引线连接[4]。

在电子产品组装过程中，许多电阻、电容、电感、接插件、半导体分立器件以及集成电路等元器件的信号引出端（外引线），需要通过浸焊、拖焊、波峰焊、再流焊、烙铁钎焊等软钎焊方法与印制电路板上相应焊盘之间形成连接，以构成完整的电路，这类连接也称为电子元器件的外引线连接。

无论在电子封装还是电子组装中，接头主要起机械连接、信号传输与系统集成的作用，它是决定电子产品质量和可靠性的重要因素之一。在一个大规模集成电路中，少则有几十个焊点，多则有上万个焊点，在超大规模集成电路中焊点的数量更多，达数亿个，而在一块印制电路板上则可能有上万个焊点。因此，没有高质量的连接，电子元器件和整机的生产就没有保证；没有细小尺寸的精密连接，就不可能有电子产品的微型化、薄型化和轻量化。可以说，微连接技术是整个电子信息产品向微型化、薄型化、轻量化发展的关键环节和支撑技术。

随着现代电子产品向微型化、薄型化、轻量化方向发展，其生产向高速度、高精度和高可靠性方向发展，尤其是第五代微电子封装技术——多芯片组件的问世，对微连接材料的质量和性能提出了崭新的要求。没有高性能的微连接材料，就无法生产出各种精密元器件；而元器件引出端的质量没有保证，各种分立的电子元器件就无法互连成为高可靠性的整机，具有各种单一功能的元器件就无法形成具有整体功能的电子设备，其信息的采集、储存、传输、转换、处理、显示就难以实现。可以说，微连接材料是一类极为重要的电子信息材料[11]。

因此，微连接技术和材料的关系是相辅相成的。现代微连接技术和材料对电子产品的可靠性具有决定性的意义。在电子产品中，只要有一个焊点失效就可能导致电子元器件的报废，有时甚至只要有一个焊点失效就有可能导致电子整机或者整个系统停止工作。据统计，在电子器件或电子整机的所有故障中，约70%以上的故障是由焊点失效造成的。焊点的失效会带来巨大的灾难，例如，在恶劣气候中高速飞奔的汽车可能由于一个焊点的失效而造成车毁人亡的悲剧；在航空航天领域可能由于一个焊点的失效而造成卫星、飞船永远不能回归大地；在海洋技术领域可能由于一个焊点的失效而造成潜艇永远沉没于深海；在一个基站中可能由于一块电路板上某个焊点出现故障而导致亿万人通信瘫痪[12]。

长期以来，电子微连接的研究是我国电子产品生产中的薄弱环节。因此，充分认识微连接技术和材料在现代电子产品制造中的重要性，对于电子信息产业的发展具有极其重要的意义。值得欣慰的是，随着电子信息产业的迅猛发展，对电子产品可靠性的要求越来越高，电子微连接技术和材料已开始引起人们的高度重视，电子微连接技术和材料必将随着电子信息产业的发展而得到不断发展。

参考文献

[1] 王卫平. 电子产品制造技术［M］. 北京：清华大学出版社，2005.

[2] 李志远，钱乙余，张九海. 先进连接方法［M］. 北京：机械工业出版社，2004.

[3] 张文典. 实用表面组装技术［M］. 北京：电子工业出版社，2006.

[4] 王春青. 电子封装和组装中的微连接技术［J］. 现代表面贴装资讯，2004，3(6)：1-10.

[5] 曾乐. 精密焊接［M］. 上海：上海科学技术出版社，1996.

[6] Harper C A. 电子组装制造［M］. 贾松良，等译. 北京：科学出版社，2005.

[7] 王天曦，李鸿儒. 电子技术工艺基础［M］. 北京：清华大学出版社，2000.

[8] Harper C. Electronic Packaging and Interconnection Handbook［M］. 3rd ed. New York：McGraw-Hill，2000.

[9] Zant PV. Microchip Fabrication［M］. 4th ed.，New York：McGraw-Hill，2000.

[10] 葛励冲. 微电子封装中芯片焊接技术及其设备的发展 [J]. 电子工业专用设备，2000，2（4）：5-10.

[11] 杜长华. 高性能电子软钎焊合金材料制备新工艺（鉴定资料）. 重庆工学院，2004.

[12] 电子元件与材料编辑部. 无铅化的难点在哪里（综合信息） [J]. 电子元件与材料，2006，25（1）：48.

第 2 章　电子微连接原理

2.1　微连接的物理本质

微连接技术主要包括精密软钎焊、压焊和电阻焊以及粘接等几类，其中应用最多、范围最广的是软钎焊技术。电子产品微连接的目的：一是实现机械连接；二是实现电气连接。在这几类微连接技术中，从材料结合的微观层面来讲，主要包括两种接合方式：一种是冶金结合；另一种是非冶金结合。

根据焊接冶金学基本原理[1]，我们知道，焊接是通过加热或加压或加热和加压并用，并且用或不用填充材料，使同种或异种材质的工件之间达到原子间的结合而实现连接的工艺。这种依靠金属键实现原子间的结合就是冶金结合，除此之外的结合就是非冶金结合。在微连接技术中，软钎焊、压焊和电阻焊所实现的结合主要是冶金结合，它们不仅在宏观上形成精密的接头，而且在微观上建立了组织上的内在联系。

大家知道，物质的结合有离子键、共价键和金属键。就金属而言，是依靠金属键结合在一起的。由图 2-1 可以看出，两个原子之间结合力的大小决定于二者之间的引力与斥力共同作用的结果。

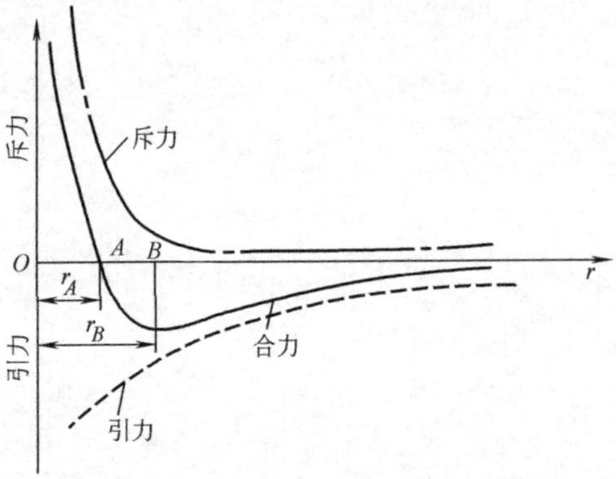

图 2-1　原子之间的作用力与距离的关系[1]

假设某个原子处于固定的 O 点上，当另一个原子沿着水平方向靠近 O 点时，这个原子将同时受到两个力的作用，一个是引力，另一个是斥力。随着原子之间距离的减小，原子间的引力将逐步增大。当两个原子之间的距离为 r_B 时，引力最大。对于大多数金属，$r_B \approx 0.3 \sim 0.5$nm。当再进一步靠近使原子间距 $< r_B$ 时，原子间的斥力将占主导地位而使合力（引力）下降。当原子间距等于 r_A 时，原子所受引力和斥力相等，其合力为零，此时原子受力处于平衡状态。可见当原子间的距离大于或小于 0.3 ~ 0.5nm 时，其引力都将显著降低。

怎样才能使材料实现原子之间的结合呢？从理论上讲，当两个被焊的固体金属表面接近 r_B 时，就可以在接触表面上产生扩散、再结晶等物理化学过程，从而形成金属键，达到冶金结合的目的。然而，这只是理论上的条件，事实上即使是经过精细加工的表面，在微观上也是凹凸不平的，更何况在一般金属表面上还常常带有氧化膜、油污和水分等吸附层，这就使得材料难以实现原子之间的结合。

通常，为了克服阻碍金属原子之间结合的各种因素，软钎焊、压焊和电阻焊所采取的措施是：

1）采用机械或化学的方法清除连接界面的污染物，包括氧化膜、油污、尘埃、吸附气体和吸附水膜等，使表面新鲜的金属原子裸露出来。

2）对被焊的材质施加压力，目的是使金属表面产生塑性，进一步破坏接触表面的氧化膜，使结合处的有效接触面积增大，从而达到紧密接触。

3）对被焊材料进行局部加热，使结合处达到塑性或熔化状态，降低金属变形阻力，迅速破坏接触面的氧化膜，并增加原子的振动能，促进扩散、再结晶和金属间物理化学反应过程的进行。

如图 2-2 所示，不同金属的连接所需要的温度和压力之间存在着一定的关系。在图 2-2 中，当加热温度低于 B 点所对应的温度，即 $T<T_1$ 时，压力必须在 AB 曲线的右上方（Ⅰ区）才能实现金属的键合；当金属的加热温度 T 在 $T_1 \sim T_2$ 之间时，压力应在 BC 曲线上方（Ⅱ区）才能实现键合；当 $T>T_2$ 时，金属键合所需的压力为零（Ⅲ区）。图中 $T_2=T_M$，T_M 为金属的熔化温度。该图说明加热温度越低，金属键合所需要的压力就越大。显然，冷压焊需要的压力最大，加热的扩散焊需要的压力较低，而熔焊则不需要外加压力[2]。

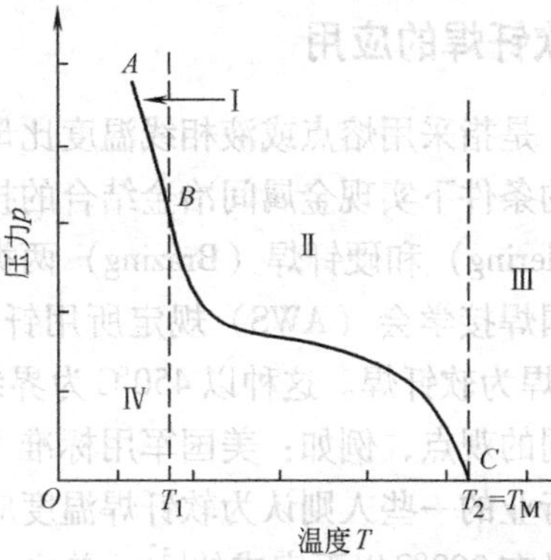

图 2-2　微连接时金属加热温度与压力之间的关系[2]

Ⅰ—压力焊区　Ⅱ—电阻焊区　Ⅲ—熔焊区

软钎焊一般是在非加压条件下，将比母材熔点低的钎料金属熔化，依靠毛细作用填充焊缝，使液态钎料与固态母材表面原子相互接近到 r_B 的距离，并产生相互润湿、溶解和扩散形成界面金属化合物而实现金属键合的过程。

压焊可以在加热或不加热的条件下进行，它是利用摩擦、扩散和对被焊金属施加压力产生塑性变形，克服连接界面之间的凹凸不平，破坏氧化膜及其他污染物，使两个界面的原子相互接近到 r_B 并形成金属键而实现连接的过程。不加热的压焊所需的压力较高，而加热的压焊所需的压力较低。

电阻焊是在加压条件下，利用金属电极之间电流流经工件时产生的电阻热和塑性变形能量，在接触界面形成熔核，使两个触点界面的原子相互接近到 r_B 并形成金属键而实现连接的过程。

从微观上来讲，微连接与熔焊有显著区别。在熔焊条件下，母材与填充金属在焊缝的熔合区会形成大量的共同晶粒。在微连接条件下，采用钎焊时一般只在母材与钎料的界面形成极薄的金属间化合物，采用压焊时仅在两个母材金属的界面形成极薄的扩散层，采用电阻焊时在接合面上会形成熔核而产生相当细小的共同晶粒。

金属的钎焊、压焊、扩散焊、电阻焊都产生冶金结合，形成的是金属键，故接头允许电子自由通过，形成良好的电气连接。而粘接是一种非冶金结合，它使用粘接剂，其化学键的基本形式是离子键和共价键。离子键也称为极性键，是带异性电荷的离子之间静电吸引时所形成的键，离子键化合物的稳定性取决于外层电子结构的组合。共价键是两个原子共用电子对，共价键具有饱和性和方向性，即电子必须自旋反向平行，形成电子配对后不能再与第三个电子配对，其结合是两个原子间由电子共振效应引起的振荡对换。由于离子键的电子被束缚在各个原子的原子轨道上，所以对导电性没有贡献，而共价键的所有外层电子被束缚在共价键中，所以它是绝缘体。那么，粘接所用的导电胶靠什么导电呢？这是因为在胶体内加入了高导电性的银粉，依靠银粉颗粒之间的接触导电。

在电子微连接中，应用最多、最广的是软钎焊技术，下面重点讨论软钎焊，而所涉及的压焊等方法将在第8章介绍。

2.2 电子软钎焊及其特点

2.2.1 软钎焊的应用

钎焊，是指采用熔点或液相线温度比母材低的填充材料（称为钎料），在加热温度低于母材熔点的条件下实现金属间冶金结合的技术。按照钎料熔化温度的高低，钎焊又可分为软钎焊（Soldering）和硬钎焊（Brazing）两类，但随着科学技术的发展，二者的界限已越来越模糊。美国焊接学会（AWS）规定所用钎料液相线温度高于450℃的钎焊为硬钎焊，低于450℃的钎焊为软钎焊。这种以450℃为界线的划分方法已被世界上大多数人所接受，但也有一些不同的观点，例如：美国军用标准 MIL SPEC 规定以429℃作为分界线；而从事电子产品制造行业的一些人则认为软钎焊温度应在315℃以下，因为在电子行业中，绝大多数的钎焊连接是在300℃以下完成的[3]。总之，钎料熔点较高的钎焊称为硬钎焊，钎料熔点较低的钎焊就称为软钎焊。因此，软钎焊是将熔点较低的钎料熔化，依靠毛细作用填充焊缝，使液态钎料润湿固体母材表面并产生相互溶解和扩散形成界面金属间化合物，随着温度的降低，焊缝凝固而实现金属键合的一类技术。

软钎焊是一种古老的连接方法。据记载，人类自古埃及时代起就开始使用钎料，在古罗马时代就已经使用与现在类似的锡-铅钎料来连接金属。可见，钎焊的历史相当悠久。

据说，在日本，奈良大佛的铸造就使用了锡和铅，当时人们把锡叫做白铅。在意大利庞贝的废墟中，至今还残存着用钎料焊接的家用铅制水管的遗迹。当时使用的钎料是按1份锡2份铅的比例配制的，非常近似于现在使用的铅基钎料。

庞贝是古代在意大利南部的城市，是在公元前5世纪前后发展起来的。公元79年，位于庞贝城市以北的维苏威火山突然爆发，瞬息之间将这座城市淹没了。多少个世纪以来，对这个城市一直是个谜，被称为虚幻之都。其后，从1748年开始，才有组织地对其遗址进行发掘，终于查清了它的全貌。1976年4月，由读卖新闻社在日本桥三越举办了庞贝展览，那不里国立博物馆、庞贝考古学博物馆、罗马古代文明博物馆等单位提供了250余件文物，其中就有几件是同钎焊有关的装饰品、青铜器、美术品等[4]。

虽然人类应用软钎焊的历史可以追溯到古埃及和古罗马时代，但它的发展进程一直十分缓慢。近代，由于电子工业的诞生，软钎焊技术才获得了惊人的发展。早期，人们仅把它用于最简单的器件之间的连接，随着现代电子工业的崛起，软钎焊技术才得以迅猛发展。随着激烈的市场竞争，电子厂家为了立于不败之地，提高生产效率，逐步开发了机器自动焊接技术和设备，进行大规模的电子产品的组装生产。如今，大型电子企业每天都要形成几千万个以至数亿个焊点，同时对连接质量的要求也越来越高，并要保证达到相当高的合格率。例如在SMT循环大生产中，不良焊点率要小于1×10^{-6}，即10万个焊点仅允许出现1个不良焊点，乃至达到零缺陷。

与此同时，软钎焊材料作为电信、电器、电子仪表及机械行业用于金属连接的关键材料，其品种、质量得到了极大的发展。除了上述领域外，软钎焊也广泛应用于陶瓷、玻璃等表面的连接，在机械、电气、电子、仪表、汽车、管道设施以及航空、航天等诸多工业部门，甚至工艺美术、装饰品等方面，软钎焊技术都得到了广泛应用[5]。

对于电子工业领域，软钎焊接头不仅起机械连接作用，同时起电气连接和散热作用，还起声、光、电、磁元件和功能的集成作用。在电子信息产业和其他相关领域，软钎焊作为卓有成效的连接方法将长期存在下去。正如劳勒福·鲍威尔（Rolph Powell）所预言[4]："在几个世纪后的遥远的将来，电子技术将会发展到何种程度，这是任何人都无法预测的。但应充分相信，钎焊这一方法在4000年以后仍会存在。"业已表明，软钎焊技术在电子产品的连接与组装、封装中将始终居于主导地位。可以预料，只要人类还使用由导体、半导体和绝缘体等构成的基于电磁脉冲的电路，软钎焊技术的应用就必不可少。

2.2.2 电子软钎焊技术的特点

随着电子制造工艺水平的提高，电子线路的连接与组装已经成为一个非常复杂的系统工程。电子软钎焊技术与传统的焊接有着明显的区别，其特点如下[6,3]：

（1）从被连接对象的尺寸来看 传统的焊接技术涉及的连接对象主要是大型构件。但在电子工业中被连接的对象具有"小、细、薄、精"的特征，在传统焊接技术中可以忽略的某些因素，如溶解量、扩散层厚度、表面张力、应变量等，在微连接的钎焊技术中却是影响连接质量的决定性的因素。

（2）从连接材料来看 传统的焊接技术涉及的主要连接对象是黑色金属。而在电子工业中被连接的材料主要是有色金属，并且种类繁多，经常涉及贵金属和稀有金属以及多元合金和多层金属的组合体系，还常常涉及非金属材料的连接问题，因此，所使用的焊接材料具有种类繁多和组成复杂的特点。

（3）从连接的方法工艺来看 传统的焊接技术只考虑工件的结构连接和力学性能，一般焊接温度较高。而电子产品的钎焊必须同时考虑结构连接和电气连接。为了避免连接过程对元器件功能的损伤，必须在较低的温度下进行，钎焊时只有钎料熔化而母材不熔化。此外，由于微电子器件结构、性能的复杂性，需要采用各种特殊的钎焊方法。

（4）从接头的应力匹配来看 软钎焊由于温度低，对焊件引起的应力和变形较小，容易保证焊件的尺寸精度，且接头具有较强的应力匹配能力。软钎焊钎料在室温下塑性优良，能吸收应力，基本没有加工硬化，这种独特的性能使软钎焊工艺能将不同膨胀系数、不同刚度水平和不同强度等级的材料连接到一起。

（5）软钎焊容易实现过程的自动化，具有显著的经济性、高效性和可靠性 由于连接是在相对较低的温度下完成的，能有效避免有机高分子材料和热敏元器件的受热破坏或性能改变。现代电子钎焊自动化的操作和可控的工艺具有很高的效率和一致的连接质量。在自动化软钎焊操作中，已经取得接头返修率低于百万分之一的水平，而在北美航空部门，甚至达到每小时制造焊点150亿个，充分说明软钎焊方法的经济、高效和可靠的特点。

（6）软钎焊具有制造和修理的方便性 与其他冶金连接方法相比，软钎焊热源简单，温度低，易于操作。由于接头是可以拆卸的，使电子电路的修补非常方便。

长期以来，正是由于软钎焊连接的这些特点，使它广泛应用于电子产品的连接、组装与封装。随着电子技术的发展，对钎焊连接提出了新的更高的要求，一些新的工艺方法不断涌现，目前最具生命力的是表面组装技术。在技术发达国家中，表面组装技术在印制电路板上的应用已达到90%[7]；在我国，表面组装技术也正在迅速推广。表面组装技术的出现对软钎焊材料提出了崭新的要求，使钎料膏、钎料球等的需求量迅速增加，并推动了相关产业的发展。总的来看，软钎焊技术正在向高度微细化、精密化、自动化、高效率和高可靠性的方向发展。

我国已经成为世界电子产品制造中心，电子信息产业是我国的支柱产业，我国在世界电子产业链的分工中主要承担下游产品的制造，目前，我国电子工业以连接与组装为主的制造业比重很大。因此，软钎焊在我国电子信息产业中占有极其重要的地位。由于电子电路连接的密度和质量要求越来越高，同时电子产品生产向高效率发展，使得软钎焊自动化程度越来越高，各种软钎焊方法、工艺、设备、技术不断更新和完善，推动着电子制造技术的发展。如果说电子信息产业是高新技术的排头兵，那么电子软钎焊则是电子信息产业先进制造技术的重要组成部分。

2.3 金属表面的氧化

一般情况下，无论液态钎料还是固体母材，其表面总是覆盖着一层厚度不等的氧化膜。这层氧化膜的厚度通常远大于2倍的晶格距离（0.3~0.5nm），因而会严重阻碍液态钎料与固体母材金属原子的接近，使液态钎料对固体母材表面产生不润湿。

2.3.1 金属表面氧化膜的形成

为了研究金属的氧化，必须首先弄清金属氧化的历程，即氧是怎样与金属发生反应并最终在金属表面形成氧化膜的。

在新鲜的固态金属表面上，氧化反应的最初步骤是气体被金属表面吸附，随着反应的进行，氧溶解在金属中，进而在金属表面形成氧化物薄膜或氧化物形核。在这一阶段，氧化物的形成与金属表面结晶取向、晶体缺陷、杂质以及材料制备条件等因素有很大关系。当连续的氧化膜覆盖在金属表面上时，氧化膜就将金属与气体分隔开来，要使反应继续下去，必须通过中性原子或电子、离子在氧化膜中的固态扩散迁移来实现。这种迁移过程与金属/氧化膜和气体/氧化膜的界面反应有关。若反应是通过金属阳离子的迁移将会导致气体/氧化膜界面的膜增厚；若反应是通过氧阴离子的迁移则会导致金属/氧化膜界面的膜增厚[8]。

关于高温下液态金属的表面氧化，根据液态金属氧化理论，熔融状态的金属表面会强烈地吸附氧，在高温下，被吸附的氧分子将分解成氧原子，氧原子获得电子变成离子，然后再与金属离子结合生成金属氧化物

$$O_2 \longrightarrow O + O$$

$$O + 2e \longrightarrow O^{2-}$$

$$xM^{n+} + yO^{2-} \longrightarrow M_xO_y$$

M_xO_y 为任意氧化物，M_xO_y 的形成过程在液态金属新鲜表面暴露的瞬间即可完成。当形成一层单分子氧化膜后，进一步的反应则需要以电子运动或原子、离子传递的方式穿过氧化膜进行[9]。

可见，氧化膜一旦形成以后，进一步的氧化将取决于两个因素：一是界面反应速度，包括金属/氧化膜界面和气体/氧化膜界面的反应速度；二是原子或电子、离子在氧化膜中的固态扩散迁移速度。关于扩散的驱动力，当膜很薄时，扩散迁移的驱动力来自于膜内部存在的电位差；当膜较厚时，扩散的驱动力来自于膜内物质的浓度差。因此，在氧化初期，表面氧化速度主要取决于界面反应速度，随着氧化膜的增厚，扩散迁移起着越来越重要的作用，继而成为氧化的速度控制因素[10]。

2.3.2　金属表面氧化膜的生长

氧化膜一旦形成以后，继续氧化即氧化膜的增厚需要通过原子或电子、离子在氧化膜中的固态扩散迁移来进行。在膜内，反应物质的扩散模型如图 2-3 所示。图 2-3a 中只有金属离子 M^{2+} 向外扩散，并在氧化膜与气体的界面上进行反应，如铜的氧化过程属于这种形式；图 2-3b 中只有 O_2 向内扩散，并在金属与氧化膜的界面上进行反应，如钛、锆等金属的氧化；图 2-3c 中金属离子 M^{2+} 向外扩散与 O_2 向内扩散同时进行，并在氧化膜内相遇进行反应，如钴的氧化过程。

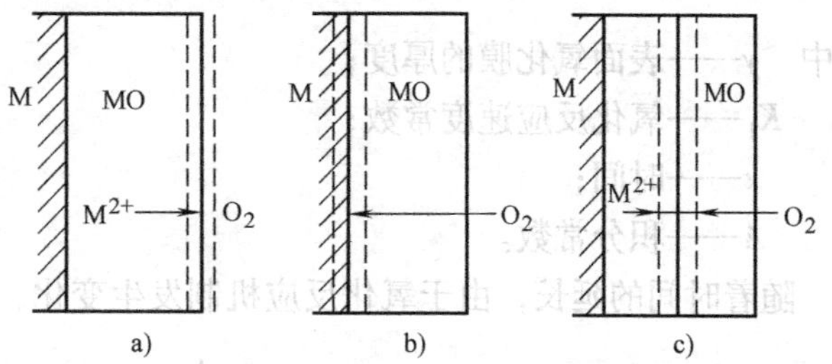

图 2-3　氧化过程中金属离子和氧离子的扩散模型[10]

根据不同的金属体系和氧化温度，反应物质在膜内的传输又可以分为以下三种途径[8]：

（1）通过晶格扩散　通常，在温度较高、氧化膜致密且在氧化膜内部存在高浓度的空位缺陷的情况下，反应物质在膜内主要发生晶格扩散。如钴的氧化。

（2）通过晶界扩散　通常是在较低温度下，由于氧化物的晶粒尺寸较小，晶界面积较大，且晶界扩散所需的激活能小于晶格扩散的激活能，使晶界扩散更加容易进行，此时反应物质在膜内主要发生晶界扩散。如镍、铬、铝的氧化。

（3）同时通过晶格和晶界扩散　如钛、锆、铪长时间在中温区（400～600℃）的氧化。

值得注意的是，当金属离子沿着氧化膜的晶界从内向外扩散时，相当于金属离子空位向金属与氧化膜的界面迁移，这些空位会产生聚集，如果氧化膜太厚而不能通过变形来维持与金属基体的接触，最后在金属与氧化膜的界面将形成孔洞。若金属离子通过晶界扩散的速度大于晶格扩散的速度，则晶界就成为连接孔洞与外部环境的显微通道，使氧分子向内部迁移而在孔洞的内表面产生氧化，形成内部多孔的氧化层。

2.3.3　固态金属表面的氧化

1. 铜的氧化[10,11,12]

室温下，在干燥的空气中铜不易氧化，当铜在空气中被加热至 185℃时即开始与氧起作用，表面生成红色的氧化亚铜 Cu_2O，当温度高于 350℃时，在铜表面生成黑色的 CuO。在含有 CO_2 的潮湿空气中，铜的表面会生成碱式碳酸铜［$CuCO_3 \cdot Cu(OH)_2$］的薄膜，俗称“铜绿”。

由于生成 Cu_2O 比生成 CuO 的吉布斯自由能低，所以 Cu_2O 更稳定。因此，在高温下，

氧化铜 CuO 不稳定，加热时会分解，即

$$4CuO = 2Cu_2O + O_2\uparrow$$

CuO 不溶于水，但易与各种稀酸起作用，易溶于氯化物、硫酸盐、铵盐和碱性溶液中。Cu_2O 能溶于 HCl、H_2SO_4、$FeCl_3$、$Fe_2(SO_4)_3$、NH_4OH 等溶液中。

碱式碳酸铜［$CuCO_3\cdot Cu(OH)_2$］在高温下也不稳定，加热至220℃以上会分解，即

$$CuCO_3\cdot Cu(OH)_2 = 2CuO + CO_2\uparrow + H_2O\uparrow$$

通常，在母材的焊盘上，氧化后表面呈现暗红色，证明它的表面氧化物以 Cu_2O 为主。

在室温下，新鲜的固体铜表面的初始氧化反应动力学方程符合对数规律

$$y = K_1\lg(t + t_0) + A \tag{2-1}$$

式中 y——表面氧化膜的厚度；

K_1——氧化反应速度常数；

t——时间；

A——积分常数。

随着时间的延长，由于氧化反应机制发生变化，其氧化动力学方程符合反对数规律

$$\frac{1}{y} = B - K_2\lg t \tag{2-2}$$

式中 y——表面氧化膜的厚度；

B——积分常数；

K_2——氧化反应速度常数；

t——时间。

由铜表面氧化反应动力学方程式（2-1）、式（2-2）表明，在室温下，铜的氧化膜具有良好的保护性，但随着时间的延长，铜表面的氧化膜厚度会缓慢增长。

温度对铜的氧化速度有重要影响。升高温度，氧化速度会明显加快。例如，铜在室温下存放90天，氧化膜的厚度大约为10nm，若将温度升高至105℃，只需要16h就可以形成10nm厚的氧化膜。

2. 锡的氧化[13,14]

常温下，锡在空气中稳定，这是因为在锡的表面生成了致密的氧化物薄膜，阻碍了锡的进一步氧化。温度高于150℃时，锡能与空气中的氧作用生成蓝黑色的 SnO 和白色的 SnO_2，其氧化膜是 SnO_2 和 SnO 的混合物。

SnO 为四方晶体，相对分子质量为134.69，密度为 $6.446g\cdot cm^{-3}$，熔点为1040℃，沸点为1425℃。SnO 在高温下会显著挥发，根据质谱分析，在氧化亚锡的蒸气中存在多分子的聚合物 $(SnO)_x$，$x = 1 \sim 4$。SnO 只在温度高于1040℃或低于400℃才是稳定的，在400～1000℃之间会发生歧化反应

$$2SnO = Sn + SnO_2$$

SnO 在高温下呈碱性，能与酸性氧化物如 SiO_2 反应生成相应的盐。SnO 能溶解于许多酸、碱和盐类的水溶液中，所以这种氧化物很容易被钎剂溶解。

SnO_2 可以是四方晶体、斜方晶体或六方晶体，相对分子质量为150.69，密度为 $7.01g\cdot cm^{-3}$，熔点为2000℃，沸点约为2500℃。由于 SnO_2 的沸点很高，在高温下挥发性

很小，但当有金属锡存在时则显著挥发，这是由于发生了以下反应

$$SnO_{2(s)} + Sn_{(l)} \xlongequal{} 2SnO_{(g)}\uparrow$$

SnO_2 呈酸性，在高温下能与碱性氧化物作用生成相应的锡酸盐。SnO_2 不溶于酸和碱的水溶液中，所以这种氧化物较难被钎剂溶解。

相对于铜来说，固态锡表面的氧化膜的生长要慢得多，锡氧化膜的生长通常按式（2-1）对数规律呈缓慢上升趋势，但反应速度常数 K_1 比铜的氧化要小得多。在常温下，锡的新鲜表面在一周后氧化膜厚度为2nm，一年后也仅为3nm左右。升高温度，锡的氧化会明显加快，例如在200℃时，24h后氧化膜的厚度就可达30nm。此外，水和水蒸气能明显加快氧化膜的生长，例如，在100℃的水中，锡表面氧化层的厚度在3min内即可达2nm，30min达2.5nm，60min达3.5nm，4h可达4.5nm。

3. 铅的氧化[15]

铅的原子序数为82，价电子层为$6S^26P^2$，故铅可以形成+2、+4价化合物，实际上还可以形成+1、+3价化合物。常温下，铅在干燥的空气中或不含空气的水中可以不受任何侵蚀，但在潮湿和含有 CO_2 的空气中则表面失去光泽而变成暗灰色，生成 Pb_2O 和碱式碳酸铅［$3PbCO_3 \cdot Pb(OH)_2$］覆盖薄膜，防止铅的继续氧化。

在空气中加热，铅与氧反应可以生成 Pb_2O、PbO、Pb_2O_3 和 Pb_3O_4，其中最稳定的是PbO，其余的都不稳定。随着温度升高，其他氧化物都会变成PbO。如加热到330~450℃铅的氧化物为 Pb_2O_3，再升到450~470℃时，Pb_2O_3 又变为 Pb_3O_4（即 $2PbO \cdot PbO_2$）。Pb_2O_3 和 Pb_3O_4 在高温下都离解为PbO，所以在高温下PbO是唯一稳定的氧化物。PbO的熔点为886℃，沸点为1472℃，所以PbO是容易挥发的化合物。在空气中，800℃时PbO便会显著挥发。

PbO显两性，既可与酸性氧化物反应又可与碱性氧化物反应生成相应的铅盐。因此，铅的氧化膜容易被钎剂溶解。

4. 合金的氧化[8,16,17]

除铜、锡、铅外，在电子产品的微连接中，还涉及金、银、铁镍合金、黄铜等金属和合金。从金属氧化反应自由能的变化可知，金、银在常温下干燥的空气中是不会氧化的，但其他金属的表面同样会存在氧化和相应的氧化膜。

合金的氧化比纯金属复杂得多，其一般规律是：若合金中各组元对氧的亲和力相差很大，则与氧亲和力大的组元将优先氧化，甚至会形成只有一种合金组分的氧化膜，而在氧化膜下面可能产生合金元素的贫化层。另外，当合金各相在界面上化学稳定性有显著差异时，则界面不稳定相将优先氧化。因此，合金的氧化膜可能由两个或两个以上的相组成。对于只有一种组分氧化的情形，无论只是合金元素的氧化生成氧化膜，还是只有基体金属氧化生成氧化膜，由于存在氧化物颗粒的扩散，在氧化膜内都不会以一个单相存在。对于多个合金组分同时氧化的情形，由于氧化物之间或互不溶解，或生成固溶体，或生成化合物，使氧化膜的结构更加复杂化。

金属或合金的氧化，其生成物的稳定性取决于表面膜的组成、结构和存在的条件。不同的金属和合金，表面膜的成分和结构不同，其膜的生长速度和生长方式会有很大差异。一般情况下，金属与氧的亲和力越强，所形成的氧化物越稳定。氧化膜的致密度是由膜的结构决定的，结晶度低或者无定型结构的表面膜具有较大的致密度，这种膜能够有效地保护基体金

属免受进一步氧化。研究发现，温度和湿度是加速氧化膜生长的主要外部因素，温度和湿度升高，会明显加快氧化膜的生长速度。

需要指出，金属的表面膜并非完全是氧化膜。例如，与氧亲和力较强的金属 Al、Ti、Be、Mg 等的表面膜主要是由它们的氧化物组成的；Cu、Fe 等金属除与氧结合以外，还与 CO_2 有较强的亲和力，其表面膜常以碱式碳酸盐存在；而两性金属，如 Sn、Zn 等表面膜中常存在 $Sn(OH)_2$ 或 $Zn(OH)_2$ 等。

2.3.4 液态钎料金属表面的氧化

钎焊时，当钎料被加热熔化后，表面就会迅速氧化。由于表面氧化膜迅速生长，当液态金属受到搅拌作用时，便产生大量氧化物浮渣。例如，在浸焊过程中，当撇去熔融钎料表面氧化膜之后，新的氧化膜又会立即生成。在波峰焊中，由于新鲜的钎料表面连续暴露在空气中，钎料的氧化速度更快，而且产生的氧化物之间包裹着大量钎料金属。其他各种钎焊连接也不同程度地存在着液态钎料金属的氧化。

图 2-4 给出了在大气气氛下，260℃时液态 Sn-0.7Cu、Sn-37Pb 合金表面氧化膜质量 Δm 随时间 t 的变化关系。

因为一定表面积上氧化膜的厚度与该氧化膜的质量成正比，所以该图实际上表明了金属氧化膜在恒温下的生长。

从图 2-4 可以看出，在一定温度下，液态 Sn-0.7Cu 合金氧化膜的生长速度比 Sn-37Pb 大，且无论是液态 Sn-Pb 还是液态 Sn-Cu 合金，表面氧化膜的质量随时间的变化均服从抛物线规律，即氧化速度符合以下公式[3]

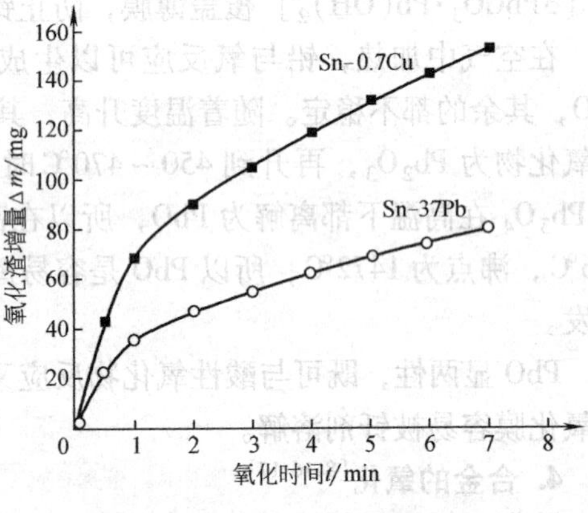

图 2-4 钎料表面氧化膜质量随时间的变化（260℃）[18]

$$\Delta m = AKt^{\frac{1}{2}} \tag{2-3}$$

式中 Δm——表面氧化增加的质量；

A——氧化的表面积；

t——加热时间；

K——氧化层生长系数。

式（2-3）中

$$K = K_0 \exp\left(-\frac{B}{T}\right) \tag{2-4}$$

式中 T——加热温度（K）；

K_0、B——常数。

对 Sn-37Pb 合金来说，在 240℃ 下，$K \approx 10^{-6}$，而对于纯锡来说，其 K 值大略是 Sn-37Pb 合金的两倍。

下面从热力学的角度分析各种钎料的氧化情况[19]。

对 Sn-Pb 钎料而言，在高温熔融状态下，根据体系标准吉布斯自由能的变化，Sn 的氧化既可生成 SnO，又可生成 SnO_2，而 Pb 的氧化主要生成 PbO。在氧化反应过程中，由于 Sn

与 O_2 的亲和力大于 Pb，Sn 将优先氧化。但由于 Sn、Pb 与 O_2 的亲和力相差不是特别显著，实际上，在钎料表面存在着 Sn、Pb 的同时氧化。由于生成 PbO 的 ΔG^0 较生成 SnO 正，且一般 Sn-Pb 合金中 $w_{Pb} > 37\%$，因此含 Pb 钎料的氧化势应显著低于纯 Sn。

对 Sn-Zn 系无铅钎料而言，根据氧化反应标准吉布斯自由能的变化，可知 Zn 氧化反应的 ΔG^0 较 Sn 负，所以 Zn 与 O_2 的亲和力大于 Sn 与 O_2 的亲和力，在高温下 Zn 将优先氧化。所以，对于 Sn-Zn 系共晶无铅钎料在高温下应以 Zn 的氧化为主，Sn 氧化次之。显然，Sn-Zn 系钎料在高温下的氧化势比纯 Sn 高。

对 Sn-Ag、Sn-Cu、Sn-Sb 系无铅钎料而言，由于 Ag、Cu、Sb 氧化反应的 ΔG^0 较 Sn 正，所以 Ag、Cu、Sb 与 O_2 的亲和力小于 Sn 与 O_2 的亲和力，在这些钎料中，高温熔融状态下 Sn 将优先氧化。所以，对于 Sn-Ag、Sn-Cu、Sn-Sb，以及 Sn-Ag-Cu 等共晶无铅钎料，在高温下应以 Sn 的氧化为主。由于这些合金中所含 Ag、Cu、Sb 很少，实际上它们在高温下的氧化势应与纯 Sn 接近。

以上分析表明，在实际钎焊温度下，各种钎料合金的氧化趋势的大小顺序如下：

$$\text{Sn-9Zn} > \text{Sn-5Sb} > \text{Sn-0.7Cu} > \text{Sn-3.5Ag} > \text{Sn-3.5Ag-0.6Cu} > \text{Sn-37Pb}$$

可见，几乎所有无铅钎料的抗氧化性能均比含铅钎料差。无铅钎料在高温下易氧化的本性，导致它们在使用过程中会造成稀贵金属资源的大量浪费，同时还会严重降低液态钎料在母材表面的润湿性和漫流性。

2.4　液态钎料对母材的润湿与填缝

电子钎焊过程中，液态钎料对母材的润湿与填缝是实现钎焊连接的前提条件，没有这个前提条件，就不可能实现金属间的键合。因此，认识液态钎料对母材的润湿与填缝是非常重要的。

2.4.1　金属氧化膜的去除

从前面的介绍我们知道，钎焊时，无论是液态钎料还是固体母材表面都覆盖着一层氧化膜，同时，母材表面还不可避免地存在着油脂、灰尘等污物，其厚度远大于金属之间产生原子间结合的距离，它们将严重阻碍液态钎料金属原子与固体母材的接触，进而妨碍液态钎料对母材的润湿。因此，在钎焊之前，应将这些污物和氧化物除去。

清除表面的油脂，可用乙醇、丙酮、汽油、四氯化碳、三氯乙烯、二氯乙烷、三氯乙烷等有机溶剂脱脂，或氢氧化钠、碳酸钠、磷酸钠、硅酸钠的混合溶液脱脂，或在碱液中进行电解脱脂，或超声波脱脂。

金属表面氧化膜的清除，目前采用的方法主要有机械去膜法、化学去膜法以及气相去膜法。

1. 机械去膜法

机械去膜采用锉刀、刮刀、砂布、金属丝刷等工具来打磨清除金属表面的氧化物。这种方法是最简单的去除表面氧化膜的方法，但是，该方法只能用于焊接对象比较简单、质量要求较低的场合，如一般家用电器维修时接头的焊接。对于大多数精密电子钎焊连接一般不采用这种方法。

2. 化学去膜法[20]

化学去膜是采用某些化学试剂（通常称为钎剂）来溶解金属表面的氧化物膜。通常钎剂分为三大类：一类是无机钎剂，主要包括无机酸（如盐酸、磷酸、氟酸等）和无机盐（如氯化锌、氯化铵、氯化亚锡等），无机钎剂溶解氧化物的能力很强，但相应的腐蚀性较大，在电子钎焊中很少使用；第二类是有机钎剂，主要包括硬脂酸、乳酸、油酸、氨基酸、盐酸苯胺、十六烷基溴化吡啶以及它们的衍生物。有机系列钎剂溶解氧化物的能力较强，缺点是热稳定性差，呈活化的时间短，也就是说一经加热，便急速分解，其结果就可能会留下无活性的残留物；第三类是树脂型钎剂，如松香、活化松香以及其他树脂等，优点是具有非腐蚀性、高绝缘性、长期的稳定性以及耐湿性，缺点是溶解或分解氧化物的能力较弱。

目前，电子钎焊广泛使用松香树脂型、水溶性型和免清洗型有机钎剂。松香钎剂去除铜箔表面氧化膜的反应为

$$2C_{19}H_{29}COOH + CuO \longrightarrow (C_{19}H_{29}COO)_2Cu + H_2O\uparrow$$

由于纯松香酸性弱，与金属氧化物的反应速度慢，为了提高钎剂清除氧化物的能力，需要在松香树脂中加入有机酸或有机胺的氢卤酸盐作为活化剂。有机酸与金属氧化物反应的通式为

$$2RCOOH + MeO \longrightarrow (RCOO)_2Me + H_2O\uparrow$$

有机酸的活性主要通过形成羧酸盐来实现，所以有机酸活性的大小与它们的酸性有关。在一定范围内，松香树脂型钎剂与金属氧化物的作用随着有机酸含量的增加而增强。此外，有机酸只有在松香中充分溶解，才能发挥良好的活化作用。

对于含有机胺的氢卤酸盐的松香型钎剂，在钎焊温度下，有机胺的氢卤酸盐分解成胺和相应的卤化氢，卤化氢有较强的去除氧化物的能力，其反应为

$$MeO + 2HCl \longrightarrow MeCl_2 + H_2O\uparrow$$

含有机胺的氢卤酸盐的松香型钎剂去除金属氧化膜的能力随活化剂含量的增加而增强。与有机酸相比，具有加入量小、活化能力强、作用速度快等特点。

对于水溶性钎剂，通常采用有机酸和有机胺作活化剂，其去除金属氧化膜的原理与上述基本相同。

对于免清洗钎剂，同样是由活化剂和溶剂组成的，加入的其他助剂有缓蚀剂、消光剂和发泡剂等。这种钎剂的去膜机制仍与上述相同，只是由于这种钎剂的固体含量低、离子残渣少、不含卤素、绝缘电阻高，因此焊后不需清洗。

3. 气相去膜法[2]

当采用真空或保护气氛进行钎焊时，在焊接区域内将形成一个很低的氧分压，这就为金属氧化物的分解创造了条件。金属氧化物的分解反应为

$$M_mO_n = mM + \frac{n}{2}O_2$$

氧化物分解的平衡常数为

$$K = \frac{p_M^m}{p_{M_mO_n}} p_{O_2}^{\frac{n}{2}} \tag{2-5}$$

式中　p_M——金属的分压；

$p_{M_mO_n}$——金属氧化物的分压；

p_{O_2}——氧的分压。

当温度不变时，系统中金属和氧化物的分压均为常数，则式（2-5）可写成

$$K = Ap_{O_2} \tag{2-6}$$

式中　A——常数。

可见，当温度一定，金属的氧化和分解平衡时，存在着一个氧的分压，这个分压称为金属氧化物的分解压。在101kPa下，金属氧化物的分解压与温度的关系为

$$\lg p_{O_2} = -\frac{Q_V}{4.571T} + 1.75\lg T + 2.8 \tag{2-7}$$

式中　p_{O_2}——金属氧化物的分解压；

Q_V——氧化物在常温时分解出1mol O_2的热效应（J/mol）；

T——热力学温度（K）。

由式（2-7）可以作出各种金属氧化物的分解压与温度的关系曲线，如图2-5所示。

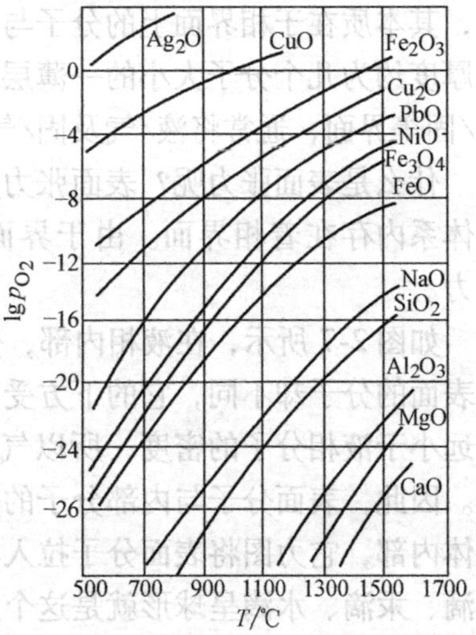

图2-5　氧化物的分解压与温度的关系[2]

在图2-5中，对于指定的金属而言，如果控制气氛中的氧分压在该氧化物对应的曲线以下，则该氧化物将发生分解；反之，则发生氧化。

因此，钎焊时，只要焊接区域内的氧分压控制在氧化物的分解压以下，就能使氧化膜发生分解。但只靠氧化物的分解是不够的，在钎焊时还有固、液相的吸附作用、界面的热应力作用使氧化膜破碎而脱落。如采用某些还原性气体如氢气作保护，可大大加速氧化膜的去除。如选用三氟化硼、三溴化硼等气体作保护气氛，则可以产生强烈的化学活性，使氧化膜还原而被去除。

2.4.2　液态钎料对母材的润湿和填充焊缝

当母材表面的金属氧化物及其他污物被除去以后，便得到洁净的金属表面。此时，液态钎料才能对母材表面产生润湿和填缝。

1. 金属固体表层的结构[3]

纯金属固体的表层结构如图2-6所示。在最外层表面是一层0.2～0.3nm厚的气体吸附层，随金属性质的不同，吸附气体的种类和厚度有一定差别。通常，主要吸附的气体是水蒸气、氧、CO_2和H_2S。在气体吸附层之下是一层3～4nm厚的氧化膜，这层氧化膜并不是单纯的氧化物，而是由氧化物的水合物、氢氧化物、碱式碳酸盐等成分组成。这层氧化膜有的呈低

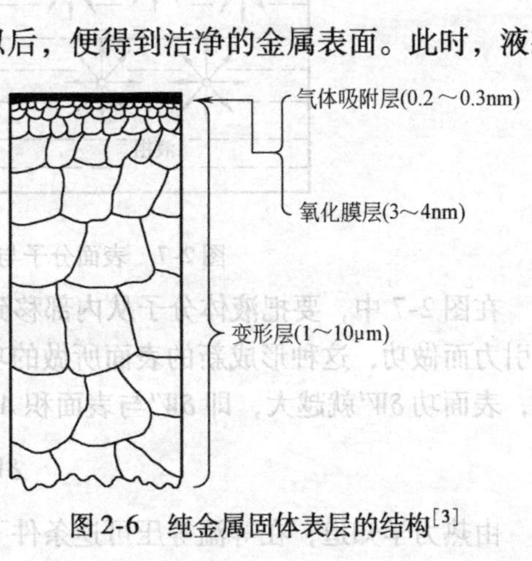

图2-6　纯金属固体表层的结构[3]

结晶态，其结构比较致密，能保护基底金属免于进一步氧化，如 γ-Al_2O_3、Cu_2O 等；有的则较疏松多孔，如 Fe_2O_3、CuO 等。在氧化膜之下则是一层 1 ~ 2μm 的微晶组织以及 1 ~ 10μm 厚的变形层，这是由于压力加工所形成的晶粒变形的结构。

对合金来说，表面结构要复杂得多。通常表面能较低的，亲氧的组元会扩散并富集于表面并形成复杂多元组成的表面膜。

金属或合金的这层表面膜会随着储存期的延长而增厚。钎焊时，应根据膜的性质，分别采用还原性的酸（HCl、HF、稀硫酸、有机酸）或氧化性的酸（HNO_3）或碱（NaOH、KOH）来除去。

2. 表面张力的概念[21,22]

液态钎料对固体母材表面的润湿和填缝与表面张力密切相关。在讨论液态钎料的润湿和填缝之前，先要学习表面张力的知识。

（1）表面张力　物质表面的性质与内部的性质在结构、能量等方面都存在着很大的差异，其本质在于相界面上的分子与内部分子所处的状态不同。我们把在两相之间的界面存在的厚度约为几个分子大小的一薄层简称为界面。界面通常有液/气、固/气、固/液、液/液、固/固等界面，通常将液/气及固/气界面称为表面。

什么是表面张力呢？表面张力是化学中的一个基本概念。当不同相存在于同一体系时，在体系内存在着相界面。由于界面分子与内部分子所受到的作用力不同，就产生了表面张力。

如图 2-7 所示，在液相内部，分子受邻近四周分子的作用力是对称的，合力为零；而处于表面的分子却不同，它的下方受液体分子吸引，上方受气相分子作用，由于气相的分子密度远小于液相分子的密度，所以气相分子对表面分子的引力远小于液相内部分子对它的引力。因此，表面分子与内部分子的受力是不同的。表面分子受到的合力垂直于液体表面指向液体内部，它力图将表面分子拉入液体内部，使液体表面自动收缩到最小。自由状态的金属液滴、汞滴、水滴呈球形就是这个原因，置于金属表面的液态钎料也同样会发生收缩现象。

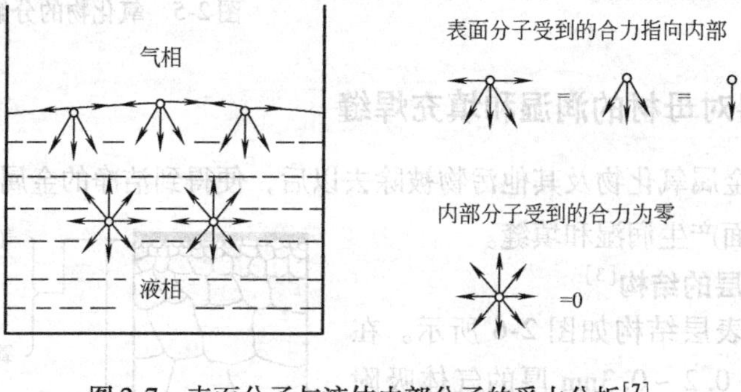

图 2-7　表面分子与液体内部分子的受力分析[7]

在图 2-7 中，要把液体分子从内部移到表面，即增大表面积，就必须克服指向液体内部的引力而做功，这种形成新的表面所做的功称为表面功 $\delta W'$。显然，移到表面上的分子数越多，表面功 $\delta W'$ 就越大，即 $\delta W'$ 与表面积 A_s 的增加成正比

$$\delta W' = \sigma \mathrm{d}A_s \tag{2-8}$$

由热力学知道，在等温等压可逆条件下 $\Delta G = W'$，因此，式（2-8）可以写成

$$dG = \delta W' = \sigma dA_s \tag{2-9}$$

即

$$\sigma = dG/dA_s \tag{2-10}$$

式中　σ——表面张力（$J \cdot m^{-2}$）。因为1J＝1N·m，所以σ的单位可以写成$N \cdot m^{-1}$。

可见，表面张力可以分别从力和功的概念来理解。从力的概念，表面张力可以理解成是沿着与液面相切的方向，作用于表面单位长度上的使液面自动收缩的力，单位为$N \cdot m^{-1}$。若从功的概念来说，表面张力可以理解成是在一个恒温恒压及恒定组成的两相系统中，增加单位表面积时所做的功或吉布斯自由能的变化，单位为$J \cdot m^{-2}$。

（2）表面张力的影响因素　凡是影响表面分子受力不均衡或能量不均衡的因素都会影响表面张力的变化，包括：

1）物质结构的影响。这主要指物质结合的键能。我们知道，金属键的键能最大，离子键的键能次之，共价键的键能最小，所以具有金属键结构的物质表面张力最大，离子键结构的物质次之，共价键结构的物质表面张力最小。当液体中溶有杂质时，由于质点之间的作用力发生了变化，表面张力也会随之变化。如果杂质分子与液体分子间的作用力小于液体分子间的作用力，杂质将被排挤到液体表面层中去，这时杂质在表面层中的浓度大于在液体内部的浓度，从而使液体表面张力下降。反之，就会使液体表面张力上升。

2）接触相的影响。这是由于表层分子与不同相的物质接触时所受的力不同，因此表面张力也会发生变化。如接触相物质的密度大，对表层分子的引力就大。反之，引力就小。

3）温度的影响。表面张力会随着温度的升高而降低，即表面张力的温度系数$d\sigma/dT$为负值。这是因为温度升高时液体的体积膨胀，密度降低，削弱了液体内部分子对表层分子的作用力。同时由于温度升高，气相蒸气压变大，气相密度增大，气相分子对液体表层分子的作用增强，这些都使表面张力下降。当温度升至液体临界温度时，气/液界面消失，表面张力趋近于零。但也有少数物质，如液态Fe、Cu及其合金、钢铁等的表面张力会随着温度的升高而增大，这类现象目前尚无一致的解释。

大多数物质的液态表面张力随温度的变化近似呈线性关系，即Ramsay-Sheilds公式

$$\sigma[M/\rho]^{2/3} = K(T_c - T - 6) \tag{2-11}$$

式中　σ——液体的表面张力；

M——液体的摩尔质量；

ρ——液体密度；

T_c——液体的临界温度；

T——实际温度；

K——经验常数（$K = 2.1 \times 10^{-7}$）。

表面张力在钎焊连接过程中是一个非常重要的物理概念。表面张力会影响液态钎料的润湿性，也会影响填缝能力。Sn-37Pb钎料在185℃时的表面张力为$0.4J \cdot m^{-2}$左右，会导致各种焊接缺陷产生。例如，在SMT生产中，元器件被放置在钎料膏之上，钎料膏熔化的瞬间所形成的表面张力会作用在元器件的端电极上，对片式元件来说，由于元件重量极轻，若两焊盘面积大小不一，焊盘热容量就不相等，则两焊盘上钎料膏熔化的时间就有先后，钎料膏熔化时所产生的表面张力也就不平衡，以致元件翘起，即出现所谓的“曼哈顿”现象[7]。

3. 润湿与表面张力的关系[21,23]

润湿通常是指固体表面上气体被液体所取代，或者固体表面上的液体被另一种液体所取

代的现象。在钎焊过程中，熔融钎料在固体母材表面充分扩展和均匀扩散的过程，称液态钎料对母材的润湿。

根据润湿程度的不同，可将润湿分为以下三种类型，如图 2-8 所示。

(1) 附着润湿与表面张力　如图 2-8a 所示，附着润湿是使固体和液体接触，使原来的固/气界面和液/气界面改变为固/液界面的过程。设它们的表面张力分别为 $\sigma_{s\text{-}g}$、$\sigma_{l\text{-}g}$、$\sigma_{s\text{-}l}$，则该过程吉布斯自由能的变化为

$$\Delta G_{(a)} = \sigma_{s\text{-}l} - (\sigma_{l\text{-}g} + \sigma_{s\text{-}g}) \tag{2-12}$$

根据热力学第二定律，$\Delta G_{(a)} < 0$ 时，附着润湿能自动进行。又在等温等压可逆条件下，$\Delta G_{(a)} = W'$，所以对附着润湿的逆过程有

$$W_a = \sigma_{l\text{-}g} + \sigma_{s\text{-}g} - \sigma_{s\text{-}l} \tag{2-13}$$

式中　W_a——附着功或粘附功，它表示将单位截面积的液/固界面分开时需要环境所做的最小功。

显然，$W_a > 0$ 时附着润湿能自动进行，且 W_a 越大，表示液/固界面结合越牢，亦即附着润湿能力越强。

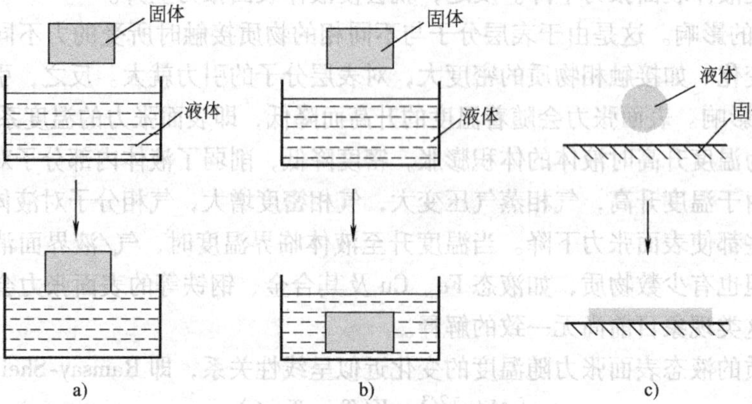

图 2-8　润湿的分类[21]

a) 附着润湿　b) 浸渍润湿　c) 铺展润湿

假设将图 2-8a 中的固体换成相同的液体，那么就变成将单位截面积的液柱断开，产生两个液/气界面所做的功，即

$$W_c = \sigma_{l\text{-}g} + \sigma_{l\text{-}g} - \sigma_{l\text{-}l} = 2\sigma_{l\text{-}g} \tag{2-14}$$

式中　W_c——内聚功。

显然，W_c 反映了液体自身结合的牢固程度，且 W_c 越大，液体自身的结合越牢。

(2) 浸渍润湿与表面张力　如图 2-8b 所示，浸渍润湿是指固体浸入液体时，变固/气界面为固/液界面的过程。在此过程中，液/气界面没有变化。设表面张力分别为 $\sigma_{s\text{-}g}$、$\sigma_{s\text{-}l}$，则该过程吉布斯自由能的变化为

$$\Delta G_{(b)} = \sigma_{s\text{-}l} - \sigma_{s\text{-}g} \tag{2-15}$$

其逆过程有

$$W_i = \sigma_{s\text{-}g} - \sigma_{s\text{-}l} \tag{2-16}$$

式中　W_i——浸渍功。

显然，$W_i > 0$ 时，浸渍润湿能自动进行，且 W_i 越大，液体在固体表面上取代气体的能力越强。

（3）铺展润湿与表面张力　铺展润湿是指固/液界面和液/气界面代替原来的固/气界面的过程。如图 2-8c 所示，假设原来液滴的表面积很小，可以忽略。液滴在固体表面上完全铺展成薄膜，其吉布斯自由能变化为

$$\Delta G_{(c)} = \sigma_{l\text{-}g} + \sigma_{s\text{-}l} - \sigma_{s\text{-}g} \tag{2-17}$$

对其逆过程有

$$S = \sigma_{s\text{-}g} - \sigma_{l\text{-}g} - \sigma_{s\text{-}l} \tag{2-18}$$

式中　S——液体在固体上的铺展系数。

显然，$S > 0$ 时，铺展润湿能自动进行，且 S 越大，液体在固体表面上的铺展能力越强。

4. 润湿的条件和润湿性的判断[21、23]

（1）产生润湿的条件　根据以上分析可见，在钎焊时，液态钎料对固体母材的附着润湿、浸渍润湿和铺展润湿能力是由表面张力决定的。根据式（2-13）、式（2-16）、式（2-18），熔化钎料与固体母材发生润湿必须具备的条件是：

1）附着润湿：$W_a > 0$，即

$$\sigma_{s\text{-}g} > \sigma_{s\text{-}l} - \sigma_{l\text{-}g} \tag{2-19}$$

2）浸渍润湿：$W_i > 0$，即

$$\sigma_{s\text{-}g} > \sigma_{s\text{-}l} \tag{2-20}$$

3）铺展润湿：$S > 0$，即

$$\sigma_{s\text{-}g} > \sigma_{l\text{-}g} + \sigma_{s\text{-}l} \tag{2-21}$$

对于同一系统，有 $W_a > W_i > S$。若 $S > 0$，则必有 $W_a > 0$ 和 $W_i > 0$。因此，凡是液态钎料能在固体母材表面上铺展，则该液态钎料必能附着在固体母材上，并能浸湿母材表面，故从热力学的角度可用铺展系数 S 的大小来衡量润湿性。

在钎焊过程中，液态钎料与母材接触而产生润湿时，原子之间相互吸引的力称为润湿力。当钎料与母材之间存在有氧化物或污垢时，这些氧化物就会妨碍两种金属原子的自由接近而阻碍产生润湿作用。尽管在元器件引线与焊盘之间涂覆了钎剂，但如果元器件引线或 PCB 焊盘出现严重氧化，则仍然会出现“虚焊”等缺陷而得不到良好的连接效果。

（2）润湿程度的判断　虽然润湿是由表面张力决定的，但是除了 $\sigma_{l\text{-}g}$ 以外，$\sigma_{s\text{-}g}$ 和 $\sigma_{s\text{-}l}$ 都难以测定，所以液态钎料与固体母材之间的润湿程度很难用表面张力来进行量化分析。通常，在钎焊过程中，液态钎料与母材之间的润湿程度可以用钎料与母材之间的润湿角 θ 的大小来表示（见图 2-9）。

在图 2-9 中，假设液滴很小，其重力可忽略不计，当钎料液滴在母材表面产生润湿，液滴呈球冠状，并构成一个由固、液、气组成的三相界面体系。固、液、气三相接触达到平衡时，液滴表面自由能应处于最低状态。从三相接触点 O 沿液/气界面作切线与固/液界面的夹角 θ 称为接触角或润湿角。θ 的大小与接触各相的界面张力有关。在三相接触点 O 同时受

到三个力的作用：$\sigma_{s\text{-}g}$是母材表面与气相之间的界面张力；$\sigma_{s\text{-}l}$是母材表面与液态钎料之间的界面张力；$\sigma_{l\text{-}g}$是液态钎料与气相之间的界面张力。根据杨氏方程，三相平衡时，其合力为零。于是可得接触角 θ 与三个界面张力之间的关系如下

$$\sigma_{s\text{-}g}=\sigma_{s\text{-}l}+\sigma_{l\text{-}g}\cos\theta \tag{2-22}$$

或

$$\cos\theta=\frac{\sigma_{s\text{-}g}-\sigma_{s\text{-}l}}{\sigma_{l\text{-}g}} \tag{2-23}$$

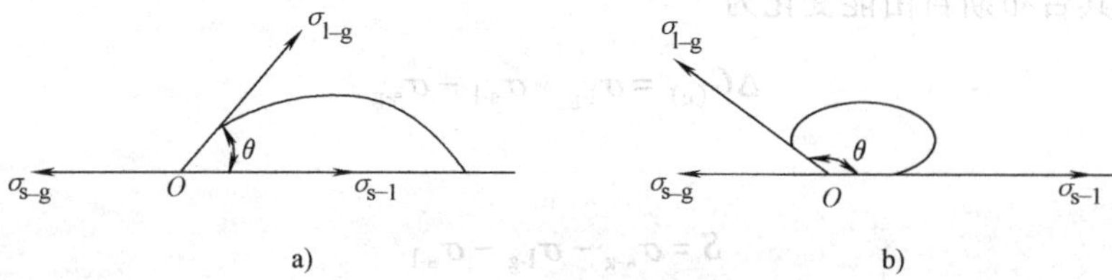

图 2-9　钎料液滴对母材的润湿

a）$\theta<90°$　b）$\theta>90°$

当钎料液滴在金属表面处于平衡状态时，三个力之间是互相制约的，$\sigma_{s\text{-}g}$力图使液面铺展开来，而$\sigma_{l\text{-}g}$和$\sigma_{s\text{-}l}$则力图使液滴收缩，最终达到平衡。

根据式（2-23），可见当$\sigma_{s\text{-}g}$增大，$\sigma_{s\text{-}l}$或$\sigma_{l\text{-}g}$减小，都能减小 θ，使铺展面积增大。从物理意义来说，$\sigma_{l\text{-}g}$减小意味着使液态钎料内部原子对表面原子的吸引力减弱，这时，液态钎料原子特别是边缘表面的原子，趋向于金属表面而使表面积增大，钎料就铺展开来。同样$\sigma_{s\text{-}l}$减小，表明固体金属对液体的吸引增大，使液态钎料内部的原子容易被拉向固/液界面而使钎料易于铺展。

因此，液态钎料对固体母材的润湿程度，可以用润湿平衡时液/固之间的夹角即润湿角 θ 的大小来表征：

当 $\theta=0°$时，表示完全润湿；

当 $\theta<90°$时，表示润湿；

当 $\theta>90°$时，表示不润湿；

当 $\theta=180°$时，表示完全不润湿。

液态钎料在金属表面润湿的几种特例如图 2-10 所示。

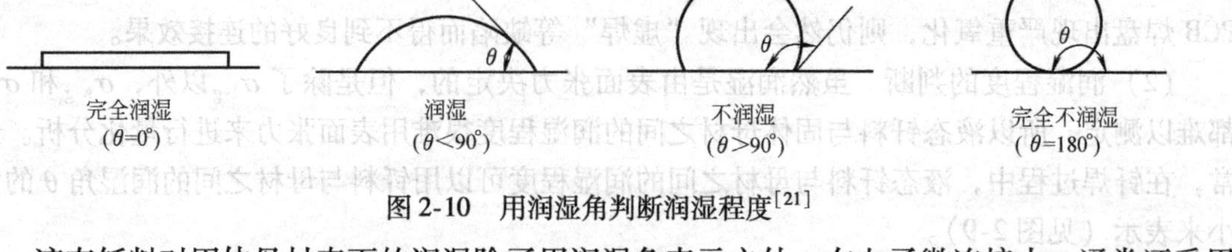

图 2-10　用润湿角判断润湿程度[21]

液态钎料对固体母材表面的润湿除了用润湿角表示之外，在电子微连接中，通常还采用目测观察来评估，判断方法如下[7]：

润湿优良：接触角 $\theta<30°$，且在焊点或焊缝表面上可观察到一层均匀、连续、光滑、无裂痕、无气孔而附着良好的钎料。

部分润湿：接触角 $\theta>30°$，从润湿区域的边缘上可观察到在母材金属表面某些地方被钎料润湿，而另一些地方不润湿。

弱润湿：在母材表面，初始被液态钎料润湿，接着液态钎料产生部分收缩而形成不规则的液滴。

不润湿：$\theta>90°$，钎料滴在母材表面未产生铺展，并可用外力除去。

5. 毛细现象与填缝能力

（1）弯曲液面的附加压力　弯曲液面的受力情况如图2-11所示。对于水平液面，如图2-11a所示，表面张力相互抵消，合力为零，液面所受的压力等于外压力 p_g；如果液面是弯曲的，由于液体表面张力的存在，其表面张力的合力指向液面的曲率中心。对于凸液面来说，如图2-11b所示，弯曲液面的曲率半径 $r>0$，表面张力的合力指向液体内部；对于凹液面来说，如图2-11c所示，弯曲液面的曲率半径 $r<0$，表面张力的合力指向液体外部。即是说，弯曲液面好像受到一个额外的附加压力，用符号 $p_{附}$ 表示。

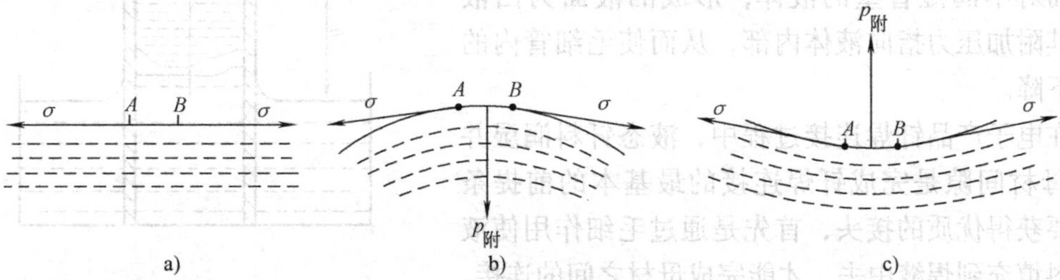

图2-11　弯曲液面的附加压力[21]

a）水平液面　b）凸液面　c）凹液面

弯曲液面受到的曲面附加压力有多大呢？假设一个半径为 r 的球形液滴，在球面上任意取一截面 AB，圆形截面的半径为 r_1，如图2-12所示。

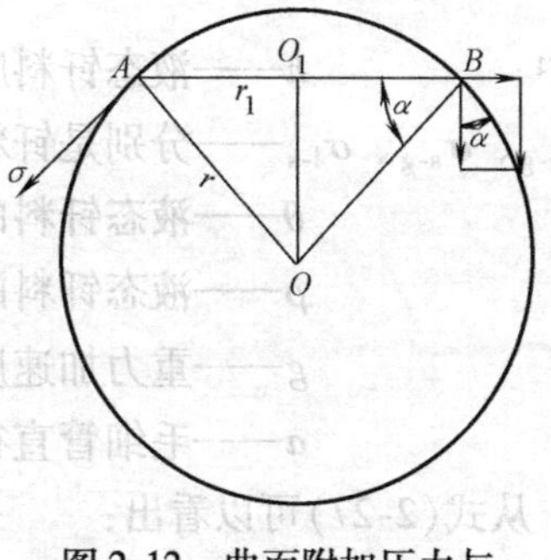

图2-12　曲面附加压力与曲率半径的关系[22]

从图中可见，截面周界上的表面张力 σ 在水平方向上的分力相互抵消，而在垂直方向上的分力为 $\sigma\cos\alpha$，因此在垂直方向上这些分力的合力为

$$F=2\pi r_1\sigma\cos\alpha \qquad (2\text{-}24)$$

从图中可见，$\cos\alpha=r_1/r$，所以

$$F=2\pi r_1{}^2\sigma/r \qquad (2\text{-}25)$$

在弯曲液面下，垂直作用在单位截面上的力，即为附加压力。即

$$p_{附}=\frac{F}{\pi r_1^2}=\frac{2\pi r_1^2\sigma/r}{\pi r_1^2}=\frac{2\sigma}{r} \qquad (2\text{-}26)$$

式中　$p_{附}$——弯曲液面的附加压力；

σ——液体的表面张力；

r——弯曲液面的曲率半径。

式(2-26)称为 Laplace 方程，它可以用来计算弯曲液面的附加压力的大小。

应用式(2-26)计算弯曲液面的附加压力时应注意：

对于凸液面，$r>0$，$p_{附}$ 为正值，曲面附加压力方向指向液体内部。

对于凹液面，$r<0$，$p_{附}$ 为负值，其方向指向液体外部气体。

对于水平液面，$r=\infty$，$p_{附}=0$。

（2）毛细现象与填缝能力　所谓毛细现象是指在毛细力作用下，流体发生宏观流动的现象。毛细现象的实质是由于液面的曲率差而导致流体内部产生压力差。按照流体力学规律，流体总是从压力高的地方流向压力低的地方。毛细现象是基于 Laplace 方程产生的现象，即对于润湿管壁的液体，形成的液面为凹液面，其附加压力指向液体外部，这个力使液体向外拉，使毛细管内的液柱上升，如图 2-13 所示。

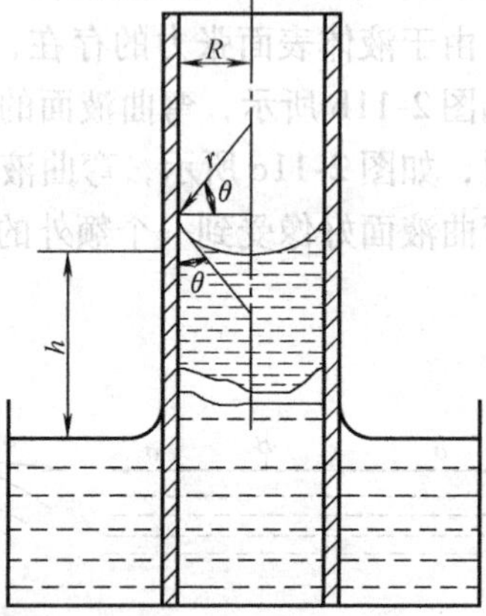

图 2-13　毛细现象使钎料产生填缝能力[21]

而对不润湿管壁的液体，形成的液面为凸液面，其附加压力指向液体内部，从而使毛细管内的液柱下降。

在电子产品钎焊连接过程中，液态钎料润湿并填充母材间隙是完成钎焊连接的最基本的前提条件。要获得优质的接头，首先是通过毛细作用使液态钎料填充到焊缝中去，才能完成母材之间的连接。

液体钎料在母材间隙中上升的高度，可由下式确定[2]

$$h=\frac{2\sigma_{\text{l-g}}\cos\theta}{a\rho g}=\frac{2(\sigma_{\text{s-g}}-\sigma_{\text{l-s}})}{a\rho g} \tag{2-27}$$

式中　h——液态钎料爬升的高度(m)；

$\sigma_{\text{l-g}}$、$\sigma_{\text{s-g}}$、$\sigma_{\text{l-s}}$——分别是钎料/气体、母材/气体、钎料/母材的界面张力($\text{N}\cdot\text{m}^{-1}$)；

θ——液态钎料的润湿角；

ρ——液态钎料的密度($1\times10^{3}\text{kg}\cdot\text{m}^{-3}$)；

g——重力加速度($\text{m}\cdot\text{s}^{-2}$)；

a——毛细管直径或焊缝的间隙(mm)。

从式(2-27)可以看出：

1）当润湿角 $\theta<90°$时，$\cos\theta>0$，此时 $h>0$，液体钎料将沿着间隙上升；若 $\theta>90°$时，则 $\cos\theta<0$，此时 $h<0$，液体钎料将沿着间隙下降。因此，液态钎料填充母材间隙的能力将首先取决于它对母材的润湿性。显然，只有在液态钎料能充分润湿母材的条件下才能填满焊缝。

2）液态钎料沿焊缝间隙上升的高度 h 与间隙的大小 a 成反比。随着间隙减小，钎料上升的高度将增大。此外，适当提高金属表面的粗糙度也可以增强钎料的毛细作用。

毛细填缝的另一个参数是液态钎料在母材间隙中的流动速度。研究表明，液态钎料在毛细作用下的流动速度可以表示为[2]

$$v=\frac{\sigma_{l\text{-}g}a\cos\theta}{4\eta h} \tag{2-28}$$

式中 v——液态钎料的流动速度；

$\sigma_{l\text{-}g}$——液态钎料的表面张力；

θ——液态钎料的润湿角；

η——液态钎料的粘度；

h——液态钎料爬升的高度。

可见，润湿角 θ 越小，$\cos\theta$ 就越大，流速就越大；液态钎料的粘度越大，流速就越小；流速与 h 成反比，说明液体钎料在刚进入间隙时流动快，以后随 h 的增加会逐渐减慢。所以，为使液态钎料能迅速填充间隙，钎料必须具有良好的润湿性，同时应有足够的加热温度。因为液态钎料的粘度随温度的上升而下降。

在实际钎焊过程中，由于存在着液态钎料与母材的相互作用，会使液态钎料的成分、密度、粘度和熔点发生变化，从而使钎料的润湿作用和毛细填缝复杂化。

6. 改善钎料润湿性和填缝能力的方法

在钎焊过程中，润湿性的好坏往往与钎料的填缝能力密切相关。大量研究表明，有关液态钎料的润湿和填缝能力的影响因素包括：钎料的成分、钎料与母材的互溶性、温度、金属表面的氧化、母材表面状态、表面活性物质等。

根据这些影响因素，改善液态钎料对固体母材的润湿性和填缝能力，可以从以下几方面入手。

（1）选用优良的钎剂　由式(2-21)可以看出，要使液态钎料在固体母材表面上最大限度地铺展，则必须尽可能地提高 $\sigma_{s\text{-}g}$，尽可能降低 $\sigma_{l\text{-}g}$ 和 $\sigma_{s\text{-}l}$。

怎样提高 $\sigma_{s\text{-}g}$ 和降低 $\sigma_{l\text{-}g}$、$\sigma_{s\text{-}l}$ 呢？前面已经介绍了在钎焊时必须先用钎剂清除固体母材和液态钎料表面的金属氧化物。钎焊时，当涂敷钎剂以后，式(2-21)变为

$$\sigma_{s\text{-}f}>\sigma_{l\text{-}f}+\sigma_{s\text{-}l} \tag{2-29}$$

式中 $\sigma_{s\text{-}f}$、$\sigma_{l\text{-}f}$、$\sigma_{s\text{-}l}$——分别表示固体母材与钎剂、液态钎料与钎剂以及固体母材与液态钎料之间的表面张力。

金属表面氧化是一个自发过程，即氧化是一个降低金属表面张力的过程，而氧化的逆过程即清除表面氧化膜的过程则是一个增大表面张力的过程。固体物质的表面张力较难测定，从发表的数据来看也很不一致。一般地，金属的表面张力要大大高于氧化物的表面张力，例如，20℃时 Fe 的表面张力为 $4.0\mathrm{N\cdot cm^{-1}}$，1400℃时为 $2.1\mathrm{N\cdot cm^{-1}}$，熔化后液态 Fe 的表面张力为 $1.84\mathrm{N\cdot cm^{-1}}$，而铁的金属氧化物 Fe_2O_3 的表面张力为 $0.35\mathrm{N\cdot cm^{-1}}$；在1050℃时固态铜的表面张力为 $1.43\mathrm{N\cdot cm^{-1}}$，熔化后为 $1.35\mathrm{N\cdot cm^{-1}}$，而其氧化物 CuO 的表面张力为 $0.76\mathrm{N\cdot cm^{-1}}$；20℃时 Al 的表面张力为 $1.91\mathrm{N\cdot cm^{-1}}$，熔化后为 $0.91\mathrm{N\cdot cm^{-1}}$，而其氧化物 Al_2O_3 的表面张力为 $0.56\mathrm{N\cdot cm^{-1}}$。所以，在固体母材金属表面涂敷钎剂，清除表面氧化膜的过程能显著增大表面张力。

对于液态钎料的新鲜表面，由于涂敷的钎剂是液态钎料的表面活性物质，它能使液态钎料的表面张力大大降低。

对液态钎料与固体母材界面而言，我们知道，当钎料与被焊金属之间存在有氧化物或污垢时，这些氧化物就会成为阻挡两种金属原子自由接近的障碍而降低润湿作用。在涂敷钎剂

以后，清除了表面氧化膜，使原子之间的距离被拉近。由于在洁净的金属表面存在着原子引力所构成的力场，当钎料和母材原子紧密接近，并达到产生相互吸引以致结合的距离时，两种金属就会立即产生键合。由于发生键合的过程是一个自发过程，即是一个降低界面张力的过程，因而使固/液界面张力大大降低[23]。

为了增强钎剂的作用，通常采用添加活性剂的方法。添加活性剂，可以增强去除表面氧化膜的能力，并有效减小液态钎料的表面张力。例如，在185℃时，在无钎剂条件下Sn-40Pb钎料的表面张力为0.5J·m^{-2}，在异丙醇松香的作用下降为0.41J·m^{-2}，而在0.2%活性剂的异丙醇松香的作用下，其表面张力可以降到0.35J·m^{-2}[7]。

综上所述，当涂敷钎剂以后，钎剂在清洁金属表面的同时，提高了母材与钎剂之间的界面张力$\sigma_{s\text{-}f}$，降低了液态钎料与钎剂之间的界面张力$\sigma_{l\text{-}f}$，同时也降低了母材与液态钎料之间的界面张力$\sigma_{s\text{-}l}$，这样就会使液态钎料立即在母材表面铺展开来。由式(2-27)、式(2-28)可知，润湿性提高，就能改善液态钎料的毛细填缝能力。

（2）优选钎料的成分　改变钎料的组成，可以改善液态钎料对母材的润湿性。不同组成的钎料其润湿性能的差异很大。

图2-14给出了在250℃下Sn-Pb系合金的表面张力随铅含量的变化，可知铅可以降低锡的表面张力。从图中可以看出，纯锡的表面张力很高，随着铅含量的增加，钎料的表面张力明显降低，对母材的润湿性显著提高。

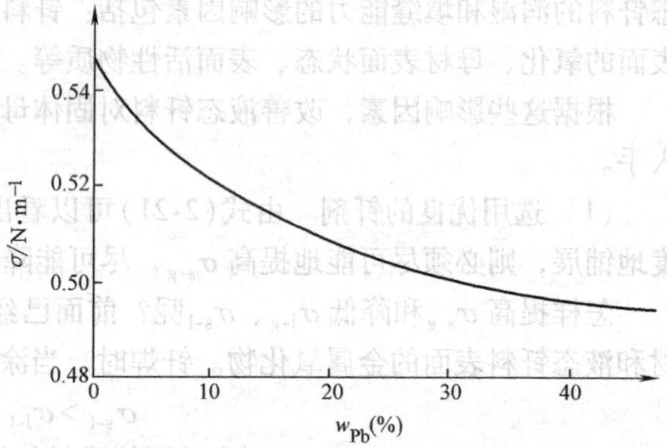

图2-14　Sn-Pb系合金的表面张力（250℃）[7]

研究表明，当液态钎料与母材之间具有一定的互溶度，即两种原子之间有良好的亲和力时，由于显著降低了液态钎料与母材之间的界面张力$\sigma_{s\text{-}l}$而大幅度增强润湿性。通常，两种不同金属互溶的程度取决于它们在元素周期表中的位置、晶体类型和原子半径[7]。

一般说来，在周期表中位置相近且晶格类型相同的金属，其互溶度较大。若两组元的原子尺寸之差小于15%时，有利于形成固溶体，大于15%时，相互只能微量溶解。有时，当添加到钎料中的元素是提高液态钎料表面张力$\sigma_{l\text{-}g}$的，但可显著降低$\sigma_{s\text{-}l}$而使润湿性得到改善。

另外，从原子结构来看，两种金属界面上的原子有两种形式的键：一种是同类原子之间的键；另一种是异类金属原子之间的键。这两种键的结合形式取决于金属与金属之间的键合能，键合能较大的则优先结合。

液态钎料中存在杂质时，将使质点之间作用力发生变化。如果杂质与液态钎料原子的作用力小于液态钎料原子之间的作用力，杂质将被排挤到液体表层中去，这时杂质在表层的浓度大于在液体内部的浓度，从而使液体钎料的表面张力下降，提高润湿性。反之，就会使液体钎料表面张力增加，润湿性下降。可以说，凡是能在液态钎料表面发生正吸附的物质，就能促使钎料的表面能降低，因此，这样的物质就是钎料的表面活性剂[23]。

所以，在钎料中加入能降低表面张力的组分，或表面活性剂，或能与母材互溶的成分，都能改善润湿性，提高液态钎料的填缝能力。

(3) 适当提高焊接温度　前面已介绍过，大多数物质的表面张力随温度的升高近似呈线性下降关系，但也有少数物质相反，如 Cu 及其合金的表面张力会随着温度的升高而增大，这在电子微连接中对提高固体母材的表面张力、改善钎料的润湿性具有重要意义。

电子钎焊的母材主要是铜和铜合金，因此，提高温度对固体母材来说，能使表面张力$\sigma_{s\text{-}g}$增加，而对液态钎料来说，能使表面张力$\sigma_{l\text{-}g}$下降。由式(2-21)可知，$\sigma_{s\text{-}g}$增加，$\sigma_{l\text{-}g}$下降，有利于液态钎料对母材表面的润湿，根据式(2-27)，改善润湿性就能提高填缝深度。由式(2-28)可知，升高温度可以降低钎料粘度，提高液态钎料在母材焊缝中的流动速度。

需要说明的是，用提高温度来增加润湿性的能力是有限的。过高的温度会导致焊缝金属组织发生变化，使焊点的力学性能变脆，导电性能变差，甚至使元器件受损。

(4) 改善介质环境　在不同的保护气氛中，液态钎料的表面张力是不相同的，因而就影响到液态钎料对母材的润湿性。

钎焊时，当涂敷钎剂以后，实际上也就改变了介质环境。某些场合采用惰性气体、还原气体或其他活性气体气氛时，一方面可以还原金属表面的氧化膜，另一方面可以防止高温下金属表面的再氧化，还可以降低液态钎料的表面张力，从而改善钎料对母材的润湿性，提高液态钎料对焊缝的毛细填充能力。

(5) 改善母材表面状态[2]　母材表面粗糙度对液态钎料的润湿性也有很大影响。如图 2-15 所示，在母材表面上，图 a 为假设的理想平面，图 b 所示为有一定粗糙度的实际平面，液/固界面从 a 点到 b 点推进相同的直线距离。

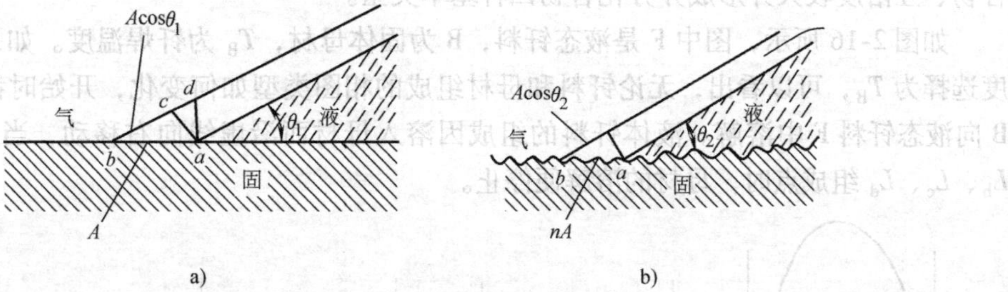

图 2-15　母材表面粗糙度对润湿性的影响[2]

对图 2-15a，液/固界面积增大 A，固/气界面积减小 A，液/气界面积增加 $A\cos\theta_1$，系统平衡时，自由能的变化为

$$\sigma_{l\text{-}s}A+\sigma_{l\text{-}g}A\cos\theta_1-\sigma_{s\text{-}g}A=0 \tag{2-30}$$

$$\cos\theta_1=\frac{\sigma_{s\text{-}g}A-\sigma_{l\text{-}s}A}{\sigma_{l\text{-}g}A}=\frac{\sigma_{s\text{-}g}-\sigma_{l\text{-}s}}{\sigma_{l\text{-}g}} \tag{2-31}$$

对图 2-15b，液/固界面积增大 nA（n 为粗糙度系数，$n>1$），固/气界面积减小 nA，液/气界面积增加 $A\cos\theta$，系统平衡时，自由能的变化为

$$\sigma_{l\text{-}s}nA+\sigma_{l\text{-}g}A\cos\theta_2-\sigma_{s\text{-}g}nA=0 \tag{2-32}$$

$$\cos\theta_2 = \frac{\sigma_{s\text{-}g} nA - \sigma_{l\text{-}s} nA}{\sigma_{l\text{-}g} A} = n\frac{\sigma_{s\text{-}g} - \sigma_{l\text{-}s}}{\sigma_{l\text{-}g}} \tag{2-33}$$

比较式（2-31）、式（2-33）可知

$$\frac{\cos\theta_2}{\cos\theta_1} = n > 1 \tag{2-34}$$

当 θ 在 0°～90°范围内，$\cos\theta$ 为单减函数，故必有 $\theta_2 < \theta_1$。因此，适当增加母材表面粗糙度有利于改善液态钎料对母材表面的润湿性，显然，也有利于提高液态钎料对母材的填缝能力。

2.5 液态钎料与母材的相互溶解和扩散

事实上，在钎焊时，液体钎料一旦与母材润湿，其相互作用就会立即开始。液体钎料与固体母材的相互作用可以归结为两个方面：一是母材在液体钎料中的溶解；二是液体钎料向固体母材的扩散。液体钎料与固体母材的相互作用对接头的组织和性能具有重要的影响。

2.5.1 母材在液态钎料中的溶解

1. 母材在液态钎料中溶解的形式[3]

首先，让我们讨论固相和液相都是纯金属的溶解情况。根据母材在液态钎料中的溶解形式，可以分为：母材与液态钎料之间的互溶度极小、互溶度较大、互溶度较大并形成同分化合物、互溶度较大并形成异分化合物四种基本类型。

如图 2-16 所示，图中 F 是液态钎料，B 为固体母材，T_B 为钎焊温度。如果钎焊工作温度选择为 T_B，可以看出，无论钎料和母材组成的相图类型如何变化，开始时都是固体母材 B 向液态钎料 F 中溶解。液体钎料的组成因溶入母材而沿虚线向右移动，当分别达到 L_a、L_b、L_c、L_d 组成点时，母材的溶解便停止。

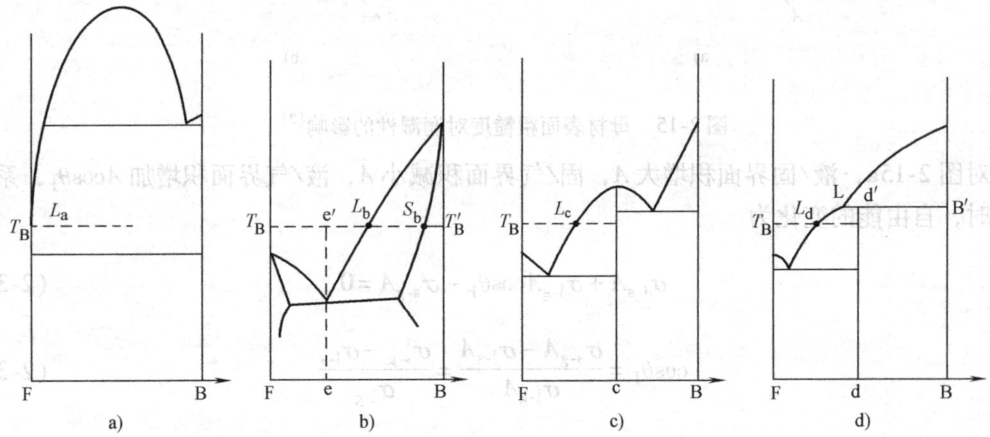

图 2-16 母材在液态钎料中溶解的基本形式[3]

F—钎料 B—母材 T_B—钎焊温度

1）如图2-16a所示，当固体母材B和液态钎料F之间的互溶度极小时，焊缝金属几乎只是由纯钎料组成的。例如用纯银或纯铜钎料钎焊铁时，铁在液态银或铜中的溶解度很小，焊缝金属主要是由纯银或纯铜构成。

2）如图2-16b所示，当固体母材B与液态钎料F的互溶度较大时，由于母材在液态钎料中的溶解度很大，这时母材将快速溶入液态钎料中，直至组成达到L_b点才停止。

若钎料成分选择不当，钎焊温度过高以及时间过长时，由于母材局部溶入钎料太多，在母材表面将形成蚀坑，这种现象称为溶蚀现象。为了克服溶蚀现象，通常在钎料中加入一定含量的母材成分，来减轻液态钎料对母材的溶蚀。严格说来，只有当液态钎料中母材成分达到饱和时才能避免溶蚀的产生。

一般钎焊温度均高于钎料液相线温度，母材的溶蚀是不可避免的。钎焊时微量的溶蚀是允许的，只有比较严重的溶蚀才会给母材带来伤害。

3）如图2-16c所示，当固体母材B与液态钎料F可生成固液同分化合物时，母材溶入液态钎料将会生成同分化合物c。由于化合物的熔点高于钎焊温度T_B，它将呈固态被包裹在母材与液态钎料的界面上。由于化合物相当稳定，一旦生成往往不易迅速扩散均化。固液同分化合物常具有独立的晶格，通常具有无机化合物的某些属性，如稳定性较好、不易分解、性脆、电导率和热导率比较低等，这对于接头的力学性能和电气性能都不利。

4）如图2-16d所示，当固体母材B与液态钎料F可生成固液异分化合物时，母材溶入液态钎料将会生成固液异分化合物d。从热力学的观点来看化合物d和c性质应该相似，但由于d的生成是：$L + B' = d'$，在焊缝中将会同时存在L、d′和B′多相。

2. 母材在液态钎料中溶解的影响因素

母材在液态钎料中溶解，可以认为是固态金属晶格内原子结合的键被破坏，促使它们同液态金属的原子形成新的键的过程。一定温度下，母材在液态钎料中的溶解量可表示为[2]

$$G = \rho C \frac{V}{S}\left(1 - e^{-\frac{aSt}{V}}\right) \tag{2-35}$$

式中 G——单位面积母材的溶解量；

ρ——液态钎料的密度；

C——母材在钎料中的极限溶解度；

V——液态钎料的体积；

S——液/固相的接触面积；

a——母材原子在液态钎料中的溶解系数；

t——接触时间。

可见，母材在液态钎料中的溶解与所施加的液态钎料的温度、数量、接触面积和时间，以及母材在钎料中的极限溶解度等有关。

（1）母材在钎料中的溶解度的影响　这个问题与母材在液态钎料中溶解的形式和类型有关，从根本上来说，它取决于母材与钎料的互溶度。在钎焊工艺参数等条件一定时，母材与钎料的互溶度大的，其溶解量就大；反之，其溶解量就小。

（2）钎料温度和接触时间的影响　钎焊时，液态钎料的温度和保温时间对母材在液态钎料中的溶解具有重要影响。随着温度的上升，母材在液态钎料中的溶解度增大，同时其溶解速度会显著加快。在高温下固体母材与液态钎料接触的时间越长，能使母材溶解充分，从而增大溶解量甚至达到极限溶解度。

（3）施加钎料的数量和接触面积的影响　所施加的钎料越多，母材的溶解量越大。在接头内，钎料层较厚的地方，母材的溶解量往往较大；而在钎料层较薄的地方，母材的溶解量往往较少。在钎料量相同的条件下，液态钎料与固体母材的接触面积越大，母材的溶解会很快达到饱和状态；而接触面积小时，母材的溶解量也会较小。

母材向液态钎料中的适量溶解，可使钎料成分合金化，有利于提高接头强度，对电子微连接接头的形成是有利的。但母材的过度溶解则是不利的，它会使液态钎料的凝固点上升，粘度提高，流动性变差，从而降低液态钎料的润湿性和填充焊缝的能力，以致产生不良的焊接缺陷。

2.5.2 固/液相之间的扩散

钎焊条件下，伴随液态钎料润湿固体母材金属的同时，就出现了溶解和扩散现象。扩散本身是一种物质传输过程，其驱动力是浓度梯度和原子（分子）的热运动，扩散的方向是由高浓度向低浓度方向进行，其平衡条件是使浓度梯度为零。事实上，液态钎料与母材金属发生相互扩散，既有固态金属被液态钎料溶解后在液相中的扩散，又有液态钎料向母材金属内部的扩散即固相中的扩散。

1. 液态钎料向母材扩散的几种类型

固相扩散从微观上讲，是由于温度升高，金属原子在晶格点阵中产生热振动，金属原子从一个晶格点阵移动到另一个晶格点阵的过程。液态钎料向母材扩散可以分为表面扩散、晶内扩散、晶界扩散和选择扩散[4]。

（1）表面扩散　表面扩散是液态钎料的原子沿着母材表面进行的扩散（见图2-17）。产生表面扩散的原因是由于两金属界面处原子之间的引力引起的。

（2）晶内扩散　晶内扩散是液态钎料原子扩散到母材表面后，继续扩散到晶粒中去的过程。钎料向母材内部晶粒的扩散，沿着不同的方向其扩散程度不同，并通过晶内扩散，在母材内部生成新的合金，如图2-18所示。

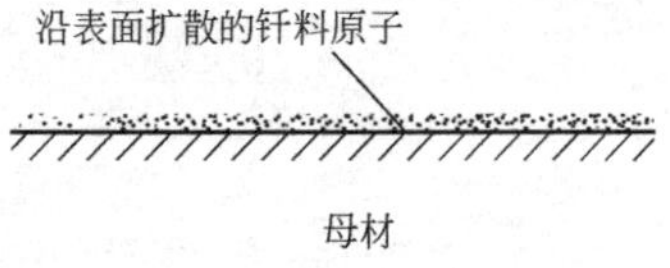

图2-17　表面扩散模型

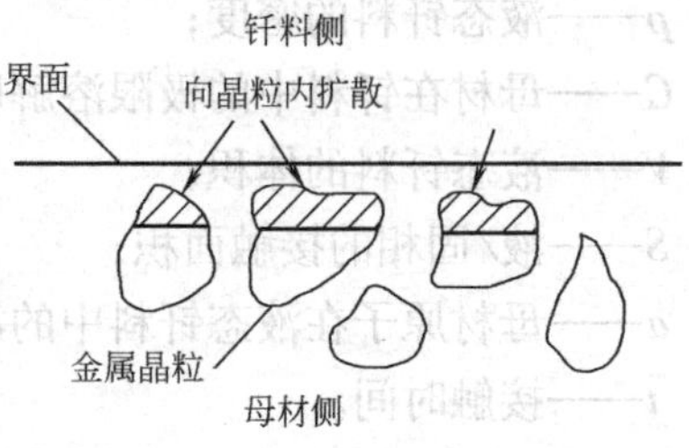

图2-18　晶内扩散模型

（3）晶界扩散　就是液态钎料原子扩散到母材表面后，继续沿母材晶界向内部扩散。由于晶界扩散比晶内扩散的激活能低，所以晶界扩散较易发生，如图2-19所示。在高温下，由于激活能的作用不占主导地位，将同时发生晶界扩散和晶内扩散。例如，以锡基钎料钎焊铜时，锡在铜中既有晶内扩散，又有晶界扩散。

（4）选择扩散　用两种以上的金属元素组成的钎料进行钎焊时，其中某一种元素先扩散，或只有某一种元素扩散，其他元素不扩散，这种扩散称为选择扩散。例如：当用锡铅钎料钎焊时，钎料成分中的锡向母材扩散，而铅不扩散，这就是选择扩散，如图2-20所示。

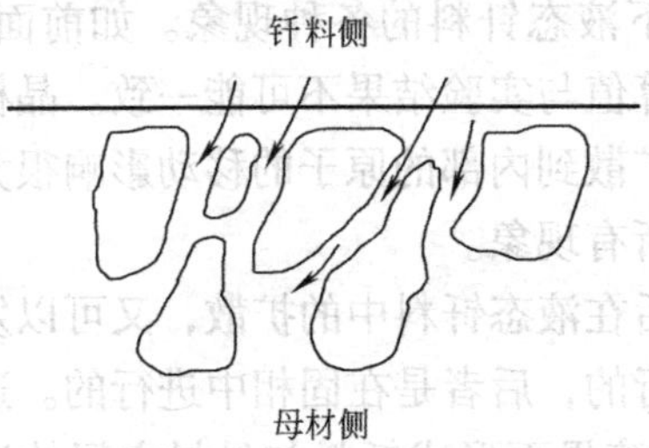

图2-19　晶界扩散模型

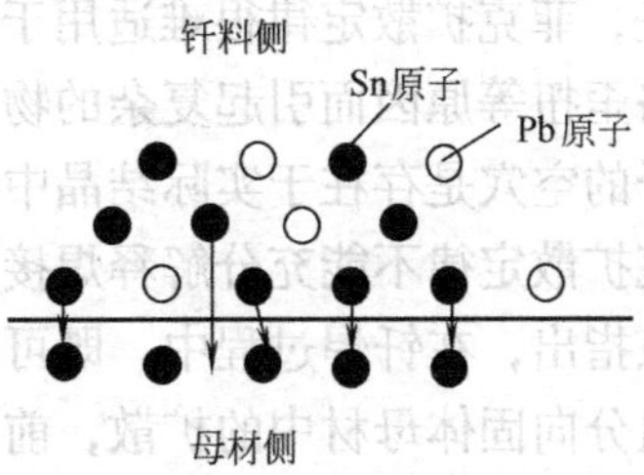

图2-20　选择扩散模型

2. 菲克扩散定律

为了定量描述扩散速度与温度、浓度、时间等参数的相互关系，下面介绍菲克扩散定律。

（1）菲克第一定律　设A和B两种金属相接触，A金属沿 x 方向扩散进入B金属。在某一温度下加热 t 时间后，有 m 个A金属原子通过横截面积 S 扩散到B金属中去，因此扩散量 m 可由下式确定[21]

$$m = -SD\frac{\mathrm{d}c}{\mathrm{d}x}\mathrm{d}t \tag{2-36}$$

式中　m——扩散量；

S——接触面的横截面积；

D——扩散系数；

$\frac{\mathrm{d}c}{\mathrm{d}x}$——扩散物质的浓度梯度；

$\mathrm{d}t$——扩散时间。

式（2-36）中的负号表示扩散总是向着降低浓度的方向进行。式（2-36）称为菲克第一定律。可以看出，扩散量 m 与横截面积 S 和浓度梯度 $\frac{\mathrm{d}c}{\mathrm{d}x}$ 成正比。

扩散系数 D 可用下式表示

$$D = A\mathrm{e}^{-\frac{E}{kT}} \tag{2-37}$$

式中　A——频度常数；

E——扩散物质的活化能；

k——玻耳兹曼常数；

T——热力学温度。

（2）菲克第二定律　根据菲克第一定律，当A金属沿 x 方向扩散进入B金属时，其扩散物质的浓度 c 与时间的关系可用菲克第二定律来表示[21]

$$\frac{\mathrm{d}c}{\mathrm{d}t} = D\frac{\partial^2 c}{\partial x^2} \tag{2-38}$$

根据式（2-38），在实验中可以测出一定时间内 x 方向的浓度变化和在一定距离处的扩散原子的浓度变化，即可求出扩散系数 D。

菲克扩散定律定量地给出了温度、浓度、时间等参数与扩散速度和扩散量之间的关系，其计算结果与实验结果比较接近，可以用于很多场合尤其是溶液化学中的浓差扩散的近似计算。但是，菲克扩散定律很难适用于金属在钎焊条件下液态钎料的各种现象。如前面所述，由于晶格歪扭等原因而引起复杂的物理变化，所以计算值与实验结果不可能一致。晶格的缺陷和原子的空穴是存在于实际结晶中的缺陷，它们对扩散到内部的原子的移动影响很大。因此，菲克扩散定律不能充分解释焊接冶金反应出现的所有现象。

应该指出，在钎焊过程中，既可以发生母材溶解后在液态钎料中的扩散，又可以发生液态钎料组分向固体母材中的扩散，前者是在液相中进行的，后者是在固相中进行的。这种相向的溶解和扩散作用，其结果是使焊缝凝固后，在固/液界面形成钎料与母材之间的过渡合金层。在高温和液态下，扩散速度是非常快的，当凝固成焊缝以后，固相金属间的扩散速度显著减慢，但扩散仍在继续进行。与液/固相之间的扩散相比，固/固相之间的扩散速度很低，当温度很低时甚至可以忽略不计。

2.6 焊缝的凝固和金属组织

2.6.1 焊缝的凝固

虽然焊缝凝固应该占有重要的技术地位，但到目前为止，还没有将锡钎焊作为凝固现象来研究的事例，无论从学术方面还是从生产角度来看，都是很少涉及的领域。然而，在无铅钎料的使用过程中，先后出现了一些涉及凝固的重要问题，例如微观偏析、焊点剥离、缩松和凝固开裂、焊盘剥落等[24]。下面，对焊缝凝固进行一些探讨。

1. 钎料的自然凝固

焊缝的凝固质量会影响焊缝的工艺性能、使用性能和寿命。凝固（Solidification）和结晶是物质从液态转变为固态的过程，即是一个相变过程。从微观角度看，金属的结晶是由晶核的形成和长大这两个基本过程组成的，两者交错重叠进行。液态金属冷却到凝固温度时，首先形成晶核，在继续冷却的过程中，晶核吸收周围的原子而长大，与此同时，又有新的晶核不断地形成和长大，直至相邻晶体彼此接触，液态金属完全消失，最后得到由许多形状、大小和晶格位向都不相同的小晶粒组成的多晶体。金属的自然凝固过程如图 2-21 所示。

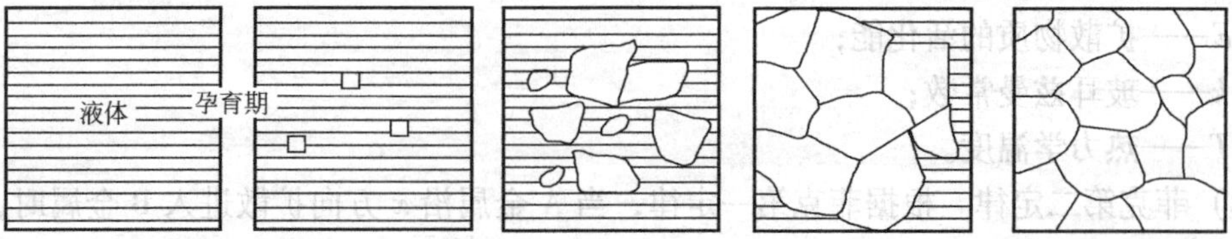

图 2-21 金属的凝固过程

图 2-22 给出了两种液态钎料合金从 260℃ 以相同条件自然冷却凝固后的表面状态。

由图可见，Sn-0.7Cu 钎料的凝固表面很粗糙，呈现典型的树枝状结晶；而 Sn-37Pb 钎料的凝固较细腻，表面呈河流花样结晶。这从某种角度表明，用Sn-0.7Cu无铅钎料的焊点其表面结晶是非致密和粗糙的，而用Sn-37Pb钎料的焊点表面是致密和光洁的。实验发现，纯锡在相同条件下凝固的表面状态介于二者之间，说明Cu会增大液态锡表面结晶的粗糙度，而Pb则会降低液态锡结晶的粗糙度。事实上，除熔点很低的无铅钎料以外，目前已经进入工业应用的无铅钎料如Sn-Cu、Sn-Ag-Cu等，均存在着结晶表面粗糙和龟裂的现象。

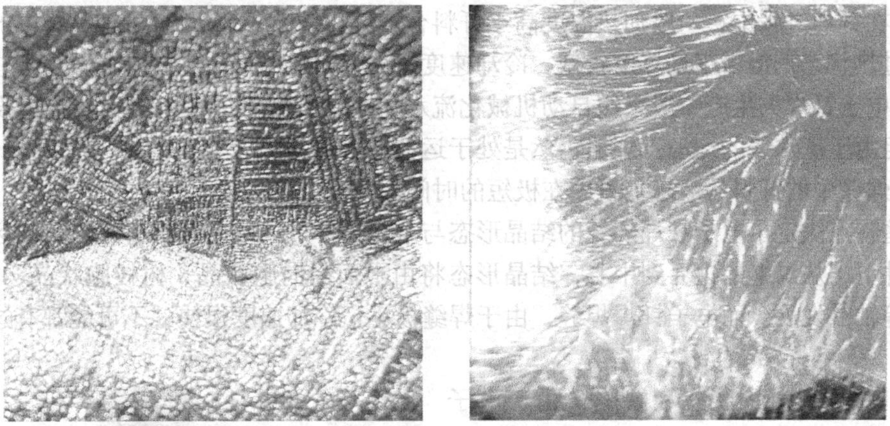

a) b)

图2-22 液态钎料自然凝固后的表面状态[18]

a）Sn-0.7Cu钎料 b）Sn-37Pb钎料

图2-23是Sn-Ag-Cu共晶无铅钎料在铜板上熔化后自然凝固的照片。从凝固过程的实时观测可知，钎料液滴的凝固是从周边开始，瞬间即到达中央，最终凝固的是顶上白色的部分。图中清楚地显示了钎料凝固所产生的缩松和龟裂的空洞。

由于液滴的凝固从周边开始，且凝固速度很快，在树枝晶生长过程中会产生很大的应力，于是便产生热裂纹，在最终凝固区发生缩松和龟裂。产生缩松和龟裂的机理如图2-24所示。

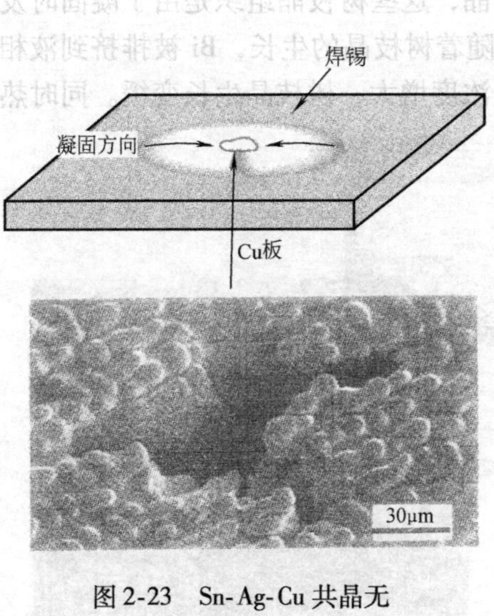

图2-23 Sn-Ag-Cu共晶无铅钎料的凝固缺陷[24]

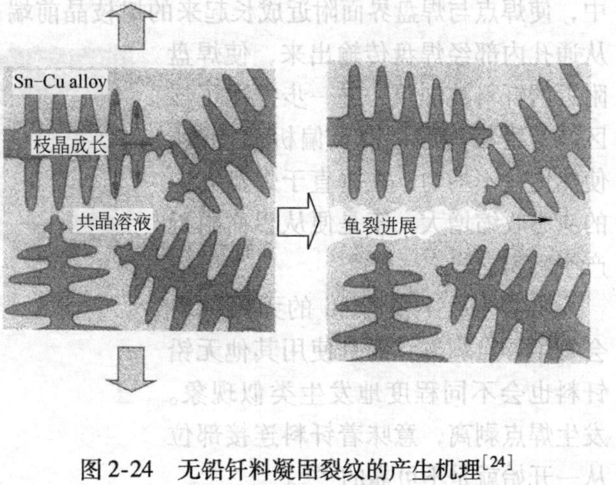

图2-24 无铅钎料凝固裂纹的产生机理[24]

2. 焊缝的凝固结晶

（1）焊缝凝固的特点　对于电子微连接焊缝的凝固，虽然也存在晶核的形成、长大直至凝固成晶体的过程，但与熔焊条件下的溶池凝固相比，有其自身的特点，包括：

1）电子钎焊焊缝的尺寸很小，使焊缝熔池的体积特别微小，当热源离开以后，冷却速度很大。因此，在结晶过程中焊缝内部的温度梯度大，成分过冷也大。

2）在钎焊过程中，一般加热温度高于钎料合金液相线 50～70℃，虽然焊缝中的液态金属处于过热状态，但由于过热度较低，冷却速度很大，熔池的形核主要是非自发形核。

3）电子钎焊大生产一般采用自动机械化流水作业，虽然对焊缝内的液态金属没有搅拌作用，但由于流水线的运动，焊缝仍然是处于运动态下结晶。

4）焊缝中的钎料从液态到凝固在极短的时间内完成。

这些特点决定了电子钎焊焊缝的结晶形态与熔焊条件下的结晶形态有着显著的区别。在熔焊条件下，从焊缝的边界到中心，结晶形态将由平面晶向胞状晶、树枝胞状晶、树枝晶，一直向等轴晶发展。而电子钎焊焊缝，由于焊缝极小，冷却速度很快，不可能都有这些结晶形态。

（2）焊缝的凝固状态和缺陷　由于电子微连接的特殊性，使焊缝金属在结晶过程中，由于来不及扩散而存在着严重的化学成分的不均匀性。在焊缝内部，存在着严重的显微偏析和区域偏析，尤其是在母材与钎料的界面，由于液/固相之间的相互溶解和扩散，存在着严重的成分偏析。

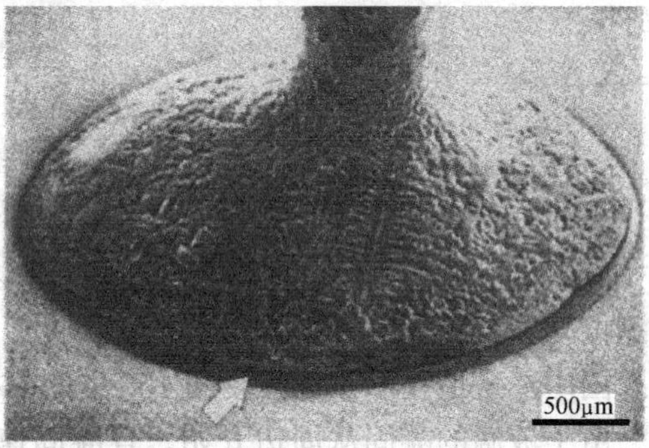

图 2-25　Sn-3Bi 无铅钎料通孔焊点发生的剥离[24]

图 2-25 所示为用 Sn-3Bi 无铅钎料进行通孔插装的焊点，可以清晰地看出在焊盘与焊点之间的界面发生了剥离。

从图中可以发现，含 Bi 的焊点表面有明显的树枝晶，这些树枝晶组织是由于凝固时发生 Bi 的偏析造成的。因为凝固是从焊点上部开始的，随着树枝晶的生长，Bi 被排挤到液相中，使焊点与焊盘界面附近成长起来的树枝晶前端 Bi 浓度增大，树枝晶生长变缓。同时热从通孔内部经焊盘传输出来，使焊盘附近的钎料被加热，进一步推迟了该区域的凝固过程。由于偏析的产生，使热传输不均匀，在垂直于焊盘方向的应力收缩增大，于是便从界面附近产生剥离。

事实上，不仅含 Bi 的无铅钎料会发生焊点剥离，而且使用其他无铅钎料也会不同程度地发生类似现象。发生焊点剥离，意味着钎料连接部位从一开始就是不可靠的[24]。

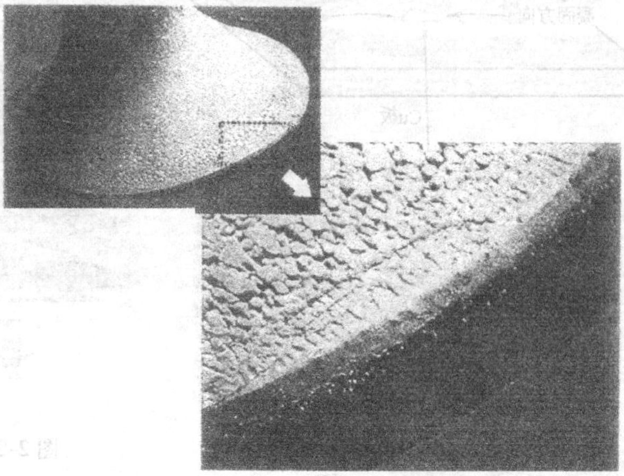

图 2-26　Sn-0.7Cu 无铅钎料焊点表面的开裂[24]

图 2-26 所示为使用 Sn-0.7Cu 无

铅钎料进行波峰焊后，在通孔处观察到的焊点表面的凝固开裂现象。

有时，接头上既无焊点剥离产生，又无焊点凝固开裂，但会发生焊盘从基板上剥落的现象。这是因为在既无焊点剥离又无凝固开裂的情况下，应力将全部集中于焊盘附近，使焊盘与基板分裂开来，造成印制电路板上的布线破坏[24]。

除以上介绍的焊缝化学成分不均匀、偏析、剥离、开裂等凝固缺陷以外，焊缝接头还可能存在桥接、氧化、夹渣、气泡、空洞以及虚焊等缺陷。

2.6.2 焊缝组织与金属间化合物

焊缝组织分析表明，从母材侧向焊缝中心过渡，电子钎焊接头中焊缝的组织依次是母材区、新生合金层区和钎料金属区。根据一般的结晶原理，焊缝凝固的快慢取决于单位体积的液态钎料内晶核的形成速度和它们的生长速度。在液相内部，如果存在合金的固态质点或某个相，可以使晶核形成的自由能降低。显然，与液态钎料接触的母材界面便是焊缝现成的结晶晶核。由于在钎料与母材的界面存在着相互溶解和扩散作用，在两金属界面会生成一层薄薄的合金层，因此，焊缝的界面组织是一层既不同于母材，又不同于钎料的新的合金层。该合金层的性能既不同于原来的钎料金属，也不同于母材金属。电子钎焊多使用锡基钎料，界面合金层的厚度、形状和成分取决于钎料与被焊金属的材质、钎焊温度、时间以及钎剂的性质。

根据钎料和母材的成分和性质，焊缝的结晶组织可以分为固溶体、共晶体和金属间化合物三种类型。

一般说来，如果在状态图上钎料与母材能形成固溶体，那么在钎焊界面区域就可能出现固溶体。从理论上讲，固溶体是由溶质元素溶于溶剂（基体）的固体溶液。因此，固溶体焊缝组织有良好的强度和塑性，同时有优良的导电和导热性能，其接头具有很高的可靠性。

如果在状态图上钎料与母材可形成共晶组织，或钎料本身含有大量的共晶组织，当液态钎料填充焊缝的同时，母材即向液态钎料中溶解。随着钎料向前流动，溶入的母材成分会逐渐增多，便形成亚共晶组织。另外，某些钎料能沿晶界渗入母材，例如用锡钎焊锌时，锡能沿着锌的晶界渗入，能形成 w_{Sn} 为9%的锡-锌共晶组织。

如果钎料中的某个组元含量较大且能与母材生成金属间化合物，钎焊时，由于在固/液界面发生相互溶解和扩散，则会在母材和钎料的界面形成金属间化合物。有时，这种金属间化合物还会深入到钎料中去，在显微镜下观察到在焊缝中心区域形成分散的或聚集的金属间化合物。

焊缝断面的金属组织一般是从铜基体、金属间化合物逐步向钎料金属的过渡。图2-27是在250℃下，Sn-37Pb钎料钎焊铜的焊缝微观组织（接头服役时间为2年）。图中下方为铜基体，上方为钎料，在界面形成一层很薄的金属间化合物 Cu_6Sn_5（η相）。

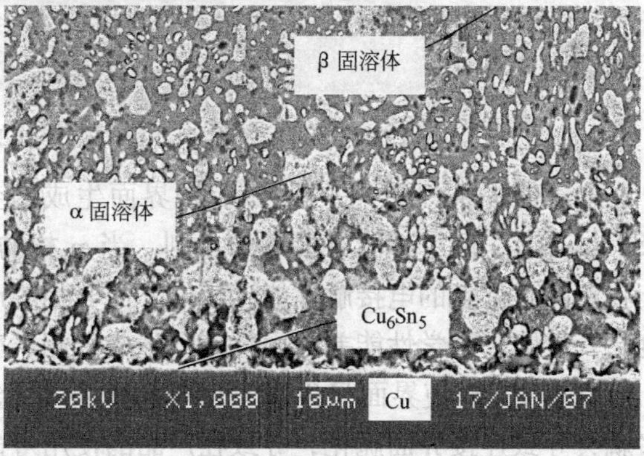

图2-27 Sn-37Pb钎焊铜焊缝的微观组织（250℃，30s）

图 2-28 是在 320℃下，Sn-37Pb 钎料钎焊铜的焊缝微观组织（接头服役 2 年）。

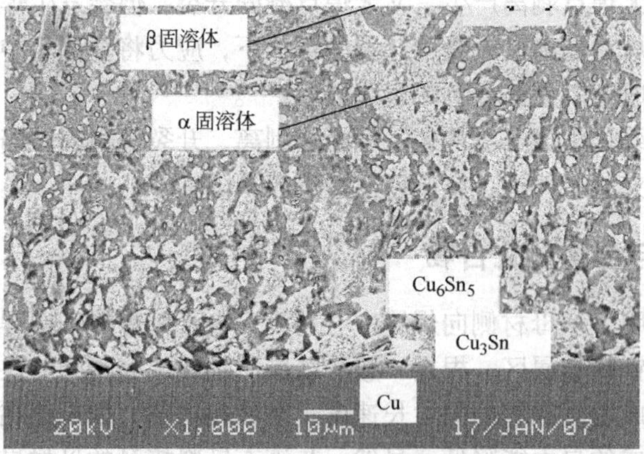

图 2-28 Sn-37Pb 钎焊铜焊缝的微观组织（320℃，30s）

可见，温度较高时，在界面靠近钎料一侧生成呈笋状的铜-锡金属间化合物 Cu_6Sn_5（η 相），而在靠近铜基体一侧形成微量呈片层状的金属间化合物 Cu_3Sn（ε 相）。

图 2-29 所示是在 350℃下，用 Sn-3.5Ag0.6Cu 钎焊铜焊缝的金相组织（接头服役时间为 2 年）。可见，η 相是依附于母材呈笋状生长并插入钎料内部的。笋状的上部富 Sn，下部富 Cu，化学成分以 Cu_6Sn_5 为主体，但组成不是严格确定的。这种笋状结构钉在钎料内，可以起到强化作用，因而可以改善钎焊接头的力学性能。

图 2-29 Sn-3.5Ag0.6Cu 钎焊铜焊缝的金相组织（350℃，30s）

在电子钎焊条件下，一般在锡/铜界面生成的金属间化合物主要是 Cu_6Sn_5（η 相）和 Cu_3Sn（ε 相），两者性能有根本的差别。当 η 相的生成量不大时，焊缝具有良好的力学性能，强度高，焊点的电接触性能也较好。而 ε 相的产生会使接头性能变得很差，因为 ε 相的硬度高，性脆，力学性能差，而且一旦生成 ε 相，就会造成失润现象。

研究表明，即使界面只生成 Cu_6Sn_5（η 相），金属间化合物（IMC）的量也不能过多，过多就会导致连接界面脆化，导致在产品的使用寿命期间引起焊缝失效。IMC 层厚度一般以 1～3μm 为宜，过厚的 IMC 层会导致焊点断裂，韧性和抗低周疲劳能力下降。尤其是片层状

的界面化合物 Cu_3Sn（ε相）呈脆性，使接头强度低、导电性能差，从而导致焊点可靠性下降。因此，对于电子产品的钎焊接头来说，良好的连接是在界面形成很薄的一层 Cu_6Sn_5 来实现冶金结合，而不希望产生 Cu_3Sn。一旦产生 Cu_3Sn，接头就会变脆。

值得注意的是，Cu_6Sn_5（η相）不仅会出现在焊缝界面，而且在波峰焊等大生产中，由于钎料处于高温状态，并不停地与焊盘相接触，焊盘上的铜将被溶解并扩散到液态钎料中去。当铜含量达到一定程度时，在液态钎料内部也会生成上述金属间化合物。实践表明，当钎料中 w_{Cu} 超过0.5%时，由于针状的 Cu_6Sn_5 化合物晶体分布于液态钎料中，会增加液态钎料的粘度，并使焊点表面呈砂性，容易出现虚焊、桥接、拉尖等不良缺陷。为了增加液态钎料的流动性，此时必须升高钎料的工作温度，但又会加剧钎料的氧化和对母材Cu的溶解速度。如此恶性循环，最终将导致钎料的报废。

焊缝界面金属间化合物的形成和生长一般基于两个因素：一是在钎焊过程中钎料合金与母材金属间的润湿和扩散反应；二是在产品的储存及使用期间的固相扩散反应。当不考虑产品在储存及使用期间的固相扩散反应时，界面金属间化合物的生长与钎焊温度、时间以及钎料中锡的浓度有关。钎料中锡的浓度越大，钎焊温度越高、时间越长，笋状生长的η相就越高。反之，降低钎料中锡的浓度和钎焊温度、缩短钎焊时间，便可以减小η相化合物的生长高度。

图2-30是用Sn-0.7Cu在270℃钎焊铜的焊缝组织（接头服役时间为2年）。可见，由于钎料中锡浓度很高，使液态锡与固态铜之间的相互溶解和扩散增强，在界面生成大量的 Cu_6Sn_5 化合物。

图2-31是用Sn-3.5Ag-0.6Cu钎料时，铜焊缝的界面金属组织（接头服役时间2年）。

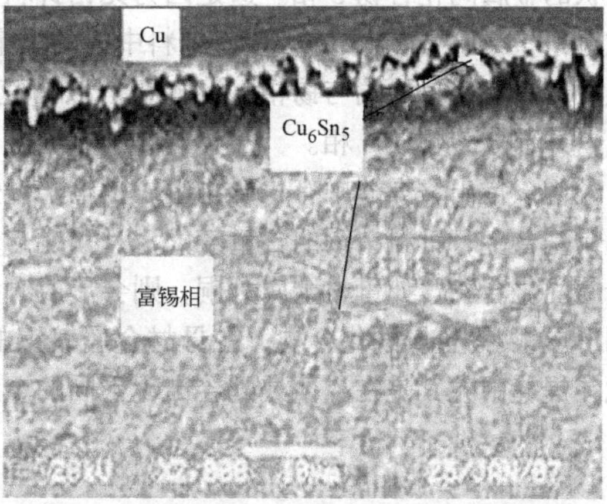

图2-30 Sn-0.7Cu钎焊铜的焊缝组织（270℃，30s）

从图2-31看出，用Sn-3.5Ag-0.6Cu钎料在250℃钎焊时，界面生成大量笋状结构的 Cu_6Sn_5 化合物（η相），笋状结构的η相像钉子一样钉在钎料内。而在320℃钎焊时，界面化合物的生成量增加，笋状变粗，这时，η相仅在钎料一侧存在，而在母材一侧，Cu_6Sn_5 化合物均已转化为 Cu_3Sn（ε相）。

通常在230~250℃的钎焊温度下，在1~3s内η相向钎料内部生长的高度可达1~3μm；在320℃时，化合物生长更快。随着呈笋状的η相的生长，由于Cu原子不断溶入 Cu_6Sn_5，在铜基板一侧会使部分 Cu_6Sn_5 转化成 Cu_3Sn，即在焊缝界面靠铜侧形成片层状的ε相金属化合物。

当采用锡铅钎料时，正常的电子钎焊一般不超过250℃，此时钎料与铜结合界面处的笋状金属间化合物η相的高度一般不超过3μm，在钎料与铜结合的界面处一般没有片层状的金属间化合物ε相生成（见图2-27）。这主要是由于Pb降低了钎料中Sn的浓度，而在此温度下Cu与Pb几乎不互溶，Pb实际上起到了阻碍Cu与Sn的相互溶解和扩散的作用。

当采用无铅钎料如Sn-0.7Cu、Sn-3.5Ag-0.6Cu钎料时，钎焊温度一般为270℃左右，

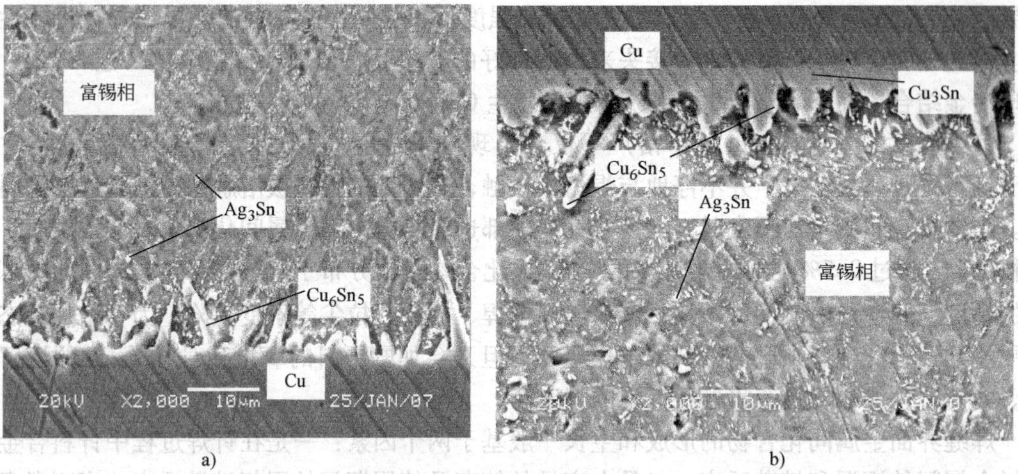

图 2-31 Sn-3.5Ag-0.6Cu 钎焊铜焊缝的界面组织

a) 250℃, 30s b) 320℃, 30 s

此时钎料与铜结合界面处的笋状金属间化合物层较厚（见图 2-30 和图 2-31），且会产生片层状的金属间化合物 ε 相。这是因为无铅钎料中锡的含量很高，如 Sn-0.7Cu 中锡的质量分数达 99.3%，Sn-3.5Ag-0.6Cu 钎料中锡的质量分数达 95.9%，且钎料本身含铜，另外钎焊温度升高，使界面铜与锡相互溶解和扩散的速率增加，故使笋状金属间化合物 η 相快速生长，并部分转化成 ε 相。

应该指出，焊缝中有化合物生成是电子钎焊接头组织的重要特征。电子软钎钎料主要使用锡基合金，钎料中锡的含量较大，且锡能与多种金属如铜、银、金、镍等反应生成不同的金属间化合物。如母材金属为铜，则会形成铜-锡金属间化合物；在母材表面为银的情况下，则形成银-锡金属间化合物；在母材金属镀镍的情况下，则形成锡-铜-镍金属间化合物。因此在焊缝中尤其是在界面处则会出现不同的金属间化合物组织。

参考文献

[1] 张文钺. 焊接冶金学（基本原理）[M]. 北京：机械工业出版社，2002.
[2] 邹家生. 材料连接原理与工艺 [M]. 哈尔滨：哈尔滨工业大学出版社，2005.
[3] 张启运，庄鸿寿. 钎焊手册 [M]. 北京：电子工业出版社，1999.
[4] 田中和吉. 电子产品焊接技术 [M]. 孟令国，黄琴香，译. 北京：电子工业出版社，1984.
[5] 杜长华，赵晓举. 世界主要国家软钎焊材料技术标准 [J]. 四川有色金属，1999.
[6] 李志远，钱乙余，张九海. 先进连接方法 [M]. 北京：机械工业出版社，2004.
[7] 张文典. 实用表面组装技术 [M]. 北京：电子工业出版社，2006.
[8] 孙秋霞. 材料腐蚀与防护 [M]. 北京：冶金工业出版社，2005.
[9] 吴申庆，邵力为，刘洁美，等. 用俄歇电子谱法研究锡铅钎料的抗氧化机理 [J]. 东南大学学报，1989，19（4）：74-78.
[10] 孙跃，胡津. 金属腐蚀与控制 [M]. 哈尔滨：哈尔滨工业大学出版社，2003.
[11] 朱祖泽，马克毅. 铜冶金学 [M]. 昆明：云南科技出版社，1995.
[12] 邱竹贤. 有色金属冶金学 [M]. 北京：冶金工业出版社，2006.
[13] 黄位森. 锡 [M]. 北京：冶金工业出版社，2000.

[14] 材料科学技术百科全书编委会. 材料科学技术百科全书［M］. 北京：中国大百科全书出版社，1995.
[15] 李松瑞，田荣璋. 铅及铅合金［M］. 长沙：中南工业大学出版社，1996.
[16] 李铁藩. 金属高温氧化和热腐蚀［M］. 北京：化学工业出版社，2003.
[17] 金属腐蚀手册编委会. 金属腐蚀手册［M］. 上海：上海科学技术出版社，1987.
[18] 陈方，杜长华，杜云飞. 液态Sn-Cu合金的恒温热氧化性能研究［J］. 电子元件与材料，2006，25(1)：49-51.
[19] 甘贵生，杜长华，陈方. 液态锡钎料常见元素氧化的热力学分析［J］. 重庆工学院学报，2006(8)：60-62.
[20] 丁克俭，钱乙余，范富华. 活性剂在松香基软钎剂中的软钎焊性研究［C］//锡深度加工研讨会论文集. 北京：1991.
[21] 邵光杰，王锐，董红星，等. 物理化学［M］. 哈尔滨：哈尔滨工业大学出版社，2002.
[22] 杜清枝，杨继舜. 物理化学［M］. 重庆：重庆大学出版社，2003.
[23] 杜长华，等. 高性能电子软钎焊合金材料制备新工艺（鉴定资料）. 重庆工学院，2004.
[24] 菅沼克昭. 无铅焊接技术［M］. 宁晓山，译. 北京：科学技术出版社，2004.

第3章　电子微连接方法及工艺

在电子产品制造中应用的微连接技术通常与电子元器件的形状、封装形式密切相关，其中应用最多的主要是精密软钎焊。现代软钎焊主要涉及两大类技术，即通孔插装技术（THT）和表面组装技术（SMT），包括浸焊、拖焊、波峰焊以及再流焊等方法，它们是应用最广泛的连接技术。而手工软钎焊则是与上述两类技术配合使用的辅助技术。另外，电子微连接技术还包括精密电阻焊、精密压焊、粘接等方法。电子行业一般称产生冶金结合的连接为焊接。本章将分别介绍这些连接方法、设备以及适用范围。

3.1　通孔插装技术

3.1.1　通孔插装技术的工艺过程

通孔插装（THT）是将电子元器件的引出端插入印制电路板的通孔中，然后在引出端伸出面进行浸焊、拖焊或波峰焊的一类技术。根据电子元器件引脚的长短，通孔插装分为长引脚焊和短引脚焊两类，如图3-1所示。通孔插装技术的特点是工艺简单方便，能使众多焊点的制造同时完成，生产效率高，易于自动化操作，接头质量均匀。它是配有引脚的元器件与印制电路板组装成电子整机主板的主要连接方式。

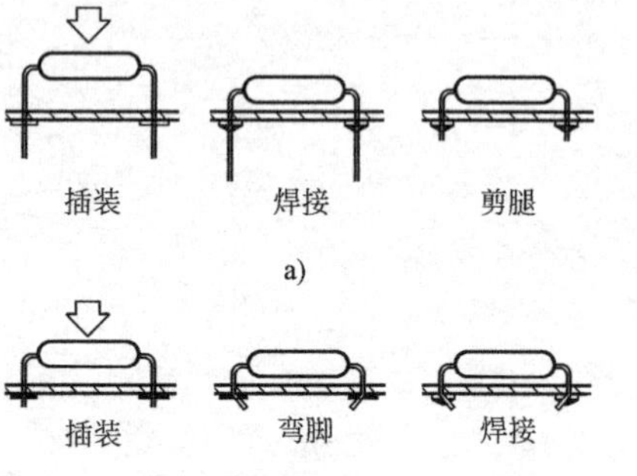

图3-1　元器件的长引脚焊和短引脚焊[1]

a）长引脚焊　b）短引脚焊

随着电子技术的发展，电子产品的功能越来越强大，其结构越来越复杂，印制电路板上的焊点也越来越多，因此，通孔插装技术也经历了从简单手工焊到大规模自动化机器焊接的过程。

在自动化生产线上，用通孔插装技术生产电子整机主板通常是在同一条传送带上完成的，其工艺过程主要包括在印制电路板上插装元器件、涂敷钎剂、预热、软钎焊连接、冷却、剪腿和整理、清洗、检验、卸载等工序。

1. 插装元器件

在印制电路板上插装元器件之前，应先将检验合格的各种元器件的引线整形，然后按线路图分别插装到印制电路板上相应的位置。如图3-2所示，对于小批量生产或复杂结构的元器件，其引脚可通过简单整形后采用手工插装；对于批量大的细小的简单元器件的引脚通常是采用机械整形，由插装

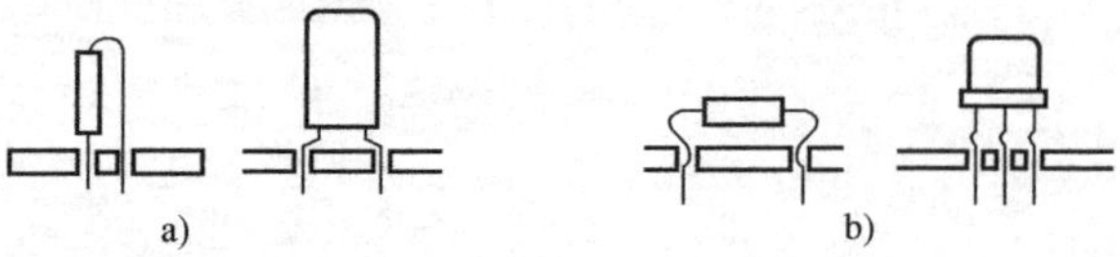

图3-2　元器件引脚的整形与插装[1]

a）简单整形，适合手工插装　b）机械整形，适合自动插装

机完成自动插装。

元器件引线的整形、插装完成后，由传送带将印制电路板送到下一工序。

2. 涂敷钎剂

随着传送带的运动，印制电路板经过钎剂涂敷工位。在这个工位上，液体钎剂通过发泡、刷涂、波峰、喷射等方式被涂敷到各个连接点上。钎剂的涂敷是钎焊过程中的一个重要环节。在电子元器件引出端的质量和钎料合金的质量符合要求的条件下，所用钎剂性能的好坏将直接影响焊接的质量。钎剂的涂敷方式主要有以下几种。

（1）浸渍涂敷　该方法经常与浸焊工艺配套，适合小批量生产。通常是将印制电路板的焊接面浸入液态钎剂的表面来进行的。钎剂不使用时，需将容器加盖密封，以减少溶剂的挥发损耗。

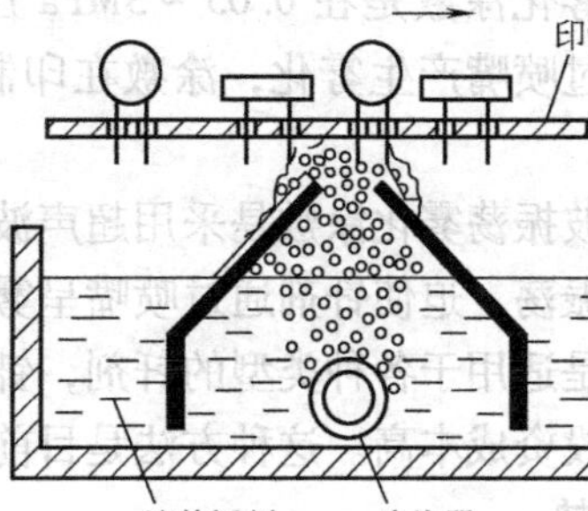

图3-3　发泡涂敷钎剂的方法

（2）发泡涂敷　这种涂敷方式适合于自动化连续作业，是目前最常用的一种方法。如图3-3所示，在液体钎剂内部装有一个发泡器，鼓入压力为0.3～0.5MPa的低压空气，使液体钎剂大量产生直径为1～2μm的气泡，并使泡沫通过一个收集器聚集起来，当插装有元器件的印制电路板运行至钎剂泡沫收集器出口的上方时，印制电路板焊盘和元器件引脚便与钎剂泡沫充分接触，于是，就完成了钎剂的涂敷。

（3）毛刷涂敷　如图3-4所示，这种方法是用一个圆形毛刷，其下端与液体钎剂接触，上端与印制电路板的焊接面接触，当毛刷旋转时，就将钎剂涂敷到了印制电路板上。

（4）波峰涂敷　如图3-5所示，通过一个放置于钎剂内部的旋转叶轮使钎剂产生一个波峰，当插装了元器件的印制电路板通过这个波峰时即可实现钎剂的涂敷。为维持钎剂液面的高度，需要配备一个可调节波峰高度的控制器，为去除印制电路板上多余的钎剂还应配置一个软毛刷。

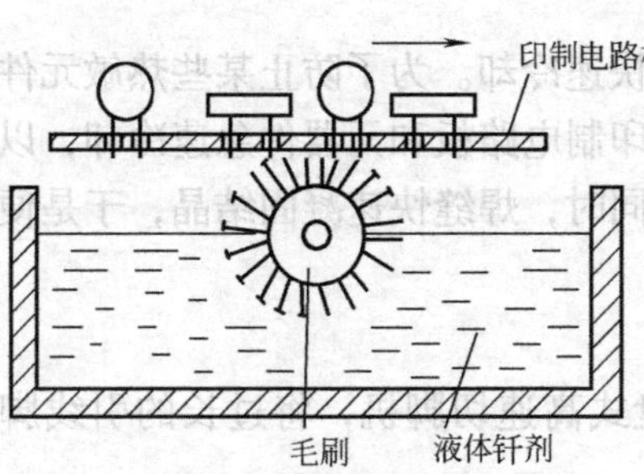

图3-4　毛刷涂敷钎剂的方法

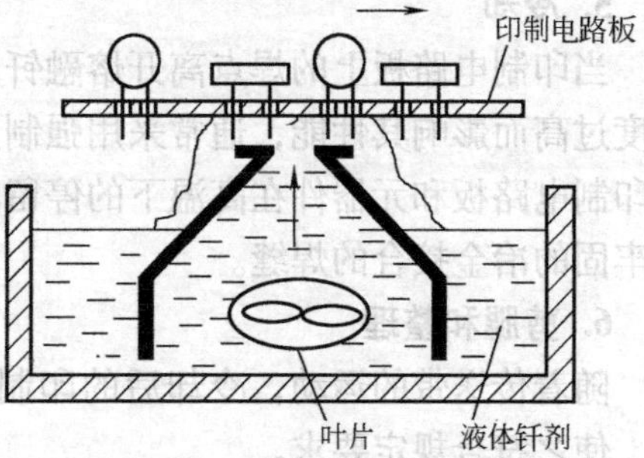

图3-5　波峰涂敷钎剂的方法

该方法的优点是适合于连续作业，对钎剂种类无要求，例如使用松香基液体钎剂可以达到很高的固体含量。不足之处是对钎剂液面高度有严格的要求，溶剂易挥发损耗，需要定期补充，另外钎剂会渗入到某些元器件上。对于通孔插装印制电路板，当元器件引线伸出的长度超过15mm时，适宜采用波峰涂敷。

（5）喷雾法涂敷　喷雾涂敷钎剂有钢网旋转、喷嘴雾化和超声波振荡雾化等方式。

图3-6所示是钢网旋转喷雾涂敷钎剂的示意图。将用不锈钢丝网制造的转鼓的一半浸没于液体钎剂中，并使转鼓旋转。当向转鼓中通入压缩空气时，液体钎剂便向上喷射，当印制电路板通过喷射区上方时，就完成了钎剂的涂覆。该方法的优点是对钎剂种类无选择，成本低。缺点是难以控制喷射宽度和喷射量，易造成钎剂的污染。

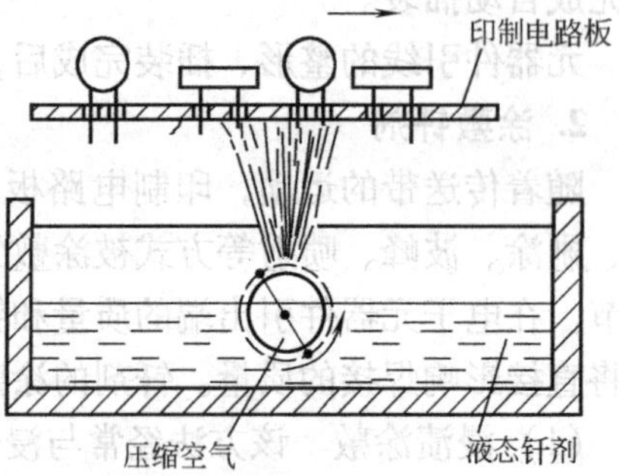

图3-6　钢网旋转喷雾涂敷钎剂方法

喷嘴雾化涂敷是在0.05～3MPa压力下，使液体钎剂通过喷嘴产生雾化，涂敷在印制电路板的焊接面上。

超声波振荡雾化涂敷是采用超声波发生器产生20～40kHz的高频振荡，并通过换能器转化成机械振荡，迫使钎剂通过喷嘴呈雾状与印制电路板的焊接面均匀接触，来完成钎剂的涂敷。特点是适用于各种类型的钎剂，钎剂不会受到污染，挥发损耗少，喷嘴不会被堵塞。缺点是设备投资成本高。这种方法是目前钎剂涂敷中最先进的方法，也是今后发展的方向。

3. 预热

预热是在印制电路板进入焊接之前的预加热工序。其目的一是加热母材，使其达到钎焊所需要的预热温度；二是提高温度使钎剂中的溶剂等低挥发组分挥发，并使钎剂预先活化以去除母材表面的氧化膜，使钎料能更好地润湿母材表面。

4. 软钎焊连接

完成预热工序以后，印制电路板通过导轨移动至波峰槽或浸焊槽上方，插装好元器件的印制电路板在规定的时间内以一定的速度通过钎料液面并与液态钎料产生良好接触，此时，液态钎料依靠毛细作用填充焊缝，润湿母材表面并产生相互溶解和扩散，形成界面金属间化合物而产生金属键合。

根据焊接的对象和生产批量的大小，通孔插装焊接可以采用浸焊、拖焊和波峰焊。为了减少焊接缺陷，提高接头质量，经常采用浸焊、拖焊和波峰焊的组合来完成焊接过程。

5. 冷却

当印制电路板上的焊点离开熔融钎料以后，便开始快速冷却。为了防止某些热敏元件因温度过高而影响其性能，通常采用强制风冷的方式，使印制电路板和元器件急速冷却，以缩短印制电路板和元器件在高温下的停留时间。在降温的同时，焊缝快速凝固结晶，于是便形成牢固的冶金接合的焊缝。

6. 剪腿和整理

随着传送带的运动，冷却后的印制电路板经过圆盘式高速切脚机，将过长的引线脚切除，使之符合规定要求。

7. 清洗

在完成焊接的印制电路板上，由于不同程度地存在着钎剂的残渣或其他污染物，为了保证产品的质量，对可靠性要求较高的电子产品，必须采用清洗剂及时进行清洗。

8. 检验和卸载

上述工序完成后，电子元器件与印制电路板的软钎焊连接过程就基本结束了。通常，在自动化的生产线上须进行焊点质量的在线检验，并及时对有焊接缺陷的焊点进行补焊。然后，将印制电路板从传送带上卸载。一块整机主板，通过上述工艺过程就组装完成了，下一步即可进行后面的整机组装。

3.1.2　浸焊

浸焊(Dip Soldering)是在电子产品批量组装制造中最早应用的软钎焊方法。

1. 浸焊过程的特点

浸焊是将插装好元器件的印制电路板的焊接面与熔融钎料接触，使整块电路板上的全部元器件同时完成焊接的过程。浸焊过程主要有水平式和倾斜式两种方式。

（1）水平方式　如图3-7所示，先将插装好元器件的印制电路板的焊接面涂敷钎剂，然后把印制电路板移至钎料槽上方，使之处于水平状态垂直向下移动，直至与熔融钎料接触，停留一段时间后再向上提起，待焊点上的液态钎料冷却凝固后，浸焊过程就完成了。

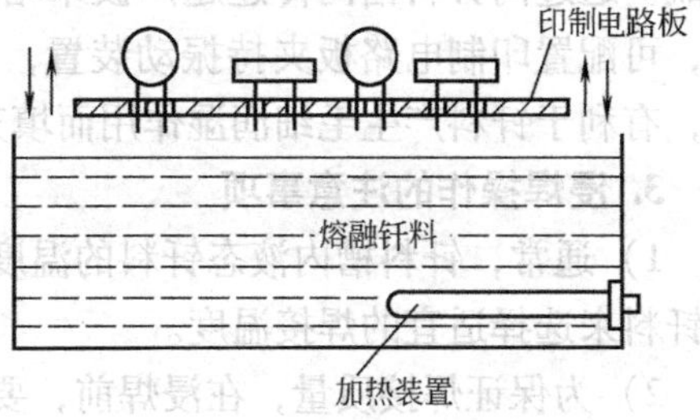

图3-7　水平浸焊方式

（2）倾斜方式　如图3-8所示，将涂敷了钎剂的印制电路板与钎料液面形成10°~30°夹角，并以此角度向下移动使印制电路板的一端与熔融钎料先接触，然后使印制电路板的另一端下降，使整个板的焊接面与液态钎料相接触。停留几秒钟后，将先浸入端抬起，使印制电路板与钎料液面形成10°~30°夹角，再将整个印制电路板垂直向上提起，焊缝冷凝后即完成整个浸焊过程。以这种方式进行浸焊，有利于焊缝内钎剂的挥发和气泡的排出，可减少焊点间的桥接，提高焊点质量。

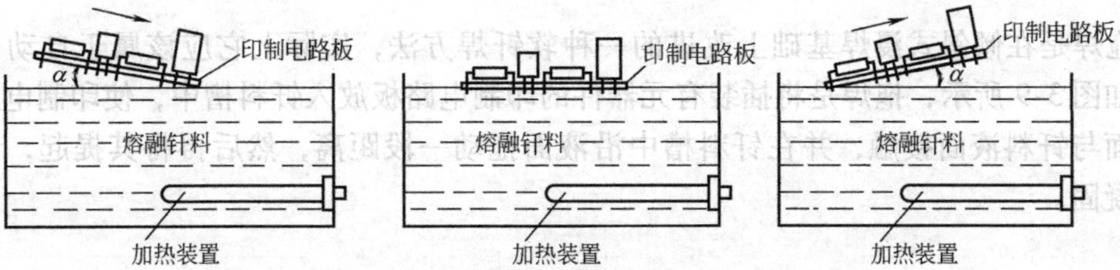

图3-8　倾斜浸焊方式

浸焊具有以下特点[2]：

1）对于单面板，浸焊质量较好，而对于带有通孔的双面板，由于在印制电路板安放元件一侧的传热不充分，因而焊接质量不理想。

2）在自动化浸焊过程中，由于对液态钎料的温度控制非常严格，焊接质量相对稳定；而非自动进行的浸焊过程，焊接质量受操作者人为因素的影响很大。

3）钎剂受热释放出的气泡会妨碍被焊表面与钎料的接触，有时会在焊缝内形成气泡，如若采用倾斜方式，可克服此缺陷。

4）若焊缝间距很小，易造成焊点之间的桥接，采用倾斜式浸焊可减少这种缺陷。

5）设备投资相对较低，设备操作与维修简单，适用于批量小或经常需要变换品种的电子产品的生产。

2. 浸焊设备

常用的浸焊设备主要有以下两种。

（1）普通浸焊设备　普通浸焊设备也称为平面焊锡机或浸锡机，通常是由钎料槽、加热装置和温度调节装置等构成。钎料槽一般采用不锈钢制作，加热装置可采用电阻丝在钎料槽底部加热或在钎料槽内部采用管式加热器加热。

（2）超声波浸焊设备　超声波浸焊设备主要用于焊接一般浸焊较困难的元器件。超声波浸焊机一般由超声波发生器、换能器、水箱、钎料槽、加热装置、温度控制装置等几部分组成。通过向钎料槽内传递超声波来增强浸润效果。为了让钎料与焊接面能更好地接触润湿，可配置印制电路板夹持振动装置，使印制电路板在浸焊时振动。在焊双面印制电路板时，有利于钎料产生毛细润湿作用而填充焊缝，通过振动还能去除粘在板上多余的钎料。

3. 浸焊操作的注意事项

1）通常，钎料槽内液态钎料的温度就是钎焊时的焊接温度。因此，应根据不同的母材和钎料来选择适宜的焊接温度。

2）为保证焊接质量，在浸焊前，要刮除漂浮在熔融钎料液面的氧化物及钎剂残渣，避免废渣进入焊点造成夹杂。

3）在焊接时，最好采用倾斜式浸焊，以防止焊缝内产生气孔。

4）在倾斜式浸焊过程中，虽然印制电路板浸入钎料槽的时间有先后，但必须保证各焊点与液态钎料接触的时间相同，这个时间一般控制在3s左右。这样才能使印制电路板上每个焊点的质量均匀一致。

5）印制电路板从钎料槽中取出后，应防止振动，以免焊缝产生结晶缺陷。

3.1.3　拖焊

拖焊是在倾斜式浸焊基础上改进的一种软钎焊方法，实际上它应该属于自动化的浸焊。如图3-9所示，拖焊是将插装有元器件的印制电路板放入钎料槽中，使印制电路板的焊接面与钎料液面接触，并在钎料槽中沿液面拖动一段距离，然后再将其提起，让焊缝冷却凝固。

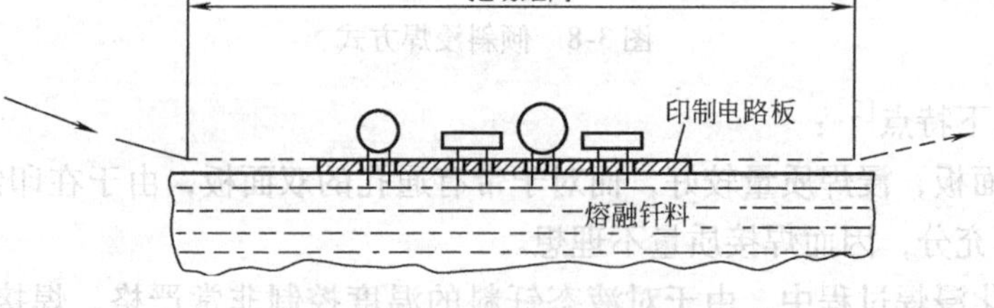

图3-9　拖焊过程示意图[2]

事实上，拖焊与倾斜式浸焊很相似，其区别在于拖焊要在钎料液面拖动一段距离。在自动化生产线上，通常以发泡方式来涂敷钎剂，并且需要预热，在每块印制电路板浸入液态钎料之前也要先进行撇渣。印制电路板进入液态钎料表面以后拖动的时间就是浸渍焊接的时间。拖焊是连续进行的过程，易于实现自动化操作，不易受人为因素的影响。但需要注意的是，为了减少焊接缺陷，印制电路板应以15°左右的角度浸入钎料槽，以便于钎剂受热分解的气泡逸出。提起印制电路板时，同样应使印制电路板与钎料液面构成一定的角度，目的是使多余的钎料顺利回流到钎料槽中去。

3.1.4　波峰焊

波峰焊(Wave Soldering)也称喷流焊接，它是在浸焊的基础上发展起来的。自20世纪50年代英国Fry's Metal公司发明世界上第一台波峰焊机以来，人们将晶体管类元件插装在通孔印制电路板上，采用波峰焊接技术实现了通孔组件的自动化装联，使半导体收音机、黑白电视机等家用电器迅速普及全世界各地。波峰焊接技术的出现开辟了电子产品大规模工业化生产的新纪元，它对全世界电子工业生产技术发展的贡献是无法估量的[3]。由于它具有生产效率高、焊接质量可靠等优点，从20世纪80年代至今一直是电子产品批量组装制造中应用最广泛的软钎焊接方法。

1. 波峰焊工艺过程

如图3-10所示，波峰焊是用一个浸没于熔融钎料中的机械泵或电磁泵，使液态钎料通过一个特定的喷口，形成一股向上的、稳定的、连续喷涌的液态钎料波。当传送带上插装了元器件的印制电路板运行到波峰焊槽时，其焊接面将沿一定的方向和角度浸入钎料波峰而与液态钎料接触，此时，在毛细作用和钎料波压力的作用下，钎料迅速填充焊缝间隙并与母材发生相互作用，当印制电路板离开波峰，钎料冷却凝固后即可得到优质的软钎焊接头。

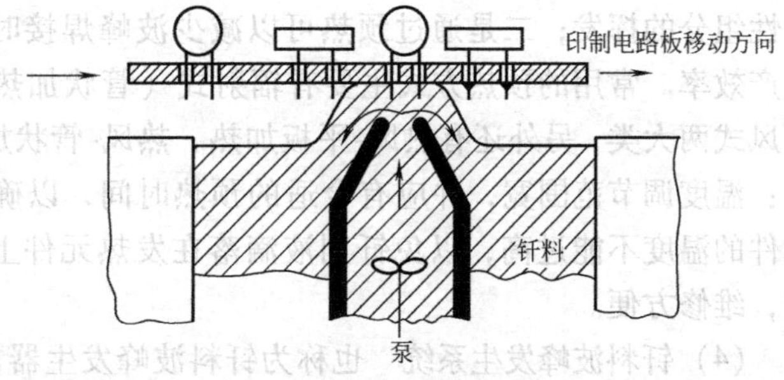

图3-10　波峰焊原理示意图[2,3]

波峰焊的工艺过程如图3-11所示。从图中可以看出，波峰焊组装生产的工艺主要包括：装载印制电路板、涂敷钎剂、预热、波峰焊、冷却等过程。这些过程是连续进行的，其中最重要的环节是波峰焊接，在此之前的工序是为波峰焊接做准备的过程，而在此之后的工序是波峰焊的后处理过程。

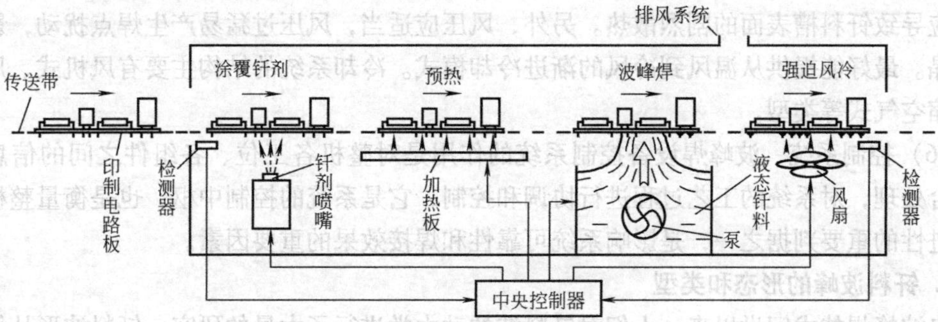

图3-11　波峰焊工艺过程示意图[1]

2. 波峰焊组装生产线设备的组成[3,4,5,6]

波峰焊生产线主要由印制电路板传送系统、钎剂涂敷系统、预热系统、钎料波峰发生系统、冷却系统、控制系统等几部分组成。

（1）印制电路板传送系统　主要用于夹持印制电路板并以一定的速度和倾角经过波峰焊接的各工艺区。印制电路板的夹持通常分为框架、爪式和机械手夹持等几种。框架式夹持宽度的调节是通过改变托架上夹爪的位置来实现的，每块印制电路板都需要人工装板和卸板，操作不方便，其传送方式可采用链式或钢带式结构。爪式结构的装、卸板可实现机械化，生产效率高，适用范围较广。机械手夹持方式主要用于有特殊要求的印制电路板进行高质量的焊接。

印制电路板的传送速度实际上决定了波峰焊接的时间，它控制着印制电路板上的某个焊点从接触液态钎料到离开的时间。

（2）钎剂涂覆系统　在波峰焊中，涂敷钎剂采用较多的方式有刷涂式、波峰式、喷射式、发泡式和喷雾式等。对钎剂涂敷系统的要求为涂敷的钎剂层应均匀一致，对焊接面覆盖性好；涂敷的厚度适宜，无多余的钎剂流淌；涂敷效率高，环保性好。

（3）预热系统　预热系统所起的作用为：一是促进钎剂活化，并促使钎剂中低温挥发性组分的挥发；二是通过预热可以减少波峰焊接时的热冲击，改善焊接质量，并提高生产效率。常用的预热方式主要有辐射式（管状加热器、平板加热器、红外加热器）和热风式两大类，另外还有热风-平板加热、热风-管状加热的组合方式。对预热系统的要求是：温度调节范围宽，并应有合适的预热时间，以确保钎剂能充分净化母材表面；发热元件的温度不能过高，以免钎剂液滴落在发热元件上引发燃烧；耐冲击、振动，可靠性高，维修方便。

（4）钎料波峰发生系统　也称为钎料波峰发生器，通过它产生和形成液态钎料波，是波峰焊接系统的核心装置。钎料波峰发生器主要有机械泵和电磁泵两大类，其中机械泵又分为离心泵、螺旋泵和齿轮泵三种。机械泵波峰发生器应用历史比较悠久，技术成熟，但结构复杂，机件易于磨损，维护维修较困难，且钎料的氧化较严重。电磁泵在液态金属中使电能转化成机械能，一般分为传导式和感应式两种。感应式电磁泵性能更优，具有寿命长，维修方便，波峰平稳，钎料氧化少，钎料槽容量小，耗能低，效率高等优点。

（5）冷却系统　设置冷却系统的目的为：一是迅速降低经过钎料波峰区后累积在印制电路板上的余热；二是使进入焊点的液态钎料快速冷却结晶。冷却系统的气流应定向，该气流不应导致钎料槽表面的剧烈散热。另外，风压应适当，风压过猛易产生焊点扰动，影响焊缝结晶。最好能提供从温风到冷风的渐进冷却模式。冷却系统的结构主要有风机式、风幕式和压缩空气式等类型。

（6）控制系统　波峰焊设备控制系统的作用是对整机各工位、各组件之间的信息流进行综合处理，对系统的工艺过程进行协调和控制，它是系统的控制中枢，也是衡量整机功能和先进性的重要判据之一，是影响系统可靠性和焊接效果的重要因素。

3. 钎料波峰的形态和类型

自波峰焊技术问世以来，人们对钎料波的动力学进行了大量的研究，钎料波形从简单弧形波发展到双向喷流波，双向喷流波又先后发明了“T 波”、“λ 波”、“Ω 波”等波形。按波峰个数又可分成单波峰、双波峰、三波峰和复合波峰等几种。下面介绍几种典型的钎料波形。

（1）简单弧形波峰　如图 3-12 所示，弧形波是在机械泵或电磁泵作用下，使液态钎料产生一个弧形波。形成这种波峰的喷嘴结构比较简单，根据所形成的波峰面的宽度，又可分为窄弧形波和宽弧形波。在波峰焊工艺诞生初期，使用的钎料波形主要是窄弧形波。由于波峰较窄，对焊缝热量供应不足，所以生产效率低，焊接过程中拉尖、桥接现象较多。为了克服窄弧形波的缺点，又研制了宽弧形波，这种波形虽然比窄弧形波好一些，但仍然存在着一些问题。因此，这种波形已逐渐被双向波峰所代替。

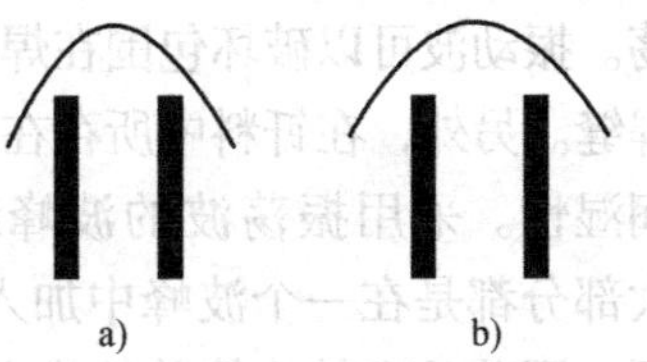

图 3-12　简单弧形波示意图[4]

a）窄弧形波　b）宽弧形波

（2）双向喷流波峰　双向波是在简单弧形波基础上发展起来的，是目前波峰焊中使用最多的波形。双向波峰的波形特征是从喷嘴涌出的钎料到达喷嘴顶部后，通过扩展板同时向前后两个方向流动。根据使用的需要，液态钎料向两个方向的流动可以是对称的或不对称的。

对称的双向波峰也叫标准波峰或“T”形波峰，其形状如图 3-13 所示。对于图 3-13a 中的波形，印制电路板处于水平方向通过钎料波峰；对于图 3-13b 中的波形，印制电路板与水平方向构成 5°～9°的一个微小角度通过钎料波峰。印制电路板处于水平运动通过钎料波峰时，焊点之间产生桥接的可能性较大，而印制电路板略倾斜通过钎料波峰则有利于避免桥接。

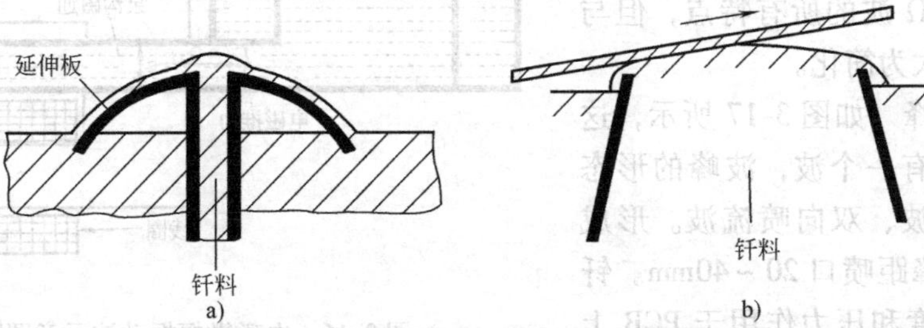

图 3-13　双向喷流波形状示意图[2]

a）印制电路板水平传送　b）印制电路板倾斜传送

图 3-14 所示是典型的不对称双向波峰，其波形为扩展波，也称为“λ 波”。通常，将喷嘴一侧的扩展板延长即可形成扩展波峰。这种波形是由一个平坦的主峰区和一个弯曲的副峰区组成的，其特点是印制电路板与液态钎料波峰接触时间较长，液态钎料相对于印制电路板的流动速度较快，这就形成了一种有效的冲刷作用，因而有助于增强润湿，明显减少拉尖和桥接。

双向波峰的另一种波形是振动波峰，即在钎料槽中加入振荡源，使钎料波表面产生微幅振

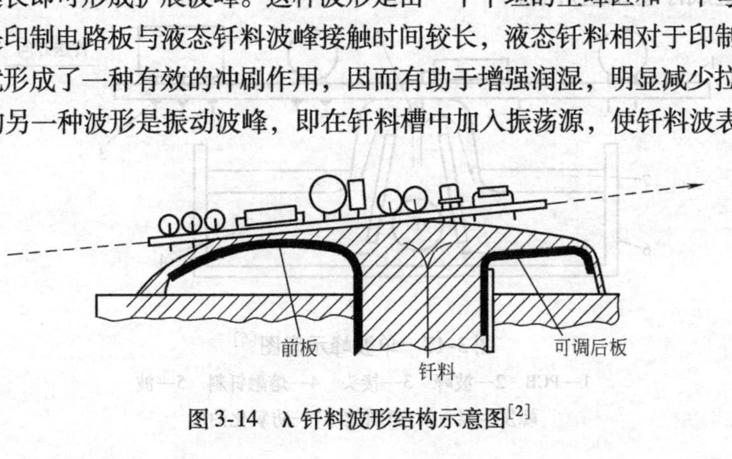

图 3-14　λ 钎料波形结构示意图[2]

荡。振动波可以破坏包围在焊盘附近的气泡，消除气泡对润湿的影响，使得液态钎料顺利填充焊缝。另外，在钎料中所存在的微幅振荡，还具有冲刷金属表面的作用，可增强钎料对母材的润湿性。采用振荡波的波峰结构，大部分都是在一个波峰中加入振荡源，因此具有结构简单的优点。

目前在工业上普遍应用的振荡波有“Ω 波”和电磁微幅振动波两种形式。

Ω 波如图 3-15 所示，它是在波峰喷口设置了数个振子，使得在波峰前端的钎料中产生微小幅度的机械振动，使钎料易于进入微小的焊缝间隙，并排出死角处的气体。随着印制电路板移出波峰，振动逐渐减弱，焊点又通过层流波，故可消除拉尖和桥接缺陷。

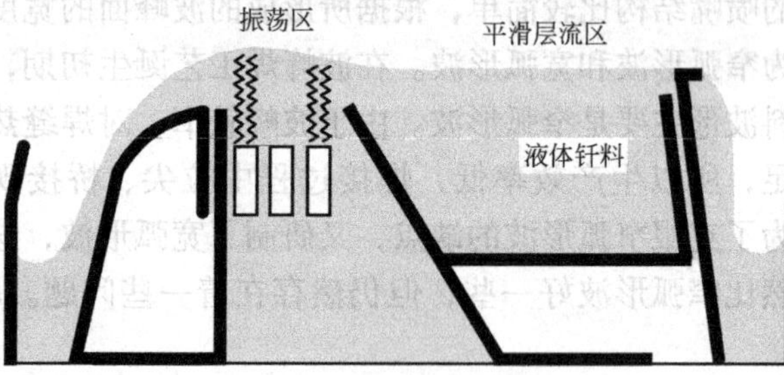

图 3-15　Ω 波系统示意图[3]

电磁微幅振动波如图 3-16 所示，其振动波是利用电磁推力产生的磁场变化形成的。此种微幅振动不会影响钎料波峰在循环过程中所处的层流状态，且钎料波峰的振动方向是垂直的，这对挤压气泡、填充微缝、消除阴影区均是极为有利的。它具备了 Ω 波的所有特点，但与 Ω 波相比结构大为简化。

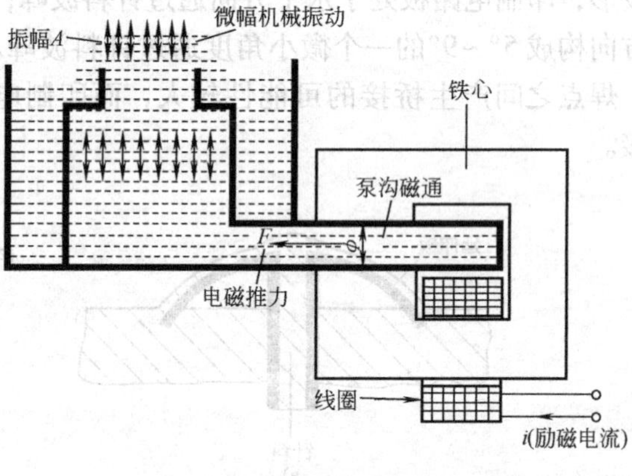

图 3-16　电磁微幅振动波示意图[4]

（3）单波峰　如图 3-17 所示，这种波峰焊机只有一个波，波峰的形态包括简单弧形波、双向喷流波。形成的液态钎料波峰距喷口 20～40mm。钎料以一定的速度和压力作用于 PCB 上并渗透进入焊缝间隙中。与浸焊相比，可明显减少漏焊。由于钎料波峰的柔性，即使 PCB 不够平整，只要翘曲度在 3% 以下，仍可得到良好的焊接质量。单波峰焊的缺点是由于钎料波峰垂直向上的力，会给一些较轻的元器件带来冲击，造成浮动或空焊接。

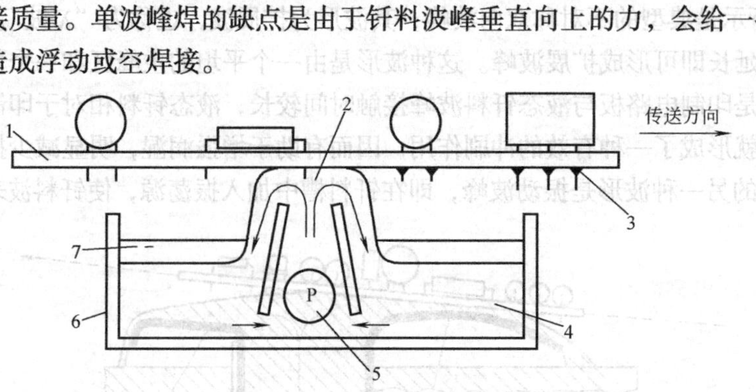

图 3-17　单波峰示意图[6]

1—PCB　2—波峰　3—接头　4—熔融钎料　5—波峰发生器　6—钎料槽　7—防氧化油层

(4) 双波峰　如图3-18所示，这种波峰焊机有两个钎料波。对于安装无引线元件或引线间距较小的印制电路板，常采用双波峰方式进行焊接。双波峰机的两个波峰的形状和作用是不同的。

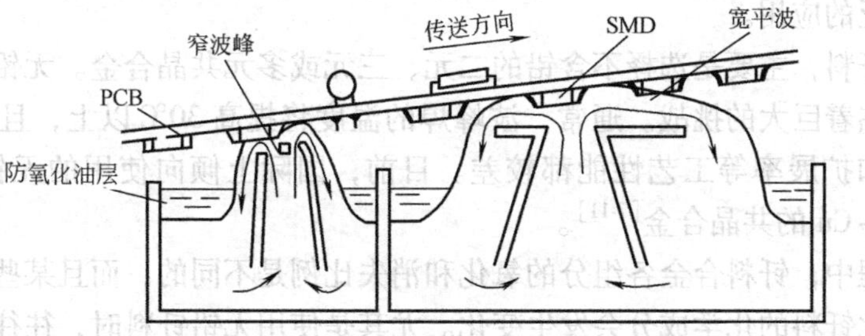

图3-18　双波峰示意图[6]

双波峰焊机第一个波一般是湍流波，其波面的宽度比较窄，液态钎料从喷嘴流出的速度比较快，目的是形成一个向上的冲力，使液态钎料能借助于湍流波的冲力填充很窄的焊缝间隙。但是，PCB经过第一个湍流波后会在焊点处留下较多的不均匀的钎料，因此，还需要经过第二个比较平稳的层流波。层流波的形状与普通插装印制电路板所用的宽平波相同，这有助于消除湍流波形成的拉尖或桥接等缺陷。

图3-19　紊乱波-宽平波的组合[4]

目前比较成熟的双波峰焊机主要是紊乱波-宽平波、空心波-宽平波等波形的组合。紊乱波-宽平波的组合如图3-19所示。其中第一个钎料波的喷嘴较窄且呈多孔状，在泵的驱动下，液态钎料从喷嘴的孔中涌流出来形成喷射状波，此波在水平方向不停地作往复位移。由于液态钎料形成向上的冲力较大，不仅有利于排除焊缝中的气泡，而且有助于液态钎料渗透焊缝，但存在的最大问题是液态钎料翻滚涌动厉害，因此钎料的氧化非常严重。第二个钎料波通常为宽平波，波峰比较平稳，波压均匀，可对焊点起修整作用，如消除拉尖、桥接等现象。

图3-20　空心波-宽平波的组合[4]

空心波-宽平波的组合如图3-20所示。其中第一个波是呈喷射状的空心波，波速较大，有利于消除阴影效应和气泡。第二个波峰采用传统的层流波，便于焊点的修整。

4. 波峰焊用钎焊材料的选择与控制

在波峰焊中使用的钎焊材料主要包括钎料合金和钎剂，它们的合理选择是保证焊接质量的前提条件。在生产过程中，钎料和钎剂被不断地消耗，因此需要对它们进行监测、调整和补充。

(1) 钎料合金　选择钎料合金应综合考虑钎焊温度，钎料合金的固、液相线温度范围以及相关的工艺性能，钎料合金的力学性能、化学成分、经济性等因素。

对于含铅钎料，Sn-37Pb 和 Sn-40Pb 是常用的波峰钎料合金。Sn-37Pb 为共晶合金，标称熔点为 183℃；Sn-40Pb 为亚共晶合金，熔点为 183 ~ 189℃。两种钎料的润湿性和流动性都很好，同时钎料成本较低，氧化渣较少，钎料利用率高，焊点光亮，使用效果良好，长期以来得到了广泛的应用。

对于无铅钎料，主要是选择不含铅的二元、三元或多元共晶合金。无铅钎料的使用，使波峰焊技术面临着巨大的挑战。通常，波峰焊的温度将提高 30℃以上，且无铅钎料的抗氧化性、润湿性和扩展率等工艺性能都较差。目前，国际上倾向使用的无铅钎料是 Sn-Cu、Sn-Ag 和 Sn-Ag-Cu 的共晶合金[7-11]。

在使用过程中，钎料合金各组分的氧化和消失比例是不同的，而且某些杂质元素的含量也会增加，因此钎料的化学成分会发生变化。尤其是使用无铅钎料时，往往化学成分的微量变化就能引起熔化温度等性能的较大变化，所以必须定期监测、调整化学成分。

（2）钎剂　钎剂的选择应综合考虑元器件引线和电路板焊盘的焊接性，钎料的润湿和铺展能力，钎料的熔化温度和实际焊接温度，焊后是否清洗等因素。加入微量活化剂的松香-酒精或松香-异丙醇溶液是常用的波峰焊钎剂。松香型钎剂的优点是在高温下显示活性，而在常温下则呈惰性。因此，它在高温下能很好地发挥清除母材表面的氧化膜的作用，而在常温下又能很好地保护焊缝和印制电路板免受侵蚀。

值得关注的是，免清洗钎剂、水溶性钎剂以及无挥发物钎剂正在蓬勃发展。

免清洗钎剂通常可见白色的残留物，这是因为钎剂中的活性物质大多是白色物质，另外，免清洗钎剂因活性相对不足，实际助焊效果不如其他钎剂。水溶性钎剂的优点是可溶于水，因此焊后可用水来清洗。无挥发物钎剂是近年来适应环保要求而出现的一种新型钎剂，它通常以水为基，不含其他挥发物质，但使用时需要较高的预热温度及更长的预热时间，使水分蒸发。预热不足时易产生液态钎料的爆炸或飞溅以及其他焊接缺陷。

5. 波峰焊工艺参数[3,4,6,12-15]

波峰焊工艺参数的合理选择是保证波峰焊接质量的关键因素。波峰焊中主要的工艺参数包括印制电路板的预处理、预热温度、钎剂的控制、焊接温度、传送速度和焊接时间、传送倾角、浸渍深度、波峰高度和波峰的几何形状、钎料中杂质的控制等。

（1）PCB 的预处理　印制电路板在使用前应进行烘干处理，目的是消除 PCB 在制造过程中残留的溶剂和水分，防止波峰焊时 PCB 中水分的蒸发而产生飞溅现象。同时可消除 PCB 制造过程中产生的残余应力，减少波峰焊时 PCB 的翘曲和变形。根据 PCB 的厚度，烘干温度通常为 110 ~ 120℃，烘干时间通常为 1 ~ 2h。

（2）预热温度　预热温度是指 PCB 焊接面在与钎料波峰接触之前所达到的温度。预热温度通常应根据钎剂的类型来确定，温度过低将使溶剂分解不充分，易引起气体滞留而产生焊接缺陷；温度过高则易造成钎剂失效。我国电子行业标准 SJ/T 10534—1994 给出的预热温度是：单面板为 80 ~ 90℃，双面板为 90 ~ 100℃。具体的预热温度应随加热时间、电源电压、周围环境温度和通风状态来进行适当的调整。

（3）钎剂的控制　在钎剂控制方面，要严格监测钎剂的密度、活性以及钎剂泡沫与钎料波高度的比值。

（4）钎焊温度　钎焊温度一般是指钎料槽中液态钎料的温度，它是波峰焊中最重要的工艺参数之一。为了使液态钎料能依靠毛细作用填充焊缝，润湿固体母材表面并产生相互溶解和扩散而获得良好的冶金结合，必须确定最佳的钎焊温度。根据经验，该温度一般是在钎料液相线温度之上加40~60℃。

最高钎焊温度的选择还受制于元器件的耐热性和PCB基板的热稳定性，在使用锡铅钎料时波峰焊温度为240~250℃。使用无铅钎料时，焊接温度至少应提高20~30℃，这对元器件的耐热性和PCB基板的热稳定性提出了更高的要求。

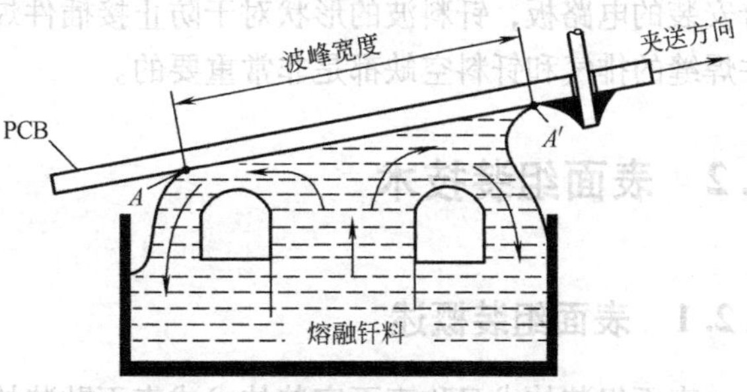

图3-21 PCB通过钎料波峰的示意图[4]

(5) 钎焊时间和传送速度 钎焊时间通常是指PCB上某个焊点从开始接触波峰面至离开波峰面的时间，如图3-21所示。从图中可见，PCB从接触A点至离开A'点所需要的时间即为焊接时间，A与A'之间的距离则为波峰宽度。钎焊时间t与印制电路板的传送速度v和波峰宽度w有关。钎焊时间t通常可用下式进行估算

$$t=\frac{w}{v} \tag{3-1}$$

一般波峰焊机的传送速度为0.5~2.0m·min^{-1}，可根据具体的生产效率、PCB和元器件的热容量、浸渍时间和预热温度等因素来确定最适宜的传送速度。

根据大量统计数据表明，通常焊点在波峰中浸渍的时间应控制在2~4s之间，如低于2s，焊盘和引线达不到所需的润湿温度，若超过4s则易使元器件和PCB过热而损坏，同时使界面中间合金层增厚而降低接头的可靠性。

(6) 传送倾角 如图3-22所示，传送倾角是指PCB与钎料波峰之间形成的夹角，它会

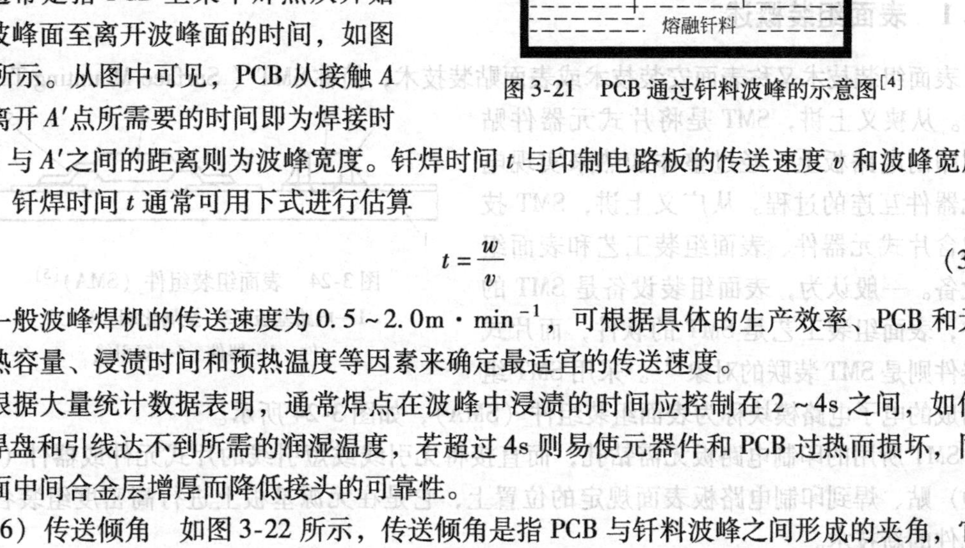

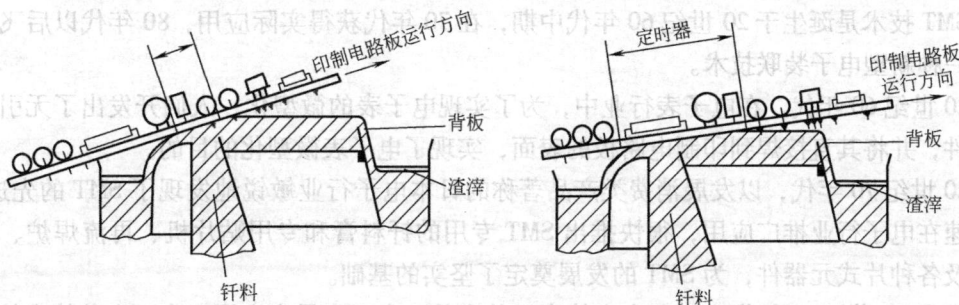

图3-22 传送倾角示意图[3]

影响波峰面的宽度，一般可通过传送装置来进行调节。适当的传送倾角有助于液态钎料与印制电路板分离，同时减少焊点的拉尖和桥接等缺陷。一般应将倾角控制在3°~8°。

(7) 浸渍深度和波峰高度 浸渍深度是指PCB经过波峰时浸入波峰的深度，如图3-23所示。PCB浸渍深度过大，易使钎料溢到PCB上表面造成事故，并易产生桥接现象。浸渍深度过

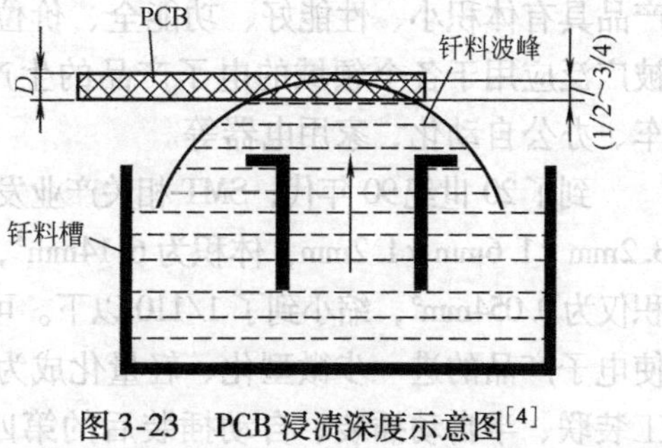

图3-23 PCB浸渍深度示意图[4]

小，易发生漏焊现象。通常浸渍深度可通过调节波峰高度来控制。一般液态钎料的波峰高度可在0~10mm之间调节，最适宜的波峰高度为6~8mm。

（8）波峰的几何形状 波峰焊中最为重要的问题之一是钎料波的形状，尤其是对于混合安装的电路板，钎料波的形状对于防止接插件焊缝出现毛刺和桥接，以及防止表面贴装元件焊缝的排气和钎料空缺都是非常重要的。

3.2 表面组装技术

3.2.1 表面组装概述

表面组装技术又称表面安装技术或表面贴装技术，简称SMT（Surface Mounting Technology）。从狭义上讲，SMT是将片式元器件贴装到印制电路板上，经过整体加热来实现电子元器件互连的过程。从广义上讲，SMT技术包含片式元器件、表面组装工艺和表面组装设备。一般认为，表面组装设备是SMT的硬件，表面组装工艺是SMT的软件，而片式元器件则是SMT装联的对象[3]。采用SMT组装而成的电子电路模块称为表面组装组件（SMA），如图3-24所示。

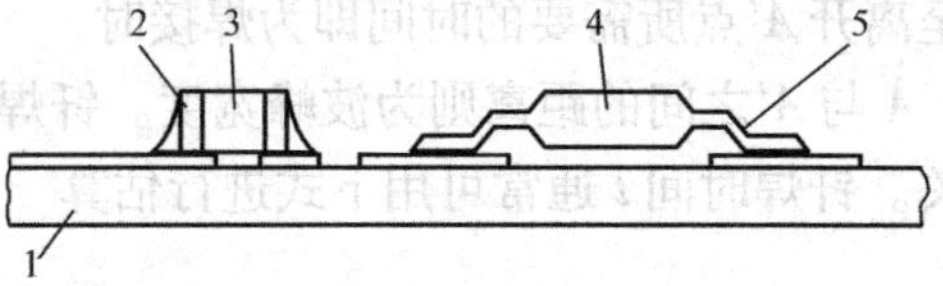

图3-24 表面组装组件（SMA）[5]
1—电路基板 2—金属化端 3—元件 4—器件 5—短引线

SMT所用的印制电路板无需钻孔，而直接将无引线或短引线的片式元件或器件（SMC/SMD）贴、焊到印制电路板表面规定的位置上，它是在无源基板上进行高密度组装各种片式元件的新技术。

SMT技术是诞生于20世纪60年代中期，在70年代获得实际应用，80年代以后飞速发展的一种新型电子装联技术。

20世纪60年代，在电子表行业中，为了实现电子表的微型化，人们开发出了无引线电子元件，并将其直接焊到印制电路板的表面，实现了电子表微型化的目的。

20世纪70年代，以发展消费类产品著称的日本电子行业敏锐地发现了SMT的先进性，并迅速在电子行业推广应用，很快推出SMT专用的钎料膏和专用贴片机、再流焊炉、印刷机以及各种片式元器件，为SMT的发展奠定了坚实的基础。

进入20世纪80年代，SMT生产技术日趋完善，由于大量生产用于表面安装技术的元器件，使价格大幅度下降，各种技术性能好、价格低的设备纷纷面世。由于SMT组装的电子产品具有体积小、性能好、功能全、价位低的综合优势，故SMT作为新一代电子装联技术被广泛应用于各个领域的电子产品的生产，如航空、航天、通信、计算机、医疗电子、汽车、办公自动化、家用电器等。

到了20世纪90年代，SMT相关产业发生了惊人的变化，例如1975年片式阻容元件的尺寸为3.2mm×1.6mm×1.2mm，体积为6.14mm^3，至1995年就已减小到0.6mm×0.3mm×0.3mm，体积仅为0.054mm^3，缩小到了1/110以下。可见，SMT生产技术彻底改变了传统的通孔插装技术，使电子产品的进一步微型化、轻量化成为可能，被誉为电子组装技术的一次革命，它是继手工装联、半自动插装、自动插装后的第四代电子装联技术。当前，SMT已广泛应用于计算机、通信、军事、工业自动化、消费类电子等领域，并成为电子工业的关键制造技术之一[5,3]。

3.2.2　表面组装的工艺过程

表面组装元器件（SMC/SMD）其外形为矩形片状、圆柱形或异形，其焊接端或引脚是制作在同一平面内的。SMC/SMD 与印制电路板之间的连接部分采用波峰焊，但主要是采用再流焊。采用波峰焊的表面组装工艺是利用贴片胶将元器件粘合到印制电路板的焊盘表面，再通过波峰焊实现连接。采用再流焊的表面组装工艺过程包括：印制电路板和钎料膏的准备、钎料膏涂敷、贴片、再流焊、测试、整形和修理、清洗、烘干，最后得到产品。下面介绍其中的几个主要工序。

1. 钎料膏涂敷[1,3,5,6]

钎料膏涂敷是将膏状钎料印刷或涂敷在印制电路板的焊盘上，为 SMC/SMD 的贴装、焊接提供粘附和焊接材料。钎料膏涂敷有两种方式：注射涂敷法和印刷涂敷法。注射涂敷法可以采用手工操作，速度慢、精度低，但灵活性高，主要应用于小批量生产或新产品的研制。印刷涂敷法又分为直接接触印刷和非接触印刷两种方式，它们的相同之处是与油墨印刷类似，主要区别在于印刷钎料膏的模板不同。

（1）直接接触印刷　通常是指模板漏印，常采用刚性的锡磷青铜或不锈钢等金属材料制作漏印模板，其模板的整体结构如图 3-25 所示。漏印模板由模板框架、丝网、金属图形模板三部分组成，这种结构能确保金属图形模板既有弹性又平整，使用时能与 PCB 紧密接触。金属图形模板的制作方法主要有化学腐蚀法和激光切割法。

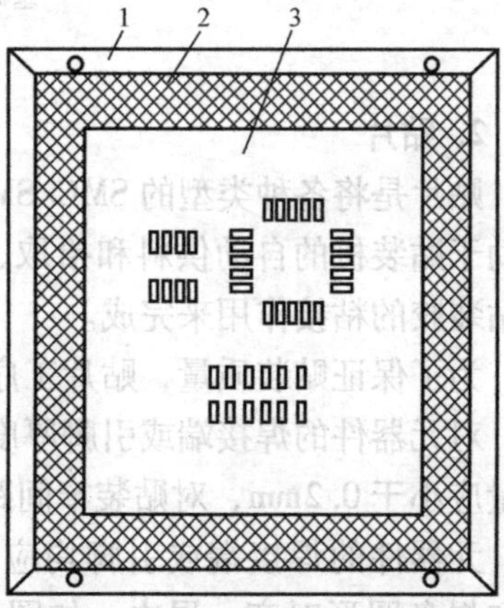

图 3-25　漏印模板结构示意图[3]
1—模板框架　2—丝网　3—金属图形模板

模板漏印的基本过程如图 3-26 所示。在图 3-26a 中，先将 PCB 放在支架上固定好，然后将模板图形与 PCB 上的焊盘图形对准并相互接触，再把足够的钎料膏放在漏印模板上，让刮板从模板的一端向另一端移动，通过模板网孔刮压钎料膏使之进入 PCB 焊盘位置，即完成了钎料膏的印刷。完成了钎料膏的印刷之后，使模板与 PCB 分离，钎料膏即从模板的网孔转移到 PCB 焊盘上，如图 3-26b 所示。

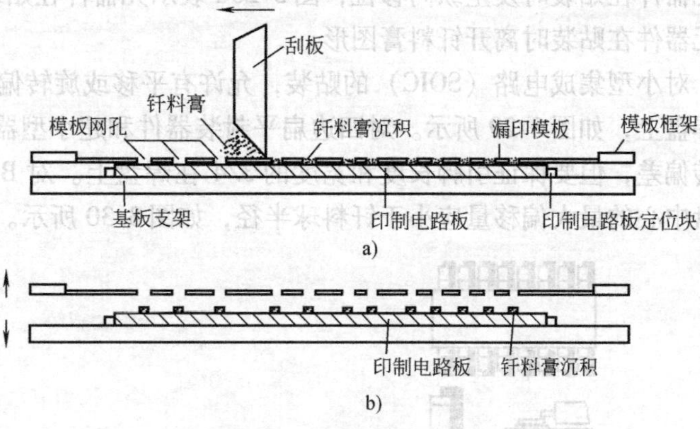

图 3-26　模板漏印的基本过程示意图[1]

（2）非接触印刷　通常是指丝网印刷，采用柔性材料制成丝网，并在丝网上涂敷一层感光乳剂，经干燥、负片曝光、溶解等工序制备出漏印钎料膏的图形网孔，然后用木材或铝合金来支撑和绷紧丝网。丝网印刷的基本过程如图 3-27 所示。图中，将 PCB 固定在支架上，使漏印丝网的网孔与 PCB 上的焊盘图形对正，丝网与 PCB 之间留有一定的间隙，然后把钎料膏放在丝网上，刮刀以一定的角度和速度从丝网上刮过，压迫丝网与 PCB 表面接触，随后脱离 PCB 表面，在这一过程中，钎料膏就通过丝网的网孔被印刷到 PCB 焊盘表面上。

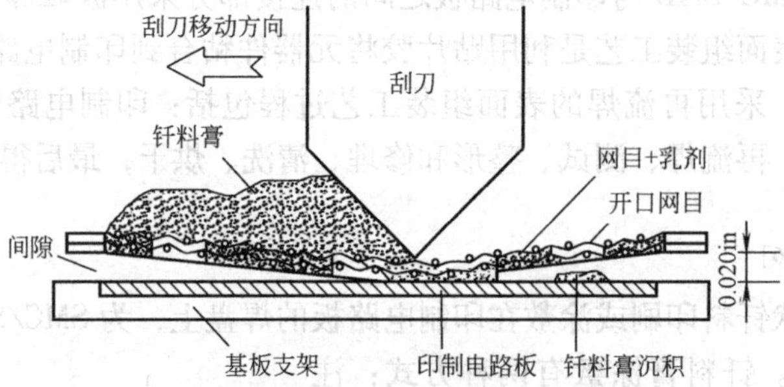

图 3-27　丝网印刷示意图[1]

2. 贴片

贴片是将各种类型的 SMC/SMD 元器件粘贴到印制电路板上的指定位置的过程。该过程借助于贴装机的自动供料和拾取、PCB 和片式元器件的自动精确对位等功能，以及钎料膏或贴装胶的粘接作用来完成。

为了保证贴装质量，贴片工序对贴装元器件有非常严格的要求。

对元器件的焊接端或引脚厚度的 1/2 以上要浸入钎料膏，对贴装一般元器件时钎料膏挤出量应小于 0.2mm，对贴装窄间距元器件的钎料膏挤出量应小于 0.1mm。

元器件的焊接端或引脚均应该尽量和焊盘图形对齐、居中。如图 3-28 所示，对矩形元器件的贴装，图 3-28a 表示元器件贴装位置正确，焊端居中并位于焊盘上；图 3-28b 表示元器件在贴装时发生横向移位；图 3-28c 表示元器件在贴装时发生纵向移位；图 3-28d 表示元器件在贴装时发生旋转偏移；图 3-28e 表示元器件在贴装时离开钎料膏图形。

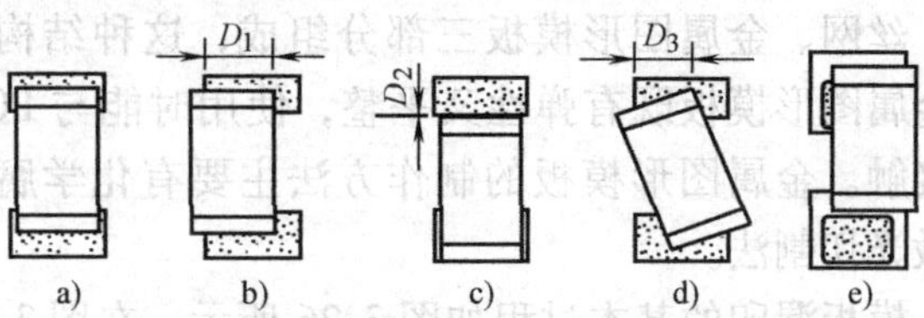

图 3-28　矩形元器件贴装位置的偏差[1]

对小型集成电路（SOIC）的贴装，允许有平移或旋转偏差，但必须保证引脚宽度的 3/4 在焊盘上，如图 3-29 所示。对四边扁平封装器件和超小型器件如 QFP、PLCC 器件，允许有旋转偏差，但要保证引脚长度和宽度的 3/4 在焊盘上。对 BGA 器件的贴装，钎料球中心与焊盘中心的最大偏移量应小于钎料球半径，如图 3-30 所示。

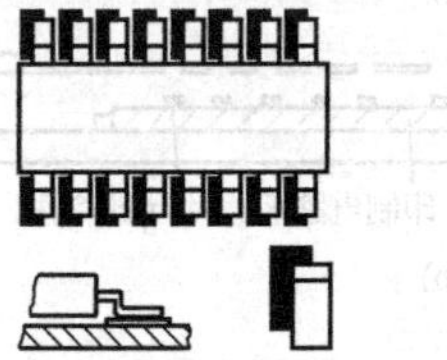

图 3-29　SOIC 芯片贴装偏差[1]

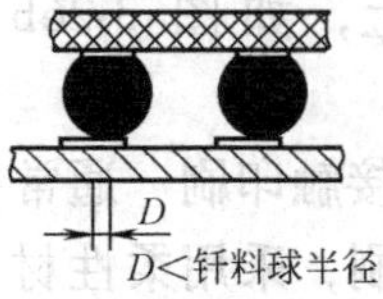

图 3-30　BGA 芯片贴装偏差[1]

另外，元器件贴装压力要适当。如果压力过小，元器件焊端或引脚仅浮在钎料膏表面而易产生位移；如果元器件贴装压力过大，容易造成钎料膏挤出量过大而外溢，以致产生桥接，还会造成器件滑移，甚至损坏。

3. 再流焊

将贴装好元器件的PCB放入再流焊机，采用红外加热装置（或气相、激光加热装置），通过预热、保温、再流、冷却等不同温区，使钎料膏中的钎料合金熔化实现元器件焊端或引脚与PCB焊盘的连接。这种方法称为再流焊或回流焊，它是SMT生产的关键工序。在这一过程中，合理设置温度曲线并严格控制加热温度，是保证焊接质量的前提条件。

4. 清洗

通过再流焊以后的印制电路板上，残留着大量钎剂残渣和其他污染物，通常应进行清洗，以保证电子产品的可靠性。清洗方法主要采用溶剂清洗，包括极性溶剂、非极性溶剂、两性清洗剂以及皂化水清洗、半水清洗、净水清洗等。

5. 检测

对组装好的SMA组件，可用放大目测检验、激光-红外检测、X射线检测和超声波检测，对检验合格者，方可进入下一步的整机组装工序。

表面组装工艺过程所采用的设备包括印刷机、贴装机、再流焊炉、清洗机、测试设备等，这些设备所形成的SMT生产线如图3-31所示。

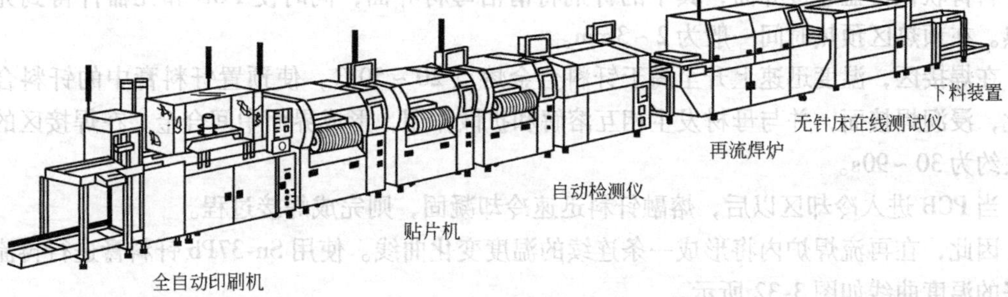

图3-31 SMT生产线[5]

3.2.3 表面组装的钎焊方法

若从狭义上讲，SMT主要是针对各类SMC/SMD与PCB的连接组装，所涉及的软钎焊方法主要是再流焊。但目前许多PCB上组装连接的元器件既有通孔插装元件，又有片式元件，SMT所使用的软钎焊方法主要是再流焊和波峰焊，以再流焊为主。

再流焊，意思是将预置钎料加热，使之重新熔融，即“再流”。它通过重新熔化预先放置到PCB焊盘上的钎料来实现SMC/SMD与PCB的连接。钎料预置的方法包括预敷钎料膏法、预敷钎料涂层法、预置预成形钎料法。预敷钎料膏主要采用注射或印刷涂敷的方法；预敷钎料涂层主要采用在母材表面电镀或热镀一层钎料；预置预成形钎料是将各种形状的钎料，如圆片、环片、垫圈、小球等钎料预先安放到PCB焊盘上。再流焊对钎料加热有不同的方法，其热量的传递主要是辐射和对流两种形式。按照加热区域的不同，再流焊可以分为对安放有元器件的PCB整体加热和局部加热两大类。整体加热方法主要有红外线加热、气相加热、热风加热、热板加热或红外线与热风组合加热；局部加热方法主要有激光加热、红外线聚焦加热、热气流局部加热等。

1. 红外再流焊(Infrared Re-flow Soldering)[1-3,5,6]

应用远红外线作为热源使预置钎料熔化实现焊接的方法，叫做红外再流焊。它是目前应用最广泛的 SMT 焊接方法。

红外线的波长通常在可见光波长的上限到毫米波之间，波长为 0.72 ~ 1.5μm 称近红外线，波长为 1.5 ~ 5.6μm 称中红外线，波长为 5.6 ~ 1000μm 称远红外线。通常，波长在 1.5 ~ 10μm 的红外线辐射能力最强，约占红外线总能量的 80% ~ 90%。当红外线的振动频率与被辐射物体分子间的振动频率一致时，被辐射物体的分子就会产生共振，引发激烈的分子振动而升温。

使用远红外线辐射作为热源的加热炉，叫做红外再流焊炉。红外再流焊炉主要由炉体、上下加热源、PCB 传送装置、空气循环装置、冷却装置、排风装置、温度控制装置以及计算机控制系统组成。

再流焊炉的工作原理如下：

在隧道式的炉膛内，在通电作用下使陶瓷发热板或石英发热管辐射出远红外线，由于各组发热元件的功率不同，会形成预热、焊接和冷却三个不同的温度区域。当传动机构将 PCB 送入再流焊炉时，沿直线匀速进入炉膛，将顺序通过不同的温度区。

在预热区，PCB 在 100 ~ 160℃ 的温度下预热，使钎料膏中的低沸点组分挥发排出，并使钎料膏软化覆盖连接界面，其中的钎剂将清洁母材界面，同时使 PCB 和元器件得到充分预热。在预热区预热时间一般为 2 ~ 3min。

在焊接区，温度迅速上升至高于钎料合金熔点 20 ~ 50℃，使预置钎料膏中的钎料合金熔化，浸润焊接面，并与母材发生相互溶解和扩散作用，形成界面中间合金。在焊接区的时间大约为 30 ~ 90s。

当 PCB 进入冷却区以后，熔融钎料迅速冷却凝固，则完成焊接过程。

因此，在再流焊炉内将形成一条连续的温度变化曲线。使用 Sn-37Pb 钎料膏进行再流焊较好的温度曲线如图 3-32 所示。

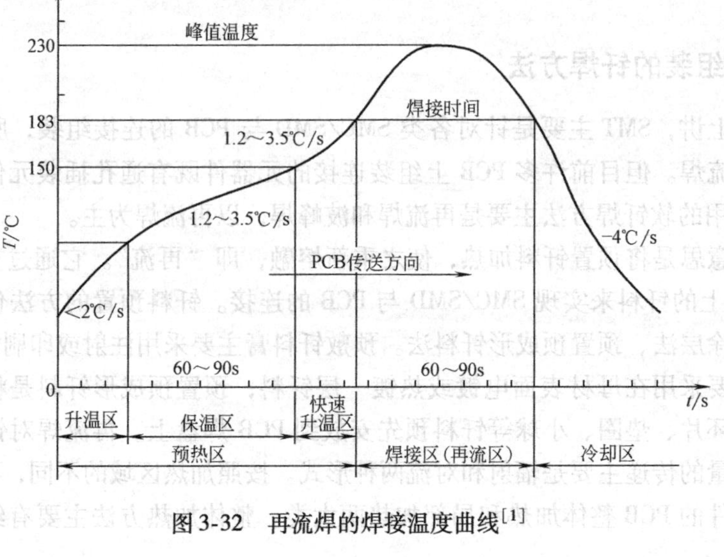

图 3-32　再流焊的焊接温度曲线[1]

再流焊炉的热效率高，温度变化梯度大，温度曲线易于控制。但由于红外线具有光波的性质，当它辐射到物体上时，除了一部分能量被吸收外，还有一部分能量将被反射出去，其反射的量取决于物体的颜色、光洁程度和几何形状。红外线同光波一样无法穿透物体，故红外线没有穿透物体的能力，在背光的一面会产生阴影，且阴影部位的温度较低。显然，在背光部位的升温速度要低于受光部位，这就是人们所说的"阴影效应"。阴影效应会造成PCB上温度不均匀，例如，一块双面电路板在焊接时，PCB的上面和下面的温差很大，而且同一电路板上不同元器件受热也不均匀，因为不同元器件的颜色和体积是不同的，所以受热温度不同，颜色深的和体积大的元器件的温度就会偏低。为了克服这些弱点，人们在再流炉中增加了热风循环功能，研制的红外-热风再流焊炉可以改善再流焊炉中温度的均匀性。

温度的程序控制是再流焊中重最重要的环节之一。随着再流焊技术的进步，对温度控制技术进行了深入的研究，现代再流焊设备已经采用电脑编程来控制红外线热源的发热量和风机的送风量，使炉内形成不同的温度均匀的区域。例如，在隧道式的炉膛内，可将温度上升阶段细分成升温区、保温区和快速升温区。

红外再流焊设备有多种用途，如单面、双面、多层印制电路板上SMC/SMD元器件的焊接，以及其他印制电路板、陶瓷基板、金属芯基板上的再流焊，还可以用于印制电路板的热风整平、烘干，对电子产品进行烘烤、加热或固化粘合剂。红外再流焊设备既能够用于单独操作，也可以接入电子装配生产线上使用。

2. 气相再流焊（Vapor Phase Re-low Soldering）[1-3,6,16]

气相再流焊（简称VPS），又称为凝聚焊接技术，它是利用氟惰性液体由气态转变为液态时释放出的相变潜热来进行加热的一种软钎焊方法。该项技术于1973年由美国西部电气公司开发，开始主要用于厚膜集成电路的连接，于1975年取得专利权，是组装片式元件和PLCC器件的理想的焊接工艺。由于它是一种最有效的热转换的加热方法，在某些范围内已被广泛采用。

典型的气相再流焊接系统是一个可容纳全氟化液体的容器，如图3-33所示。用适当的加热方法加热氟惰性液体到沸点温度，使之沸腾蒸发，在系统内便形成温度等于氟惰性液体沸点的饱和蒸气区。在氟惰性液体的饱和蒸气区内，由于空气被置换而形成低氧或无氧的环境，这对于高质量地进行表面组装焊接非常有利。因为在PCB、元器件和钎料膏上没有形成氧化物的条件，故能降低焊接缺陷，提高连接的可靠性。图中在容器顶端饱和蒸气区的上方设置一组冷凝管，目的是用来减少氟惰性液体的损失。当传送带将相对较冷的组件SMA送入饱和蒸气区时，高温氟惰性气体将凝聚在SMA组件所暴露的表面上，并把相变潜热传给SMA。在SMA上凝聚的液体流到容器底部，再次被蒸发并凝聚在SMA上，该过程的循环进行，直到SMA被加热到氟惰性液体的沸点温度而与蒸气达到平衡。不同的氟惰性液体有不同的沸点，但必须高于钎料的熔点。所以根据介质的沸点就可以控制不同的再流焊温度。

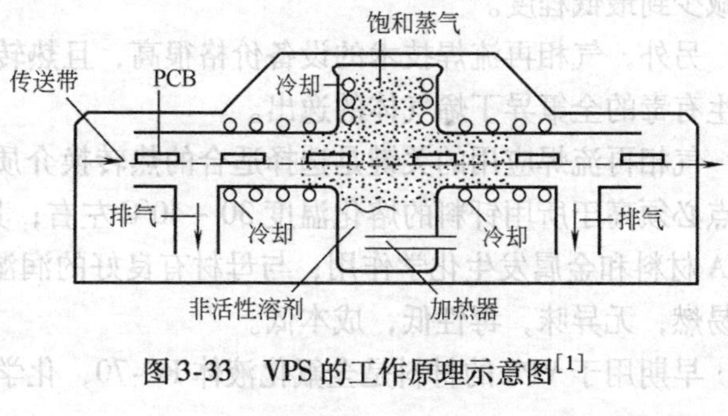

图3-33 VPS的工作原理示意图[1]

在每个焊点上，由于介质的饱和蒸气同时转变成液体，释放出的潜热同时使钎料膏熔融浸润母材界面，因而使 SMA 上的所有焊点能同时完成焊接。

气相再流焊接系统有批量式和连续式两种类型。批量式再流焊接设备是第一代设备，它是 1975 年开发成功的；连续式是第二代再流焊接设备，它是 20 世纪 70 年代后期开发成功的。批量式气相再流焊设备体积小，通用性好，使用方便，主要用于实验和小批量生产，但不适合在生产线上使用。连续式气相再流焊系统能适应大批量生产，一般接入电子装配生产线上使用。

气相再流焊设备的制造和使用都比较复杂。为了获得满意的应用效果，除要求制造精密外，在使用中要严格控制工艺参数以及预热和介质液体消耗，同时要特别注意设备的维修和保养。

与其他再流焊方法相比，气相再流焊技术有以下优点：

1）由于 SMA 置于恒定温度的气相中，蒸气液化潜热的释放对 SMA 的物理结构和几何形状不敏感，所以可以使组件被均匀地加热到焊接温度。

2）由于加热均匀且不受 SMA 结构的影响，热冲击小，能降低元器件的内应力，能有效控制焊点产生桥接。

3）由于氟惰性液体的沸点温度与饱和蒸气的温度相等，所以焊接温度可以保持恒定，不会发生过热，不需要采用复杂的温控手段。因此，可以采用不同沸点的加热介质和不同熔点的钎料来满足不同焊接的需要。

4）由于氟惰性液体蒸气排开空气而形成一个无氧环境，可以使新鲜的金属表面免受氧化，有利于形成高质量的焊点。

5）由于氟惰性液体蒸气的热导率大，而且相变潜热直接传给 SMA，所以热转换效率高，加热速度快，有利于快速焊接。

但是，加热速度与 SMA 上元器件的数量、表面积以及材料的热导率有关，体积大而重的元器件的升温速度比小而轻的元器件要慢些。焊接组装片式元件和 PLCC 器件时，由于 PCB 和元器件本身的热容量比引线的热容量大，所以引线比 PCB 焊盘先达到钎料熔融温度，会使钎料沿引线上吸而产生所谓“芯吸”现象。另外，对微型片式元件进行再流焊时，由于片式元件左右两边电极上钎料的熔化时间不完全相同，致使两边所受到的表面张力不平衡，同时氟化物饱和蒸气遇到低温的 SMA 之后凝聚成液体，对片式元件会产生一个浮力，这些力的不平衡会导致片式元件的一边上翘而产生所谓的“曼哈顿”现象。

上述问题与焊盘图形的设计、钎料膏的涂敷工艺、贴装的精度、再流焊接工艺，以及元器件本身的大小、形状和电极焊接性等因素均有关。这些缺陷将直接导致焊接质量和焊接可靠性的下降。因此，应严格控制 SMA 组件的每一个工艺环节，使“芯吸”和“曼哈顿”现象减少到最低程度。

另外，气相再流焊技术的设备价格很高，且热转换介质价格昂贵，工作时介质液体还会产生有毒的全氟异丁烯气体的逸出。

气相再流焊应用的关键是选择适合的热转换介质。热转换介质必须满足的技术性能是：沸点必须高于所用钎料的熔化温度 30～40℃左右；具有高的化学稳定性和热稳定性，不与 SMA 材料和金属发生化学作用；与母材有良好的润湿性但不留下导电的和腐蚀性的残留物；不易燃，无异味，毒性低，成本低。

早期用于 VPS 的材料是全氟化液体 FC-70，化学名称是全氟三胺。全氟三胺具有较高的化学稳定性和优良的焊接工艺性能，其相关物理性能见表3-1。

表3-1 全氟化液体FC-70的物理性能[3]

沸点 /℃	平均相对分子质量	汽化热 /J·g⁻¹	25℃时密度 /g·cm⁻³	25℃时表面张力 /N·cm⁻¹	表面电阻 /Ω·cm
213～224	820	67	1.94	18×10^{-5}	2.3×10^{5}

尽管FC-70有较高的热稳定性和化学稳定性，但在长时间的高温下仍会发生少量分解。FC-70最初在不锈钢蛇形管的管壁上发生分解，并在管外壳上沉积一层绿色的金属氯化物与棕色的金属氟化物。沉积物含有氢氟酸以及各种多氟烯类物质，其中多氟异戊烯是一种对人体有害的物质。因此，限制了VPS在SMT生产中的普遍推广。但对某些特殊场合，如在航天、军工领域，VPS仍是一种重要的手段。

3. 激光再流焊(Laser Re-flow Soldering)[1,3,5,6]

激光再流焊是以激光作为加热的热源。它是利用激光束良好的方向性和功率密度高的特点，通过光学系统将激光束聚集并直接照射微细的焊接部位，使预置钎料瞬时熔化的焊接方法。当光照停止后，焊接部位迅速冷却，钎料凝固形成焊点。激光再流焊原理如图3-34所示。

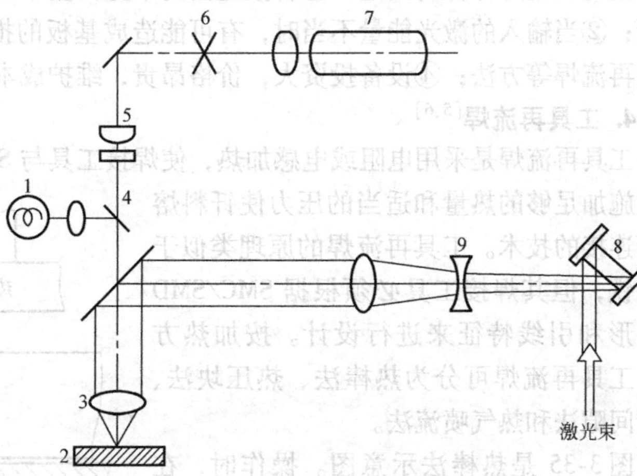

图3-34 激光再流焊的光学原理[3]

1—照明光 2—焊盘 3—聚光透镜 4—分色镜 5—中继透镜
6—十字线 7—摄像机 8—光束调整反射镜 9—扩束镜

激光再流焊一般由监控系统和激光焊接系统两部分组成。监控系统的作用是对微细尺寸焊点位置的精确控制，它由摄像机、十字线、中继透镜、分色镜、照明光等组成。在焊接系统中，由激光器发出的激光束顺序经过光轴调整反射镜、扩束器、再经过聚光透镜聚焦后，直接照射到焊点上，产生的高温能瞬时将钎料熔化而实现焊接。

影响焊接质量的主要因素包括激光器输出功率、光斑形状和大小、激光照射时间、元器件引线共面性、电路基板质量、钎料涂敷方式和均匀程度、元器件贴装精度等。

常用的激光器主要有准分子激光器、CO_2激光器、YAG激光器。它们在数控定位器的配合下，将激光束聚集成适合的光斑形状和大小，实现激光再流焊。

由于特定的材料对特定波长的激光吸收强烈，而对其他波长则反射强烈，因此，应根据被焊材料的种类来选择激光器。例如，CO_2激光器产生的激光辐射一般在远红外区段，波长大约为10.6μm，该波长的激光通常会被金属导体表面反射，但易被有机物或玻璃吸收；YAG激光器输出波长为1.06μm，它易被金属焊料吸收却被玻璃、陶瓷、塑料等反射。因此，YAG激光的直接照射对PCB影响不大，但CO_2激光必须避免直射PCB，只能直接照射到钎料膏上，才能避免PCB的损坏。

在微电子应用中越来越受到重视的是二极管激光器。固体二极管激光器的输出功率一般为10～30W，输出波长大约为0.79～86μm，它可以有效地熔化钎料合金而不会损坏PCB。二极管激光器的最高输出功率可达2kW左右，其体积很小，以致可以安放在桌面上使用。

在红外再流焊中，电子组装件整体暴露于再流焊炉的高温中，一些不能经受高温的热敏元件以及液晶显示元件等在此环境中容易损坏。激光再流焊仅对焊点瞬时局部加热，对焊点周围及热敏元件的影响极小，它可以在钎料熔化的瞬间，使元器件引脚同时下沉到焊盘上，降低机械应力，从而提高了连接的可靠性。另外，激光再流焊时，每一个焊点的形成只需要0.05～0.30s，能显著减少金属间化合物的生长，可防止焊点的脆化以及电路板的翘曲。

在美国首先用于军事和航天领域的激光焊接采用点焊法，所用电路组件贴装有QFP和PLCC以及精密晶体，它们对焊接温度很敏感，采用激光逐点焊接提高了SMA的可靠性。20世纪80年代初，激光再流焊的速度达到每分钟125个焊点，20世纪90年代利用光导纤维分散激光束，实现了多个焊点的同时焊接。

激光再流焊存在的问题：①若激光器的束宽调整不当，则焊点邻近的元器件有被损伤的可能；②当输入的激光能量不当时，有可能造成基板的损坏；③生产效率不及红外再流焊、气相再流焊等方法；④设备投资大，价格昂贵，维护成本高。

4. 工具再流焊[5,6]

工具再流焊是采用电阻或电感加热，使焊接工具与SMC/SMD引脚或焊端接触，给焊接部位施加足够的热量和适当的压力使钎料熔化而连接的技术。工具再流焊的原理类似于电烙铁，但其焊接工具必须根据SMC/SMD的外形和引线特征来进行设计。按加热方式，工具再流焊可分为热棒法、热压块法、平行间隙法和热气喷流法。

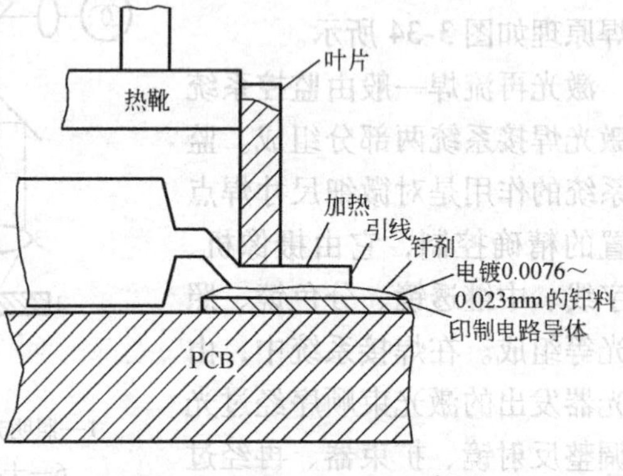

图3-35 热棒法示意图[5,6]

图3-35是热棒法示意图。操作时，在需要连接的地方预先放置钎料和助焊剂，再将SMC/SMD安放在PCB的焊盘上，加压使带加热叶片的气动热靴与引线接触，经过热棒加热，钎料熔化后，提升热靴，焊点冷凝后即完成连接过程。

图3-36是热压块法原理示意图。热压块法焊接时，先将弹簧压板压住引线，然后使热压块下降压住压板，通过热传导使预敷钎料熔化。经过一定时间后，热压块上升，弹簧压板

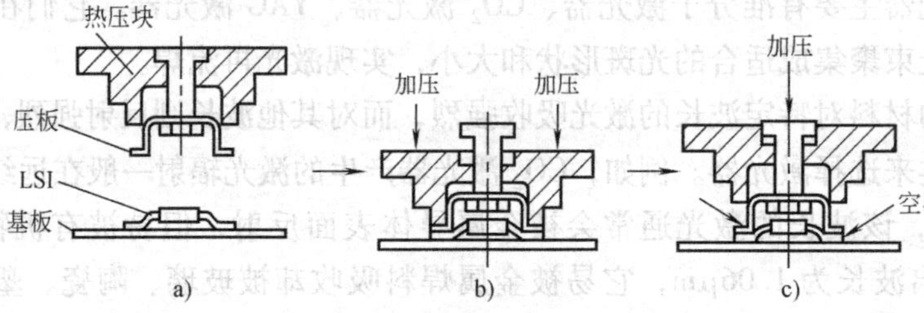

图3-36 热压块法原理[5,6]

a）再流前状态 b）再流加热状态 c）冷却状态

仍压住引线，待钎料固化后再同热压块一起上升离开器件引线。焊接后可用惰性气体轻吹焊接部位进行强制快速冷却。

图3-37是平行间隙法示意图。平行间隙法是用平行的两根电极压住引线并通过大的电流，利用在引线和钎料内部产生的焦耳热使预敷钎料加热熔化，待焊点冷却凝固后，即完成连接。

图3-38是热气喷流法示意图。该方法利用一个加热器来加热空气或氮气，使高温气体从喷嘴喷出来加热熔化钎料，待焊点冷却凝固后，即完成连接。

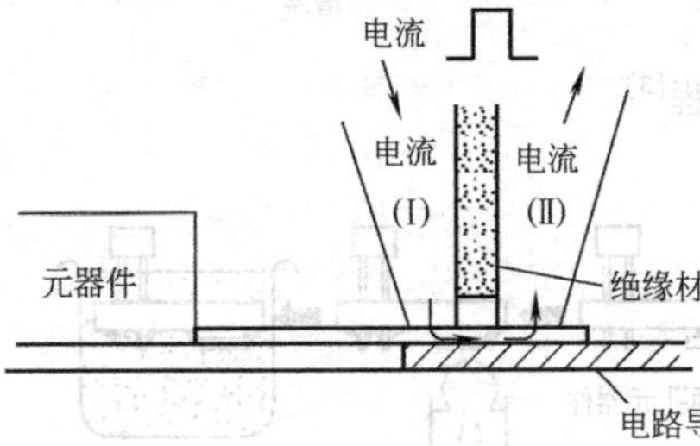

图3-37　平行间隙法示意图[5,6]

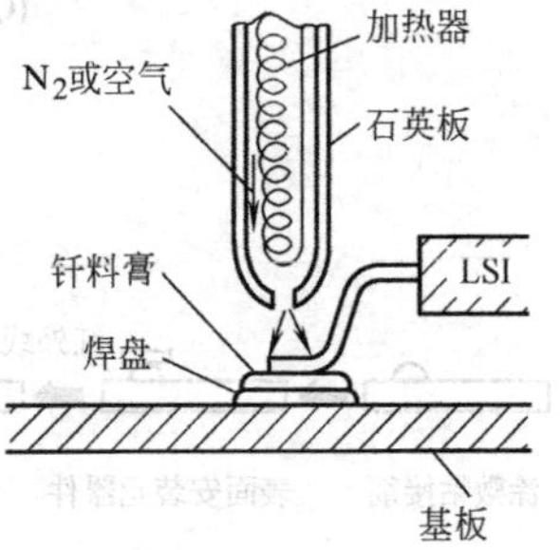

图3-38　热气喷流法示意图[5,6]

3.3　贴-插混合组装技术

3.3.1　贴-插混合组装

现代电子产品中，许多PCB上既有通孔插装元器件，又有表面贴装元器件。如图3-39所示是一种单面板的贴-插混合组装，这种PCB的装联技术就要用到通孔插装与表面贴装结合的混装技术。表面组装需要预先将钎料置于焊盘上，然后将无引线或短引线的元器件（SMC/SMD）贴在PCB焊盘表面，通过加热完成焊接过程。通孔插装是将元器件的长引脚插入PCB焊盘孔内，通过浸焊、波峰焊或拖焊等方式与熔融钎料接触而实现焊接的过程。

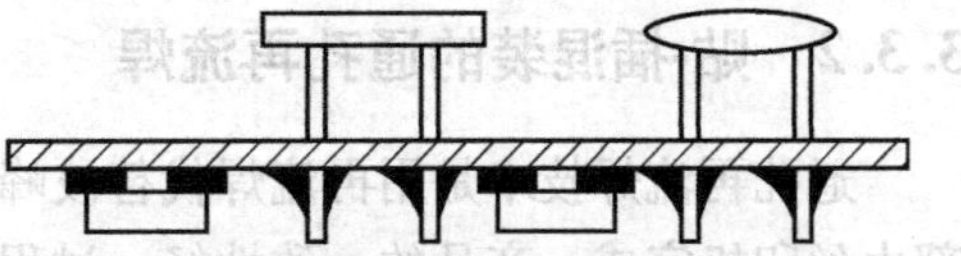

图3-39　印制电路板贴-插混合组装[3]

通孔插装与表面贴装技术各有优点，但又各有不足。通孔插装的安装尺寸一般比表面组装尺寸大。例如，对于双列直插或DIP、针阵列PGA、有引线的电阻、电容等元器件在印制电路板上适用于通孔插装，而SOIC、SOT、SSOIC、LCCC、PLCC、QFP、PQFP及尺寸比DIP小许多倍的片式电阻、电容与印制电路板的连接适用于表面贴装。

通孔插装技术典型的工艺流程为：元器件引脚折弯或校直→元器件插装→波峰焊→引脚修剪、清洗→测试。主要的组装设备有引脚折弯机、校直机、自动插装机、波峰焊机以及清洗和测试设备。通孔插装技术具有焊点牢固、连接可靠、操作简单等优点，但安装尺寸较大，对于双面组装较困难。

随着表面组装元器件和表面组装技术的迅速发展，单纯的通孔插装已不能满足组装要求，目前取而代之的主要是贴-插混合组装[5]。

图3-40是只用表面贴装的工艺流程，而图3-41是表面贴装与通孔插装结合的混装工艺流程。

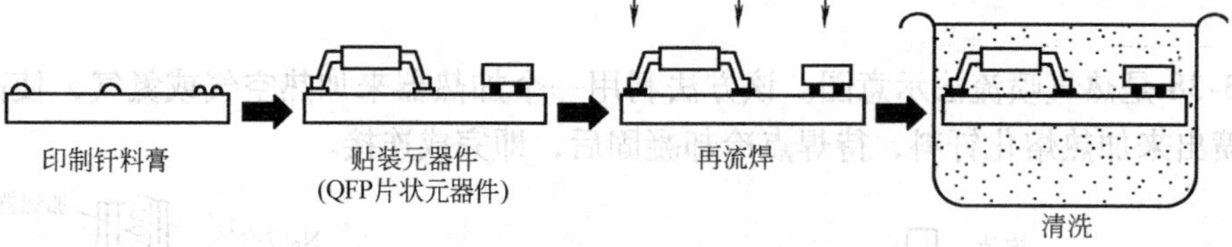

图3-40 表面贴装工艺流程[3]

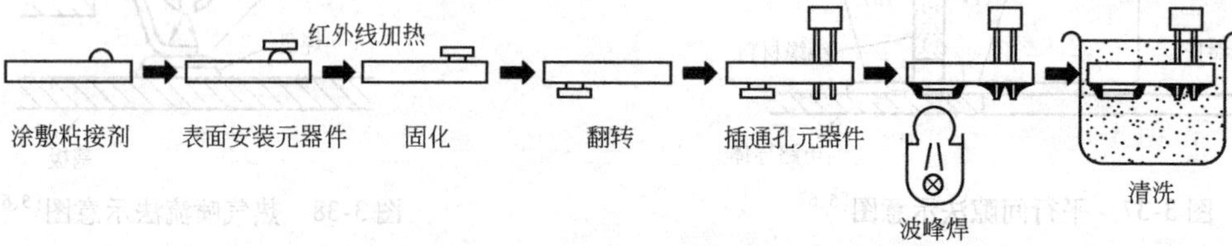

图3-41 贴-插混合组装工艺流程[3]

贴-插混合组装工艺能充分利用PCB双面空间，是实现安装面积最小化的方法之一，并仍保留通孔元件价廉的优点，多用于消费类电子产品的组装。贴-插混合组装工艺主要适用于印制电路板在同一面上既有表面贴装元器件(SMD)，又有通孔元器件的混装印制电路板产品。其焊接方法除贴片-波峰焊工艺外，目前正在发展中的是通孔再流焊技术。

3.3.2 贴-插混装的通孔再流焊

通孔再流焊技术是用再流焊代替波峰焊或手工焊的插装工艺方法。由于钎料膏的涂敷全部由丝印机完成，产品的一致性好，过程参数易控制，生产效率高，中间环节少，易于实现静电防护，能降低控制成本，提高连接的可靠性。通孔再流焊可以使表面安装元器件和通孔插装元器件同时完成焊接，使印制电路板和元器件免受二次热冲击而造成的影响。

贴-插混装通孔再流焊工艺较复杂。某种单面混装通孔再流焊的工艺如图3-42所示。图中，先在*A*面朝上的PCB上，在贴装元器件焊盘位置上印刷钎料膏，贴装SMC/SMD。接着在*A*面通孔焊盘内涂布钎料膏，然后将PCB翻过来，使*A*面朝下，再插入通孔元器件，最后通过加热进行再流焊，完成通孔插装元器件的焊接[3]。

对于双面板的通孔再流焊，其工艺流程与单面板类似，即先用钎料膏-再流焊工艺完成双面片式元器件的焊接，接着在*A*面的通孔焊盘内涂布钎料膏，反转PCB并插入通孔元器件，最后进行再流焊完成通孔元器件的焊接。

为了便于钎料膏的涂布，通孔元器件焊盘孔的设计应严格控制孔径，尽可能增加模板厚度。若一次印刷无法完成通孔焊盘钎料膏的涂布，可采用点胶机逐点涂布钎料膏，这种方法灵活方便、无需制作模板，但速度相对较慢，仅适合多品种、小批量生产。

另外，可采用针状管模板印刷法。这种方法是通过带针状管的模板来涂布钎料膏，它通

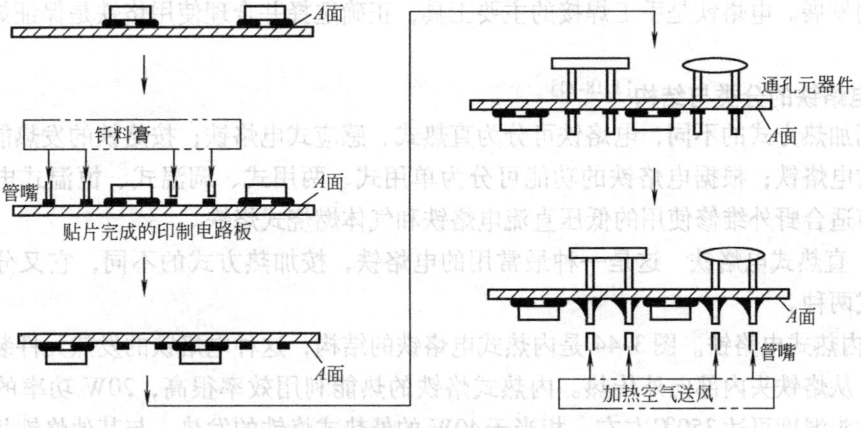

图 3-42　单面混装通孔再流焊工艺流程

常是用专用印刷机进行操作，即在传统的模板窗口处安放针管，使涂布钎料膏的形状、大小能准确控制，而且速度很快。图 3-43 是针状管模板印刷法的工作原理示意图。

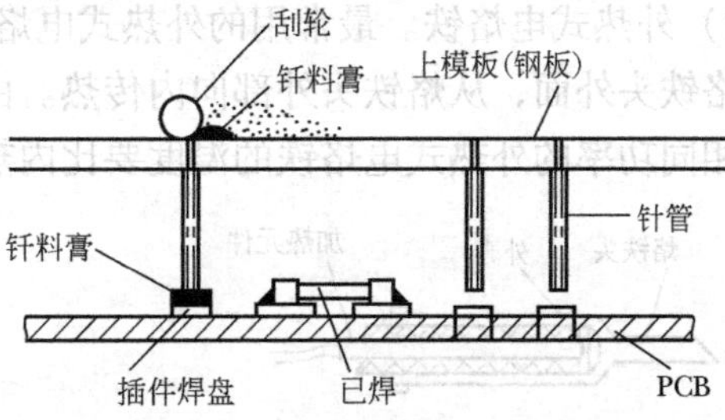

图 3-43　针状管模板印刷法[3]

当模板上针状漏管对准焊盘后，采用滚轮滚压方法将钎料膏强制印刷到通孔焊盘内，钎料膏的印刷量由滚轮运行速度和压力来控制。这种方法可实现各种情况下的钎料膏印刷，包括机插通孔元件后的钎料膏涂布，特别适用于大批量生产的需要。

通孔钎料膏涂布好以后，通常采用局部加热或整体加热来进行再流焊。

局部加热法，即对通孔元器件焊盘部位进行局部加热，其优点是可以避免对已经完成再流焊的 SMD 的再次加热，也不会影响不耐高温的通孔元器件的性能，但需要专用焊接设备。

整体加热法，即对工件整体加热的再流焊，其优点是可以使用常规的再流焊炉，成本较低。但对某些已完成的焊点可能会出现再次熔化，可能会影响不耐高温的通孔元器件和塑料的性能，故应采取保护措施。

3.4　手工焊接技术

3.4.1　烙铁钎焊与工具的选择

烙铁钎焊是利用电加热烙铁或火焰加热烙铁并将热能传到焊件上，使钎料熔化进行钎焊连接的方法。烙铁上的热能有限，仅适合于用熔点低于 300℃ 的钎料焊导线、线路板及一般薄壁件。目前，对于一些数量少，品种多变的电子产品的生产和维修工作，烙铁钎焊仍然是一种不可取代的重要方法。

随着电子技术的发展，电烙铁不断向小型化、恒温和温度可控、减少漏电和延长烙铁头寿命方向发展。电烙铁是手工焊接的主要工具，正确选择并合理使用烙铁是保证焊接质量的前提。

1. 电烙铁的分类与结构[1,18-20]

根据加热方式的不同，电烙铁可分为直热式、感应式电烙铁；按烙铁的发热能力，有不同功率的电烙铁；根据电烙铁的功能可分为单用式、两用式、调温式、恒温式电烙铁。此外，还有适合野外维修使用的低压直流电烙铁和气体燃烧式烙铁。

（1）直热式电烙铁　这是一种最常用的电烙铁，按加热方式的不同，它又分为内热式和外热式两种。

1）内热式电烙铁。图3-44是内热式电烙铁的结构，这种电烙铁的发热元件装在烙铁头的内部，从烙铁头内部向外传热。内热式烙铁的热能利用效率很高，20W功率的内热式烙铁其烙铁头温度可达350℃左右，相当于40W的外热式烙铁的发热。与其他烙铁相比，具有发热快、体积小、重量轻和耗电低的特点。

2）外热式电烙铁。最常用的外热式电烙铁结构如图3-45所示。这种电烙铁的发热元件包在烙铁头外面，从烙铁头外部向内传热。由于散热较大，外热式电烙铁的热能利用效率较低，相同功率的外热式电烙铁的温度要比内热式低一些。

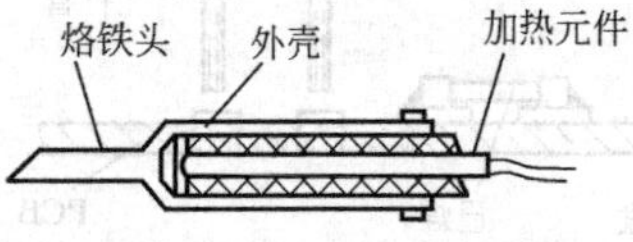

图3-44　内热式电烙铁的结构

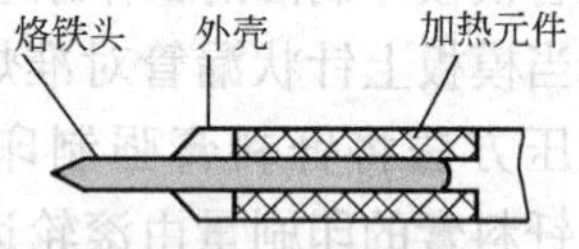

图3-45　外热式电烙铁的结构

直热式电烙铁是由发热元件、烙铁头、手柄、接线柱等几部分组成的。

① 发热元件。俗称烙铁芯。它由镍铬发热电阻丝缠在云母、陶瓷等耐热、绝缘材料上构成的。常用的内热式电烙铁的烙铁芯，是将镍铬电阻丝缠绕在两层陶瓷管之间，再经过烧结制成的。

② 烙铁头。烙铁头有很多种形状，如图3-46所示。烙铁头材料一般采用纯铜，它主要起存储、传递热能的作用。根据表面镀层的不同，烙铁头可以分为普通型和长寿型。普通烙铁头在使用过程中，由于高温氧化和钎剂的腐蚀，在烙铁头表面会产生不润湿锡的氧化层，所以需要经常清理和修整。长寿命烙铁头通常是在纯铜外面镀覆一层耐高温、抗氧化的铁镍合金，故可以减少维护并能延长使用寿命。

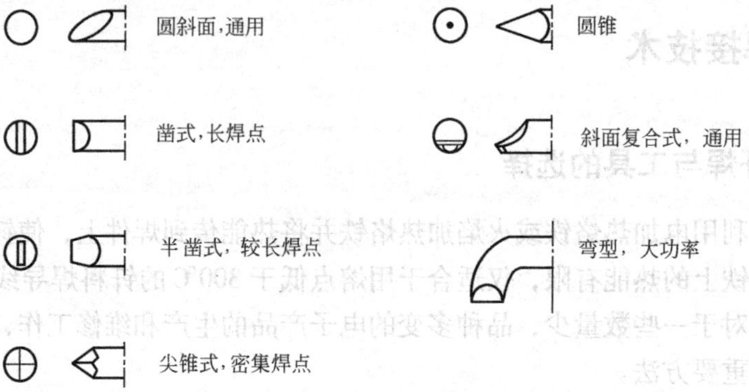

图3-46　烙铁头的不同形状[1,18]

③ 手柄和接线柱。为了隔热和方便操作，电烙铁的手柄一般用耐热塑料或木料制作。接线柱在手柄内，一般电烙铁有三个接线柱，其中一个接金属外壳。

（2）感应式电烙铁　感应式电烙铁俗称焊枪，其结构如图3-47所示。

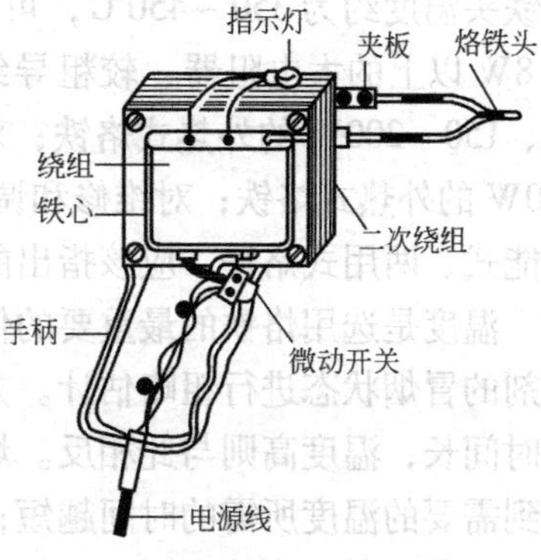

图3-47　感应式电烙铁的结构[1]

感应式电烙铁内部实际上是一个变压器，它的二次绕组一般只有一匝。当变压器一次侧通电时，二次侧感应出的大电流迅速加热烙铁头。因此，这种烙铁不需要持续通电，在它的手柄上带有电源开关，一般通电几秒钟就可以达到焊接温度。但是，由于感应式电烙铁的烙铁头实际上是变压器的二次绕组，所以对一些电荷敏感的元器件，常因感应电荷而被损坏。因此，这种烙铁不能用于电荷敏感元器件的焊接。

（3）吸锡器和两用电烙铁　在手工焊接或维修电子产品时，经常需要把元器件从电路板上拆卸下来，常用的拆焊工具有吸锡器和两用电烙铁。

1）吸锡器。吸锡器的结构如图3-48所示，实际上它类似于一个小型气泵，当压下吸锡器的压杆时，就排出了吸锡器腔内的空气。当松开吸锡器压杆时，弹簧推动压杆迅速复原，在吸锡器腔内便会形成空气的负压力把熔融的钎料吸出。通常，吸锡器与电烙铁一起使用，当电烙铁把接头上的钎料熔化以后，利用吸锡器能非常容易地拆卸电路接头。

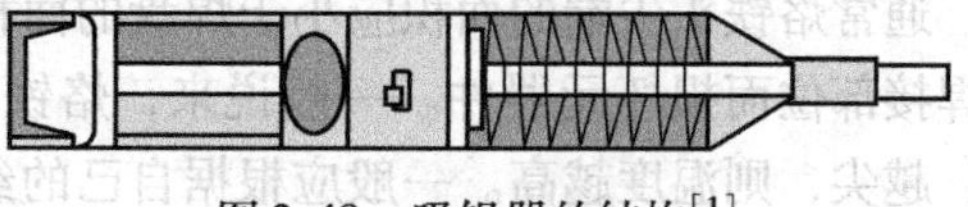
图3-48　吸锡器的结构[1]

2）两用电烙铁。这是一种焊接-拆焊两用的电烙铁，又称吸锡电烙铁。它是在普通直热式电烙铁基础上增加吸锡的功能，既能用于加热焊接，又能用于吸锡。

（4）调温电烙铁　手动调温电烙铁实际上就是将电烙铁接到一个调压器上，根据调压器上的刻度来设定烙铁头的温度。自动恒温电烙铁用一个温度传感元件来监测烙铁头的温度，并通过放大器将传感器输出的信号放大，控制电烙铁的供电，从而达到恒温的目的。

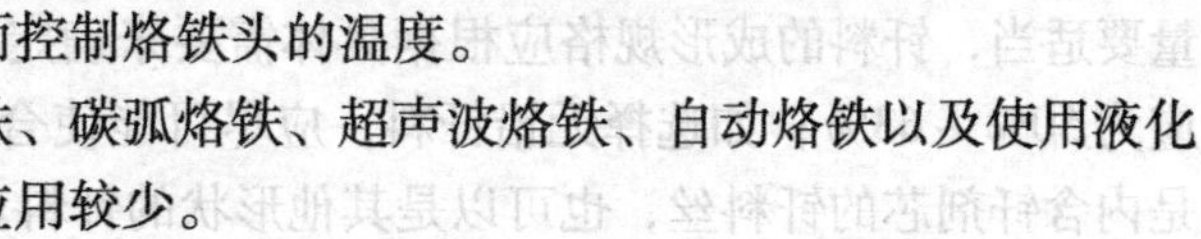

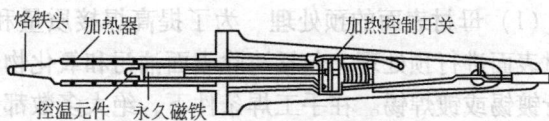

图3-49　恒温电烙铁的结构[1]

一种恒温电烙铁如图3-49所示，非常适合维修人员使用。这种电烙铁在烙铁体内有恒温装置，它的烙铁头上有强磁传感器，能够在达到指定温度时磁性消失，故可作为磁控开关来控制电源的通断，从而控制烙铁头的温度。

除了上述烙铁以外，还有储能式烙铁、碳弧烙铁、超声波烙铁、自动烙铁以及使用液化气体作为燃料的烙铁等，它们在生产中应用较少。

2. 电烙铁的选用

电烙铁的选用，一般应根据焊接对象及工作性质来决定。实际操作中，主要是根据加热温度、母材的热容量以及生产效率来选择电烙铁。

对一般印制电路板和导线的安装，烙铁头温度约为300～400℃，可选20W内热式、30W外热式或恒温式烙铁；对集成电路安装，烙铁头温度约为300～400℃，可选20W内热式或恒温式烙铁；对于焊片、电位器、2～8W的电阻、大电解电容器、大功率管的安装，烙铁头温度约为350~450℃，可选35~50W的内热式、恒温式或50~75W的外热式烙铁；对8W以上的大电阻器、较粗导线的安装，烙铁头温度约为400~550℃，可选100W内热式、150~200W的外热式烙铁；对汇流排、金属板等，烙铁头温度约为500~650℃，可选300W的外热式烙铁；对维修和调试一般电子产品，可选20W的内热式、恒温式、感应式、储能式、两用式烙铁。应该指出的是，如果条件允许，比较理想的是选用恒温式电烙铁。

温度是选用烙铁的最重要的依据。烙铁头的温度是变化的，选用非恒温烙铁时可以根据钎剂的冒烟状态进行粗略估计。方法是在烙铁头上加一滴钎剂，如果温度低，则冒烟小，持续时间长，温度高则与此相反。烙铁头的温度与烙铁的功率和加热时间有关。功率越大，加热到需要的温度所需的时间越短；功率越小，加热到需要的温度所需的时间就越长。如果烙铁的功率较小，烙铁头同元器件接触以后不能提供足够的热量，焊点达不到焊接温度，不得不延长烙铁头的停留时间，这样，热量将传到整个元器件上，也有可能损坏某些热敏元器件。相反，用较大功率的烙铁，则能很快使焊点局部达到焊接温度，使焊接时间缩短，不会使整个元器件承受长时间的高温，反而不容易损坏元器件。

另外，烙铁头的形状、大小和长短也很重要。圆形斜面的烙铁头适用于在单面板上焊接不太密集的焊点；凿式和半凿式烙铁头多用于电气维修；尖锥式和圆锥式烙铁头适合于焊接高密度的焊点和细小的热敏元器件；当焊接对象变化大时，可选用适合于大多数场合的斜面复合式烙铁头。

通常烙铁头尖端的面积应小于焊盘的面积。烙铁头尖端的面积过大，会使过量的热量传给焊接部位而损坏元器件。一般说来，烙铁头越长、越粗，则温度越低；反之，烙铁头越短、越尖，则温度越高。一般应根据自己的经验来选用合适的烙铁头，并应同时准备几个不同规格和形状的烙铁头，以便根据需要随时选用。

3.4.2 烙铁钎焊工艺

1. 焊前准备

(1) 母材表面的预处理　为了提高焊接质量和速度，避免虚焊等缺陷，焊接之前应对母材表面进行预处理，包括清除表面油污和氧化物。如果母材焊接性较差，还必须在待焊面进行镀锡或镀焊锡。在手工焊条件下，绝大多数都是采用热镀的方法。例如在电子元器件的引脚线表面预镀一层钎料合金，具体操作为：先将电子元器件的引脚线浸入酒精或丙酮脱脂，取出后将引线浸入钎剂溶液，然后再将元器件引脚线浸入熔融钎料中热镀钎料合金。

(2) 钎料、钎剂的选择　为保证焊点的质量，选择的钎料要有合适的熔化温度，含锡量要适当，钎料的成形规格应根据具体需要来确定。如选择锡-铅钎料，锡的质量分数一般应为50%~63%；如选择无铅钎料，应尽可能使合金成分为共晶合金。钎料成形规格可以是内含钎剂芯的钎料丝，也可以是其他形状的钎料。如采用松香型钎剂，应根据活化程度的要求，分别选择R、RMA、RA、RSA型钎剂。钎料丝的直径有不同规格，应根据焊点的大小正确选择钎料丝的直径。

(3) 烙铁头的预处理　如果烙铁头已经发生氧化或腐蚀，需要用锉刀或砂布清除烙铁头表面的氧化层。然后，接通电源，待烙铁头部温度达到松香的熔化温度时，将烙铁头插入松香，使其表面涂敷上一层松香钎剂，再将烙铁头与钎料丝接触，使烙铁头表面涂敷一层光亮的钎料合金。

2. 钎焊操作步骤[1、18-20]

用钎料丝进行手工焊的一般工艺流程如图 3-50 所示。手工烙铁钎焊的具体操作步骤可简称为五步操作法。

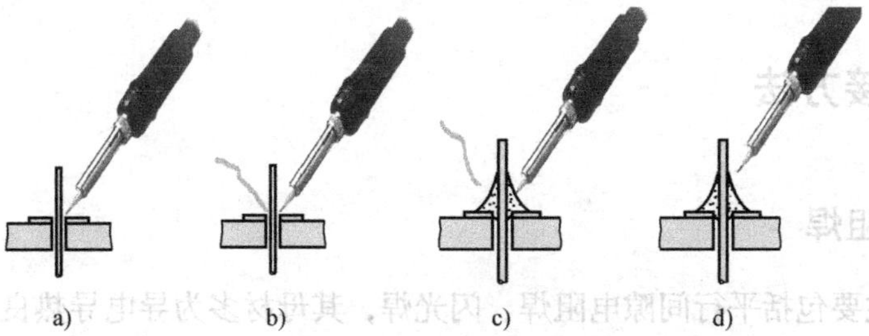

图 3-50 用钎料丝进行烙铁钎焊的操作流程

a）烙铁头接触焊件 b）送钎料丝 c）钎料丝脱离焊点 d）烙铁头脱离焊点

（1）准备施焊 即准备好钎料丝和烙铁，左手拿钎料丝，右手握烙铁，进入备焊状态。注意要先将烙铁头部清洁干净，无焊渣等氧化物，并在表面镀一层焊锡。

（2）加热焊件 将烙铁头靠在两焊件的连接处，接触焊接部位加热整个焊件，大约需要 1 ~2s。对于在印制电路板上焊接元器件来说，要注意使烙铁头同时接触两个被焊接物体，使导线与接线柱、元器件引线与焊盘同时均匀受热。其次要注意让烙铁头的扁平部分接触热容量较大的焊件，烙铁头的侧面或边缘部分接触热容量较小的焊件，以保持焊件均匀受热。

（3）熔化钎料 当焊件被加热到一定温度时，将钎料丝从烙铁对面送入并接触焊件的焊点部位，钎料便开始熔化并润湿焊点。

（4）移开钎料丝 当熔化一定量的焊锡后，立即向左以 45°角方向移开钎料丝。

（5）移开烙铁 当钎料完全浸润焊接部位以后，向右以 45°角方向移开烙铁，结束焊接。从第三步开始到第五步结束，时间大约也是 1 ~2s。

最后，还要进行焊缝修整和质量检查。凡是焊缝表面有缺陷的地方必须重焊或用工具加以修整，以使焊缝光洁美观，并清除残留钎剂和熔渣，以防止发生腐蚀。

3. 烙铁钎焊的应用和注意事项

烙铁钎焊的应用范围主要是机械自动化焊接后进行焊点或焊缝的修补及加固、整机组装中某些部件的装联、产量很小或单件产品的钎焊、对温度敏感的元器件及有特殊抗静电要求的元器件钎焊、产品研制过程中进行的钎焊、产品维修等。

手工烙铁钎焊需要一定的经验和技巧，通常应遵循以下规则[2]：

1）在加热方面，在保证钎料浸润焊件的前提下，加热时间越短越好。应保持烙铁头在合适的温度范围，一般经验是烙铁头熔化钎料的温度应比钎料熔点高 50℃以上。同时使烙铁头与被焊焊件之间实现良好的接触，接触面积尽可能大，以便热量迅速传递给被焊工件。

2）在表面润湿方面，要让钎剂在正确的焊接表面充分起到净化功能，从而保证钎料在合适的位置上实现润湿和形成良好焊点。

3）在钎料流动方面，要维持烙铁头与被连接部件的良好接触，使钎料良好铺展后再撤走烙铁，尽量使焊点一次成功，不宜多次反复加热。

4）钎料的用量不宜太多，也不能过少。过多的钎料不仅不能提高焊点的质量和可靠性，而且还会带来元器件过热、虚焊、承载能力降低等不利的因素。

5）注意不要用烙铁对焊点施加压力，以免造成焊件的损伤，也不要在钎料凝固期间挪动工件，以免造成焊点凝固缺陷。

3.5 其他连接方法

3.5.1 精密电阻焊

精密电阻焊主要包括平行间隙电阻焊、闪光焊，其母材多为导电导热良好的铜和银。当接触界面存在低熔点金属镀层时，它具有扩散钎焊的特性；当接触界面只有高熔点金属时，在接头内无熔核产生，它又具有特殊的扩散焊的特性。精密电阻焊主要应用于宇航硅太阳电池和碱性电池的焊接、继电器簧片与触点的焊接，以及微电子接插件的焊接[21]。

1. 电阻焊概述[22-24]

电阻焊是通过对被焊焊件之间施加并保持一定的压力，在焊件界面之间形成一个稳定的接触电阻，然后使焊接电流通过接触界面产生热量使温度升高，局部熔化接触点，从而达到将金属焊件焊接在一起的目的。

可见，电阻焊不需要消耗焊接材料，其热源是电阻热。当电流通过两电极间的金属时，焊接区内产生电阻热并在焊件内部形成热源。根据焦耳定律，焊接区产生的总热量为

$$Q = I^2 Rt \tag{3-2}$$

式中 I——有效焊接电流值（A）；

R——焊接区总电阻的平均值（Ω）；

t——焊接时通过电流的时间（s）。

由于在电阻焊过程中，焊接电流和焊接区的电阻是变化的，因此，焊接区的总热量的确切表达式为

$$Q = \int_0^t i^2 r \mathrm{d}t \tag{3-3}$$

式中 i——焊接电流的瞬时值（A）；

r——焊接区总电阻的动态电阻值（Ω）；

t——焊接时通过电流的时间（s）。

从式（3-3）可见，电阻焊时所产生的总热量 Q 正比于焊接电流的瞬时值的二次方 i^2、焊接区的总电阻值 r 及焊接通电时间 t。其中 r 取决于被焊材料的热物理性能、形状和尺寸等因素，并可通过焊接电流及通电时间来调整。由于电阻焊的热量产生于焊件内部，因此，可对焊接区迅速集中加热，并在压力的作用下形成接头。

焊点的形成过程，大致可分为以下三个阶段：

第一阶段，使焊件的焊接处紧密接触，以保证所需的接触电阻，如果预压时间不够，通电时可能烧坏电极或焊接表面。

第二阶段，通过电流时产生的热量对被挤压在电极间的焊件加热并形成熔核，熔核周围

的金属因通过的电流较小只能达到塑性状态，形成包围熔核的塑形环。塑形环对焊点强度有非常重要的影响。

第三阶段，焊点在冷却过程中结晶会伴随相当大的收缩，特别是铜电极的迅速散热，使收缩很快，所以在这个阶段仍然要保持压力，才能使焊缝获得更紧密的组织。

2. 电阻焊的分类[22,25,26]

按工艺特点的不同，电阻焊可分为点焊、凸焊、缝焊和对焊。也有按接头形式分为搭接焊和对接焊，还有按所使用的电流波形特征分为交流焊、直流焊和脉冲焊。

（1）点焊　如图3-51所示，点焊是将焊件装配成搭接接头，并在两电极之间压紧，利用电阻热熔化母材金属形成焊点的方法。

按对焊件供电的方向，可将点焊分为单面点焊、双面点焊和间接点焊等。按所用焊接电流波形可分为工频点焊、电容储能点焊、直流冲击波点焊、三相低频点焊和次级整流点焊等。点焊广泛应用于电子、仪表、家用电器的组合件装配连接，焊接零件的厚度通常为0.05～6mm。

（2）缝焊　如图3-52所示，缝焊是将焊件装配成搭接接头或对接接头并置于两滚轮电极之间，当滚轮转动并对焊件施压，同时连续或断续送电，便形成一条连续焊缝。缝焊时，焊件处于恒定的压力下，根据通电和焊件运动方式的不同分为三类。

1）连续缝焊。焊件作匀速运动，电流持续施加于焊件与滚轮的接触面上。当采用50Hz电源时，每秒中可形成100个焊点。连续缝焊一般用于焊接较薄的工件。

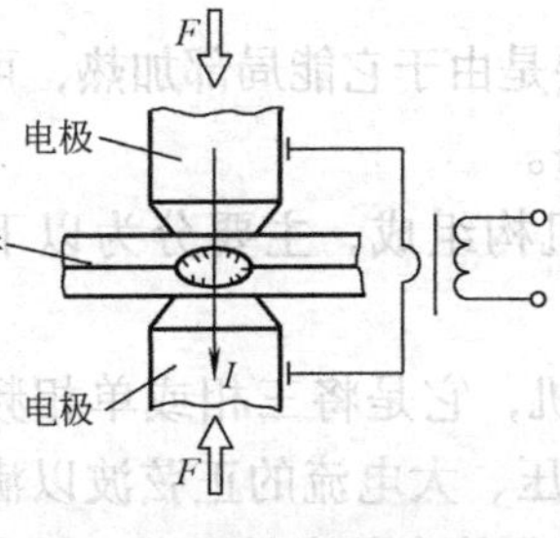

图3-51　电阻点焊示意图[25]

F—压力　*I*—焊接电流

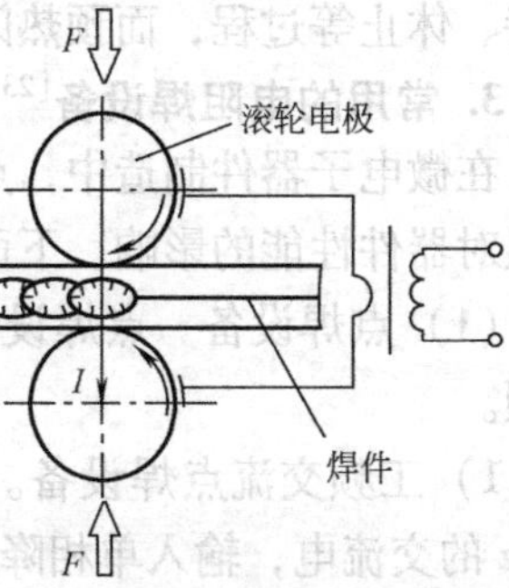

图3-52　电阻缝焊示意图[25]

F—压力　*I*—焊接电流

2）断续缝焊。焊件作匀速运动，电流断续施加，在每个通电周期内形成一个焊点。因有停顿的时间，使电极能得到很好的冷却。在相同电流密度下，由于工作端面的温度比连续通电时低，因此可提高电极寿命。

3）步进缝焊。焊件作间隙运动，电流断续施加。其过程为：焊件静止→通电加热熔化→断电冷却结晶→凝固后焊件前进一步→再次通电，如此循环。缝焊时焊件处于静止状态，整个结晶过程均处于滚轮的压力之下，这有利于焊点凝固，对于铝合金等易产生裂纹的材料的缝焊特别有利。

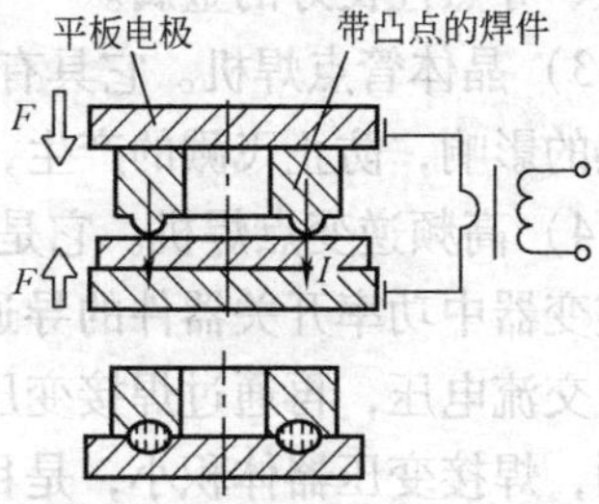

图3-53　电阻凸焊示意图[25]

F—压力　*I*—焊接电流

（3）凸焊　凸焊是在点焊基础上发展起来的。如图3-53

所示，凸焊是在一个焊件的结合面预先加工出一个或多个凸点，然后与另一焊件表面接触并通电加热，在压力和电阻热的作用下，使凸点变形并被压塌形成焊点。凸焊可以提高焊件结合面的压强和电流密度，凸点可以是球状、长条状和环状等形状。

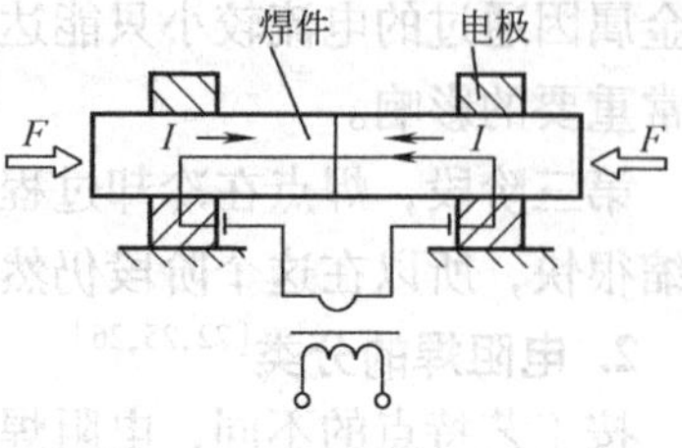

图 3-54　电阻对焊示意图[25]

F—压力　I—焊接电流

(4) 对焊　如图 3-54 所示，对焊是使两个工件的端部接触，在加压的同时接通焊接电流加热完成焊接的方法。对焊包括电阻对焊和闪光对焊。它是一种快速高效的焊接方法，其特点是不论工件截面大小，在加压和电流加热的作用下，使熔融金属一次性被挤出焊接端面而形成连接接头。

1) 电阻对焊。电阻对焊是将焊件装配成对接接头，使其端面紧密接触，利用电阻热将接触面加热至塑性状态，并施加压力完成焊接的方法。其特点是先压紧，后通电，温度沿径向不均匀，沿轴向则温度梯度小。电阻对焊仅适合于焊接小截面、形状紧凑、氧化物容易挤出的材料，如铜、铝、碳素钢等。

2) 闪光对焊。闪光对焊是将焊件装配成对接接头，接通电源，使其连接端面逐渐靠近达到局部接触，利用电阻热加热这些接触点，产生闪光，使端面金属熔化，直到端部在一定深度内达到预定温度时，再迅速施加压力完成焊接的方法。

闪光对焊分为连续闪光对焊和预热闪光对焊两种方法。连续闪光对焊包括闪光、加压、保持、休止等过程，而预热闪光对焊则是在连续闪光对焊的基础上增加了预热过程。

3. 常用的电阻焊设备[23,24]

在微电子器件制造中，点焊和缝焊的应用非常广泛，主要是由于它能局部加热，可减少高温对器件性能的影响。下面简要介绍几种常用的电阻焊设备。

(1) 点焊设备　点焊设备由焊接电源、电极头和压力机构组成，主要分为以下几种类型。

1) 工频交流点焊设备。这是目前广泛使用的常规点焊机，它是将三相或单相频率为50Hz 的交流电，输入单相降压变压器，通过变压器输出低电压、大电流的正弦波以满足接触点焊的需求。其优点是结构简单，焊接时间、压力和电流等焊接参数容易调节；缺点是功率因数较低，且热影响较大。

2) 电容储能式点焊机。它是利用储能电容器在某一瞬间以极高速率将能量释放出来，获得较大的焊接电流。由于它的充电电流远小于放电电流，因而焊接效率较高，适合焊接导电性、导热性良好的金属。

3) 晶体管点焊机。它具有微秒级反馈波形控制，脉冲波形可任意设定，可有效防止焊接热的影响，防止飞溅的产生，适用于精密器件的高质量焊接，如薄板和极细线的焊接。

4) 高频逆变点焊机。它是把工频三相交流电通过整流器变为直流电，再按一定规则控制逆变器中功率开关器件的导通或断开，使逆变器的输出获得一定频率（中频或高频）的输出交流电压，再通过焊接变压器给电极提供焊接电流。这种焊接方式功率因数高、可精确控制，焊接变压器体积小，是目前比较流行的一种焊机。

(2) 平行缝焊设备　平行缝焊设备是单面双电极接触电阻焊，其目的是为了适应双列直插式集成电路金属管壳封装而发展起来的一种微电子器件的焊接技术。

平行缝焊设备焊接时，两个锥形滚轮电极压在盖板的两条对边上，焊接电流从一个电极通过盖板和焊框，再从另一个电极回到焊接电源形成回路，使盖板和焊框之间局部形成焊点。在焊接过程中，焊接电流是脉冲式的，电流几次脉冲可以形成一个焊点，由于管壳作直线运动，滚轮在盖板上作滚动，因此在集成电路外壳盖板的两边形成两条平行的、由彼此重叠的焊点组成的连续的焊缝。只要选择好焊接参数，就可以使彼此交叠的焊点形成一条气密性很好的焊缝。

平行缝焊设备主要由焊接电源、直线（旋转）传动机构、压力机构、滚轮电极和控制系统几部分组成。设备的工作台直线往返（旋转）速度、滚轮上下高度、滚轮之间的距离、滚轮对管壳的压力、焊接电流的大小均可调整。

(3) 平行间隙焊设备　平行间隙焊与平行缝焊基本相同，也是单面双电极电阻焊，不同的是用两个靠得很近（几十微米）的劈刀电极代替滚轮电极，使电流在两个间隙很小的电极之间通过。平行间隙焊适应性很强，应用范围广。这种焊接设备可以用于厚膜电路、器件的组装及集成电路内引线的焊接。

平行间隙焊接设备主要包括焊接电源、压力机构、劈刀和工作台等，还可附加观察和微调系统。影响平行间隙焊接温度的因素是焊接电流和焊接持续时间。

3.5.2　精密压焊

在电子微连接中使用的精密压焊主要包括冷压焊、热压焊、超声波焊和热压超声焊等方法。它们主要用于芯片互连，使用的连接材料主要是微细的 Au、Al、Cu 及其合金丝，与软钎钎料相比，其用量较少。精密压焊方法将在第 8 章中介绍。

3.5.3　粘接

前面介绍的连接方法均为冶金结合。下面简单介绍非冶金结合的方法—粘接。

粘接也称胶接，它是利用粘接剂把两种性质相同或不同的物质牢固地粘合在一起的连接方法。粘接剂亦称胶粘剂。凡是能形成薄膜将两个物体的表面紧密连接起来，起着传递应力的作用，而且满足一定的物理、化学性能要求的介质统称粘接剂。在电子工业中所用的粘接剂主要是指起粘接、定位和密封作用的贴装胶、密封胶、插件胶，还包括起连接作用的导电胶等。

1. 形成粘接的条件[1,3,22]

当两种不同材料紧密靠近时，由于物体分子、原子之间的作用力，两种材料能够产生粘合（或称粘附）作用。粘接过程是一个比较复杂的物理、化学过程。粘接质量的好坏可用粘接力来衡量。粘接力的大小主要与粘接剂的技术状态、工件表面特征和粘接过程的工艺条件等因素有关。

两个工件的表面要实现粘接接合，其必要条件是粘接剂应与工件表面紧密地结合在一起，即粘接剂充分地润湿工件表面，并形成足够的粘接力，才能得到满意的粘接效果。粘接力是如何形成的呢？由物理化学中的润湿理论可知，界面张力小的液体能良好地润湿界面张力大的固体表面。通常金属及其氧化物、无机盐的界面张力一般都比较大，而固体聚合物、粘接剂、有机物、水的界面张力比较小，所以，金属及其氧化物、无机盐很容易被粘接剂润湿。影响润湿的因素除了粘接剂与工件的界面张力外，还与工艺条件、环境温度等因素有关。工件表面涂敷粘接剂后，粘接剂通过流动、润湿、扩散和渗透等作用，当间距小于5×10^{-10}m时，两个工件的界面上就会产生物理和化学的结合力，包括化学键力、氢键力、范德华力、机械结合力、界面静电引力等。

怎样才能实现工件的粘接呢？

（1）粘接剂必须容易流动　当两个工件表面合拢后，粘接剂能自动流向缝隙并填满凹坑，在工件表面形成均匀的粘接剂液体薄膜。因为粘度越低，流动性越好，所以粘接剂的粘度越低越有利于界面分子间的接触。因此，可采用相对分子质量较低的聚合物作基料、用相对分子质量较高的溶剂或水搅制成溶液或乳液，还可采用稀释剂调制降低粘度，根据特殊要求也可加入触变剂，在压力的作用下提高粘接剂的流动性。

（2）粘接剂必须润湿工件表面　粘接强度的大小，主要取决于粘接剂与工件之间的机械连接，分子间的物理吸附、相互扩散及形成化学键等因素的综合作用。当粘接剂与工件表面接触时，如果粘接剂能够自动地润湿铺展，则粘接剂对工件表面的润湿性就越好。界面分子接触的密度越大，吸附引力就越大。

（3）工件表面要有一定的粗糙度　工件表面有适当的粗糙度，为表面产生毛细现象提供了条件，可以提高粘接剂的润湿能力。同时可增大粘接剂与工件接触的表面积，提高粘接强度。

（4）工件与粘接剂的膨胀系数要接近　显然，这可以降低粘接接头固化后的残余应力，减少服役条件下对接头的破坏。

（5）必须固化形成粘接力　由于粘接剂在液相时内聚力很低，因此，液相粘接剂必须通过蒸发溶剂或分散介质、冷却、聚合或其他各种交联方法使之固化，以提高内聚强度。

2. 粘接工艺[1,22]

粘接工艺主要包括粘接前的准备、接头设计、配制粘接剂、涂敷、固化和质量检测等。

（1）粘接前的准备　工件在加工、运输、储存过程中，表面会存在氧化、油污、灰尘及其他杂质等，为了使粘接剂与工件表面的充分接触，在粘接前必须清除干净。常用的清除方法有脱脂处理法、机械处理法和化学处理法。

1）脱脂处理法。目前，常用脱脂方法分为有机溶剂法、碱液法与表面活性剂法。常用的脱脂溶剂有丙酮、甲苯、二甲苯、三氯乙烯、四氯化碳、醋酸乙酯、香蕉水、汽油等。对于大批量小型粘接件，可在三氯乙烯蒸气槽内放置半分钟左右脱除油脂。采用溶剂脱脂时，应有一定的晾干时间，防止粘接表面残留溶剂影响接头强度。对采用碱液清洗的粘接表面，清洗后必须再用热水、冷水将表面的碱液冲洗干净，然后用热风干燥。

2）机械处理法。常用的手工工具有钢丝刷、铜丝刷、刮刀、砂纸、风动工具等。机械方法有车削、刨削、砂轮打磨、喷砂等。机械方法处理粘接表面是为了获得适当的表面粗糙度，增加有效面积，改善粘接性能。

3）化学处理法。化学处理法有酸性溶液和碱性溶液两种方法。对于金属表面，经化学处理后会形成一层均匀致密、坚固的活性层，该活性层容易使胶粘剂润湿铺展；对于聚合物表面，可使表面带有极性基团，提高表面的自由能，增强润湿性，大幅度改善粘接强度。

（2）接头设计　设计粘接接头时应遵守的原则如下：

1）尽可能使粘接接头胶层受压、受拉伸和剪切作用，不要使接头受剥离和劈裂作用。对于不可避免受剥离和劈裂的应采取措施来降低胶层的受剥离和劈裂作用。

2）合理设计较大的粘接面积，可提高接头承载能力。

3）设计的粘接接头应便于加工。

（3）粘接剂的配制与涂敷

1）粘接剂的配制。粘接剂性能的好坏将直接影响接头的使用性能，因此配制粘接剂要科学合理，并按合理的顺序进行。

配制双组分或多组分的粘接剂时，必须准确计算和称取各组分的质量，然后放在温度为15～25℃、不透明、与容器不发生化学作用的密闭容器内。合成时，用量小可采用手工搅拌，用量较大时应选用电动搅拌器进行搅拌，使各组分均匀一致。

2）粘接剂的涂敷。采用刷涂、浸涂、喷涂、刮涂等方法将粘接剂涂敷在粘接部位表面，具体应根据粘接剂的使用目的、粘度、工件的性质来决定。

（4）粘接剂的固化　固化是通过粘接剂中溶剂的挥发、乳液凝聚等物理作用，或通过缩聚、加聚交联、接枝等化学反应，使粘接剂层变为固体的过程。

为了获得固化后所希望的连接强度，必须准确地掌握固化的压力、温度、时间等工艺及参数。

1）固化压力。适当加压有利于粘接剂的流动和对表面的润湿，控制胶层厚度，除去胶层内的溶剂或低分子挥发物，保证胶层无气孔，防止因收缩引起的工件之间的接触不良。

2）温度和时间。固化温度不当会降低接头的粘接强度，这应根据粘接剂的成分来决定。固化温度过低，基体的分子链运动困难，致使胶层的交联密度过低，固化反应不完全，因此必须延长固化时间；如果固化温度过高则会引起胶液流失或使胶层脆化。

对一些可在室温下固化的粘接剂，可通过适当加温加速交联反应，并使固化更充分、更完全，从而缩短固化时间。固化温度与固化时间是相辅相成的，固化温度高，固化时间即可短一些；固化温度低，固化时间则应长一些。

3. 粘接在微连接中的典型应用[3,5,6]

在前面3.3节中介绍了贴-插混装技术，这种混装技术通常采用贴片-波峰焊工艺。其中的贴片就是使用粘接剂将SMD/SMA暂时固定在PCB焊盘上，以便在后续工序作业时元器件不会偏移和脱落。在此过程中所用的粘接剂通常称为贴片胶。贴片胶的涂敷和固化是保证贴片质量的两个重要工序。

贴片胶的涂敷主要有针式转移、丝网/模板印刷和压力注射等方法。针式转移是使用针头从容器中蘸取贴片胶，再把它点涂到PCB焊盘上；丝网印刷的方法与钎料膏印刷类似，它是通过丝网/模板将贴片胶分配到PCB焊盘上；压力注射法是目前最常用的贴片胶涂敷方法，它是将贴片胶装在针管中，靠压力将贴片胶挤出分配到PCB焊盘上。

在PCB焊盘上涂敷了贴片胶以后，于是就可以贴装元器件，然后再通过固化工序把元器件固定在印制电路板上。常用的固化方法主要有热固化、光固化、紫外光/热固化、超声固化和加硬化剂固化等。其中光固化是用紫外线辐射固化丙烯酸类贴片胶的方法，但很少单独使用。超声固化通常用于采用封存型固化剂的贴片胶。加硬化剂固化是在粘接剂中添加一定量的混合硬化剂，使粘接了元器件的贴片胶能在室温下固化。使用最多的固化方式主要有热固化和紫外光加热固化两种。

热固化主要用于对环氧树脂型贴片胶的固化。常用烘箱间断式热固化和红外炉连续式热固化两种形式。

烘箱间断式热固化是将已施贴片胶并贴装 SMD 的 PCB 分批放在料架上，然后一起放入温度恒定的烘箱中固化，通常温度设定在 150℃左右，固化时间为数分钟至数十分钟。烘箱一般带有鼓风装置使箱内空气对流和温度恒定，避免 PCB 上下层有温差。烘箱固化方式操作简便、投资费用小，但热能损耗大，固化时间长，不利于生产线流水作业。

红外炉连续式热固化也称隧道炉固化，是贴片胶固化常用的方式。由于贴装胶对特定的红外波长有较强的吸收率，在红外炉中只需较短的时间即可固化，所以红外炉固化热效率高，对生产线流水作业较为有利。

紫外光/热固化是同时使用紫外光照射和加热，在连续的生产线上使贴片胶迅速固化的方法。紫外光波长一般采用 365nm，功率为 2～3kW，热固化温度一般为 150～180℃。紫外光固化时间约需 10～30s，光热固化总时间约为 3min 以下。紫外光/热固化的最大特点是速度快、耗能小，适合于大批量生产。但在紫外光固化过程中，由于空气中的氧气在高强度紫外光辐照下产生的臭氧对人体有害，必须注意生产场地的空气对流。

完成贴片、固化以后，再插装元器件，然后进行波峰焊，便完成了一块完整的贴-插混装的 PCB 的生产制造。图 3-55 是在印制电路板上点胶、贴片、固化、插件和波峰焊的全过程。

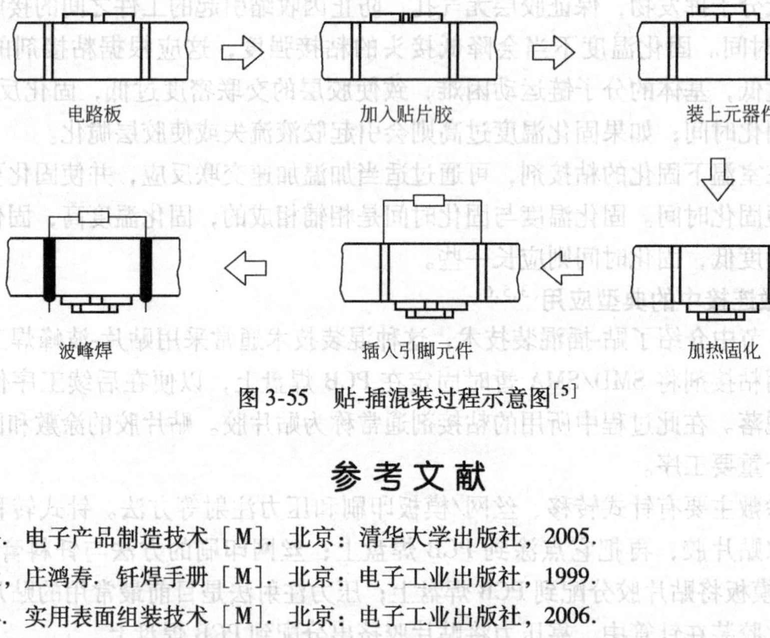

图 3-55　贴-插混装过程示意图[5]

参考文献

[1]　王卫平. 电子产品制造技术 [M]. 北京：清华大学出版社，2005.

[2]　张启运，庄鸿寿. 钎焊手册 [M]. 北京：电子工业出版社，1999.

[3]　张文典. 实用表面组装技术 [M]. 北京：电子工业出版社，2006.

[4]　樊融融. 印制电路板波峰焊接系统工程技术 [M]. 成都：四川省电子学会 SMT 专委会、陕西省电子学会 SMT 专委会，2001.

[5]　吴兆华，周德俭. 表面组装技术基础 [M]. 北京：国防工业出版社，2002.

[6]　周德俭，吴兆华. 表面组装工艺技术 [M]. 北京：国防工业出版社，2002.

[7]　钱乙余. 国内外无铅钎料发展综述 [C]//锡焊料行业联络网 10 周年会议. 海口，2003.

[8]　张曙光，何礼君，张少明，等. 绿色无铅电子焊料的研究与应用进展 [J]. 材料导报，2004，18 (6)：72-75.

[9]　陈方，杜长华，黄福祥. Sn-0.7Cu 无铅钎料对铜引线材料的润湿性 [J]. 材料导报，2004，18 (9)：99-101.

[10] 杜长华，陈方，黄伟九．液态 Sn-3.5Ag-0.6Cu 无铅钎料对铜的高温润湿行为［C］//第四届《材料科学与工程》科技学术论文集．北京：原子能出版社，2005：77-80.
[11] 杜长华，陈方，杜云飞．Sn-Cu、Sn-Ag-Cu 系无铅钎料的钎焊特性研究［J］．电子元件与材料，2004，23（11）：34-36.
[12] 孙典生．现代波峰焊接工艺［J］．印刷电路与贴装，2001（2）：44-48.
[13] 鲜飞．波峰焊接工艺技术的研究［J］．印刷电路信息，2006，3：55-58.
[14] 田中和吉．电子产品焊接技术［M］．孟令国，黄琴香，译．北京：电子工业出版社，1984.
[15] 樊融融．波峰焊接技术现状及绿色化设计方向［J］．电子工艺技术，2000，21（2）：53-56.
[16] 史建卫，何鹏，钱乙余，等．再流焊技术的新发展［J］．电子工业专用设备，2005，1：63-67.
[17] 董景宇．穿孔再流焊技术［J］．电子与封装，2005，5（1）：16-18.
[18] 王天曦，李鸿儒．电子技术工艺基础［M］．北京：清华大学出版社，2000.
[19] 罗小华，朱旗．电子技术工艺实习［M］．武汉：华中科技大学出版社，2004.
[20] 南寿松、刘荣林，李晓光等．电子实验与电子实践［M］．北京：中国标准出版社，2004.
[21] 曾乐．精密焊接［M］．上海：上海科学技术出版社，1996.
[22] 邹家生．材料连接原理与工艺［M］．哈尔滨：哈尔滨工业大学出版社，2005.
[23] 张彩云．电阻焊接技术及其应用设备［J］．电子工艺技术，2003，24（5）：201-203.
[24] 张立双，张龙．微电阻焊接技术在电池生产中的应用［J］．电池，2003，33（6）：363-365.
[25] 胡传炘．实用焊接手册［M］．北京：北京工业大学出版社，2002.
[26] 邹增大．焊接材料工艺及设备手册［M］．北京：化学工业出版社，2001.

第 4 章　电子锡钎料及其制品

电子微连接主要采用软钎焊。一般认为，软钎焊是用熔点低于 450℃的钎料把未熔化的母材连接到一起的技术，这种熔化温度低于 450℃并能润湿母材的金属称为软钎钎料[1,2]。

通常，电子线路的软钎焊温度在 180 ~ 300℃之间，而钎焊温度一般仅高于钎料液相线温度 50℃左右，因此，要求使用的软钎钎料的熔点并不是低于 450℃，而是低于 250℃，最好是在 180 ~ 220℃之间。由于锡的熔点为 232℃，并能与大多数金属形成合金，所以电子软钎焊一般使用以锡为基的钎料合金。这种应用于电子微连接的以锡为基的钎料统称为电子锡钎料。

通常，电子锡钎料应满足以下要求[3-5]：

1）熔点较低。为了保证元器件不因受热冲击而损坏，软钎焊是在相对较低的温度下进行的。通常，片式元器件在 260℃环境中仅可保留 10s，一些热敏元器件耐热温度更低，而 PCB 在高温时也会形成热应力。如果实际钎焊温度在 220 ~ 270℃之间，那么钎料的熔点应在 180 ~ 220℃范围内为宜。

2）钎料固-液相线之间的温差要小，以减小熔析和凝析，利于焊点成形，减少焊点桥接、拉尖等缺陷。

3）熔融钎料具有优良的抗氧化性能，以减小使用过程中钎料的浪费，同时避免钎料化学成分的变化。

4）在钎焊温度下，熔融钎料在母材金属表面有良好的润湿性和流动性，以利于液态钎料填充焊缝，并在界面形成一薄层金属间化合物而将母材连为一体，以实现电子线路的机械连接和电气连接。

5）接头有良好的导电性、耐蚀性和足够的机械强度，保证电子产品能经受一定的机械振动和高低温冲击，以及在恶劣环境下工作。

6）焊点表面光洁，成形美观。

7）生产钎料的原料金属资源丰富，来源广泛，价格低廉。

4.1　锡的资源、生产与消费

4.1.1　锡金属的资源状况

锡是电子钎料的基础材料，它的资源状况直接关系到锡钎料的存在和发展。因此，介绍电子锡钎料有必要从资源开始。

锡在地壳中的储量较少，是一种稀有的金属元素。Sn 元素在地壳岩石中的平均丰度为 2×10^{-6}[6]。由于世界各产锡国的储量估算方法和级别划分不同，还有一些国家未对外公布储量资料等原因，世界锡储量的报道有不同的数据。根据美国矿业局 1995 年发表的《矿产品概览》储量资料，当时世界锡的储量基础约为 1000 万 t，而储量估计仅为 700 万 t。

美国矿业局1995年发表的世界锡储量列于表4-1。

表4-1 美国矿业局1995年发表的世界锡储量及储量基础[7] （单位：万t）

国 家	储 量	比 例(%)	储量基础	比 例(%)
中国	160	21.5	160	15.8
巴西	120	16.1	250	24.7
马来西亚	120	16.1	120	11.8
泰国	94	12.6	94	9.3
印度尼西亚	75	10.0	82	8.1
扎伊尔	51	6.9	51	4.9
玻利维亚	45	6.0	90	8.9
俄罗斯	30	4.1	30	3.0
澳大利亚	21	2.8	60	5.9
葡萄牙	7	0.9	7	0.7
秘鲁	2	0.3	4	0.4
美国	2	0.3	4	0.4
其他国家	18	2.4	62	6.1
合计	745	100	1014	100
世界总估计	700		1000	

据统计资料，从1851~1995年间，全世界生产了锡金属约1700万t；而自1996~2006年间，全世界已生产锡金属297万t。因此，对今后世界锡资源的保证程度及前景问题，已引起各国矿业界的广泛关注。目前，各国专家对锡矿资源前景的预测有不同的观点。

第一种观点，是过去前苏联的一些学者，通过对20世纪50~70年代探明储量与开采量的对比，认为在过去那段时期内锡矿资源的保证程度没有降低，认为锡资源的探、采是基本平衡的。

第二种观点，努汀1995年估计世界锡资源总量可达3700万t，认为今后锡的代用品会扩大，需求量会减少，认为锡资源的动态保证供应年限可达100~200年。

第三种观点，是根据美国矿业局1995年估计的世界锡储量745万t，如按1994年世界年产锡量20万t计算，从1995年算起，世界锡的静态保证程度为38年。如我们将1995年的储量减去1996~2006年生产的297万t，则目前世界锡储量仅为448万t，按2006年世界年产锡量35万t计算，从2007年算起，世界锡的静态保证程度仅能维持13年左右。

实际上，从1994年以来，随着电子工业及其他工业的高速发展，锡产量已从1994年的20万t猛增到2006年的35.15万t，而锡的消费量已增加到36.7万t。据中国电子材料电子锡钎料行业协会信息报道，锡的生产增幅远远落后于庞大的需求增长，由于锡矿资源减少，开采难度增大，目前锡金属已面临供需的“临界点”[8]。综上所述，从锡资源对世界经济发展的保证程度分析，预计世界锡储量将无法保证社会日益增长的需求。显然，其前景是不容乐观的。

据统计，全世界有40多个国家拥有锡资源，除中国外，国外锡储量主要集中分布在马来西亚、泰国、印度尼西亚、巴西、玻利维亚、俄罗斯、澳大利亚、扎伊尔、英国，这9个国家的储量约占世界总储量的75%。

与其他国家相比，我国锡资源储量居世界前列。我国锡资源具有以下特点[7]：

1）锡资源分布高度集中。虽然在全国14个省区均已发现锡矿，但集中分布于云南、广西、江西、广东、湖南五省区的锡资源占全国储量的98%，其中，云南、广西两省区即占80%，云南个旧、广西大厂两个特大型矿区约占50%。

2）锡矿床类型以原生脉锡矿为主。我国保有锡储量中原生脉锡矿约占90%，砂锡矿仅占10%，砂锡矿中又以难选的含铁高的残积砂锡矿为主。而国外主要产锡国家如马来西亚、印尼、泰国、巴西等则以易采易选的冲积砂锡矿为主。

3）原生矿以硫化矿床为主。我国脉锡储量中，亲硫系列的多金属硫化物储量占85%，亲石系列的锡石-石英脉和云英岩储量仅占15%。多金属硫化物矿床埋藏深，呈多层多带重叠分布，锡石粒度细，难采难选，而共生及伴生组分多达10多种，虽然综合利用价值高，但生产成本也很高。

4）经过长期开采，浅表的、易采的、品位较高的富矿已经消失，取而代之的是深部难采的品位较低的贫矿资源。目前，云南个旧脉锡矿品位已降至0.2%左右。

4.1.2 锡的生产与消费

1. 锡的生产

19世纪初以前，世界锡产量增长缓慢，年产量还不到1万t，在此期间英国锡的生产一直居世界首位。19世纪末期，东南亚锡产量急剧增加，到20世纪初，精矿锡产量占世界的3/4，锡金属的年产量超过10万t，英国作为世界最大产锡国的地位被取代。

进入20世纪以后，世界锡产量起落无常。1930年增长至18万t，20世纪30年代初经济萧条时期下降为14万t，经济复苏后的1941年创历史最高水平25万t，随后在二战期间由于日本占领东南亚而停止锡的生产，1942~1946年又锐减至10万t以下。经过30年的时间，到20世纪70年代末，锡的年产量又恢复到23~24万t的水平[9]。

从1992~2006年的15年间全世界锡产量如图4-1所示。

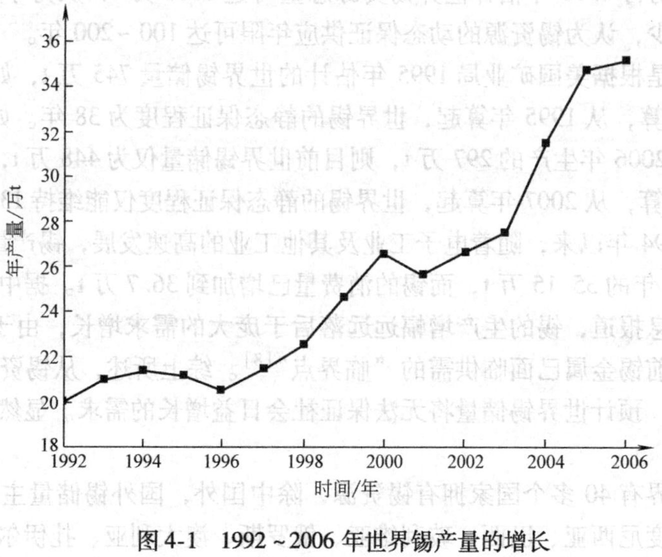

图4-1 1992~2006年世界锡产量的增长

从图4-1可以看出，在1992~1996年期间，世界锡的生产处于相对平稳阶段，年产量在20~21万t左右。1996~2000年是稳定增长期，至2000年，世界锡产量达到了26.58万t。进入2001年世界锡的生产有所调整，在2002~2003年期间，世界锡产量又维持在稳步增长阶段。进入2004年以后，随着世界经济复苏，电子工业的强劲发展使全世界锡生产增幅进入了前所未有的时期，2005年，世界锡产量达到了34.75万t，2006年达到了35.15万t。从2003年以后，世界锡产量逐年创历史新高。

我国是世界上传统的产锡国，生产历史悠久。我国锡产量1959年为3.68万t，1968年及1976年分别下降至1.13万t和1.21万t，1983年恢复到2.03万t，自1993年起，中国锡产量开始突破5万t，1994、1995连续两年突破了6万t大关，从而取代了马来西亚成为世界第一产锡大国。进入2000年，我国锡产量达到11.24万t，超过世界锡总产量的42%[9]。根据国家统计数据显示，2005年我国锡产量达到12.4万t，2006年达到13.6万t[10]。由于国内锡资源呈下降趋势并已成为锡的净进口国，表明我国锡产量已不能满足国内日益增长的需要。

目前，世界第二产锡大国是印度尼西亚。印度尼西亚锡资源储量居世界第五位，近年来年产锡10~12万t，以出口粗锡和矿产品为主，出口量占世界市场份额的50%以上。由于资源有限，开采混乱，为阻止锡资源被贱卖，目前正在大力整顿非法锡矿，因而锡产量将会呈下降趋势。

由于需求的拉动，使我国锡金属产量逐年攀升，为中国和世界经济的发展尤其是电子信息产业的发展做出了重大贡献。但同期对我国锡资源的消耗速度也是惊人的，目前，世界锡资源的消耗速度是前所未有的。

怎样延续锡资源的服务年限？最值得关注的是锡金属资源的循环利用。通常，人们把从矿石冶炼而来的锡称为原生锡，从含锡的废旧物料回收的锡称为再生锡。世界上除了原生锡的生产以外，再生锡的产量也很大，但这些再生锡均不包括在世界锡的总产量中。早在1978年，世界每年从锡的废旧物料中回收的锡已超过1万t，从合金或化工产品中回收的锡估计为4万t，即再生锡产量合计达5万t，占当时世界锡总产量的1/5。目前，再生锡的产量更大，主要生产国是中国、美国、日本、英国、德国、意大利及荷兰、比利时等。

从发展经济和保护资源的角度来讲，资源的循环利用，发展循环经济是人类必然的选择。某些国家采取填埋的方式处理废旧电子产品是不科学的，因为这样做既是对资源的极大浪费，又严重污染环境，不符合科学的发展观。充分回收废旧电子垃圾，进行集中处理，回收利用其中的各种有价金属，将是延续资源服务年限的重大举措[11、12]。

2. 锡的消费结构及发展趋势

锡的消费需求主要取决于锡的工业用途及世界经济的增长速度。

据《世界金属统计》数据分析[10]，在1992~2006年间，世界锡的年消费量从20.91万t提高到36.7万t，平均递增5.4%，高于同期锡金属产量的增长速度，使国际战略库存锡量逐年下降，至2007年1月国际战略库存锡量已降至1.273万t。

2006年全球锡消费量同比增长近9%，日消费量超过了1000t，其原因在于世界经济强劲增长，亚洲电子行业快速发展，以及无铅钎料的应用，使2006年锡的消耗量增加了1.5~2万t。还有青铜和黄铜行业复苏，以及水泥新兴技术的出现也带动了2006年锡消费的增长。

目前，世界锡的消费以钎料、镀锡板、合金、化工产品等四大类为主。在2002年，世界锡的消费结构大致为：钎料32%，镀锡板29%，合金23%，化工产品16%[9]。随着电子工业的迅猛发展，至2004年全世界钎料用锡比例已达45%，2005年已接近50%，其中亚洲用于钎料的锡已占到50%以上，而我国更高达64%以上[10]。

我国既是锡生产大国，又是锡的消费大国。从锡的消费总量来看，20世纪80年代，我国每年的锡消费量仅1.2~1.4万t。进入90年代以来，随着国民经济建设的快速发展，锡的消费也进入快速增长期，1996年为4.3万t。2001年达到了5.2万t。在此期间，虽然锡消费年增长率高达30.3%，但中国每年仍大量出口精锡，出口量占国内锡产量的50%以上。然而，据统计，到2006年1~10月，我国累计产锡11.2669万t，同期进口14365t，出口14260t，表观消费量达11.2773万t，并成为锡的净进口国[13]。1990~2006年我国锡消费的增长如图4-2所示。

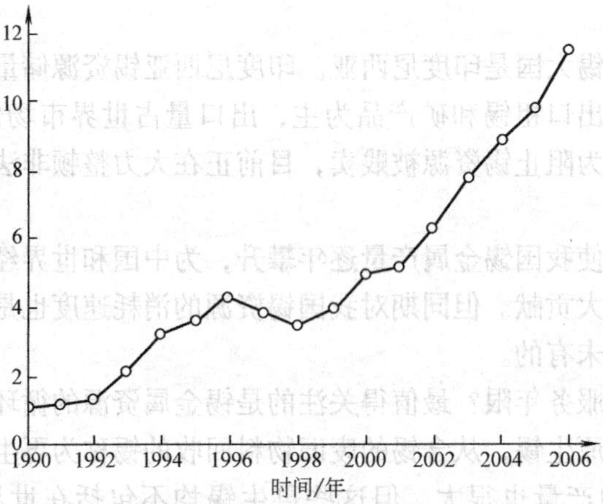

图4-2 1990~2006年我国锡消费量的变化

自2001年以来，我国锡的消费结构的变化见表4-2。

可见，我国消耗锡最多的是钎料，并呈逐年增长态势。目前我国钎料用锡量已接近全国总量的2/3，这主要是我国已经发展成为世界电子产品连接与组装中心，对钎料需求巨大造成的。其次是化工产品、浮法玻璃等耗锡，约占17%；合金用锡占11%；镀锡板（也称马口铁）用锡占8%。

表4-2 我国锡的消费结构

年 份	钎料用锡(%)	镀锡板用锡(%)	合金用锡(%)	化工产品及其他用锡(%)
2001	50	20	15	15
2004	60	8	12	20
2005	64	8	11	17

总的来看，世界各国对锡的消费已形成格局，马口铁耗锡大国为加拿大、法国、意大利、巴西，锡钎料的最大消费国是中国、日本，而美国和德国进行重要的锡化工产品生产。从20世纪90年代以来，世界锡的消费结构的变化趋势如下。

(1) 马口铁 由于受其他包装材料如铝罐、塑料罐、玻璃及纸板等的竞争，以及镀锡工艺的改进，使镀锡层变薄，其耗锡量略有下降。但由于锡具有不可替代的优越性，在相当长的时间内，镀锡薄板仍将作为大部分食品、化妆品等的首选包装材料。未来马口铁耗锡量将保持相对平稳上升的发展态势。

(2) 锡钎料　随着电子工业的发展，特别是亚洲国家电子工业的蓬勃发展，加之电子、电气工业使用高锡钎料增多，使锡钎料用量呈稳步增长并超过马口铁用锡量。随着无铅钎料的发展和推广应用，将进一步刺激锡的需求强劲增长。

(3) 锡合金　由于锡价较昂贵，一些发达国家致力于降低合金中的含锡量或采用代锡合金，使锡合金耗锡量逐步减少，而在发展中国家的耗锡量仍占很高的比例。由于锡所具有的某些优异特性，总的来说锡合金的应用及耗锡比例较为稳定。

(4) 锡化工产品　随着科学技术的发展，锡化工产品种类越来越多，应用范围也越来越广，已成为各行业不可缺少的化工原料，将保持良好的发展势头。

(5) 锡的新用途　预计今后几年内，迫于环境保护的压力，将使锡的需求进一步增加，锡消费量将进一步增长。这是因为：

1) 无铅钎料的应用将强劲拉动锡的需求，使钎料耗锡比例大幅度增加。在欧洲和日本等发达国家已立法禁止某些含铅电子产品的销售。

2) 锡弹作为铅弹的无毒代用品用于弹药和平衡附重，将增加锡的消费。英国、丹麦、加拿大等国已禁止狩猎者在荒郊野外用铅弹猎鸟。

3) 新型、环保、无毒的锡添加剂将进一步增加锡的消耗量。如硫酸亚锡作为水泥中主要代替六价铬的添加剂；锡酸锌作为各种塑料、橡胶和其他聚合物取代三氧化二锑的阻燃剂；焦磷酸亚锡作为新型环保电镀液等。

4) 品种繁多、用途广泛的有机锡也将进一步增加锡的用量。已开发的有机锡产品多达千种，较常应用的约30种。随着环保意识的增强，目前热稳定剂、农药等领域正积极向无毒或低毒、高效、复合型、多功能的方向发展，如硫酸甲基锡作为无毒环保型的PVC热稳定剂，有机锡向医药等新的应用领域扩张，为有机锡带来了巨大的发展空间。

总之，由于锡本身所具有的优越特性，在许多方面是其他材料所无法取代的。特别是迫于环境的压力，随着无铅钎料代替含铅钎料、锡-锌镀层代镉、锡-镍镀层代铬、锡弹代铅弹、锡化合物代其他化合物、有机锡等新用途的开发，锡的消费还将大幅度增长，锡的供应将越加紧张，锡的资源也将更加短缺。

4.2　钎料金属的物理化学性质

目前，不管是含铅钎料还是无铅钎料，常用的主要金属元素是锡、铅、银、铜、锑、铟、铋，下面分别介绍它们的物理化学性质。

4.2.1　锡

1. 锡的物理性质[7,14]

锡的元素符号为Sn，相对原子质量为118.69，在元素周期表中锡的原子序数为50，属第Ⅳ主族元素，位于同族元素锗与铅之间。锡的许多性质与铅相似，且易与铅形成合金。

常温下锡为银白色金属，但锡表面因形成氧化物薄膜而呈珍珠色。锡的熔点较低，沸点高，质地较软，延展性好，无毒性，液态下流动性好。锡条在常温下弯曲时，由于塑性变形引起孪晶滑移，会发出断裂般的响声，称为“锡鸣”。

锡有三种同素异形体，其转变温度和特性见表4-3。

表4-3 锡同素异形体的转变温度和特性[7]

名称	灰锡	白锡	脆锡	液体锡
	α-Sn	β-Sn	γ-Sn	
晶体结构	等轴晶系	正方晶系	斜方晶系	—
密度/$g\cdot cm^{-3}$	5.85	7.30	6.55	6.99
特征	灰色、粉状固体	块状固体，展性好	固体，脆性	液体
转变温度/℃	$\alpha\text{-Sn} \xrightarrow{13.2} \beta\text{-Sn} \xrightarrow{161} \gamma\text{-Sn} \xrightarrow{232}$ 液体			

在常温下，锡的组织结构为正方晶系，呈银白色金属光泽，称为β-Sn。β-Sn在13.2～161℃之间稳定，超过161℃时变为脆性的γ-Sn，在13.2℃以下会从正方晶系变成等轴晶系，称为α-Sn。

α-Sn的非金属性很强，从β-Sn转变为α-Sn时体积大约会增加27%左右，使锡变成灰色的粉末状金属，称为“锡疫”，其相转变速度在-30～-40℃左右达到最快。“锡疫”除受温度影响以外，还与纯度有很大关系，当添加质量分数为0.1%～0.5%的铋或锑等金属后，“锡疫”可以被完全抑制，即掺杂可以抑制“锡疫”的发生。

锡的主要物理性质列于表4-4。

表4-4 锡的主要物理性质[7]

物理性质		单位	性能数据
密度	β-Sn，15℃	$g\cdot cm^{-3}$	7.28
	α-Sn，1℃	$g\cdot cm^{-3}$	5.85
熔点		℃	232
沸点		℃	2270
莫氏硬度			3.75
熔化潜热		$J\cdot g^{-1}$	60.28
蒸发潜热		$J\cdot g^{-1}$	3018
比热容(18～20℃)		$J\cdot g^{-1}\cdot K^{-1}$	0.2436
粘度(320℃)		$Pa\cdot s$	0.001593
表面张力(300～500℃)		$N\cdot m^{-1}$	0.532～0.516
线性膨胀系数(50℃)		$\mu m\cdot m^{-1}\cdot K^{-1}$	23.1
电阻率(18℃)		$\Omega\cdot cm^{-1}$	11.5×10^{-6}
热导率(β-Sn)		$J\cdot cm^{-1}\cdot K^{-1}\cdot s^{-1}$	0.64

另外，锡的镀层表面易长晶须。晶须是从固体表面自然生长出来的头发丝状的晶体，其直径通常是微米级，长度可达数毫米。在电场中，晶须会引起放电。锡、镉、锑和铟等延展性好、熔点低的金属最容易长晶须，而金、银、铅和铁很少出现晶须。

锡晶须的生长从电镀层上开始，其中在铜或黄铜上的亮锡镀层最敏感。晶须生长的速度与温度和湿度有关，温度升高和潮湿的环境有利于晶须的生长。晶须可以诱发电子线路出现跳火、短路和噪声，会影响和干扰电子设备工作。表面热浸涂锡-铅合金层可以防止晶须的产生[15]。

2. 锡的化学性质[14,7]

锡原子的价电子层结构为$5s^25p^2$，容易失去5p亚层上的两个电子，此时外层未形成稳定的电子层结构，倾向于再失去5s亚层上的两个电子以形成较稳定的结构，所以锡有+2和+4两种化合价。锡的+2价化合物不稳定，容易被氧化成稳定的+4价化合物。

锡是一种对人体无害的金属，可以用于制造食物器皿和餐具。

常温下，锡在空气中稳定，这是因为表面生成一层致密的氧化物薄膜，阻止了锡的继续氧化。在常温下锡对许多气体和弱酸或弱碱的耐蚀能力较强，所以在通常环境和受工业污染的腐蚀性环境中，锡都能保持银白色的外观。

在大气中，锡在常温下有较好的耐蚀性，与水、水蒸气、二氧化碳、饱和氨水均无作用，但稀氨水能与锡反应，其反应程度与pH值相近的其他碱液差不多。某些胺也能与锡起作用。锡还能抵抗海水、氧、氨气以及盐雾的腐蚀。

锡的标准电极电位（Sn^{2+}/Sn）为-0.136V，但由于氢在锡上的超电位较高，所以锡与稀无机酸作用缓慢，而与许多有机酸实际上不起作用。但强酸、强碱对锡有腐蚀作用，当有氧存在时，会加剧腐蚀。

常温下，锡与卤素，特别是与氟和氯作用生成相应的卤化物。加热时，锡与硫、硫化氢或二氧化硫作用生成硫化物。

在热的浓硫酸中，锡按下式反应生成硫酸锡

$$Sn + 4H_2SO_4 \longrightarrow Sn(SO_4)_2 + 2SO_2 + 4H_2O$$

加热时，锡与浓盐酸作用生成$SnCl_2$和氯锡酸（H_2SnCl_4和$HSnCl_3$），如通入氯气，锡可全部变成$SnCl_4$。

锡与浓硝酸反应生成偏锡酸（H_2SnO_3）并放出NH_3、NO和NO_2等气体。

在碱的稀溶液中，如锡与氢氧化钠、氢氧化钾、碳酸钠和碳酸钾的稀溶液发生反应，生成相应的锡酸盐或亚锡酸盐。当加热和有少量氧化剂存在时，会加速锡与碱性稀溶液的反应。

温度高于150℃时，锡能与空气作用生成SnO和SnO_2，在赤热的高温下，液态的锡会迅速氧化挥发。

在610℃以上时，锡能与二氧化碳反应生成二氧化锡

$$Sn_{(l)} + 2CO_{2(g)} \longrightarrow SnO_{2(s)} + 2CO_{(g)}$$

在650℃以上时，锡能分解水蒸气生成二氧化锡

$$Sn_{(l)} + 2H_2O_{(g)} \longrightarrow SnO_{2(s)} + 2H_{2(g)}$$

SnO_2呈白色，相对分子质量为150.69，密度为$7.01g \cdot cm^{-3}$，莫氏硬度为6~7，熔点约为2000℃。高温下SnO_2的挥发性和分解压都很小，是高温稳定的化合物，但当有金属锡共存时，则显著挥发，这是由于两者相互作用生成SnO所致，即

$$SnO_{2(s)} + Sn_{(l)} \rightleftharpoons 2SnO_{(g)}$$

SnO_2 呈酸性，在高温下能与碱性氧化物作用生成锡酸盐，如 Na_2SnO_3、K_2SnO_3、$CaSnO_3$ 等。SnO_2 不溶于酸和碱的水溶液中。SnO_2 易被 C 和 H 还原。

人工制造的 SnO 为蓝黑色结晶粉末，相对分子质量为 134.69，密度为 $6.446g \cdot cm^{-3}$，熔点为 1040℃，沸点为 1425℃，在高温下能显著挥发。SnO 蒸气中存在由 1～4 个分子组成的多分子聚合物 $(SnO)_x$，$x=1\sim4$。

SnO 在 400～1040℃的温度区间会发生歧化反应，即

$$2SnO_{(s)} \rightleftharpoons Sn_{(l)} + SnO_{2(s)}$$

SnO 呈碱性，高温时，可与酸性氧化物反应生成盐。SnO 易溶于许多酸、碱和盐的水溶液中。

4.2.2 铅

1. 铅的物理性质

铅的储量在地壳岩石中的平均丰度为 1×10^{-5}[6]，是目前最廉价的有色金属之一。

铅呈蓝灰色，是最软的重金属，也是密度较大的金属之一。熔点为 327℃，密度为 $11.34g \cdot cm^{-3}$，具有面心立方晶格结构，展性良好，易与其他金属形成合金。

铅的物理性质列于表 4-5。

表 4-5 铅的物理性质[15]

性 质		单 位	数 据
晶体结构参数	晶格常数	nm	0.4949
	最小原子间距	nm	0.3499
	配位数		12
	滑移面		(111)
熔 点		℃	327
沸 点		℃	1725
密 度	20℃	$g \cdot cm^{-3}$	11.34
	熔点时的固态		11.005
	熔点时的液态		10.686
凝固时体积收缩率		%	3.0
比 热	25℃	$kJ \cdot kg^{-1} \cdot K^{-1}$	0.1278
	熔点时的固态		0.1433
	熔点时的液态		0.1478
	700℃		0.1438
熔化潜热		$kJ \cdot kg^{-1}$	22.98～23.38
蒸发潜热		$kJ \cdot kg^{-1}$	945.34

（续）

性　质		单　位	数　据
蒸气压	987℃	$kN\cdot m^{-2}$	0.13
	1167℃		1.33
	1417℃		13.3
	1508℃		26.7
	1611℃		53.5
线膨胀系数	-190~19℃	$\mu m\cdot m^{-1}\cdot K^{-1}$	26.5
	20~100℃		29.1
	20~300℃		31.3
动力粘度	441℃	$mN\cdot m^{-2}$	2.116
	551℃		1.700
	703℃		1.349
	844℃		1.185
表面张力	327℃	$N\cdot m^{-1}$	0.444
	350℃		0.442
	450℃		0.438
热导率	18℃	$W\cdot m^{-1}\cdot K^{-1}$	35.0
	100℃		33.8
	熔点时的固态		30.5
	熔点时的液态		24.2
	600~700℃		15.0
电阻率	20℃	$\mu\Omega\cdot cm^{-1}$	20.65
	200℃		36.48
	300℃		47.94
	恰高于熔点时之液态		94.60
电阻温度系数(0~100℃)		K^{-1}	0.00336
阻尼(铸铅):自然对数衰减率(20℃)			4.75×10^{-3}
弹性模量(20℃)		GPa	16.46
切变模量(20℃)			5.815
扭转模量(20℃)			5.727

铅的物理性质中，最主要的特点是熔点和沸点较低、密度大、刚度低、高阻尼、液态铅流动性好。

铅被广泛用于制造铅合金，例如：铅-锑合金用于制造蓄电池极板、模型，加入 $w_{Sb}=6\%$ 左右的铅合金用于制造化工设备、管道等耐蚀构件。铅合金的自润滑性、磨合性和减振性好，噪声小，是良好的轴承合金。$w_{As}=2.5\%\sim3.0\%$ 的铅合金，适于制作高载荷、高转速、抗温升的重型机器轴承。铅对 X 射线和 γ 射线具有良好的吸收性，广泛用作 X 光机和原子能装置的防护材料。铅是易熔合金、软钎钎料以及熔丝合金的重要组成元素。铅及其合金具有优良的减噪、防振能力，是极好的消声及减振、防振材料。

2. 铅的化学性质[15,16]

铅在元素周期表中是第Ⅳ主族元素，原子序数为 82，价电子层结构为 $6s^26p^2$，故铅可形成 +2、+4 价化合物，实际上还可以形成 +1、+3 价化合物。

铅在干燥的空气中常温下不发生氧化，但在潮湿的空气中，铅表面会生成 $3PbCO_3 \cdot PbO \cdot H_2O$ 化合物薄膜，此膜可阻碍铅在大气中进一步氧化，使铅在常温大气下长久地保持不被腐蚀破坏。高温下，特别在熔融状态下，铅的氧化过程将逐渐加剧，生成一系列氧化物。最初生成的氧化物为 Pb_2O，表面呈虹彩色，继续升温则生成 PbO，温度达 330～450℃时生成 Pb_2O_3，温度达 450～470℃时生成 Pb_3O_4。Pb_2O_3 及 Pb_3O_4 在高温下均可发生离解，所以在高温下 PbO 是唯一稳定的氧化物。

PbO 熔点为 886℃，沸点为 1472℃，所以 PbO 易挥发而难离解。在空气中，800℃时 PbO 便会显著挥发。

PbO 是两性氧化物，它既可与酸性氧化物反应又可与碱性氧化物反应生成相应的铅盐。所有的铅盐都不稳定，因此，铅的氧化膜容易被钎剂溶解。

PbO 是强氧化剂，它易使 Te、S、As、Sn、Sb、Bi、Zn、Cu、Fe 等部分或全部氧化，而铅被还原，这是铅氧化精炼的基础。它还是良好的助熔剂，铅与许多金属氧化物能形成易熔共晶或易熔化合物，或使难熔氧化物易熔。PbO 易被 C 和 CO 还原。

铅在许多介质中具有相当高的化学稳定性，在许多溶液中铅的表面会生成难溶或不溶的铅盐，可以防止或降低铅的进一步腐蚀。

4.2.3 银

银属于贵金属，元素符号为 Ag，银的储量在地壳岩石中的平均丰度为 5×10^{-8}[6]。

银在自然界中的分布，主要以硫化物状态伴生于其他有色金属矿物中。世界上 75% 的银产自含银的铜、铅、锌矿和金矿的处理过程中，其中 45% 产自铅锌矿，18% 产自铜矿，从单独银矿产出的银仅占 20%。另外，银的重要来源还包括从工业废料和感光材料、镀银器件中回收银[14]。

银具有强烈的白色金属光泽，呈面心立方晶体结构，常见化合价为 +1。银的主要物理性质见表 4-6。

表 4-6 银的物理性质

密度 /g·cm^{-3}	熔点 /℃	沸点 /℃	熔化热 /kJ·mol^{-1}	热导率 /J·cm^{-1}·s^{-1}·K^{-1}	电阻率 /μΩ·cm^{-1}	莫氏硬度
10.5	961.8	2210	11.43	41.79	1.59	2.7

在所有金属中，银对白色光线的反射性能最好，导电性及导热性最高，银的延展性仅次于金。银不与水作用，常温下在空气中不氧化，加热则氧化成 AgO，但到 400℃时 AgO 明显分解。在潮湿的空气中，银容易被硫蒸气及硫化氢腐蚀，生成黑色硫化银。在高温下熔化的液态银不易挥发，但有很强的吸氧性，在 973℃时，每 10g 银可溶解 21.35cm^3 的 O_2，相当于银体积的 20 倍[16]。但固态银只能溶解小于其体积的氧。银及一些银合金的薄膜有选择性透氧能力。

银不溶于盐酸和醋酸中，难溶于浓硝酸和稀硫酸中，但易溶于稀硝酸、热浓硫酸、氰化钾、氰化钠和有氧化剂存在的硫脲中。有少量硫酸铁存在的浓硫酸也能溶解银。

Ag_2O 是银的主要氧化物。新制备的 Ag_2O 可溶于酸及氢氧化铵且稍溶于水中。过氧化银(Ag_2O_2)不溶于水，但能溶于 NH_4OH、HNO_3、H_2SO_4 中。

Ag_2S不溶于水，但能溶于热硝酸中。Ag_2S在热浓盐酸中分解为AgCl和H_2S，在浓硫酸中生成Ag_2SO_4和SO_2，加热时Ag_2S成为金属银。Ag_4S不溶于水，而易溶于温热的稀硝酸、浓硫酸和浓氰化钾中。

硫酸银溶于稀硝酸和浓硫酸，且稍溶于水。硝酸银易溶于水。氰化银溶于氰化钾和硫代硫酸钠等溶液而不溶于水和稀酸中。氯化银溶于浓盐酸、碱金属硝酸盐、硫代硫酸钠和氰化钾等溶液而不溶于水和稀硝酸中。碳酸银在热水中即分解成Ag_2O。溴化银稍溶于浓氢溴酸和盐酸而不溶于水中。

银的用途很广，大量用于工艺美术、餐具、首饰、货币、科学技术、工业和医疗等方面。银在工业上的用途广泛，用量逐年增加，如：感光材料，各种合金、钎料，电接触材料，电阻材料，测温材料，氢净化材料，厚膜浆料，催化剂原料，以及仪器仪表、化工、电子、通信和医疗器件的表面镀银等[16]。

4.2.4 铜

铜在地壳岩石中的平均丰度为5×10^{-5}[6]。

铜元素符号为Cu，纯铜呈玫瑰红色或紫红色，俗称紫铜。铜的物理性质见表4-7。

表4-7 铜的物理性质

密度 /$g\cdot cm^{-3}$	熔点 /℃	沸点 /℃	比热容 /$J\cdot kg^{-1}\cdot K^{-1}$	熔化热 /$kJ\cdot mol^{-1}$	热导率 /$J\cdot cm^{-1}\cdot s^{-1}\cdot K^{-1}$	电阻率 /$\mu\Omega\cdot cm^{-1}$
8.92	1083	2582	386.0	13.02	4.138	1.6

铜是优良的导体，导电、导热性极佳，仅次于银。其电导率为银的94%，热导率为银的73.2%。铜的展性和延性好，无磁性，在高温下液态铜的流动性好且不挥发。在熔点温度下，铜的蒸气压很小，仅为9×10^{-5}Pa。在高温下，液体铜能溶解H_2、O_2、SO_2、CO_2、CO等气体，凝固时，气体的溶解度急剧降低，当来不及释放出来时，易形成气孔。

铜晶体为面心立方结构，常见化合价为+2、+1。铜在干燥的空气中不起变化，但在含有二氧化碳的潮湿空气中则表面氧化形成有毒的碱式碳酸铜薄膜，俗称铜绿。加热至185℃，铜在空气中开始氧化，高于350℃氧化生成Cu_2O和CuO。

CuO不稳定，遇热即分解。CuO易被H_2、C、CO和较负电性的Zn、Fe、Ni等还原。CuO不溶于水，但可溶于$FeCl_2$、$FeCl_3$、NH_4OH、$Fe_2(SO_4)_3$、$(NH_4)_2CO_3$及各种稀酸中。

Cu_2O在高温稳定，在2200℃以上才完全分解，在1060℃以下时则部分或全部变为CuO。Cu_2O也易被H_2、CO、C和Fe、Zn等对氧亲和力强的元素还原。Cu_2O也不溶于水，但溶于HCl、H_2SO_4、$FeCl_2$、$FeCl_3$、$Fe_2(SO_4)_3$、NH_4OH等溶剂中。

铜是正电性元素，不能置换盐酸和硫酸中的氢，因此，铜在大气、海水和某些非氧化性酸、碱、盐溶液中及多种有机酸中有良好的耐蚀性。铜能溶于氨水及与氧、硫、卤素等化合，也能溶于有氧化作用的酸如硝酸和有氧化剂存在的硫酸中。

铜具有优良的导电性、传热性、延展性和耐蚀性，使它在国防、电子、电器、机械制造以及其他工业部门得到广泛应用。铜的一半左右用于电器、电子工业，如电缆、电线、电机以及输电和电信设备的制造。铜还大量用于武器和空间探测器的制造，机械装备制造主要是用黄铜、青铜、白铜、锰铜、镍铜、锰白铜等合金[16,17]。

4.2.5 锑、铋、铟

1. 锑

锑元素在地壳岩石中的平均丰度为 1×10^{-7}。我国的锑资源主要分布在湖南、广西等省区，储量居世界首位[6]。

锑的元素符号为Sb，呈银白色金属光泽。金属锑为菱形晶体，常见化合价为+3、-3和+5。锑在常温下不与空气作用，高温下在空气中可生成 Sb_2O_3、Sb_3O_4 或 Sb_2O_5，也可与水作用生成 Sb_2O_3 和氢气。

普通金属锑又称灰锑，-90℃以下为同素异形体黄锑，为无定形体。金属锑的蒸气骤然冷却，会凝固成无定形的黑锑。黑锑化学性质活泼，有时会自燃，在90℃以上逐渐变为灰锑。用三氯化锑电解可得到含有少量三氯化锑的黑色锑。这种锑在摩擦或撞击时会发生爆炸，称为爆锑。

锑的主要物理性质见表4-8。

表4-8 锑的物理性质

沸点 /℃	熔化热 /$kJ\cdot mol^{-1}$	密度 /$g\cdot cm^{-3}$	熔点 /℃	热导率 /$J\cdot cm^{-1}\cdot s^{-1}\cdot K^{-1}$	电阻率 /$\mu\Omega\cdot cm^{-1}$
1640	19.89	6.68	630.5	0.225	39

纯锑很脆，不能进行轧制、挤压、锻造等加工，所以锑一般不能单独使用，只能以合金元素的形式加入其他金属中形成合金，以提高合金的强度和硬度。

锑能与铝、锡、铜、镉、钙、钠等形成合金。在这些合金中，一般 $w_{Sb}<30\%$，否则会使合金失去延性和其他优良性能。加入适量的锑可使合金具有一些特殊的性能。例如，$w_{Sb}=5\%\sim15\%$ 的锡基合金可用于制作锡基轴承；$w_{Sb}=6\%\sim10\%$、$w_{Cu}=1\%\sim3\%$ 的锡基合金可用于制作锡器及家庭用具；加入 $w_{Sb}=1\%\sim6\%$，能改善锡基钎料的流动性，提高合金的抗蠕变性能、抗疲劳性能及化学稳定性。$w_{Sb}=3\%\sim12\%$ 的铅基合金大量用于制作蓄电池极板，$w_{Sb}=10\%\sim18\%$ 的铅基合金用于轴承合金，$w_{Sb}=0.5\%\sim2\%$ 的铅合金用于铅板、铅管和电缆包皮等。

纯度 $w_{Sb}>99.9999\%$ 的锑是制造锑化铝、锑化铟和锑化镓等化合物半导体的重要材料。$w_{Sb_2O_3}>98\%$ 的锑白可作搪瓷和油漆颜料及阻燃剂，硫化锑用作橡胶的红色颜料[14]。

2. 铋

铋是稀散金属元素，铋在地壳岩石中的平均丰度为 1×10^{-7}[6]。铋单独矿床少，常与铅、锌、铜、钨、钼、锡矿等伴生。其主要矿物有辉铋矿、泡铋矿、铋华、自然铋、方铅铋矿、菱铋矿、铜铋矿。

铋的原子序数为83，铋是富有金属光泽的金属。铋的物理性质见表4-9。

表4-9 铋的物理性质

密度 /$g\cdot cm^{-3}$	熔点 /℃	沸点 /℃	热导率 /$J\cdot cm^{-1}\cdot s^{-1}\cdot K^{-1}$	电阻率 /$\mu\Omega\cdot cm^{-1}$
9.8	271.3	1560	0.074	110

铋显脆性，熔点低并且容易挥发。铋在凝固时体积会增大，膨胀率为3.3%。铋是逆磁性最强的金属，在磁场作用下电阻率增大而热导率降低。除汞外，铋是热导率最低的金属。铋及其合金具有热电效应。铋的硒、碲化合物具有半导体性质。

常温下，铋在水和空气中都比较稳定，在潮湿的空气中轻微氧化，加热到熔点时则剧烈氧化生成三氧化二铋。铋不和稀酸作用，但能和浓硫酸、王水等反应。室温下铋同盐酸作用缓慢，同硫酸反应放出二氧化硫，同硝酸反应生成硝酸盐。在高温时，铋能和许多非金属作用，能和绝大多数金属生成合金和化合物。

铋主要用于配制易熔合金，其熔点范围为47～262℃，最常用的是铋与铅、锡、锑、铟等金属组成的二元、三元、四元、五元合金。改变这些金属在合金中所占的质量分数，就可获得一系列不同熔点和不同物理性质的合金，这些合金适用于作消防装置、自动喷水器的热敏元件、锅炉和压缩空气缸的安全塞、钎料、金属热处理的加热浴等。

铋及其合金常作为铸铁、钢和铝合金的添加剂，以改善合金的切削性能；$w_{Sb}=11\%$的铋合金用于制造红外线检测计；铋-锡和铋-镉合金用作硒整流器的辅助电极；利用铋在磁场作用下电阻率急剧减小的特性可制作磁力测定仪；铋-锰合金可制永磁合金；铋的热中子吸收截面很小并且熔点低、沸点高，可用作核反应堆的传热介质；碲化铋广泛用于制造温差电器元件，用于太阳电池；铋-银-铯合金用于制造光电放大器；硫化银铋用于制造半导体仪器；铋镉温差元件可用于报警装置[14]。

3. 铟

铟也是稀散元素，在地壳岩石中的平均丰度为1×10^{-7}[6]。在自然界中，铟主要伴生在闪锌矿中。在铅锌冶炼综合回收时，铟以副产品形式回收。工艺过程是：将含铟的铅渣经过浮选、回转窑烧结、电弧炉还原熔炼，得到铟的质量分数为4.5%～5%的铅铟合金；再通过电解，将铟富集于阳极泥中，阳极泥经硫酸焙烧后水浸出铟；浸出液经净化处理，置换沉淀出海绵铟；再经电解精炼得金属铟。在现代湿法炼锌过程中，通常在较高温度下用高浓度酸溶解中性渣中的铟，经沉淀富集、稀酸浸出，再通过溶剂萃取回收铟。

铟的原子序数为49，元素符号为In，是一种呈银白色的金属。铟的物理性质见表4-10。

表4-10　铟的物理性质

密度 /g·cm^{-3}	熔点 /℃	熔化热 /kJ·mol^{-1}	沸点 /℃	热导率 /J·cm^{-1}·s^{-1}·K^{-1}	电阻率 /μΩ·cm^{-1}
7.28	156.4	3.27	2050	0.24	8.5

金属铟的晶体结构为面心立方，常见化合价为+3。铟很软，可塑性强，延展性良好。

铟的化学性质与铁相似。常温下纯铟不被空气或硫氧化，温度超过熔点时可迅速与氧和硫化合。

铟主要用于制作液晶显示材料和各种含铟合金、半导体、光通信材料等。例如：$w_{In}\geqslant99.99\%$的铟是制作高速航空发动机轴承的材料，$w_{In}=50\%$的铟-锡合金可用作真空密封材料和玻璃与玻璃、玻璃与金属的粘接剂，铟与金、钯、银、铜的合金常用来制作假牙和装饰品，铟可用于制作易熔合金，铟还是锗晶体中的掺杂元素，铟的化合物锑化铟可作红外线检波器材料，磷化铟可作微波振荡器，铟还可用于光纤通信用的InGaAsP/InP异质结激光器[14]。

以上锡、铅、银、铜、锑、铋、铟是锡钎料的主要元素，其中用量最大的是锡，其次是铅，再其次是锑、银、铜，而铟、铋用量很少。其他还有金、铝、锌等元素，不一一介绍。

4.3 锡钎料制品及制备工艺

4.3.1 常用电子钎料合金

长期以来，电子钎焊所用的钎料主要是软钎钎料，其主要成分是Sn，其次是Pb。Sn-Pb合金可按不同的使用目的配成需要的Sn/Pb比例，形成Sn-Pb钎料的系列化产品。但是，Sn-Pb系列钎料不能满足电子工业的全部用途。为了获得不同的性能，在Sn-Pb系合金的基础上发展了Sn-Pb-Ag系列、Sn-Pb-Sb系列、低温系列等钎料[18]。迫于环境保护的压力，又发展了无铅钎料。现代电子软钎料常用合金见表4-11。

表4-11 常用电子软钎料合金

合金	熔化温度范围/℃	成形制品			
		锭	丝	膏	预成形钎料
Sn-Pb 系列					
95Sn/5Pb	183 ~ 224	√	√		√
90Sn/10Pb	183 ~ 215	√	√		√
70Sn/30Pb	183 ~ 192	√	√	√	√
65Sn/35Pb	183 ~ 186	√	√	√	√
63Sn/37Pb	183	√	√	√	√
60Sn/40Pb	183 ~ 190	√	√	√	√
55Sn/45Pb	183 ~ 203	√	√		√
50Sn/50Pb	183 ~ 215	√	√		√
45Sn/55Pb	183 ~ 227	√	√		√
40Sn/60Pb	183 ~ 238	√	√		√
35Sn/65Pb	183 ~ 248	√	√		√
30Sn/70Pb	183 ~ 258	√	√		√
25Sn/75Pb	183 ~ 266	√	√		√
20Sn/80Pb	183 ~ 279	√	√		√
15Sn/85Pb	227 ~ 288	√	√	√	√
10sn/90Pb	268 ~ 301	√	√	√	√
5Sn/95Pb	305 ~ 312	√	√	√	√
2Sn/98Pb	316 ~ 321	√	√	√	√
Sn-Pb-Ag 系列					
62Sn/36Pb/2Ag	178	√	√	√	√
62Sn/37Pb/1Ag	178 ~ 184	√	√	√	√
15Sn/84Pb/1Ag	240 ~ 275		√	√	√
10Sn/88Pb/2Ag	268 ~ 302		√	√	√
5Sn/92. 5Pb/2. 5Ag	280	√	√	√	√
1Sn/97. 5Pb/1. 5Ag	309	√	√	√	√
97. 5Pb/2. 5Ag	305	√	√	√	√

（续）

合　　金	熔化温度范围/℃	成　形　制　品			
		锭	丝	膏	预成形钎料
Sn-Pb-Sb 系列					
60Sn/39.5Pb/0.5Sb	232 ~ 240	√	√	√	√
55Sn/42Pb/3Sb	186 ~ 194	√	√	√	√
52Sn/45.5Pb/2.5Sb	186 ~ 196	√	√	√	√
50Sn/49.5Pb/0.5Sb	183 ~ 215	√	√	√	√
40Sn/58Pb/2Sb	186 ~ 238	√	√	√	√
38Sn/61Pb/1Sb	186 ~ 240	√	√	√	√
30Sn/68Pb/2Sb	186 ~ 258	√	√		√
25Sn/77Pb/2Sb	186 ~ 260	√	√		√
18Sn/80Pb/2Sb	186 ~ 279	√	√		√
4Sn/91Pb/5Sb	305 ~ 317	√	√	√	√
含铅低温系列					
16Sn/32Pb/52Bi	96	√		√	
50Sn/40Pb/10Bi	120 ~ 167	√		√	
37.5Sn/37.5Pb/25In	138	√	√	√	√
43Sn/43Pb/14Bi	144 ~ 163	√		√	
50Sn/32Pb/18Cd	145	√	√	√	√
无铅系列					
100Sn	232	√	√	√	√
95.9Sn/3.5Ag/0.6Cu	216	√	√	√	√
99.3Sn/0.7Cu	227	√	√	√	√
96.5Sn/3.5Ag	221	√	√	√	√
95Sn/5Ag	221 ~ 240		√	√	√
95Sn/5Sb	236 ~ 243		√	√	√
99Sn/1Sb	305 ~ 317		√	√	√
52Sn/48In	117	√	√	√	√
42Sn/58Bi	139	√		√	
91 Sn/9Zn	189		√	√	√

注：推荐的成形制品仅供参考。

4.3.2　锡钎料的分类

锡钎料有不同的分类方法。对于大多数人可以接受的分类方法，主要有按化学成分分类、按熔化温度分类，以及按钎料的成形和状态进行分类。

1. 按化学成分分类

按钎料合金的化学成分，可以分为 Sn-Pb 系列、Sn-Pb-Ag 系列、Sn-Pb-Sb 系列、含铅低温系列、无铅系列等。

（1）Sn-Pb系列钎料　Sn-Pb系列钎料是使用最广的钎料。Sn-Pb 钎料中，铅在一个非常宽泛的范围内变化，铅的含量为 $w_{Pb}=5\%\sim98\%$，其熔化温度可在 183 ~ 321℃之间变化，其中 20Sn/80Pb 钎料的固、液相线之差最大为96℃，而 Sn-Pb 共晶最小为0℃。

由于铅的引入，可以降低合金的熔点。其实 Sn-Pb 钎料的共晶点组成并非是 $w_{Sn}=63\%$，而是 $w_{Sn}=61.9\%$，此时合金的熔化温度为 183℃，具有非常好的综合性能。为什么选择共晶钎料的组成为63Sn/37Pb 呢？从热力学我们知道，锡与 1mol 氧发生反应生成氧化锡比铅与1mol氧反应生成氧化铅的自由能变化负得多，所以钎料在使用中锡的氧化损失会大于铅，因此使组成偏离共晶点而略富锡，对钎料的连续使用是有利的。测试表明，63Sn/37Pb钎料的固相线温度为183℃，液相线温度为185℃，固、液相线之间的温差为2℃。

铅的引入能改善钎料合金的综合性能，这将在后面作专门论述。

（2）Sn-Pb-Ag系列钎料　为了改善Sn-Pb系合金的某些性能而加入适量银，银的引入作用如下[19]：

1）提高接头的高/低温性能。银的熔点为960℃，具有优良的导电、导热、抗氧化及易锡焊的特性。在不同Sn/Pb比例的合金中加入适量的银，既可形成比Sn-Pb共晶温度更低熔点的钎料，如62Sn/36Pb/2Ag的熔点为179℃，能满足热敏元件对低温钎焊的需要；又可形成固相线和液相线均高于Sn-Pb钎料的高温钎料，使接头具有优良的导电性、耐热性及抗高温疲劳强度，满足各种高温钎焊的需要。

2）增强钎料的防银蚀性能。液态钎料易侵蚀母材表面的银，称为“银蚀”。Ag在Sn-Pb钎料中的溶解度如图4-3所示。在通常的钎焊温度下，熔融钎料对镀银元器件表面的银的溶蚀是通过银的扩散和溶解方式进行的。

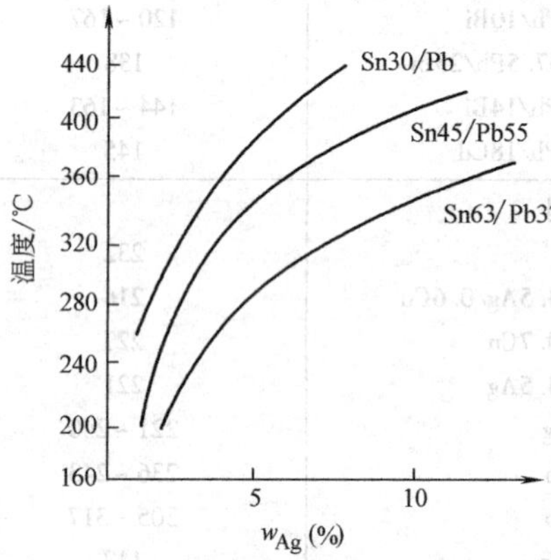

图4-3　Ag在Sn-Pb合金中的溶解度[20]

从图4-3可知，在钎焊过程中，银在液态Sn-Pb钎料中的溶解度不仅随锡含量的升高而增大，同时随温度的上升而增大，Ag的溶解是通过扩散进行的。这种扩散遵循Fick定律，即单位时间内在面积S上Ag原子的扩散通量为

$$\frac{\mathrm{d}n}{\mathrm{d}t} = -DS\frac{\mathrm{d}c}{\mathrm{d}x} \tag{4-1}$$

式中　D——扩散系数，$D = A\mathrm{e}^{-E/KT}$，A为频度常数，K为玻尔兹曼常数，T为热力学温度，E为扩散激活能；

$\mathrm{d}c/\mathrm{d}x$——Ag的浓度梯度。

根据Fick定律，防止银蚀可以采取降低钎焊温度，缩短钎焊时间，降低Ag的浓度差的方法来实现。而合理选择合金组分，尽量缩小固-液相线之间的温度范围，可以兼顾降低钎焊温度、缩短钎焊时间、降低Ag的浓差，从而增强钎料的防“银蚀”性能。

3）改善液态钎料对母材表面的润湿性。银与大多数母材金属具有良好的相溶性和较强的相互作用，可以改善钎料对母材表面的润湿性能。

（3）Sn-Pb-Sb系列钎料　锑熔点为630.5℃，性脆，不能单独使用，一般作为合金元素加入到铅、锡中形成合金以提高强度和硬度。锑能改善铅、锡合金的流动性，提高合金的抗蠕变性能、抗疲劳性能以及化学稳定性[14]。

在Sn-Pb系合金中加入Sb，主要是为了增加Sn-Pb系合金的强度，改善合金的力学性能。加入适量Sb能提高钎料的固相线温度，降低液相线温度，从而缩短钎料凝固时的固-液相线温差，即缩短钎料合金的糊状范围。例如，55Sn/42Pb/3Sb钎料的熔化温度为186～194℃，52Sn/45.5Pb/2.5Sb钎料的熔化温度为186～196℃，曾有报道前者可代替60Sn/

40Pb 使用，后者可代替 63Sn/37Pb 使用，且具有更好的力学性能。由于这一原因，当 w_{Sb} = 0.3% ~3% 时，液态 Sn-Pb 钎料凝固时焊点成形极好，焊点光亮，在此含量范围内，不但不会出现不良影响，还可以使焊点的强度增加，增大钎料的抗蠕变能力，所以可用于服役温度较高的接头的焊接。当 w_{Sb} >6% 时，钎料会变得脆而硬，流动性和润湿性变差，耐蚀性能降低。

（4）含铅低温系列钎料　这类钎料主要是在 Sn-Pb 系合金中加入 In、Bi、Cd 等低熔点金属，以降低钎料的熔化温度。In 的熔点为 156.4℃，Bi 为 271.3℃，Cd 为 321℃，它们加入 Sn-Pb 中可以形成熔化温度更低的合金。例如，50Sn/32Pb/18Cd 的熔点为 145℃，37.5Sn/37.5Pb/25In 的熔点为 138℃，16Sn/32Pb/52Bi 的熔点为 96℃，可分别用于不同的低温钎焊连接。由于 Cd 是一种毒性很强的易挥发的金属，近年来 Cd 在钎料中已很少使用。

（5）无铅钎料　无铅钎料是为了避免铅对环境的污染而不含铅组分的钎料。长期以来，由于 Sn-Pb 系合金特别适合电子钎焊而成为电子钎料的主流。但是，由于铅有毒性，随着人类环境保护意识的增强，近年来，世界发达国家纷纷限制生产和进口含铅电子产品，同时大力开发无铅钎料，掀起了“钎料无铅化”的浪潮。研究表明，最有可能代替 Sn-Pb 合金的钎料仍以 Sn 为主，另外添加能产生低温共晶的 Ag、Cu、Zn、Sb、Bi、In 等元素[20,21]。当前研究的无铅钎料的成分已达数十种，包括纯锡钎料、Sn-Ag、Sn-Cu、Sn-Sb、Sn-Zn、Sn-Bi、Sn-In、Sn-Ag-Cu 等系列产品，将在后面作专门介绍。

2. 按熔化温度分类

按钎料合金的熔化温度，可以分为低温钎料、中温钎料和高温钎料。这种分类方法主要基于 183℃和 220℃这两个温度。

（1）低温钎料　一般认为，熔化温度在 Sn-Pb 共晶温度 183℃以下，即为低温钎料。如前所述，低温钎料是由两种或两种以上的低熔点金属组成的。对于热敏元件，要求钎焊温度很低时，主要使用低温钎料。

（2）中温钎料　通常认为，中温钎料的熔化温度一般在 183 ~220℃左右。满足这一要求的钎料主要是 w_{Sn} >40% 以上的 Sn-Pb 钎料和少数几种 Sn-Pb-Sb 钎料以及 Sn-Ag-Cu 共晶钎料。中温钎料的用途最广，尤其是熔化温度在 180 ~200℃左右的钎料用量最大。

（3）高温钎料　通常把熔化温度高于 220℃的钎料称为高温钎料。这种钎料主要适用于高温钎焊，以及要求接头力学性能较高时的钎焊连接。

3. 按成形钎料制品分类

按钎料制品的成形，可以分为锭、条、棒、板、丝、带、泊、片、粒、粉、膏、球等[22]。目前，软钎料已形成了标准化、系列化，这里所说的标准化、系列化不仅是指化学成分，而且还应包括成形规格。为了适应各种不同的软钎焊方法，近代开发和应用的软钎料制品种类较多，部分锡钎料制品如图 4-4 所示。

对于上述这些锡钎料制品，可以归纳为四大类，即：

1）锭、条、棒、板类。

2）钎料丝、钎料线。

3）钎料膏。

4）预成形钎料。

我国现行国家标准中，《铸造锡铅钎料》（GB/T 8012—2000）适用于以铸造方法加工的钎料，《锡铅钎料》（GB/T 3131—2001）适用于压力加工方法制造的钎料。这两个标准都规定了锡铅钎料的技术要求、试验方法、检验规则及标志、包装、运输和储存等技术条件。

GB/T 8012—2000 标准分普通锡铅钎料和含银锡铅钎料。普通锡铅钎料又按锑含量分为含锑（C类）、贫锑（B类）和微锑（A类）。铸造锡铅钎料总体上分为四大类37个规格。有人认为，C类主要用于钎焊温度及强度要求较高的连接，B类主要用于民用电器的连接，A类主要用于电气电子工业中，特别是ZHLSnPb63AA主要用于计算机、集成电路等的连接。随着科学技术的发展，人们的认识也在不断深化，实际上究竟选用哪一种钎料，完全取决于使用条件和目的。

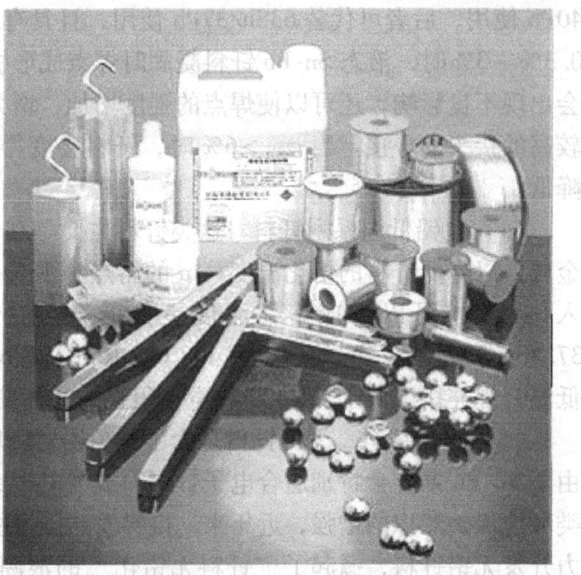

图4-4 部分不同规格的锡钎料制品[10]

GB/T 3131—2001 标准按钎剂类型将钎料分为无钎剂的实芯钎料和有树脂芯的丝状钎料两大类。根据钎剂活性的高低，树脂芯钎料丝又分为R、RMA和RA型三类，其中R型属低活性钎料丝，RMA型属中等活性钎料丝，RA型属于活性的钎料丝。

4.3.3 锡钎料制品及其制备

不同软钎焊方法使用的钎料制品有很大差异。一般说来，某种钎焊方法，只能使用指定的钎料制品。因此，锭、条、棒、丝、板、带、泊、片、粒、粉、膏、球等钎料制品是由于钎焊方法的多样化而发展起来的[22]。

1. 锭、条、棒、板类钎料

锭、条、棒、板类钎料以纯金属合金供货，是使用量最大的钎料制品，约占锡钎料总量的60%。这类制品又可分为钎焊用和电镀用两类，电镀用合金又称阳极锡钎料。钎料锭、条主要供波峰焊、浸焊、拖焊和少量其他钎焊方法使用。钎料阳极棒、板材既可用浇铸方法生产，也可用压力加工方法生产，主要供电子元器件和印制电路板镀锡使用。近年来电镀阳极种类繁多，如断面为圆形、椭圆形、矩形、星形、菱形以及其他各种异型，包括球形和半球形等。加工的部分电镀阳极型材如图4-5所示。

通常，锭、条、棒、板类钎料的外形尺寸、体积规格不一，应根据使用要求来确定。波峰焊、浸焊、拖焊用钎料锭质量多为0.5kg和1.0kg，其成形方式有铸造法和压延法。单件电镀阳极棒、板重量较大，但近年来广泛采用球形和半球形阳极，其单件重量很小。

根据原料状况的不同，钎料锭、条、棒、板的制备工艺有一定差异，但其主要工艺中的配料、熔炼、铸锭是大致相同的。为了获得高质量的钎料制品，必须全面了解和深入分析每种金属的化学成分和物理化学性质，尤其要认真研究液态金属和合金的性质及其变化规律，掌握技术要领，按规程操作，才能生产出合格的钎料产品。

用铸造法和压延法生产锭、条、棒、板钎料的工艺流程如下[22]：

金属原料→配料→熔化→精炼→铸锭→检验→计量→包装→铸造类产品
↓
铸锭→挤压→精整、剪切→检验→计量包装→压延产品

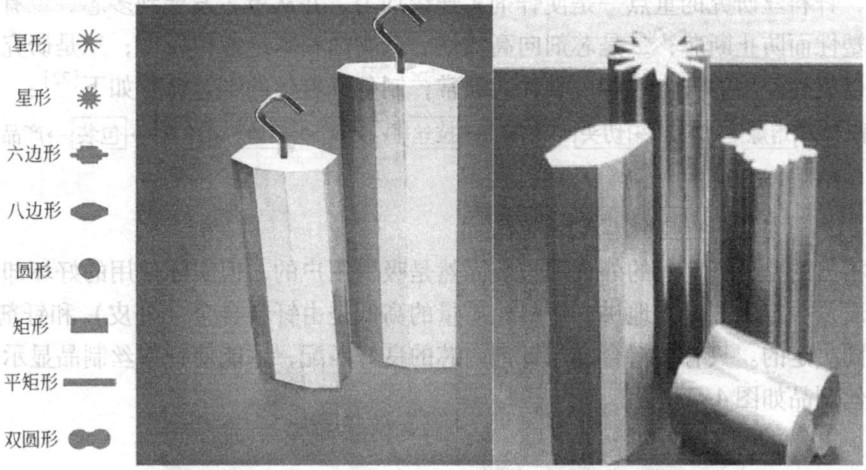

图 4-5　加工的部分电镀阳极型材

部分锭、条、棒状及其他异型材钎料如图 4-6 所示。

图 4-6　部分锭、条、棒类钎料

2. 钎料丝

在许多场合下，钎料锭、条、棒、板的使用将受到限制，例如手工补焊、点焊、仪器仪表维修等多使用钎料丝。钎料丝又可分为实芯（不含钎剂）和含芯（内含钎剂）两类。近年来含芯钎料丝的研究很活跃，已普遍应用的含芯钎料丝有以下三种[18]。

（1）树脂芯钎料丝　以树脂型钎剂作连续芯剂，按钎剂活性的高低分为 R、RMA、RA、RSA 型。其中 R 型几乎不含卤素，钎剂的活性较低，主要用于易焊材料和绝缘电阻要求很高时的钎焊连接；RMA 型的芯剂属中等活性，助焊效果良好，用途广泛；RA 型芯剂属活性型，助焊效果很好，一般用于焊接性较差的金属的钎焊；RSA 型属高活性型钎料丝，芯剂的助焊效果特别好，一般用于难焊材料的钎焊连接。通常，在合金组成一定条件下，钎料丝芯剂的活性越高，钎焊工艺性能就越好，但同时带来钎剂的腐蚀性增强，绝缘电阻降低。因此，焊后需要用有机溶剂将 PCB 表面的钎剂残渣清洗干净。

（2）水溶性芯钎料丝　以水溶性钎剂作连续内芯，其焊后残余物可用水清洗。一般，

水溶性钎剂的活性是比较强的，所以这类钎料丝适用于难焊材料的钎焊连接。

（3）免清洗钎料丝　以免清洗钎剂作连续内芯，这类钎料丝活性不强，焊后几乎无钎剂的残渣，所以焊后不用清洗，适用于对腐蚀性和绝缘电阻要求较高的钎焊连接。

目前，钎料丝研究的重点一是使钎剂芯连续均匀，并从单芯发展到多芯，也有的设法使钎剂具有塑性而防止断芯；二是芯剂向高活性、低腐蚀和高绝缘性发展；三是研究钎焊时防止飞溅，以提高使用的安全性和可靠性。通常，制备钎料丝的工艺流程如下[22]：

配料→熔炼→铸锭→切头→挤压→拉丝→绕线→检验→计量→包装→产品

↑（挤压）

钎剂→熔制→过滤→灌注

需要指出的是，钎料丝的外观和包装固然是吸引用户的，但实际使用的好坏却是由钎料丝的内在质量决定的。具体地讲，钎料丝质量的高低是由钎料合金（外皮）和钎剂（内芯）两部分共同决定的。只有钎料合金与钎剂内芯的良好匹配，才能使钎料丝制品显示优良的性能。钎料丝制品如图4-7所示。

图4-7　常用钎料丝制品

3. 钎料膏

随着表面组装技术(SMT)的发展，钎料膏已成为PCB组装中的重要材料。钎料膏是由钎料合金粉与钎剂、稀释剂以及少量其他添加剂混合而成的糊状钎料，如图4-8所示。

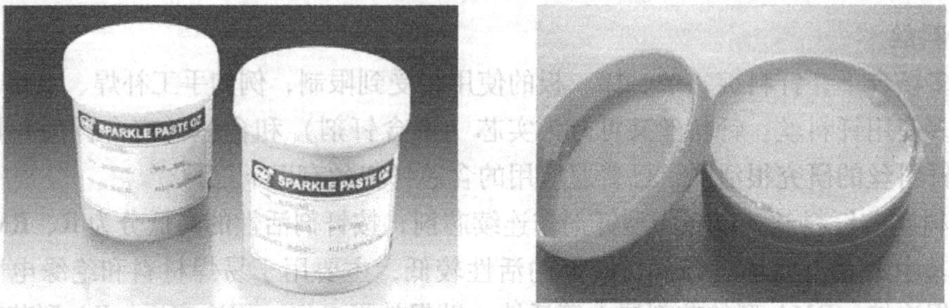

图4-8　钎料膏

制备钎料膏的材料是钎料合金粉末和钎剂载体。钎料合金粉末颗粒应为球形，粒度一般为325筛号(目)和250筛号(目)，并要有一定的粒度分布。通常，钎料合金粉末是在高温熔融状态下采用雾化法制得的，其球形颗粒的粒度和粒度分布是有严格要求的，而且钎料粉末应该是无氧化状态的。钎剂载体对钎料膏质量和性能的影响很大，一般选择的钎剂载体为树脂型、水溶性型和免清洗型。只有钎料合金粉末与钎剂载体的良好匹配，才能显示钎料膏的优良质量和性能。钎料膏的制备工艺流程如下[22]：

金属原料→配料→熔炼→雾化制粉→筛分→钎料粉末
↓
化工原料→配料→合成→钎剂载体→混合→检验→封装→产品

4. 预成形钎料制品

所谓预成形钎料，就是预先将锡钎料成形为钎焊连接界面所要求的形状，以方便使用。显然，预成形钎料的形状是非常复杂的，其尺寸一般是很微小的。

预成形钎料的加工方法有球化法、冲压成形、切割成形等。对于冲压成形的片状预成形钎料，其制备工艺流程如下[22]：

金属原料→配料→熔炼→铸板→轧制→冲压→精整→检验→封装→产品

另外，通过适当改变工艺，还可制成内含钎剂，或外涂钎剂，或钎料包覆金属（如铜）再外覆钎剂等制品。

显然，预成形钎料的加工形状取决于冲压模具，改变模具就能改变预成形钎料的形状和尺寸。预成形钎料是一类具有特殊形状的钎料部件，其形状有圆片、环片、垫圈、球状、矩形及其他类似于机械零件的形状，如图4-9所示。

在用一般钎料制品不能接触或不能连接的场合，使用这类钎料制品进行连接是很方便的。正确设计和使用预成形钎料，能获得高效率、低成本、高可靠性连接的效果。

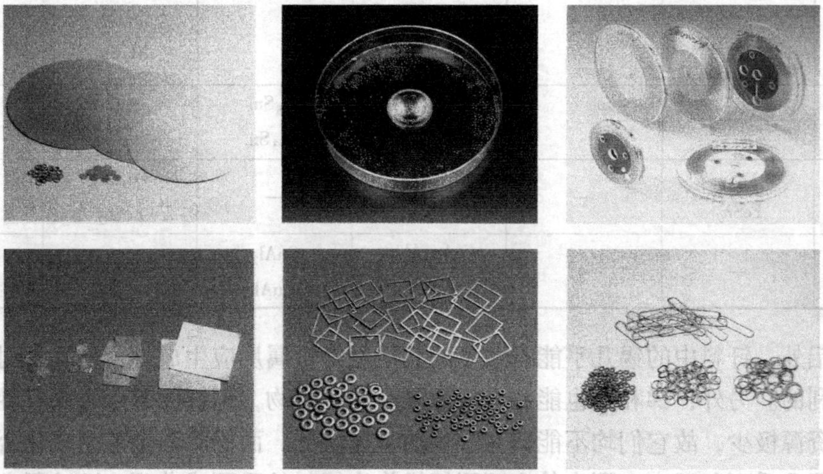

图4-9　预成形钎料制品

4.4 含铅钎料

4.4.1　钎料中锡和铅的作用

在电子产品的钎焊过程中，在界面处钎料成分和母材成分必须发生冶金反应并生成适当的合金，才能获得牢固的钎焊连接效果。锡是参与冶金反应的主要元素，它与母材金属形成界面中间合金而将被焊金属相互连接。

钎料与某些母材金属反应形成的金属间化合物见表4-12。

表4-12 钎料与某些母材金属反应形成的金属间化合物[3]

母材金属	钎料金属					
	Sn	Pb	Ag	Cu	Sb	In
Cu	Cu_6Sn_5 Cu_3Sn	—	—	—	Cu_2Sb Cu_3Sb	Cu_2In Cu_9In_4 Cu_3In Cu_4In
Ag	Ag_3Sn Ag_5Sn	—	—	—	Ag_3Sb Ag_7Sb $Ag_{13}Sb_3$	$AgIn_2$ Ag_2In Ag_3In
Au	Au_6Sn AuSn $AuSn_2$ $AuSn_4$	Au_2Pb $AuPb_2$	—	$CuAu_3$ CuAu Cu_3Au	$AuSb_2$	$AuIn_2$ AuIn Au_7In_3 Au_3In Au_4In Au_8In
Ni	Ni_3Sn Ni_3Sn_2 Ni_3Sn_4	—	—	—	$NiSb_2$ NiSb Ni_3Sb Ni_5Sb Ni_7Sb_3	Ni_3In_7 Ni_2In_3 NiIn Ni_2In Ni_3In
Sn	—	—	Ag_3Sn Ag_5Sn	Cu_6Sn_5 Cu_3Sn	SnSb Sn_3Sb_2	—
Fe	FeSn $FeSn_2$	—	—	—	Fe_3Sb_2 $FeSb_2$	—
Al	—	—	Ag_3Al Ag_2Al	$CuAl_2$ CuAl	AlSb	—

可见除铝外，钎料中的锡几乎能与常见的其他母材金属反应生成化合物，这对于钎焊连接是非常有利的。另外，锑和铟也能和母材金属生成化合物，但锑的熔点太高且性脆，铟的熔点太低且资源极少，故它们均不能作为钎料的主要成分。而铅除与金能生成化合物外，与其他母材金属几乎不起反应。那为什么还要把铅作为钎料的重要成分呢？经过研究得出，铅对改善锡钎料的性能极其有效，迄今为止，还没有发现任何一种元素与锡的结合比铅更有效。铅在钎料中的主要作用如下[3-5]：

1）在元素周期表中，锡、铅均为第Ⅳ主族元素，且排列很近，它们之间具有良好的互溶性，且在合金内部不存在金属间化合物。将铅加入锡中，能降低钎料的熔点。例如锡的熔点为232℃，铅的熔点为327℃，而锡-铅共晶钎料的熔点为183℃。这个温度正好在电子设备最高工作温度之上，而它的焊接温度能为大多数元器件所耐受，完全符合电子产品钎焊工艺的要求，因而特别适合电子产品的钎焊连接。

2）铅能降低锡的表面张力和粘度，改善液态钎料在被焊金属表面的润湿性和漫流性。如纯锡在300℃的表面张力为0.532N·m^{-1}，而锡铅共晶合金为0.48N·m^{-1}；纯锡在320℃的粘度为1.593mPa·s，而锡-铅共晶的粘度则显著下降。因此，铅加入锡中所形成的钎料具有优良的焊接性，钎焊时，只需要借助于低活性的钎剂就可以达到良好的润湿效果。

3）铅加入锡中能能改善钎料表面的致密度，从而增强液态钎料抗高温氧化的能力，如在250℃下，锡-铅共晶合金的氧化速率仅为纯锡的60%左右。

4）加入铅能改善钎料的力学性能。通常纯锡、纯铅的抗拉强度分别为15MPa和14MPa，抗剪强度分别为20MPa和14MPa，而锡-铅合金的抗拉强度可达40MPa左右，抗剪强度可达30～35MPa。

5）由于锡能与大多数金属反应生成金属间化合物，而铅一般不参加反应，所以铅对锡能起稀释的作用。正是这一原因，可减小界面金属间化合物 Cu_6Sn_5 的厚度。通常，在界面生成的 Cu_6Sn_5 合金层越薄，其接头强度就越高，焊缝的力学性能和导电性能就越好。

6）铅加入锡中能使钎料性能稳定，同时在凝固的焊点表面能生成致密的氧化膜而具有良好的耐蚀性。通常，军用电子产品中的PCB焊盘均采用锡-铅合金作保护层，以提高电子产品的耐蚀性能。

最后，应特别说明的是，在地壳内铅的储量丰富，从金属资源对人类社会经济发展的保证程度和时间来看，这是非常重要的。另外，铅还是最廉价的有色金属。在钎料中，依使用目的之不同，它的质量分数可在5%～95%范围内变化，因此铅的加入可以大幅度降低锡钎料的成本。可以肯定地说，在具有同等功能的所有钎料中，锡-铅钎料的成本是最低的。

4.4.2 锡-铅合金相图

目前，世界每年锡的消费量约在35万t左右，其中电子工业消耗量约占一半以上。电子工业用锡主要是作钎料，其中用量最大的是锡-铅钎料。

锡-铅钎料在电子工业中占有特殊地位，电子线路的连接，大部分都使用锡-铅钎料。人们可根据不同的用途来选用不同锡/铅比例的钎料。锡-铅钎料用途很广，从电器零部件、元器件及引线的连接，到印制电路板上复杂的连接，都大量使用锡-铅钎料。即使是精密的微型件连接，也使用掺入其他金属的锡-铅钎料，即以锡-铅为基的二元系、三元系或四元系合金钎料。

合金相图也称平衡状态图，用它表示元素或化合物之间相互平衡的状态。合金相图可以清楚地表明合金各个相稳定存在的条件和转变温度，金属及合金的熔点，以及不同温度下一种金属在另一种金属中的溶解度等。

由于锡-铅钎料的性能与其组成是密切相关的，为此，首先分析锡-铅二元合金的相图，如图4-10所示。

锡-铅二元合金构成的是有限固溶体的共晶相图。图中的 *a* 点为铅的熔点327℃，*c* 点为锡的熔点232℃，*b* 为共晶点，其共晶成分为 $w_{Sn}=61.9\%$、$w_{Pb}=38.1\%$，共晶温度为183℃。*abc* 线称为液相线，当温度高于此线时，钎料为液态。

dbe 线称为共晶线，*b* 点是 *ab* 线与 *cb* 线的交汇点，组成为此点的钎料固相线与液相线温度重合为一点，该点的温度称为共晶温度。因此，成分为 $w_{Sn}=61.9\%$、$w_{Pb}=38.1\%$ 是所有Sn/Pb合金中熔点最低的钎料。

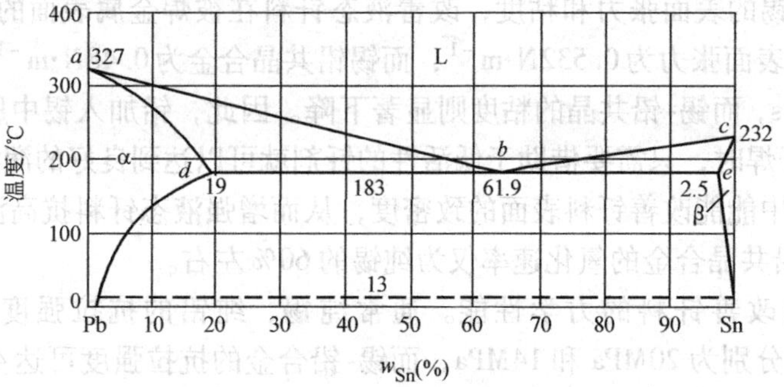

图4-10 锡-铅合金相图[1]

adbec 线为固相线，当温度低于此线时为固态。其中，当钎料中 $w_{Sn}<61.9\%$ 时，*adb* 线为固相线，温度低于 *adb* 线时为固态，温度高于 *adb* 线而低于 *ab* 线时为糊状，即固液共存区。同样，当钎料中 $w_{Sn}>61.9\%$ 时，*bec* 线为固相线，温度低于 *bec* 线时为固态，温度高于 *bec* 线而低于 *bc* 线时为糊状。

α 相是 Sn 溶解在 Pb 中的固溶体（富 Pb 相），呈面心立方结构；β 相是 Pb 溶解在 Sn 中的固溶体（富 Sn 相），呈体心立方结构。

共晶体是由面心立方的 α 相和体心立方的 β 相组成的。在共晶温度下，Sn 在 Pb 中的固溶度为 19.5%，而 Pb 在 Sn 中的固溶度为 2.5%。固溶度随着温度的降低而下降，至室温时，Sn 在 Pb 中的固溶度仅有 2%～3%，而 Pb 在 Sn 中的固溶度接近于零。

从图中可以看出，钎料因温度不同而分为液体、半固体、固体三种状态。图中在 *abc* 液相线以上部分为液相，在近似三角形的 *adb* 和 *bec* 区域内为半固态，在 *adbec* 线以下为固态。

4.4.3 锡-铅合金的熔化/凝固特性

锡-铅合金钎料的熔化和凝固互为逆过程。在无限缓慢的平衡状态下，加热时，合金的温度逐渐上升，至该钎料合金的固相线温度时，开始熔化，随着温度继续上升，液体逐渐增多，至该钎料合金的液相线时，熔化完毕。钎料合金的凝固过程与此正好相反，凝固是熔化的逆过程。

对于电子微连接钎焊而言，更重要的是研究液态钎料从高温下逐渐冷却的凝固过程。锡-铅合金相图可以提供液态钎料凝固的多种信息。下面以组成点分别为 L_1、L_2、L_0 三种不同组成的锡-铅合金为例，分析它们的凝固特性，如图4-11所示。

（1）$w_{Sn}<19.5\%$ 的锡-铅合金钎料的凝固特性　假设组成点为 L_1 的液态钎料合金从高温下自然冷却，当冷至 *m* 点，对应的温度为 T_1（T_1 即为该钎料合金的液相线温度），开始析出 α 固溶体。开始析出 α 固溶体的组成为 *n* 点（*n* 点的含铅比例高于 *m* 点），随着温

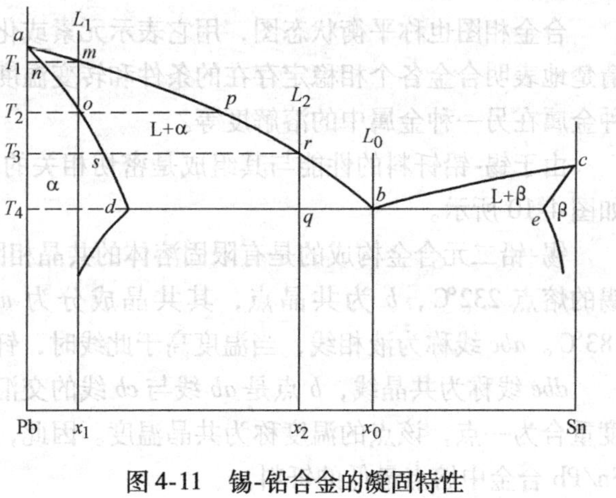

图4-11 锡-铅合金的凝固特性

度下降，固相越来越多，其组成沿着 *no* 线变化；液相越来越少，其组成沿着 *mp* 线变化。也就是说，随着温度的下降，液相含锡越来越高，析出的固相含锡也随之增大。当温度降至 *o* 点，对应温度为 T_2（T_2 即为该钎料合金的固相线温度）时，液相消失，此时的凝固相完全由 α 固溶体组成，最后得到的是 α 固溶体组织。温度继续下降，只有当温度低于 Sn 在 Pb 中的固溶度曲线时，才有可能产生少量 α 向 β 相的转变。

(2) $w_{Sn}=19.5\%\sim61.9\%$ 的锡-铅合金钎料的凝固特性　假设组成点为 L_2 的液态钎料自然冷却，当冷至 *r* 点，对应温度为 T_3，开始析出 α 固溶体。同样，T_3 即为该钎料合金的液相线温度。开始析出 α 固溶体的组成为 *s* 点，随着温度下降，固相组成沿着 *sd* 线变化，液相组成沿着 *rb* 线变化。当温度降至 *q* 点，对应温度为 T_4，即该钎料合金的固相线温度时，将同时析出 α 固溶体和 β 固溶体，直至液相消失。最后得到的凝固相是 α + β 固溶体组织。

(3) $w_{Sn}=61.9\%$ 的共晶钎料的凝固特性　$w_{Sn}=61.9\%$ 的共晶钎料的组成以 L_0 表示。当液态共晶钎料自然冷却，温度降至 *b* 点时，将同时析出 α 固溶体和 β 固溶体，在此期间温度将保持恒定，直至液相消失以后温度才会继续下降。*b* 点所对应的温度为 T_4，即共晶温度。最后得到的是均匀的 α + β 共晶组织。

4.4.4 锡-铅合金的液态性能

因为钎料在使用时必须熔化，依靠液态钎料填充焊缝，所以钎料的液态性能是非常重要的。钎料的液态性能包括流动性、表面张力、润湿与漫流特性以及抗氧化特性等。这些性能决定一种合金能否作为钎料进行钎焊连接，并作为评定它的工艺性能优劣的重要依据。

1. 粘度和表面张力

通常，要求钎料具有低的粘度和表面张力，粘度低则液态钎料的流动性好；表面张力低可增强液态钎料对母材表面的润湿。粘度和表面张力两者都较低，才能使液态钎料具有优良的填缝能力。

在一定温度下，粘度和表面张力与合金成分有关。图 4-12[1] 给出了锡-铅合金的流动性及表面张力随合金成分的变化曲线。可以看出，纯锡、纯铅和共晶合金都具有良好的流动性，随着固液相线温度区间增大，合金的流动性变差。而在固液相线温度区间最大处即

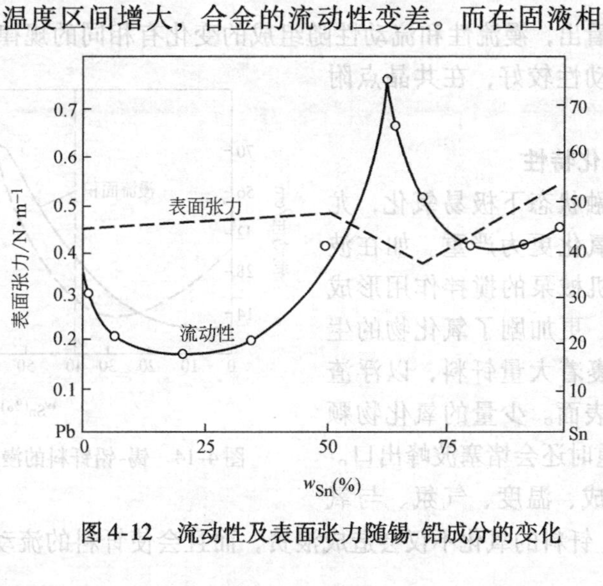

图 4-12　流动性及表面张力随锡-铅成分的变化

$w_{Sn}=19.5\%$时，合金的流动性最差，在共晶组成流动性最高。另外，在纯锡中加入铅，其表面张力会降低，在接近共晶组成附近表面张力达到最低。因此，选择适当的合金成分，对润湿性和填缝能力是十分重要的。

2. 漫流与铺展特性

锡-铅合金钎料对铜等多种母材金属均具有良好的润湿性及铺展能力。图 4-13 给出了锡-铅合金在纯铜表面上的铺展特性。可见，在纯铜表面上，纯铅和纯锡的铺展性都较差，但将铅加入锡中，液态合金在铜表面的铺展面积增大，当接近共晶组成时铺展面积达到最大，表明锡-铅合金中锡含量过低或过高对铺展性都不利。

当温度在锡-铅钎料合金熔点之上 20～60℃，液态钎料在铜表面具有良好的漫流性。图 4-13 中显示，无论为亚共晶还是过共晶，即无论锡含量低于共晶还是高于共晶组成时，($T_{熔}$+20℃) 均比 ($T_{熔}$+60℃) 的漫流性略高，表明控制适当低的温度对漫流性是有利的。

从图 4-13 还可以看出，过高的温度对锡-铅钎料在铜表面上的漫流性是不利的。例如控制温度为 ($T_{熔}$+150℃) 将使漫流性显著下降。

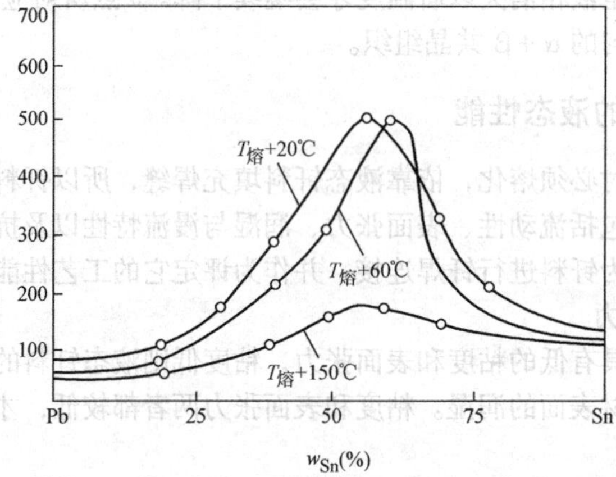

图 4-13 锡-铅合金在纯铜表面的铺展特性

从图 4-14[4] 可以看出，漫流性和流动性随组成的变化有相同的规律性。w_{Sn}在 40%～70%之间漫流性和流动性较好，在共晶点附近达到极大值。

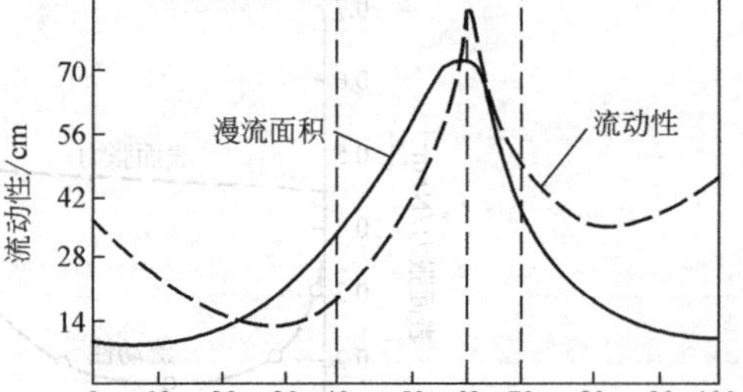

图 4-14 锡-铅钎料的漫流性与流动性

3. 锡-铅合金的氧化特性

锡钎料在高温熔融状态下极易氧化，尤其是在搅拌作用下，氧化更为严重。如在波峰焊过程中，钎料受机械泵的搅拌作用形成波峰并维持新鲜表面，更加剧了氧化物的生成。表面的氧化物包裹着大量钎料，以浮渣的形式出现在锡槽的表面。少量的氧化物颗粒夹带在钎料中，严重时还会堵塞波峰出口。

氧化与钎料的组成、温度、气氛、与氧接触面积等因素有关。钎料的氧化不仅会造成浪费，而且会使钎料的流动性和润湿性降低，会导致钎料性能恶化、变质，甚至导致钎料报废。

4.4.5 锡-铅合金的物理性能

1. 熔化温度

熔化温度是钎料合金最重要的物理性质之一。熔化温度包括固相线和液相线温度，固相线是开始熔化温度，液相线是熔化结束温度，固、液相线之间是半熔化状态，因此有人将固、液相线温度之差称为糊状温度。

熔化温度是随合金成分而变化的，在锡-铅系钎料中，共晶合金的熔化温度最低，为183℃。亚共晶和过共晶钎料的固相线均为183℃，液相线温度随偏离共晶点而上升，而亚共晶的上升更为显著。

2. 密度

锡和铅的性质接近，混合时总体积几乎等于分体积之和，合金的密度与体积分数之间近似呈线性关系，并可以用下式计算[4]

$$\frac{1}{\rho}=\frac{w_{锡}}{\rho_{锡}}+\frac{w_{铅}}{\rho_{铅}} \tag{4-2}$$

式中 $w_{锡}$——锡的质量分数；

$w_{铅}$——铅的质量分数；

ρ、$\rho_{锡}$、$\rho_{铅}$——分别为合金、锡、铅的密度。

如合金中还含有其他金属，假设合金的体积仍为各种金属体积之和，则式（4-2）可写成

$$\frac{1}{\rho}=\sum\frac{w_i}{\rho_i} \tag{4-3}$$

式中 w_i——合金中 i 组分的质量分数；

ρ_i——i 种金属的密度。

3. 电导率

若以铜的电导率为100%，则锡-铅合金的电导率仅是铜的1/10左右。就钎料合金本身而言，由于锡的电导率大于铅，所以含锡越高，导电性越好，但即使是纯锡，其电导率也仅相当于铜的1/7左右。

对于焊点来说，其电导率还与焊点本身的形状、面积和界面金属间化合物的厚度有关。通常，焊点应具有适当的形状，不应有空洞、深孔等缺陷，由于焊盘面积大于引线的横截面积，只要接头质量优良，避免虚焊，控制金属间化合物（IMC）的厚度，特别是减少 Cu_3Sn（ε 相）的生成，就能保证接头的导电性[4]。

4. 热膨胀系数

在0～100℃之间，纯锡的热膨胀系数是 22.4×10^{-6}，纯铅是 29.5×10^{-6}，而锡-铅合金的线膨胀系数介于二者之间。共晶组成时的热膨胀系数为 24.7×10^{-6}，从183℃降到室温，其体积的收缩约为0.4%。

锡-铅合金的物理性能见表4-13。

表 4-13 锡-铅合金的物理性能[1,3]

钎料成分 w(%)		熔化温度/℃		凝固温度区间/℃	密度/$g\cdot cm^{-3}$	电①导率(%)	电阻率/$\mu\Omega\cdot cm^{-1}$	热导率/$W\cdot cm^{-1}\cdot K^{-1}$	线膨胀系数/$\times10^{-6}$	表面张力②/$N\cdot m^{-1}$	粘度③/$mPa\cdot s$
Sn	Pb	固相线	液相线								
100	0	232		0	7.28	13.9	12.85	0.657	22.4		
95	5	183	224	41	7.41	13.6					
90	10	183	215	32	7.55			0.627	26.0		
80	20	183	208	25	7.84					514	1.92
75	25	183	196	13	8.00						
62	38	183		0	8.43	11.9	14.13		24.7	490	1.97
60	40	183	190	7	8.50	11.6					
55	45	183	203	20	8.68						
50	50	183	215	32	8.87	11.7	15.82		23.5	476	2.19
45	55	183	227	44	9.07						
40	60	183	238	55	9.27	10.2	17.07	0.397	25.0		
35	65	183	248	65	9.49	9.7					
30	70	183	258	75	9.71	9.3		0.393	26.5	470	2.45
25	75	183	260	77	9.45	9.1					
20	80	183	279	96	10.20	8.6	20.50	0.389	26	467	2.72
15	85	225	287	62	10.46	8.3					
10	90	268	301	33	10.74				24.6		
5	95	300	314	14	11.03				28.7		
0	100	327		0	11.34	7.9	20.00	0.335	29.5		

① 是以铜的电导率为100%，计算的锡-铅合金的电导率为铜的电导率的百分数。

②、③ 是在280℃温度下测试的数据。

4.4.6 锡-铅合金的力学性能

钎料的力学性能，直接关系到焊点的强度。由于锡-铅合金的熔点较低，其再结晶温度低于室温，因此不能产生冷作硬化，而是表现出明显的韧性特征。当锡-铅合金的变形量增大时，可以促使β相从过饱和的α相中析出，使其强度降低，因而表现出变形的锡-铅合金的强度比铸态时的强度低。在100～150℃温度下，元素的扩散速度较快，此时钎料的力学性能会明显下降。

锡-铅合金在冶炼过程中难以排除各种杂质的影响，而铸态和压延的钎料其力学性能也有差异，加上测试误差，所以有关物理性能和力学性能的试验数据往往与理论数据很不一致[1]。

1. 抗拉强度和抗剪强度

图4-15给出了锡-铅合金抗拉强度和抗剪强度随组成的变化关系。从图中可见，纯锡的抗拉强度为14.5MPa，纯铅的抗拉强度为13.9MPa，而锡-铅合金的抗拉强度明显升高；同样，纯锡和纯铅的抗剪强度分别为19.8MPa和13.6MPa，而锡-铅合金的抗剪强度显著高于纯锡和纯铅，且强度的峰值也出现在共晶组成附近。

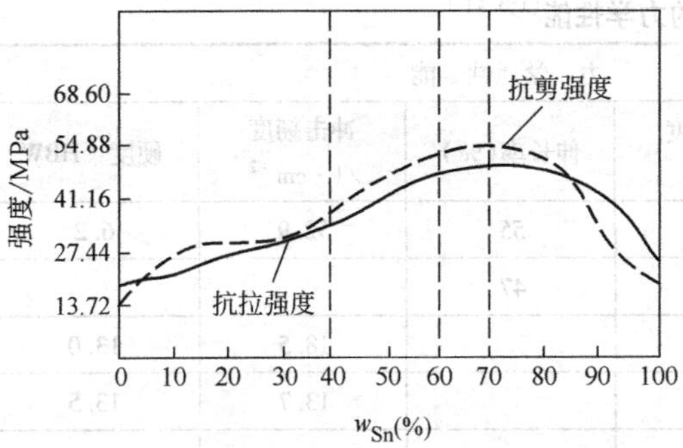

图4-15 锡-铅合金的抗拉强度和抗剪强度[4]

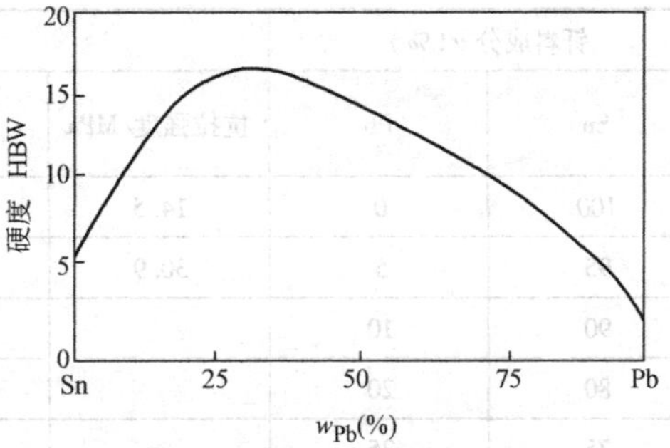

图4-16 锡-铅合金的硬度[1]

在实际钎焊过程中，由于钎料与母材界面发生冶金反应，所以接头强度要比钎料自身强度高。接头强度的大小与母材材质、钎焊温度和时间、焊缝间隙等因素有关。但需要考虑接头内部可能产生的空洞和气泡对强度的影响。另外，钎焊接头在服役过程中，焊点会因本身电阻的存在而发热，并在温度循环条件下出现蠕变与疲劳而影响焊点的力学性能。例如温度在20～110℃之间循环超过2000次，钎料的抗剪强度仅为正常值的1/5～1/10。此外，焊点的强度还与焊点的形状、负载的方向、IMC的厚度以及冷却速度有关。

2. 硬度

钎料的硬度因锡和铅的比例、生产方法和冷却条件不同而异。锡-铅合金的硬度见图4-16。同样，合金的硬度大幅度超过了锡、铅各自的硬度，在 $w_{Pb}=38\%$ 左右，合金的硬度达到最大值。

3. 蠕变与疲劳

蠕变是指材料在较小的恒定拉伸、压缩或扭曲等外力作用下，随时间的延长而出现的缓慢的塑性形变。

通常，材料的蠕变与负载和温度有关。蠕变速率随负载的增加而增大，例如在20℃温度下，对63Sn/37Pb钎料施加的外力为 $2N\cdot mm^{-2}$，失效时间可达100000h；当外力为 $4N\cdot mm^{-2}$，失效时间降为100h；当外力为 $10N\cdot mm^{-2}$，失效时间为10h。此外，温度对蠕变也有直接影响，随温度的增加，钎料的蠕变增大，会导致应力松弛，缩短失效时间。

晶体的各向异性会造成沿晶体主轴的热膨胀系数不相同。由于电子元件中断续的电流会产生温度的变化，使焊点内产生循环塑性形变引起疲劳，使原来光滑的钎料表面变得粗糙，甚至出现裂纹。疲劳会导致焊点破裂和失效。

锡-铅钎料的疲劳寿命随循环频率的增加以及环境温度的升高而下降。焊点的疲劳属于低循环疲劳，焊点电阻的增大会使环境温度上升，加剧疲劳的产生。润湿良好的焊点比润湿差的焊点耐疲劳，界面金属间化合物薄的比厚的耐疲劳，界面接触面积大的比小的耐疲劳。

除上面介绍的以外，钎料的力学性能还包括冲击韧度、伸长率等，对它们不一一介绍。锡-铅钎料的力学性能数据见表4-14，供使用时参考。

为了提高锡-铅钎料合金的力学性能，同时改善钎焊性能以及其他性能，可在锡-铅钎料中添加银、锑等金属，形成Sn-Pb-Ag或Sn-Pb-Sb等三元系合金。如62Sn/36Pb/2Ag合金，可提高焊点的抗剪强度，同时改善抗蠕变性能和抗银溶蚀性能；在锡-铅钎料中添加质量分数为1%～6%的锑，可提高钎料的抗拉和抗剪强度，改善钎料的抗蠕变性能。

表 4-14 锡-铅钎料的力学性能[1,3,4]

钎料成分 w(%)		力学性能				
Sn	Pb	抗拉强度/MPa	抗剪强度/MPa	伸长率(%)	冲击韧度/J·cm^{-2}	硬度 HBW
100	0	14.5	19.8	55	52.9	6.2
95	5	30.9	30.9	47		
90	10				18.5	13.0
80	20				13.7	13.5
75	25				22.3	14.9
62	38				27.5	10.5
60	40	52.5	34.0	30		
50	50	46.4	30.9	40	45.9	15.6
42	58	43.2	30.9	38		
40	60				47.5	12.6
35	65	44.8	32.9	25		15.6
30	70	46.4	34.0	22	46.7	10.1
25	75				36.8	10.5
20	80				38.6	10.5
15	85				36.0	9.7
10	90				25.1	8.1
5	95				34.9	9.7
0	100	13.9	13.6	39	21.1	3.3

此外，也可在锡-铅钎料中添加铜，以及添加微量稀有金属元素来改善钎料合金的力学性能。例如添加微量稀土可以细化晶粒，改善 Sn-Pb 合金钎料的力学性能；添加微量铼可以使 Sn-Pb 合金的结构由原来的片层状变为短棒状与棒状的混合结构，在外力作用下，其断裂方式由原来的以沿晶断裂为主转变成以穿晶断裂为主，故能显著提高钎料的蠕变寿命。

4.4.7 我国含铅钎料的牌号和成分

按加工方法的不同，我国含铅钎料国家标准分为铸造方法和压力加工方法生产的两大类产品。

1. 铸造类含铅钎料

铸造锡铅钎料主要是用浇铸方法生产的，产品规格为锭、条、棒类合金，其牌号和化学成分见表 4-15。

2. 压延类含铅钎料

压延类钎料主要是用压力加工方法生产的，产品规格为无钎剂的钎料棒、带、丝和树脂芯钎料丝。根据钎剂的活性，树脂芯钎料丝又分为 R（纯树脂钎剂）、RMA（中等活性的树脂钎剂）、RA（活性树脂钎剂）三种类型。压延类钎料的牌号和化学成分见表 4-16 ~ 表 4-18。

表 4-15　我国铸造含铅钎料牌号和化学成分[23]

牌　号	合金成分 w(%)			杂质含量 w(%)（不大于）						
	Sn	Pb	Sb	Bi	Fe	As	Cu	Zn	Al	其他总和
微锑类 A										
ZHLSn90PbA	90 ±0.5	余	≤0.12	0.08	0.02	0.01	0.05	0.002	0.002	0.08
ZHLSn70PbA	70 ±0.5	余	≤0.12	0.08	0.02	0.01	0.05	0.002	0.002	0.08
ZHLSn63PbAA	63 ±0.5	余	≤0.007	0.005	0.005	0.002	0.005	0.002	0.002	0.08①
ZHLSn63PbA	63 ±0.5	余	≤0.12	0.03	0.02	0.01	0.05	0.002	0.002	0.08
ZHLSn60PbA	60 ±0.5	余	≤0.12	0.03	0.02	0.01	0.05	0.002	0.002	0.08
ZHLSn55PbA	55 ±0.5	余	≤0.12	0.08	0.02	0.01	0.05	0.002	0.002	0.08
ZHLSn50PbA	50 ±0.5	余	≤0.12	0.08	0.02	0.01	0.05	0.002	0.002	0.08
ZHLSn45PbA	45 ±0.5	余	≤0.12	0.08	0.02	0.01	0.05	0.002	0.002	0.08
ZHLSn40PbA	40 ±0.5	余	≤0.12	0.08	0.02	0.01	0.05	0.002	0.002	0.08
ZHLSn35PbA	35 ±0.5	余	≤0.12	0.08	0.02	0.01	0.05	0.002	0.002	0.08
ZHLSn30PbA	30 ±0.5	余	≤0.12	0.08	0.02	0.01	0.05	0.002	0.002	0.08
ZHLSn2PbA	2 ±0.5	余	≤0.12	0.08	0.02	0.01	0.05	0.002	0.002	0.08
贫锑类 B										
ZHLSn63PbB	63 ±0.5	余	0.12~0.50	0.05	0.02	0.02	0.05	0.002	0.002	0.08
ZHLSn60PbB	60 ±0.5	余	0.12~0.50	0.05	0.02	0.02	0.05	0.002	0.002	0.08
ZHLSn50PbB	50 ±0.5	余	0.12~0.50	0.08	0.02	0.02	0.05	0.002	0.002	0.08
ZHLSn45PbB	45 ±0.5	余	0.12~0.50	0.08	0.02	0.02	0.05	0.002	0.002	0.08
ZHLSn40PbB	40 ±0.5	余	0.12~0.50	0.08	0.02	0.02	0.05	0.002	0.002	0.08
ZHLSn35PbB	35 ±0.5	余	0.12~0.50	0.08	0.02	0.02	0.05	0.002	0.002	0.08
ZHLSn30PbB	30 ±0.5	余	0.12~0.50	0.08	0.02	0.02	0.05	0.002	0.002	0.08
含锑类 C										
ZHLSn60PbC	60 ±0.5	余	0.50~0.80	0.10	0.02	0.02	0.08	0.002	0.002	0.08
ZHLSn55PbC	55 ±0.5	余	0.12~0.80	0.10	0.02	0.02	0.08	0.002	0.002	0.08
ZHLSn50PbC	50 ±0.5	余	0.50~0.80	0.10	0.02	0.02	0.08	0.002	0.002	0.08
ZHLSn45PbC	45 ±0.5	余	0.50~0.80	0.10	0.02	0.02	0.08	0.002	0.002	0.08
ZHLSn40PbC	40 ±0.5	余	1.5~2.0	0.10	0.02	0.02	0.08	0.002	0.002	0.08
ZHLSn35PbC	35 ±0.5	余	1.5~2.0	0.10	0.02	0.02	0.08	0.002	0.002	0.08
ZHLSn30PbC	30 ±0.5	余	1.5~2.0	0.10	0.02	0.02	0.08	0.002	0.002	0.08
ZHLSn25PbC	25 ±0.5	余	0.2~1.5	0.10	0.02	0.02	0.08	0.002	0.002	0.08
ZHLSn20PbC	20 ±0.5	余	0.5~3.0	0.10	0.02	0.02	0.08	0.002	0.002	0.08
含 Ag、Cu、P 的钎料										
ZHLSn63PbAg	63 ±0.5	余	Sb≤0.12 Ag 1.3~1.5	0.08	0.02	0.01	0.05	0.002	0.002	0.08
ZHLSn60PbAg	60 ±0.5	余	Sb≤0.12 Ag 3.0~4.0	0.08	0.02	0.01	0.05	0.002	0.002	0.08

(续)

牌号	合金成分 w(%)			杂质含量 w(%)（不大于）						
	Sn	Pb	Sb	Bi	Fe	As	Cu	Zn	Al	其他总和
含 Ag、Cu、P 的钎料										
ZHLSn50PbAg	50 ±0.5	余	Sb≤0.12 Ag 3.0 ~4.0	0.08	0.02	0.01	0.05	0.002	0.002	0.08
ZHLSn63PbP	63 ±0.5	余	Sb≤0.05 P 0.001 ~0.004	0.05	0.01	0.01	0.01			0.05②
ZHLSn60PbP	60 ±0.5	余	Sb≤0.05 P 0.001 ~0.004	0.05	0.01	0.01	0.01			0.05②
ZHLSn50PbP	50 ±0.5	余	Sb≤0.05 P 0.001 ~0.004	0.05	0.01	0.01	0.01			0.05②
ZHLSn60PbCuP	60 ±0.5	余	Sb≤0.05 P 0.001 ~0.004 Cu0.1 ~0.2	0.05	0.01	0.01				0.05②

① 要求 $w_S<0.002\%$，$w_{Cd}<0.002\%$。

② 要求 $w_{Al+Zn+Cd}<0.001\%$。

表 4-16 我国压延钎料的牌号和化学成分（AA 级）[24]

牌号	主要成分 w(%)			杂质 w(%)（不大于）①								
	Sn	Pb	其他	Sb	Cu	Bi	As	Fe	Zn	Al	Cd	S
S-Sn95PbAA	95 ±0.5	余	—	0.05	0.03	0.03	0.015	0.02	0.001	0.001	0.001	0.010
S-Sn90PbAA	90 ±0.5	余	—	0.05	0.03	0.03	0.015	0.02	0.001	0.001	0.001	0.010
S-Sn65PbAA	65 ±0.5	余	—	0.05	0.03	0.03	0.015	0.02	0.001	0.001	0.001	0.010
S-Sn63PbAA	63 ±0.5	余	—	0.05	0.03	0.03	0.015	0.02	0.001	0.001	0.001	0.010
S-Sn60PbAA	60 ±0.5	余	—	0.05	0.03	0.03	0.015	0.02	0.001	0.001	0.001	0.010
S-Sn60PbSbAA	60 ±0.5	余	Sb 0.3 ~0.8	—	0.03	0.03	0.015	0.02	0.001	0.001	0.001	0.010
S-Sn55PbAA	55 ±0.5	余	—	0.05	0.03	0.03	0.015	0.02	0.001	0.001	0.001	0.010
S-Sn50PbAA	50 ±0.5	余	—	0.05	0.03	0.03	0.015	0.02	0.001	0.001	0.001	0.010
S-Sn50PbSbAA	50 ±0.5	余	Sb 0.3 ~0.8	—	0.03	0.03	0.015	0.02	0.001	0.001	0.001	0.010
S-Sn45PbAA	45 ±0.5	余	—	0.05	0.03	0.03	0.015	0.02	0.001	0.001	0.001	0.010
S-Sn40PbAA	40 ±0.5	余	—	0.05	0.03	0.03	0.015	0.02	0.001	0.001	0.001	0.010
S-Sn40PbSbAA	40 ±0.5	余	Sb 1.5 ~2.0	—	0.03	0.03	0.015	0.02	0.001	0.001	0.001	0.010
S-Sn35PbAA	35 ±0.5	余	—	0.05	0.03	0.03	0.015	0.02	0.001	0.001	0.001	0.010
S-Sn30PbAA	30 ±0.5	余	—	0.05	0.03	0.03	0.015	0.02	0.001	0.001	0.001	0.010
S-Sn30PbSbAA	30 ±0.5	余	Sb 1.5 ~2.0	—	0.03	0.03	0.015	0.02	0.001	0.001	0.001	0.010
S-Sn25PbSbAA	25 ±0.5	余	Sb 1.5 ~2.0	—	0.03	0.03	0.015	0.02	0.001	0.001	0.001	0.010
S-Sn20PbAA	20 ±0.5	余	—	0.05	0.03	0.03	0.015	0.02	0.001	0.001	0.001	0.010
S-Sn10PbAA	10 ±0.5	余	—	0.05	0.03	0.03	0.015	0.02	0.001	0.001	0.001	0.010
S-Sn5PbAA	5 ±0.5	余	—	0.05	0.03	0.03	0.015	0.02	0.001	0.001	0.001	0.010
S-Sn2PbAA	2 ±0.5	余	—	0.05	0.03	0.03	0.015	0.02	0.001	0.001	0.001	0.010

（续）

牌　号	主要成分 w(%)			杂质 w(%)（不大于）①								
	Sn	Pb	其他	Sb	Cu	Bi	As	Fe	Zn	Al	Cd	S
S-Sn50PbCdAA	50 ±0.5	余	Cd 18 ±0.5	0.05	0.03	0.03	0.015	0.02	0.001	0.001	—	0.010
S-Sn5PbAgAA	5 ±0.5	余	Ag 1.0 ~2.0	0.05	0.03	0.03	0.015	0.02	0.001	0.001	0.001	0.010
S-Sn63PbAgAA	63 ±0.5	余	Ag 2 ±0.5	0.05	0.03	0.03	0.015	0.02	0.001	0.001	0.001	0.010
S-Sn40PbSbPAA	40 ±0.5	余	Sb 1.5 ~2.0 P0.001 ~0.004	—	0.03	0.03	0.015	0.02	0.001	0.001	0.001	0.010
S-Sn60PbSbPAA	60 ±0.5	余	Sb 0.3 ~0.8 P 0.001 ~0.004	—	0.03	0.03	0.015	0.02	0.001	0.001	0.001	0.010

① 要求除 Sb、Bi、Cu 以外杂质质量分数的总和小于 0.05%。

表 4-17　我国压延钎料的牌号和化学成分（A 级）[24]

牌　号	主要成分 w(%)			杂质 w(%)（不大于）①								
	Sn	Pb	其他	Sb	Cu	Bi	As	Fe	Zn	Al	Cd	S
S-Sn95PbA	95 ±1.0	余	—	0.1	0.03	0.03	0.02	0.02	0.002	0.002	0.002	0.015
S-Sn90PbA	90 ±1.0	余	—	0.1	0.03	0.03	0.02	0.02	0.002	0.002	0.002	0.015
S-Sn65PbA	65 ±1.0	余	—	0.1	0.03	0.03	0.02	0.02	0.002	0.002	0.002	0.015
S-Sn63PbA	63 ±1.0	余	—	0.1	0.03	0.03	0.02	0.02	0.002	0.002	0.002	0.015
S-Sn60PbA	60 ±1.0	余	—	0.1	0.03	0.03	0.02	0.02	0.002	0.002	0.002	0.015
S-Sn60PbSbA	60 ±1.0	余	Sb 0.3 ~0.8	—	0.03	0.03	0.02	0.02	0.002	0.002	0.002	0.015
S-Sn55PbA	55 ±1.0	余	—	0.1	0.03	0.03	0.02	0.02	0.002	0.002	0.002	0.015
S-Sn50PbA	50 ±1.0	余	—	0.1	0.03	0.03	0.02	0.02	0.002	0.002	0.002	0.015
S-Sn50PbSbA	50 ±1.0	余	Sb 0.3 ~0.8	—	0.03	0.03	0.02	0.02	0.002	0.002	0.002	0.015
S-Sn45PbA	45 ±1.0	余	—	0.1	0.03	0.03	0.02	0.02	0.002	0.002	0.002	0.015
S-Sn40PbA	40 ±1.0	余	—	0.1	0.03	0.03	0.02	0.02	0.002	0.002	0.002	0.015
S-Sn40PbSbA	40 ±1.0	余	Sb 1.5 ~2.0	—	0.03	0.03	0.02	0.02	0.002	0.002	0.002	0.015
S-Sn35PbA	35 ±1.0	余	—	0.1	0.03	0.03	0.02	0.02	0.002	0.002	0.002	0.015
S-Sn30PbA	30 ±1.0	余	—	0.1	0.03	0.03	0.02	0.02	0.002	0.002	0.002	0.015
S-Sn30PbSbA	30 ±1.0	余	Sb 1.5 ~2.0	—	0.03	0.03	0.02	0.02	0.002	0.002	0.002	0.015
S-Sn25PbSbA	25 ±1.0	余	Sb 1.5 ~2.0	—	0.03	0.03	0.02	0.02	0.002	0.002	0.002	0.015
S-Sn20PbA	20 ±1.0	余	—	0.1	0.03	0.03	0.02	0.02	0.002	0.002	0.002	0.015
S-Sn18PbSbA	18 ±1.0	余	Sb 1.5 ~2.0	—	0.03	0.03	0.02	0.02	0.002	0.002	0.002	0.015
S-Sn10PbA	10 ±1.0	余	—	0.1	0.03	0.03	0.02	0.02	0.002	0.002	0.002	0.015
S-Sn5PbA	5 ±1.0	余	—	0.1	0.03	0.03	0.02	0.02	0.002	0.002	0.002	0.015
S-Sn2PbA	2 ±1.0	余	—	0.1	0.03	0.03	0.02	0.02	0.002	0.002	0.002	0.015
S-Sn50PbCdA	50 ±1.0	余	Cd 18 ±0.5	0.1	0.03	0.03	0.02	0.02	0.002	0.002	0.002	0.015
S-Sn5PbAgA	5 ±1.0	余	Ag 1.0 ~2.0	0.1	0.03	0.03	0.02	0.02	0.002	0.002	0.002	0.015
S-Sn63PbAgA	63 ±1.0	余	Ag 2 ±0.5	0.1	0.03	0.03	0.02	0.02	0.002	0.002	0.002	0.015
S-Sn40PbSbPA	40 ±1.0	余	Sb 1.5 ~2.0 P0.001 ~0.004	—	0.03	0.03	0.02	0.02	0.002	0.002	0.002	0.015
S-Sn60PbSbPA	60 ±1.0	余	Sb 0.3 ~0.8 P0.001~0.004	—	0.03	0.03	0.02	0.02	0.002	0.002	0.002	0.015

① 要求除 Sb、Bi、Cu 以外杂质质量分数的总和小于 0.06%。

表 4-18 我国压延钎料的牌号和化学成分（B 级）[24]

牌号	主要成分 w(%)			杂质 w(%)（不大于）①								
	Sn	Pb	其他	Sb	Cu	Bi	As	Fe	Zn	Al	Cd	S
S-Sn95PbB	93.5~96.0	余	—	0.3	0.05	0.08	0.03	0.02	0.002	0.005	0.005	0.020
S-Sn90PbB	88.5~91.0	余	—	0.3	0.05	0.08	0.03	0.02	0.002	0.005	0.005	0.020
S-Sn65PbB	63.5~66.0	余	—	0.3	0.05	0.08	0.03	0.02	0.002	0.005	0.005	0.020
S-Sn63PbB	61.5~64.0	余	—	0.3	0.05	0.08	0.03	0.02	0.002	0.005	0.005	0.020
S-Sn60PbB	58.5~61.0	余	—	0.3	0.05	0.08	0.03	0.02	0.002	0.005	0.005	0.020
S-Sn60PbSbB	58.5~61.0	余	Sb 0.3~0.8	—	0.05	0.08	0.03	0.02	0.002	0.005	0.005	0.020
S-Sn55PbB	53.5~56.0	余	—	0.3	0.05	0.08	0.03	0.02	0.002	0.005	0.005	0.020
S-Sn50PbB	48.5~51.0	余	—	0.3	0.05	0.08	0.03	0.02	0.002	0.005	0.005	0.020
S-Sn50PbSbB	48.5~51.0	余	Sb 0.3~0.8	—	0.05	0.08	0.03	0.02	0.002	0.005	0.005	0.020
S-Sn45PbB	43.5~46.0	余	—	0.3	0.05	0.08	0.03	0.02	0.002	0.005	0.005	0.020
S-Sn40PbB	38.5~41.0	余	—	0.3	0.05	0.08	0.03	0.02	0.002	0.005	0.005	0.020
S-Sn40PbSbB	38.5~41.0	余	Sb 1.5~2.0	—	0.05	0.08	0.03	0.02	0.002	0.005	0.005	0.020
S-Sn35PbB	33.5~36.0	余	—	0.3	0.05	0.08	0.03	0.02	0.002	0.005	0.005	0.020
S-Sn30PbB	28.5~31.0	余	—	0.3	0.05	0.08	0.03	0.02	0.002	0.005	0.005	0.020
S-Sn30PbSbB	28.5~31.0	余	Sb 1.5~2.0	—	0.05	0.08	0.03	0.02	0.002	0.005	0.005	0.020
S-Sn25PbSbB	23.5~26.0	余	Sb 1.5~2.0	—	0.05	0.08	0.03	0.02	0.002	0.005	0.005	0.020
S-Sn20PbB	18.5~21.0	余	—	0.3	0.05	0.08	0.03	0.02	0.002	0.005	0.005	0.020
S-Sn18PbSbB	16.5~19.0	余	Sb 1.5~2.0	—	0.05	0.08	0.03	0.02	0.002	0.005	0.005	0.020
S-Sn10PbB	8.5~11.0	余	—	0.3	0.05	0.08	0.03	0.02	0.002	0.005	0.005	0.020
S-Sn5PbB	3.5~6.0	余	—	0.3	0.05	0.08	0.03	0.02	0.002	0.005	0.005	0.020
S-Sn2PbB	0.5~3.0	余	—	0.3	0.05	0.08	0.03	0.02	0.002	0.005	0.005	0.020
S-Sn50PbCdB	48.5~51.0	余	Cd 18±0.5	0.3	0.05	0.08	0.03	0.02	0.002	0.005		0.020
S-Sn5PbAgB	3.5~6.0	余	Ag 1.0~2.0	0.3	0.05	0.08	0.03	0.02	0.002	0.005	0.005	0.020
S-Sn63PbAgB	61.5~64.0	余	Ag 2±0.5	0.3	0.05	0.08	0.03	0.02	0.002	0.005	0.005	0.020
S-Sn40PbSbPB	38.5~41.0	余	Sb 1.5~2.0 P 0.001~0.004	—	0.05	0.08	0.03	0.02	0.002	0.005	0.005	0.020
S-Sn60PbSbPB	58.5~61.0	余	Sb 0.3~0.8 P 0.001~0.004	—	0.05	0.08	0.03	0.02	0.002	0.005	0.005	0.020

① 要求除 Sb、Bi、Cu 以外杂质质量分数的总和小于 0.08%。

4.4.8 含铅钎料的危害与无害化的途径

1. 铅对环境的危害

随着电子产品向微型化、薄型化、轻量化发展，微连接工艺向高速度、高精度发展，对钎料的性能提出了崭新的要求。与此同时，随着人类环保意识的增强，又对钎料提出了环境友好的要求。为了适应市场竞争的需要，还提出了成本的要求。也就是说，理想的电子钎料应该兼备高性能、低成本、绿色化三大要素。然而，在世界范围内，人们至今未能寻求到某种办法来妥善解决三者之间的关系，因此，高性能、低成本和绿色化材料的研究将是材料科学的一项长期任务[5]。

长期以来，电子钎料主要使用含铅的锡基合金，其中对环境危害最大的是Pb，另外Sb、Ag、Cu、Zn、Bi、In等也有一定影响。下面主要分析铅对环境的污染。

（1）铅对大气的污染[25,15,11,26]　铅在工业大气中的腐蚀速度为0.00043～0.00068 $mm\cdot a^{-1}$，在滨海大气中为0.00041～0.00056 $mm\cdot a^{-1}$，在农村大气中为0.00023～0.00048 $mm\cdot a^{-1}$。二氧化硫、三氧化硫、硫化氢和二氧化碳等气体的存在，对铅的腐蚀几乎没有什么影响。表明金属铅在干燥或潮湿的大气中具有优异的耐蚀性能，这是因为铅在大气中表面生成绝缘的保护膜，因此很难与其他金属建立电偶腐蚀。

但是，由于铅的沸点较低（1751℃），铅在熔炼或在高温使用过程中会产生挥发。微量铅蒸气一旦离开液态金属表面进入空气中将迅速被氧化，并随风飘散，污染空气。这种氧化铅微粒的尺寸一般在纳米级以下，其比表面能很大。当这些氧化铅微粒随雨滴降落到地面时，极易溶解并渗入土壤而污染饮用水源。

（2）铅对水的污染[25,15,27,28,29,11,26]　纯水对铅无侵蚀作用。但由于受环境污染，自然界的水中一般含有溶解的碳酸盐、硫酸盐、氯化物、硅酸盐以及某些有机酸，还含有氧、二氧化碳等溶解性气体。铅浸泡在受污染的水中，会在界面形成双电层而产生电极反应。

由于铅的表面一般会生成一层PbO薄膜，所以铅腐蚀的初期属于PbO被腐蚀，反应如下

$$PbO + 2H^{+} = Pb^{2+} + H_2O$$

当新鲜的铅表面暴露以后，铅在水中的腐蚀是一个电化学过程，阳极反应为

$$Pb - 2e \longrightarrow Pb^{2+}$$

此时，铅以阳离子从金属表面（阳极）进入溶液，或形成难溶化合物留在金属表面上。

在中性盐溶液中，阴极反应是氧的去极化反应

$$O_2 + 2H_2O + 4e \longrightarrow 4OH^{-}$$

在无氧的酸性溶液中，阴极反应为

$$2H^{+} + 2e^{-} \longrightarrow H_2$$

铅在水中的腐蚀速率与水的性质有关。在自然界淡水、海水及工业水中，铅表面的腐蚀速率为2～20$\mu m\cdot a^{-1}$。水中含有碳酸盐或硅酸盐可以使铅表面生成碱式碳酸盐保护膜，所以在淡水和硬水中铅很耐腐蚀。铅在蒸馏水中有轻微腐蚀，在海水中腐蚀速度也很低，为0.01～0.015$mm\cdot a^{-1}$。在溶解有氧或二氧化碳的水中，铅的腐蚀速度增大，因为在铅表面生成了可溶性的酸性碳酸盐。

某些铅化合物在水中溶解度列于表4-19。由表中数据可知，由于相应的盐溶解度低，所以铅在硫酸、亚硫酸、铬酸中是相当稳定的。但是，硝酸、醋酸溶液对铅的腐蚀速率相对较大。

各种铅化合物的溶解度还与酸的浓度及温度有关。一般温度越高，溶解度增大。除非常稀和非常浓的硫酸溶液外，铅在硫酸溶液中是极其耐蚀的。铅不耐硝酸腐蚀，在28%硝酸

表 4-19 某些铅化合物在水中的溶解度[25]

化合物	分子式	温度/℃	在水中的溶解度/g·(100mL)$^{-1}$
醋酸铅	$Pb(C_2H_3O_2)_2$	20	44.3
溴化铅	$PbBr_2$	20	0.8441
碳酸铅	$PbCO_3$	20	0.00011
碱式碳酸铅	$2PbCO_3 \cdot Pb(OH)_2$	20	不溶
氯酸铅	$Pb(ClO_3)_2 \cdot H_2O$	18	151.3
氯化铅	$PbCl_2$	20	0.99
铬酸铅	$PbCrO_4$	25	0.0000058
氟化铅	PbF_2	18	0.064
氢氧化铅	$Pb(OH)_2$	18	0.0155
碘化铅	PbI_2	18	0.063
硝酸铅	$Pb(NO_3)$	18	56.3
草酸铅	PbC_2O_4	18	0.00016
氧化铅	PbO	18	0.0017
正磷酸铅	$Pb_3(PO_4)_2$	18	0.000014
硫酸铅	$PbSO_4$	25	0.00425
硫化铅	PbS	18	0.01244
亚硫酸铅	$PbSO_3$	—	不溶

中腐蚀最快。在18℃时，硝酸铅在水中的溶解度可达56.5g/100mL，但随着硝酸浓度的增加，其溶解度迅速降低。硝酸浓度增至40%时，溶解度仅为1g/100mL；而浓度达50%，溶解度已极低。因此，铅对高浓度的硝酸仍具有极强的耐蚀能力。

微量铜（<0.2%）能使铅晶粒变细且晶粒长大速度减慢，可提高铅耐硫酸腐蚀的寿命。而纯度高的铅由于再结晶温度很低，在50~80℃晶粒便长得很粗大，使腐蚀沿晶界迅速进行，耐蚀性反而不如含少量铜或其他杂质的铅。

铅在盐酸中不太稳定，铅在氢氟酸和盐酸的混合酸中的腐蚀也不太肯定。在磷酸、亚硫酸、铬酸和镀铬溶液中，铅都有良好的耐蚀性。铅在含氧的稀醋酸、甲酸中会迅速腐蚀，但在浓醋酸、不含氧的草酸、酒石酸和脂肪酸中，铅均比较稳定。

以上分析表明，虽然铅是很耐腐蚀的，但是在醋酸、硝酸、氯酸中有较大的溶解性。由于铅盐有毒，即使腐蚀量很小，也可能是很危险的。世界卫生组织规定，水中铅的最大允许质量分数为（0.05~1）$\times 10^{-4}$%。

（3）铅对土壤的污染[25,15,11,26] 铅在许多介质中具有相当高的化学稳定性，广泛用作耐腐蚀材料。总的说来，铅是耐土壤腐蚀的，但由于土壤的性质不同而有所区别。铅在排水性良好的土壤如砂土和砾石中腐蚀最小，甚至与在大气中类似；而在保水性良好的潮湿土壤中，土壤与铅紧密粘附，可造成较大的腐蚀。铅在土壤中的平均腐蚀速率低，约为2.5~10μm·a^{-1}，但易于发生坑蚀现象。

由于铅对各种成分的水以及不同土壤的优良耐蚀能力，使其广泛用作地下或水下动力电缆和通信电缆的护套材料，以防止湿气及各种化学物质对电缆的损害。值得注意的是杂散电流对铅腐蚀的影响，目前，大量地下电缆采用铅套管，若地面上电器大量漏电，通过土壤传到地下的铅材上，将会加速铅的电化学腐蚀。

铅在不同土壤中的腐蚀数据见表4-20。可见，铅在不同性质的土壤中的腐蚀行为是有很大差别的，酸性粘土及酸性泥炭土壤对铅的侵蚀较为严重。

表4-20　铅在土壤中的耐蚀[15]

土壤类型	纯铅		含碲铅	
	腐蚀速度 $/10^{-2}mm \cdot a^{-1}$	最大坑深 /cm	腐蚀速度 $/10^{-2}mm \cdot a^{-1}$	最大坑深 /cm
潮湿正常粘土	0.06	0.05	0.10	0.11/0.08
微酸砂壤	0.03	0.03	0.03	0.24
潮湿酸性粘土	1.46	0.36	0.82	0.20
白垩	0.06	0.06	0.10	0.03
干燥酸性砂土	0.04	0.01	0.05	—
潮湿酸性泥炭	1.69	0.05	0.27/0.52	0.03
混合地面碎石煤渣泥浆土	0.18	0.08	0.15/0.19	0.13/0.09

铅在各种酸及相应的盐溶液中的高度的稳定性使其广泛用于化学工业中。铅广泛用于制造铅酸蓄电池；铅及其合金用于制造储存酸及盐溶液的容器，以及管道或管道的内衬；在电解工业中，铅用于电解槽衬里及电极。

综上所述，虽然铅的防腐蚀性能优良，但铅是具有毒性的金属，如不采取措施，铅的大量使用对环境会造成污染，影响人类健康。

关于锡钎料中铅对环境的污染行为，可以归结为两点：一是由于铅的沸点较低，在高温过程中会挥发而污染空气，产生的氧化物微粒的比表面能很大，遇雨水时极易溶解并渗入土壤，最终污染水源；二是由于工业排放的硫化物、碳化物、氮化物气体对大气的污染，使空气中凝结的雨滴呈微酸性，当露天存放的电子垃圾受到酸雨浸泡时，将使部分铅溶出而污染水源。有报道称西方国家将含铅电子垃圾大量填埋，铅也会溶出而污染土壤和水源。当人类饮用含铅的地下水以后，铅会破坏人体组织，会使人体内的蛋白质凝固，会抑制某些器官的正常功能。通常认为血液中铅含量超过$50mg \cdot L^{-1}$就会引起铅中毒，尤其对儿童的神经和机体的生长会造成严重伤害。

2. 含铅钎料无害化的途径[11,26]

在迄今所研究的钎料中，含铅钎料的综合性能是最好的，也是最经济的，唯一不足的是铅对环境有污染。怎样使含铅钎料绿色化？下面分析含铅钎料无害化的途径。

（1）铅污染是始于表面的物理化学变化　事实上，铅在许多介质中具有相当高的化学稳定性。铅能抵抗各种酸及其盐溶液的侵蚀，这与铅在腐蚀电池中形成的腐蚀产物膜有关。铅的腐蚀产物膜致密，与铅表面的附着力强，且在相应的溶液中溶解度极低。可以认为，铅的腐蚀产物膜在相应溶液中的溶解度是控制其腐蚀行为的主要因素。

如前所述，钎料中铅对环境的污染主要取决于铅的挥发性和溶解性。在高温下液态钎料中铅的挥发是从液-气界面开始的，在常温下固态钎料中铅的溶解是从固-液界面开始的，因此铅对环境的污染行为不是体变化，而是一个始于表面/界面的物理化学变化过程。

（2）铅污染与铅原子活性分析　在铅的挥发或溶解过程中，自发变化的趋势取决于系统内活化分子比一般分子高出的平均能量即反应的活化能，而变化的速率决定铅对环境污染的大小或程度。因此，增大反应的活化能，或降低液态钎料表面铅的挥发或固态钎料表面铅的溶解速率，就能降低铅对环境的污染。当铅的挥发和溶解速率降低到某一限度时，就可以认为变化过程实际已经停止，就可以说铅的危害实际已不复存在。

从本质上讲，无论是高温下液态钎料中铅的挥发还是常温下固态钎料中铅的溶解，其决定性的因素是系统中铅原子的化学活性。当系统中铅原子的化学活性较高时，铅就容易挥发或溶解而增大环境污染；反之，就会降低污染。因此，防止钎料中铅对环境的污染，实质就是一个降低系统中铅原子的活性和反应速率的问题。

（3）表面改性与化学键能分析　除铅的高温挥发以外，铅的腐蚀主要是一个电化学过程。这个过程的反应速度通常受作为阳极的铅表面的不溶性腐蚀产物膜的物理特性和溶解度控制。一切有利于生成或增强膜的因素都会降低铅的腐蚀，而损伤铅的保护膜就会增加腐蚀。

从能量的观点，高温下液态钎料中铅原子必须要达到一定的能量才能挣脱“金属键对”的束缚而挥发；同样，在常温下固态钎料中铅原子也必须达到一定的能量才能挣脱金属键的束缚而进入溶液。也就是说这些变化是一个旧键断裂、新键生成的过程。根据热力学原理，只有当吉布斯函数的变化小于零时，即只有当新键键能 > 旧键键能时变化才能自发进行，若使新键键能 < 旧键键能，则该过程将逆向自发进行。因此，提高材料表面上铅结合的键能，就能防止它对环境的污染。

研究发现，高温下液态钎料的结构并非完全杂乱无章，其内部存在着原子集团，这种原子集团是由“金属键对”力的作用形成的。同时发现，液态钎料转变为固态具有遗传性，其相变前后的原子耦合结构具有相似性。由于固态材料表面是液态的凝固状态，因此，只要重新设计液态钎料的表面结构，就可以改变铅的结合形态，使液态金属表面原子重新耦合而实现改性，从而抑制铅的挥发对大气的污染；同理，控制钎料从液态转变为固态的行为，使表面形成 n 个原子层厚的稳定的改性膜，就可以实现固态钎料表面的改性，从而降低或避免酸雨对铅的溶解。由此可见，对液、固态钎料的表面改性能使含铅钎料绿色化。

铅是有毒的，但科学技术可以使有害物质无害化，这已经被大量事实所证明。有害物质之所以有害，是因为它的存在形态是活性的，如果使它呈惰性，便是无害的。加速含铅钎料无害化的转变，预示着将可以获得高性能、低成本、绿色化的理想型的钎料，这种思路符合科学的发展观，是解决电子钎料铅污染的最佳途径。

4.5　无铅钎料

多年来，随着世界电子信息产业的高速发展，造成了许多环境污染问题，已引起世界各国的严重关注。例如 VOC 化学品的使用对大气会造成严重污染，尤其是氟氯化碳化合物会对大气臭氧层产生破坏；极性、非极性和两性清洗剂以及其他化学溶液的应用，既污染空气又对水造成污染；铅、镉、汞、六价铬、聚溴二苯醚、聚溴联苯等会使废弃电子产品对环境造成严重污染等。

为了防止电子产品中铅对环境的污染，其中最直接的办法就是在电子产品制造中不再使用铅。下面分别介绍无铅钎料提出的背景、全球的研发计划、无铅钎料的合金系、无铅钎料的选择和应用，以及相关的性能评价。

4.5.1 无铅钎料的研发背景

铅具有广泛的用途。铅的最大用途是制造蓄电池，其次是用于制造铅合金和防护材料，以及用于生产铅的化合物。除表4-19列出的铅的化合物以外，含铅的合金和防护材料很多，例如：用于制造化工设备、管道等耐蚀构件；用于轴承合金；作高载荷、高转速、抗温升的重型机器轴承；作消声及减振材料；作易熔合金、钎料、熔丝合金；在化学工业中，用作防腐的内衬材料；用作X光机和原子能装置的防护材料等。

前面已经讲过，锡-铅钎料具有适宜的熔点，优良的钎焊性、润湿性、漫流性等优点，是电子工业中应用最广泛的钎料。目前，在电子工业中所用的钎焊设备、钎焊工艺、电子元器件、印制电路板等都是与锡-铅钎料相匹配、相适应的。那么，为什么还要使用无铅钎料呢？这是因为随着人类环保意识的增强，铅已被国际环境保护机构列入前17种对人体和环境危害最大的化学物质之一，大范围内禁止使用含铅物质的呼声越来越高。例如，铅在饮水管道焊接、汽油、颜料中的使用早有严格的规定；从20世纪80年代起，许多国家明令要求使用无铅汽油；近年来，在电子行业中全面实现无铅化的需求越来越迫切，已经对整个电子行业形成巨大冲击[20,21,30,31]。

虽然电子钎料用铅仅占世界用铅总量的0.5%左右，但是，电子设备的更新周期越来越短，会产生大量的电子垃圾。在西方国家，这些废弃的电路板除少量在破碎焚烧时回收外，绝大部分被直接掩埋。锡钎料中的铅遇酸雨浸泡时会发生化学反应而溶解，并浸入土壤和污染水源。同时，作业人员暴露在含铅的环境中，以及对含铅锡渣的处理、运输或再生不当，均可能造成对身体的伤害。为此，国际上尤其是发达国家采用立法的手段，要求在电子产品中减少或停止使用含铅材料。

美国在20世纪80年代后期最早颁布了减少铅暴露条例（S.729）和铅税法（H.R.2479，S.1347）；1992年，美国国会提出了Reid法案，要求在电子行业中禁止使用含铅物质；进入21世纪以后，提出了“非统筹性之指导原则和导入指引及个别回收法令”，但没有制定联邦执行日期。

欧盟在1994年提出逐步取缔铅的使用；1998年通过WEEE和RoHS决议草案，提出2004年1月1日起全面禁用含铅钎料，后来推迟至2008年1月1日；2003年1月通过了2002/96/EC法案，要求各成员国在2006年7月1日起在欧洲市场销售的相关电子产品实现无铅化；2005年2月13日，欧盟审结了无铅钎料的豁免条款：用于计算机主机和通信器材的钎料若 $w_{Pb}>85\%$ 可以豁免，Pb应用于陶瓷玻璃及显像管延期至2010年。2005年8月13日，欧盟《关于报废电气电子设备指令》（WEEE）开始实施。

日本政府尽管没有直接限制使用含铅钎料的立法，但是通过降低自来水中铅含量的标准和修制相关废弃物处理法律来控制铅的使用。日本企业从市场竞争的角度出发，对无铅钎料的响应最为积极。日本电子工业协会1998年提出在2002年实现一半电子产品无铅，2004年实现完全无铅；2001年4月制定家电回收法令，要求2005年把铅用量减少2/3。日立公司1999年铅的使用量仅是1997年的一半，提出2001年所有产品完全实现无铅；松下公司提出在2005年全面禁止使用含铅钎料；索尼公司2000年的使用量仅是1996年的一半，

2001 年，除高密度封装外，所有产品实现无铅；东芝公司计划于 2002 年在所有蜂窝电话的生产中实现无铅化；NEC 在世界上率先推出三款使用无铅主板的笔记本电脑，下一步计划在台式计算机主板制造中实现无铅。

2006 年 11 月 8 日，我国信息产业部正式发布《电子信息产品污染控制管理办法》，相应的配套标准包括电子信息产品污染控制标识要求、有毒有害物质的限量要求及检测方法，并从 2007 年 3 月 1 日起施行。这是中国应对欧盟两个指令的必要措施，同时也是按照 WTO 规则，制定保护环境的技术性贸易措施。

我国的管理办法和欧盟的 RoHs 指令相比，有很多相似的地方，比如限制或禁止使用六种有毒有害物质是一样的。但是我国的管理办法采用目录管理、逐步实施、严格监管的方式，将更加贴近国情，适应中国电子信息产业发展现状。我国的管理办法涉及产品研发、设计、制造、销售、进口等多个环节，包括了产品的技术工艺、选材、质检、标准、市场监管等各个方面，涉及多个部门的职责。

4.5.2 无铅钎料的要求和研发计划

在国际立法的推动下，引发了全球范围内无铅钎料的研发热潮，国际上相继组织了多次大型的研发活动。

在无铅钎料的研发活动中，首先必须明确什么样的钎料才符合无铅钎料的标准？一般认为，不含铅的钎料就是无铅钎料。但是，无铅钎料以锡为基，铅以杂质的形式存在，用一般冶金技术难以除去，因此无铅钎料中仍含有微量的铅。目前，世界上对于无铅钎料尚无统一的标准。欧盟 EUELVD 协会认为，无铅钎料中 $w_{Pb} \leqslant 0.1\%$，美国 JEDEC 协会认为 $w_{Pb} \leqslant 0.2\%$，日本 JEIDA 协会认为 $w_{Pb} \leqslant 0.1\%$。可见，对电子组装中的“无铅”还没有确切的定义。

其次，必须明确无铅钎料必须具备什么样的条件和性能要求？长期以来，由于电子工业形成了以适应锡-铅钎料为主的上下游产业链的体系，在开发无铅钎料的进程中，人们对无铅钎料性能的评价也是以传统的锡-铅钎料的性能为参考的基准。因此，对研发的无铅钎料的要求如下[20,21,4]：

1）对环境无污染，对人体无害。

2）熔化温度应接近 Sn-Pb 合金的熔点。

3）钎料熔化以后对 Cu、Ag-Pd、Au、Ni 以及焊盘保护涂层 OSP 等许多材料有很好的润湿性，并能形成优良的焊点。

4）能利用现有的电子封装设备和工艺条件进行钎焊连接。

5）机械强度和耐热疲劳性能要与 Sn-Pb 合金接近或相当。

6）能方便地成形为锭、条、棒、丝、板、带、泊、片、粒、粉、球等各种钎料制品，以方便使用。

7）制造无铅钎料的金属资源应丰富，价格应与 Sn-Pb 合金接近。

不难看出，无铅钎料要满足上述诸多条件不是一件容易的事。

为了实现上述目标，从 20 世纪 90 年代以来，全球范围的研发计划如下[21]：

① 在 1994 ~ 1997 年的 4 年内，美国的 NCMS（National Center for Manufacturing Sciences）对 79 种可能的无铅钎料替代成分从毒害作用、润湿性等性能以及资源储备、经济可

行性方面进行了筛选，并建立了相关的数据库，筛选出包括 Sn-3.5Ag、Sn-58Bi、Sn-3Ag-2Bi、Sn-2.5Ag-1.8Cu-0.5Sb、Sn-3.4Ag-4.8Bi、Sn-2.8Ag-20In 和 Sn-3.5Ag-0.5Cu-1Zn 等 7 种合金成分。

② 1999~2002 年，美国 NEMI（The National Electronics Manufacturing Initiative）专门成立了无铅封装的工作组，主要目的是筛选出一个推荐使用的 Sn-Ag-Cu 成分，对元器件、材料到封装工艺的整个过程进行全面研究，建立无铅封装工艺的评价标准。

③ 1996~1999 年，欧洲进行了 IDEALS（Improved Design Life and Environmentally Aware Manufacture of Electronic Assemblies by Lead-free Soldering）计划，菲利浦和西门子等著名公司都参与了该项目，主要目标为确定 Sn-Ag-Cu 等无铅钎料的工艺窗口及其实际使用中的可靠性以及开发无 VOC 的钎剂。

④ 在欧洲，还有两个协会：一个是 ITRI（International Tin Research Institute），是由国际锡业资助的行业性研究协会；另一个是 SOLDERTEC，它是由会员单位组成的钎焊技术研究中心，专门进行无铅化的研究工作。

⑤ 日本虽然起步较晚，但投入了大量的人力和物力，其研究和应用水平都大大超过了美国和欧洲。1998 年 3 月，JEIDA（Japanese Electronic Industries Development Association）和 JWES（The Japan Welding Engineering Society）进行了“无铅钎料标准化的研究与发展”项目的研究。

⑥ 2000 年，由 Hitachi 牵头，Sony、Sharp 等单位参与进行了 IMS 计划，目的是阐明组元对生态环境的综合影响，目的是建立安全、高水平、对环境友好和面向未来的封装技术。

⑦ 2001 年，JIEP（Japan Institute of Electronics Packaging）发起了“低温无铅钎料发展计划”，主要目标是建立熔点与现行 Sn-Pb 共晶钎料略低或接近的 Sn-Bi、Sn-Zn 钎料体系。

此外，自 20 世纪 90 年代以来，美国、日本、欧盟三方的官方代表机构联合各自区域内的电子厂商和原材料供应商，耗资数千万美元，就无铅钎料的选择与应用进行了广泛深入的研究，并分别发布了各自的无铅钎料及无铅软钎焊发展指南。

4.5.3 无铅钎料的合金系

在长达 10 多年的时间里，世界投入了大量资金进行了艰苦的开发研究，已开发出的无铅钎料合金种类繁多，申请了 600 多种无铅钎料成分的专利，仅在美国专利中就已经包括了 100 多种无铅钎料成分的专利。近年来，有关无铅钎料的研究工作发展很快，世界各大著名公司、国家实验室和研究院所都投入了相当的力量开展无铅钎料的研究，并在国际上组织了多次大型的研发活动。早期的研发计划集中于确定新型合金成分、多元相图研究和润湿性、强度等基本性能的考察。国内外已有的研究成果表明，最有可能替代 Sn-Pb 合金的钎料以 Sn 为主，添加能产生低温共晶的 Cu、Ag、Zn、Sb、Bi、In 等金属元素，通过钎料合金化来改善合金性能，提高焊接性[20,21]。通过这些研究，最终得到的无铅钎料成分集中在 Sn-Cu、Sn-Ag、Sn-Zn、Sn-Sb、Sn-Bi、Sn-In 等合金系，下面分别对这些合金系予以介绍。

1. Sn-Cu 系[4,21,20,30-36]

Sn-Cu 二元合金相图如图 4-17 所示。由于 Sn、Cu 的熔点和电极电位差异较大，Sn 与 Cu 能形成比 Sn 熔点高的金属间化合物，其中 $Cu_6Sn_5(\eta)$的熔点为 415℃，$Cu_3Sn(\varepsilon)$的熔点为 640℃。如果只看相图中 $w_{Sn}>60\%$ 的部分，可以认为是由 Sn 与 $Cu_6Sn_5(\eta)$组成的二元共晶合金。$w_{Cu}=0.7\%$ 为 Sn-Cu 合金的共晶点，共晶温度为 227℃。共晶组织是由 Sn 和 $Cu_6Sn_5(\eta)$ 组成的，其基体是 β-Sn，Cu 以金属间化合物 $Cu_6Sn_5(\eta)$ 形态分散在 Sn 基体中。凝固初期，β-Sn 初晶包围着 $Cu_6Sn_5(\eta)$ 微粒，但 $Cu_6Sn_5(\eta)$ 微粒不稳定，在 100℃保持数十小时，微细共晶组织就会变成分散着 $Cu_6Sn_5(\eta)$ 粗大颗粒的组织，使 Sn-0.7Cu 合金的耐热疲劳性能变差。

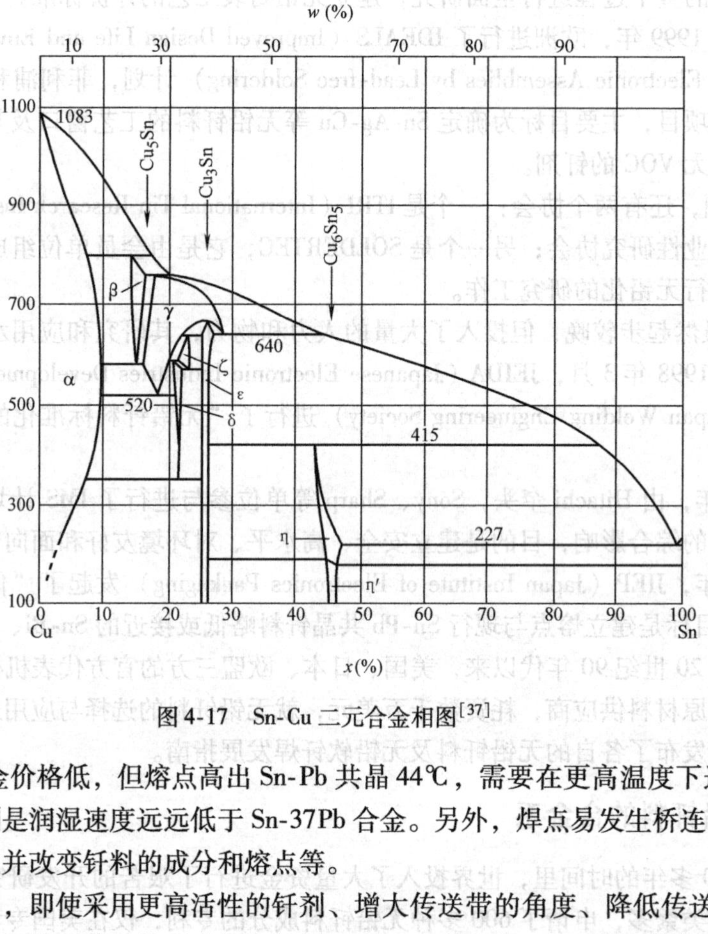

图 4-17 Sn-Cu 二元合金相图[37]

Sn-0.7Cu 合金价格低，但熔点高出 Sn-Pb 共晶 44℃，需要在更高温度下进行钎焊，且润湿性较差，特别是润湿速度远远低于 Sn-37Pb 合金。另外，焊点易发生桥连，在高温下易溶解母材中的铜，并改变钎料的成分和熔点等。

实际应用表明，即使采用更高活性的钎剂、增大传送带的角度、降低传送速度等措施，焊点桥连也没有明显的改善。然而当提高钎焊温度至 280℃时，发现可以使桥连减少。但温度的提升会带来一系列问题，如引起元器件和电路板的热损伤以及钎料槽、泵、喷嘴的热腐蚀等。

为了改善 Sn-0.7Cu 合金的性能，有人研究了稀土对 Sn-0.7Cu 合金的影响，发现加入质量分数为 0.5% 左右的稀土可以抑制晶粒的长大，同时可以提高钎料的抗蠕变疲劳特性。添加 Ag 和 Sb 也能改善 Sn-0.7Cu 合金的性能。研究发现，在 Sn-0.7Cu 合金中添加微量 Ni 可以减少钎料中残渣的产生，减少 Sn-0.7Cu 焊点桥连的发生，同时可以提高焊点的热疲劳性。

在采用 Sn-0.7Cu 钎料进行波峰焊过程中，当印制电路板离开波峰时，多余的熔融钎料没有充分流出焊点间隙时，即当液态钎料的流动性不够时就会引起焊点的桥连。加入微量 Ni 可以改变熔融钎料表面化合物 Cu_6Sn_5 的形态，由于 Ni 溶入 Cu_6Sn_5 化合物而延缓针状结构相的形成，促使金属间化合物 Cu_6Sn_5 变成球状，从而可减少化合物对钎料流动性的影响。

若配合氮气保护，并将钎焊温度提高到265℃以上，Sn-0.7Cu(Ni)钎料的润湿速度会明显加快。

目前，国外已经把Sn-0.7Cu(Ni)作为无铅专用波峰焊钎料使用。日本NIHON公司把该钎料名称定为SN100C，其性能见表4-21。作为比较，表4-21中同时列出了H63A钎料的相关数据。

表 4-21　SN100C 钎料的性能[4]

品名		SN100C 钎料			H63A 钎料		
合金成分 w(%)		Sn99.3(Cu+Ni)0.7			Sn63Pb37		
熔化温度/℃		227			183		
密度/$g \cdot cm^{-3}$		7.4			8.4		
比热容/$J \cdot kg^{-1} \cdot K^{-1}$		220			176		
热导率/$J \cdot (m \cdot s \cdot K)^{-1}$		64			50		
抗拉强度/MPa		32			44		
伸长率(%)		48			25		
润湿扩展率(%)	230℃	—			91		
	240℃	77			92		
	250℃	77			93		
	260℃	77			93		
	280℃	78			—		
可焊性试验（润湿称量法）		t_a/s	t_b/s	F_{max}/mN	t_a/s	t_b/s	F_{max}/mN
	240℃	1.00	4.53	0.159	0.12	0.80	0.195
	250℃	0.86	2.79	0.181	0.11	0.64	0.200
	260℃	0.47	1.46	0.186	0.10	0.41	0.206
	270℃	0.31	0.80	0.192	0.07	0.31	0.211
电阻率/$\mu\Omega \cdot m$		0.13			0.17		
抗蠕变强度/h		>300			20		
		>300			3		
抗疲劳强度/周期		>1000			500~600		
电迁移试验/h		>1000			>1000		
抗锡须试验/h		>1000			>1000		

2. Sn-Ag 系[4,20,21,30-32,38]

Sn-Ag二元合金相图如图4-18所示。Sn-Ag相图为包晶型相图，从图中可见，Ag熔点为960℃，Sn熔点为232℃，当$w_{Ag}=3.5\%$为共晶点，此时熔点最低，共晶温度为221℃，比Sn-Pb共晶温度高出38℃。

由于Sn、Ag在元素周期表的位置相距较远，Sn-Ag的互溶度远远不及Sn-Pb的互溶度。Ag的标准电极电位是0.799V，Sn的标准电极电位是-0.136V，电极电位的差异使Sn与Ag可以生成Ag_3Sn和Ag_5Sn化合物。在Sn-3.5Ag共晶合金中，Ag以Ag_3Sn的形式分散在Sn中，形成环状结构（见图4-19）。

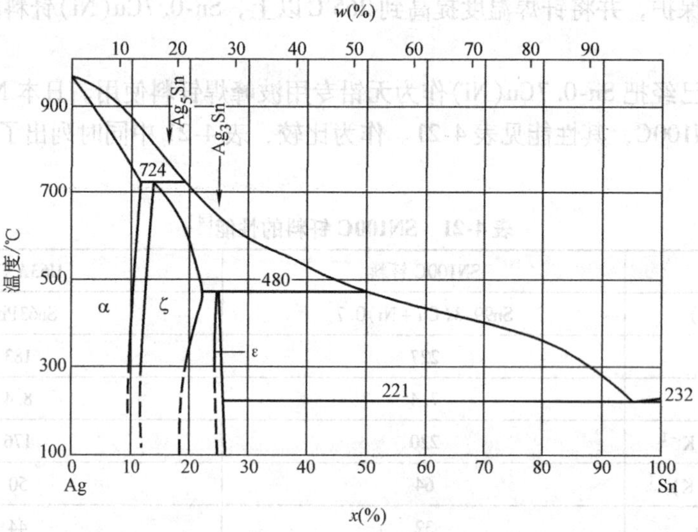

图 4-18 Sn-Ag 二元合金相图[37]

图中白色微粒为 Ag_3Sn，粒径在 1μm 以下，这些白色微粒晶体呈环状均匀地分散在 Sn 基体中，对合金起强化作用。$w_{Ag}<3.5\%$ 时，称为亚共晶合金，从液态凝固时会先结晶出 Sn 晶体，室温组织为 $Sn+Ag_3Sn$；$w_{Ag}>3.5\%$ 时，称为过共晶合金，从液态凝固时将优先结晶出 Ag_3Sn 晶体，室温组织为 Ag_3Sn+Sn，这时，Ag_3Sn 晶粒会变得粗化，以致出现脆性的板状初晶，焊点的结晶将会引起龟裂现象，降低焊点的可靠性。

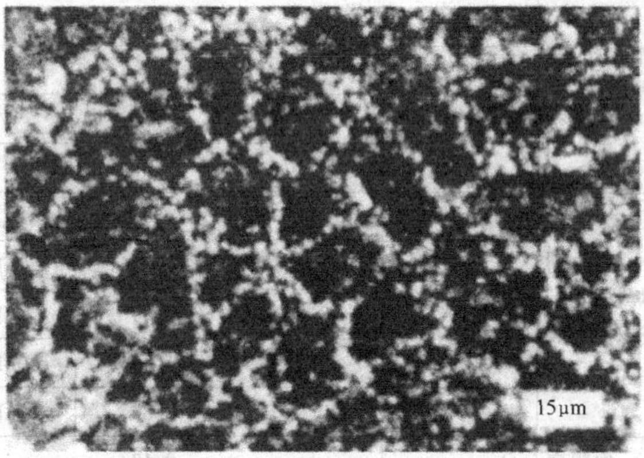

图 4-19 Sn-3.5Ag 共晶合金的组织结构[4]

在 Sn-3.5Ag 钎料中，因为 Ag_3Sn 微粒均匀地分散在体系中，能有效阻挡疲劳裂纹的蔓延，故具有良好的抗拉强度和抗高低温冲击疲劳特性。

Sn-3.5Ag 钎料的力学性能、抗氧化性能都较优越，很早就开始在许多产品中使用。缺点是熔点较高，润湿性较差，高温下对 Cu 会产生溶解和扩散。在 Sn-Ag 系钎料中添加质量分数为 1% 的 Zn，可使 Ag_3Sn 析出相更细小并弥散分布，并能抑制 Sn 枝晶的形成，提高强度和蠕变特性。但加入 Zn 会使液态钎料表面形成坚固的氧化膜，使润湿性大大降低。

在 Sn-Ag 系钎料中加入 In 或 Bi 元素能降低熔点，但添加 Bi 会使脆性增加，还会产生焊点剥离现象，降低焊点的可靠性和抗蠕变疲劳性。在 Sn-Ag 系钎料中添加少量的 Cu，可以进一步降低熔点，并使润湿性和强度得到提高，还能减少波峰焊时对 PCB 焊盘上 Cu 的溶蚀。

3. Sn-Ag-Cu 系[4,20,21,30-33,38-45]

Sn-Ag-Cu 系合金是在 Sn-Ag 和 Sn-Cu 系合金的基础上发展起来的。Sn-3.5Ag 共晶温度为 221℃，Sn-0.7Cu 共晶温度为 227℃，但 Sn-Ag-Cu 共晶温度可降至 216℃，但仍比 Sn-Pb 共晶温度高 33℃。

由图 4-17 和图 4-18 可知，在 Sn-3.5Ag 中加入 Cu，Sn 与 Ag 之间的反应会形成 Ag_3Sn，Sn 与 Cu 之间的反应会形成 Cu_6Sn_5。从 Ag-Cu 二元系相图（见图 4-20）可以看出，Ag 与 Cu 之间不会生成化合物，只会形成固溶体，包括 Cu 溶解于 Ag 中和 Ag 溶解于 Cu 中的固溶体。因此，Sn-Ag-Cu 系共晶合金中只会存在 Ag_3Sn 和 Cu_6Sn_5 金属间化合物。

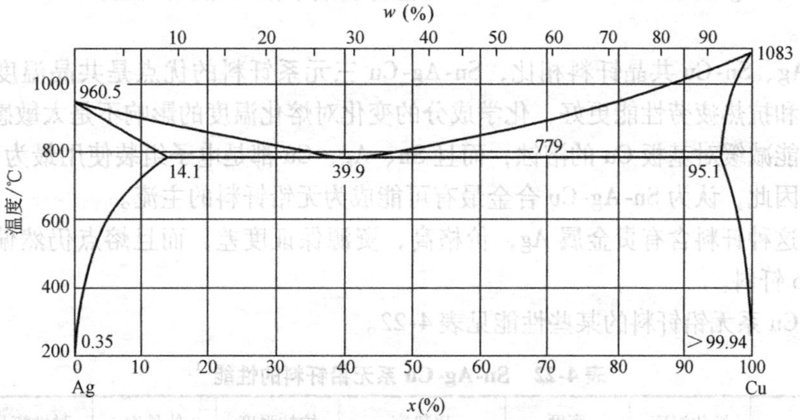

图 4-20　Ag-Cu 二元系相图[37]

Sn-Ag-Cu 系合金的力学性能如抗拉强度以及抗热疲劳等性能明显优于 Sn-3.5Ag，这与 Ag_3Sn 和 Cu_6Sn_5 微粒均匀分散在母相 Sn 中，导致合金组织均匀、致密有关。图 4-21 是存放 2 年后的 Sn-3.5Ag-0.6Cu 合金的金相照片，图中显示，Cu_6Sn_5 呈针状，Ag_3Sn 呈鳞状均匀分布于 Sn 基体中。

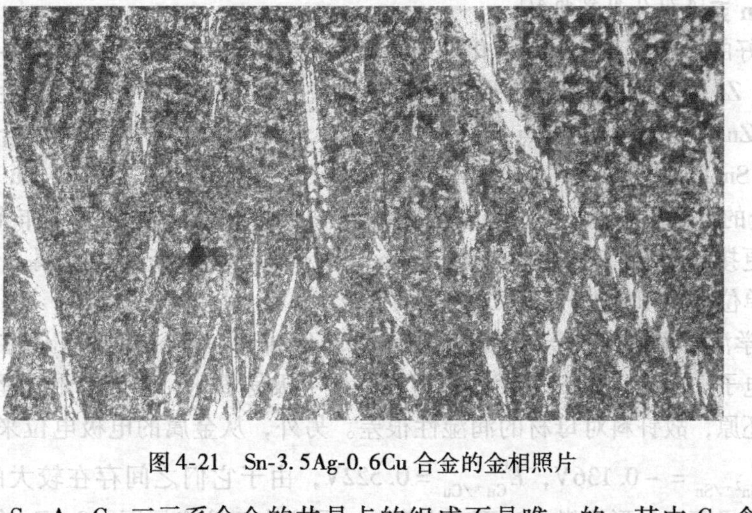

图 4-21　Sn-3.5Ag-0.6Cu 合金的金相照片

研究发现，Sn-Ag-Cu 三元系合金的共晶点的组成不是唯一的。其中 Cu 含量的变化为 $w_{Cu}=0.5\%\sim3.0\%$，Ag 的变化为 $w_{Ag}=3.0\%\sim4.7\%$，对合金的熔化温度无大的影响。各国推荐使用的 Sn-Ag-Cu 共晶钎料的成分也不一致。欧洲 IDEALS 计划推荐在再流焊中使用 Sn-3.8Ag-0.7Cu，SOLDERTEC（ITRI）计划推荐在再流焊、波峰焊和手工焊中使用 Sn-(3.4~4.1) Ag-(0.45~0.9) Cu；美国 NEMI 推荐在再流焊中使用 Sn-3.9Ag-0.6Cu；日本 JEIDA 推荐再流焊、波峰焊使用 Sn-3.0Ag-0.5Cu。

通过 Ag 含量对焊点可靠性的研究表明，当 $w_{Ag}<3.0\%$ 时，再流焊点界面不会出现裂纹现象。随着 Ag 含量的升高，经高低温冲击试验后，再流焊点的接触界面处会出现裂纹，以致焊点失效。在使用不同 Ag 含量的 Sn-Ag-Cu 钎料膏对片式元件进行再流焊的研究中发现，高 Ag 含量的钎料膏更易产生墓碑缺陷，Sn-3.5Ag-1Cu 产生墓碑缺陷率最高，而 Sn-3Ag-0.6Cu、Sn-2.5Ag-0.8Cu、Sn-2Ag-0.5Cu 的墓碑缺陷率依次递减，且低于 Sn-37Pb 钎料膏的墓碑缺陷率。

与 Sn-Ag、Sn-Cu 共晶钎料相比，Sn-Ag-Cu 三元系钎料的优点是共晶温度更低，润湿性、流动性和抗热疲劳性能更好，化学成分的变化对熔化温度的影响不是太敏感，性能相对稳定，同时能减缓对基板 Cu 的溶蚀，而且 Sn、Ag、Cu 都是电子组装使用最为普遍的元素，兼容性好。因此，认为 Sn-Ag-Cu 合金最有可能成为无铅钎料的主流。

但是，这种钎料含有贵金属 Ag，价格高，资源保证度差，而且熔点仍然偏高，焊接性仍不及含 Pb 钎料。

Sn-Ag-Cu 系无铅钎料的某些性能见表 4-22。

表 4-22 Sn-Ag-Cu 系无铅钎料的性能[4]

组成(%)	熔化温度/℃	密度/$g\cdot cm^{-3}$	比热容/$J\cdot kg^{-1}\cdot K^{-1}$	抗拉强度/MPa	伸长率(%)	弹性模量/GPa	硬度 HV
Sn-3.5Ag-0.7Cu	218	7.4	181	43	40	38	17
Sn-3.1Ag-1.5Cu	217	7.4	—	—	—	—	—
Sn-3.0Ag-0.5Cu	217/219	7.376	—	42.6	38	—	—
Sn-3.8Ag-1.2Cu	217	7.4	220	53	27	—	—

4. Sn-Zn 系[4,20,21,30,32,46,47]

Zn 有良好的导热性和导电性，化学活性高。Sn-Zn 二元合金相图如图 4-22 所示。从图中可以看出，Zn 元素可溶于 Sn 中形成固溶体，说明 Sn-Zn 有较好的互溶性。Zn 的熔点为 419℃，Sn、Zn 形成合金时熔点会下降，当 $w_{Zn}=9\%$ 即 Sn-9Zn 为共晶合金时，熔点为 199℃，仅比 Sn-Pb 共晶钎料的熔点高 16℃。与 Sn-Ag、Sn-Cu、Sn-Ag-Cu 钎料相比，Sn-9Zn 共晶合金的熔点更接近于 Sn-Pb 钎料的熔点。这意味着如用 Sn-9Zn 作无铅钎料，其钎焊工艺条件更接近于 Sn-Pb 钎料。此外，Zn 资源丰富，不属于稀贵金属，价格低。因此，国内外许多单位都在积极进行 Sn-Zn 合金的研究。

Zn 的化学活性很高。在金属活动顺序表中，Zn 排列在 Sn、Pb 和 Cu 之前，故 Zn 原子很容易失去电子。因此，Sn-9Zn 无铅钎料在高温下极易氧化，表面易形成坚韧的氧化膜而难以被钎剂还原，故钎料对母材的润湿性很差。另外，从金属的电极电位来看，$E^0_{Zn^{2+}/Zn}=-0.76V$，$E^0_{Sn^{2+}/Sn}=-0.136V$，$E^0_{Cu^+/Cu}=0.522V$，由于它们之间存在较大的电极电位差，在 Sn-Zn 焊点界面极易形成微电池而产生腐蚀。同样由于这个原因，Sn-Zn 合金配制的钎料膏的保存期很短。

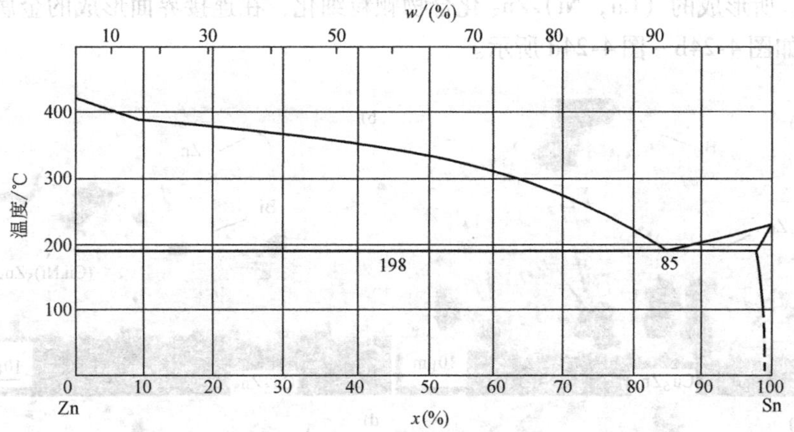

图 4-22 Sn-Zn 二元合金相图[37]

针对 Sn-Zn 系合金存在的问题，人们极力对它进行改进。目前改进的方法是：①通过调整钎剂成分和采用氮气保护等方法来尽量弥补其润湿性之不足；②对合金成分进行改进，如在 Sn-Zn 合金中加入 Cu、Bi、P 和 Al 等微量元素。图 4-23 给出了添加 Cu、Bi 和 Ni 对 Sn-Zn 合金组织的影响。

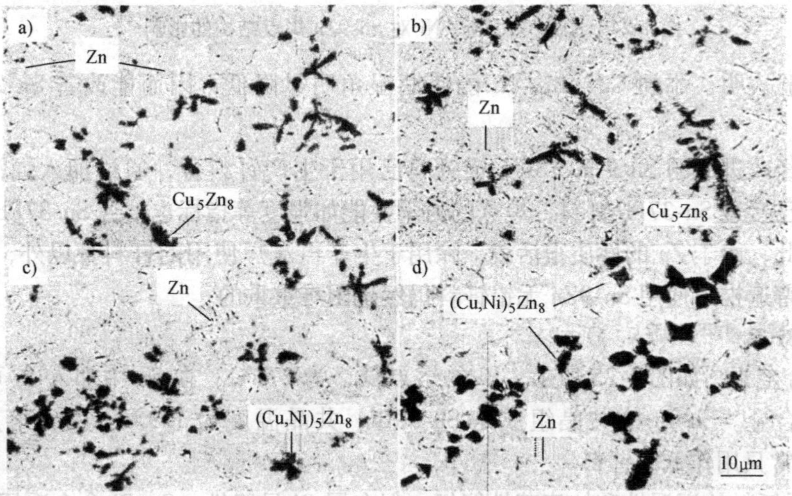

图 4-23 添加 Cu、Bi 和 Ni 对 Sn-Zn 合金组织的影响[47]

图 4-23a 是 Sn-9Zn-2Cu 合金的组织，它是由 Sn 基体和黑色的棒状 Cu_5Zn_8 化合物以及微量的富 Zn 颗粒构成的。当在 Sn-9Zn-2Cu 中加入 $w_{Bi}=3\%$ 时，液态钎料在快速冷却条件下，Bi 溶解在 Sn 基体中，如图 4-23b 所示。当在 Sn-9Zn-2Cu-3Bi 中加入 $w_{Ni}=0.2\%$ 时，结果 Ni、Cu 与 Zn 结合生成（Cu，Ni）$_5Zn_8$，且 Ni 能使化合物收缩，如图 4-23c 所示；当 $w_{Ni}=1\%$ 时，将形成粗大的（Cu，Ni）$_5Zn_8$ 化合物，如图 4-23d 所示。

图 4-24 给出了添加 Cu、Bi、Ni 对 Sn-9Zn 钎料与铜基体的钎焊界面的组织结构。可见，在 Sn-9Zn-2Cu-3Bi 焊点中存在针棒状的富 Zn 相和粗大的 Cu_5Zn_8 化合物，如图 4-24a 所示。Ni 的加入会使金属间化合物由球状变成方块状或三角形，且随着 Ni 含量的增加，尤其是当

$w_{Ni}=1\%$ 时，所形成的 $(Cu, Ni)_5Zn_8$ 化合物颗粒细化，在连接界面形成的金属间化合物层厚度降低，如图 4-24b ~ 图 4-24d 所示。

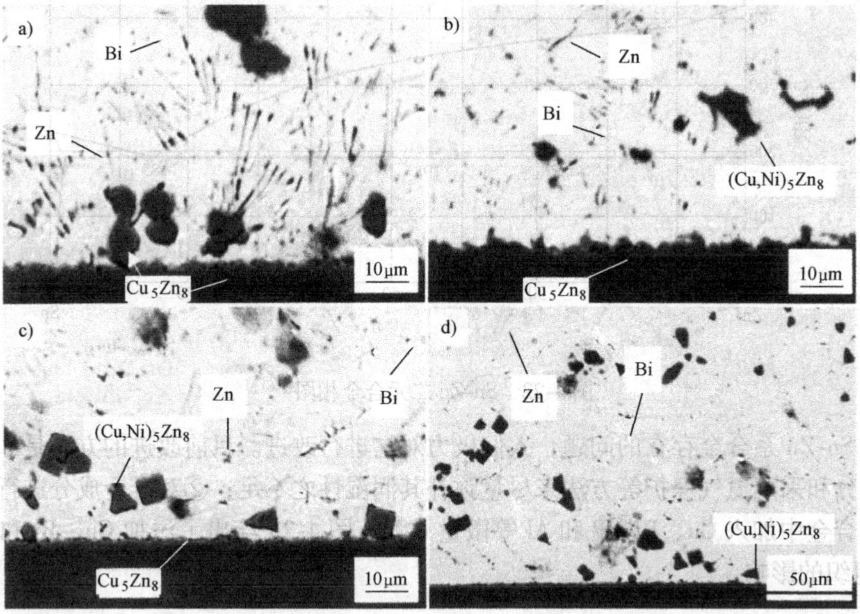

图 4-24 添加 Cu、Bi、Ni 对 Sn-9Zn 焊点结构的影响[47]

润湿试验表明，添加 Cu、Bi、Ni 能使润湿角明显降低，因而能改善 Sn-Zn 合金的可焊性。

目前，经改进后的 Sn-9Zn-3Bi 无铅钎料已用于生产钎料膏，通过加入强活性的钎剂，其润湿性能已接近 Sn-37Pb 钎料，焊点的力学性能如强度等指标也接近 Sn-37Pb 钎料。

尽管如此，由于 Zn 的性质很活泼，除用于生产再流焊使用的钎料膏以外，对于其他钎焊方法，要普遍推广使用 Sn-9Zn 无铅钎料仍然是困难重重的。

5. Sn-Bi 系[4,20,21,32]

Sn-Bi 合金相图如图 4-25 所示。Bi 的熔点低，为 271℃，在 Sn 中加入 Bi 可降低熔点，形成低熔点合金。Sn-Bi 的共晶组成是 Sn-58Bi，共晶温度为 139℃。因为熔点过低，Sn-58Bi 合金通常只用作低温钎料。

Sn-Bi 系钎料的润湿性和抗疲劳性能好。但金属 Bi 呈脆性，Sn-Bi 合金凝固时易出现 Bi 的偏析，所以 Sn-Bi 系钎料可加工性差，焊点失去金属光泽，晶粒粗大，甚至产生晶界裂纹。在 Sn-Bi 合金中添加 1% 的 Ag 可以细化合金组织，提高伸长率和抗拉强度等性能。

若 PCB 和元器件引线表面含 Pb，在钎焊时会生成 Bi-Pb-Sn 低熔点共晶合金（97℃），使接头强度降低甚至失效，所以含 Bi 合金与含 Pb 镀层与的兼容性差。

从资源来看，Bi 属稀有金属且是从铅的副产品中提取的，若限制铅的生产则 Bi 的来源将进一步减少，故 Sn-Bi 以及把 Bi 作为合金成分的无铅钎料不为业内看好。

一般，在无铅钎料中加入 Bi 可以降低熔化温度和液态合金的表面张力，提高润湿能力，但会明显地降低合金的部分力学性能，如在 Sn-Ag 系合金中加入 Bi，其耐疲劳性和伸长率会明显下降。尤其是在使用含 Bi 钎料时，母材金属不能含 Pb。

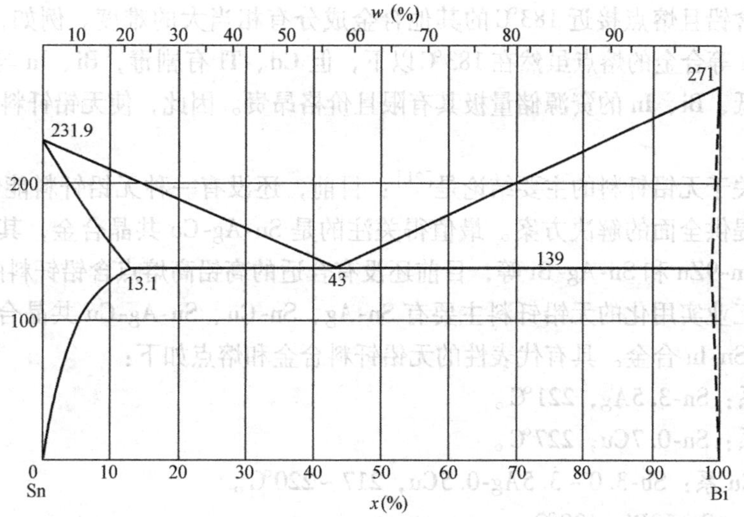

图4-25 Sn-Bi 合金相图[37]

6. Sn-Sb 和 Sn-In 系

Sn-Sb 系钎料，共晶组成是 Sn-5Sb，熔点温度为245℃，比 Sn-Pb 共晶合金的熔点高出60℃，且 Sb 具有毒性，因此，这种合金除在某些特殊场合作为高温钎料以外，一般不适合在中温钎焊中使用。

Sn-In 系钎料，共晶组成为 Sn-48In，熔点温度为117℃，由于熔点太低，且 In 属于稀有金属元素，其资源十分有限，价格非常昂贵，因此，这种合金除作为特殊的低熔点钎料使用外，不能作为一般电子钎焊广泛使用。

4.5.4 无铅钎料的选择和应用

无铅钎料的批量应用一般需要经过以下六个方面的工作，才能完成从含铅到无铅钎料的转换[48]：

1）无铅钎料的选择。

2）工艺试验和论证。

3）批量实装制程验证。

4）可靠性试验。

5）检验标准的修改或修订。

6）生产设备的技术改造等。

1. 无铅钎料的选择

在无铅工艺技术的开发和应用中，无铅钎料的选择是最基本、最关键的工作，它直接关系到后续工作中工艺设备的选择和改造、工艺路线和工艺方法的确定、检验标准的修改、产品可靠性以及产品的成本等问题。因此，无铅钎料的选择要注意防止随意性和盲目性。

已知的无铅钎料多达几十种，合金成分包括二元系、三元系以及多元系，但共同点是几乎都以锡为基。这不仅在于锡钎料具有优良的钎焊性能，更重要的是自从电子工业诞生以来，就始终沿用锡钎料进行钎焊连接，而过去长期形成的电子元器件、组装设备和工艺、组装材料等，都是以 Sn-Pb 合金的共晶点183℃为参考点。然而，要筛选出完全适合电子钎焊需要的，不含铅且熔点接近183℃的其他合金成分有相当大的难度。例如，Sn-Cd、Sn-Tl、Sn-Bi、Sn-In等合金的熔点虽然在183℃以下，但Cd、Tl有剧毒，Bi、In与Sn形成的合金熔点温度偏低，Bi、In的资源储量极其有限且价格昂贵。因此，使无铅钎料的选择范围大大缩小。

国际上关于无铅钎料的主要结论是[21]：目前，还没有一种无铅钎料能够为Sn-Pb钎料的直接替代提供全面的解决方案。最值得关注的是Sn-Ag-Cu共晶合金，其次是Sn-0.7Cu、Sn-3.5Ag、Sn-9Zn和Sn-Ag-Bi等，目前还没有合适的高铅高熔点含铅钎料的替代品。

已进入工业实用化的无铅钎料主要有Sn-Ag、Sn-Cu、Sn-Ag-Cu共晶合金以及少量Sn-Zn、Sn-Bi、Sn-In合金。具有代表性的无铅钎料合金和熔点如下：

Sn-Ag系：Sn-3.5Ag，221℃。

Sn-Cu系：Sn-0.7Cu，227℃。

Sn-Ag-Cu系：Sn-3.0～3.5Ag-0.5Cu，217～220℃。

Sn-Bi系：Sn-58Bi，138℃。

Sn-Bi-Zn系：Sn-10Bi-5Zn，168～190℃。

Sn-In-Ag系：Sn-20In-2.8Ag，179～189℃。

Sn-Zn系：Sn-9Zn，198℃。

根据已有的研究成果，无铅钎料的选择主要应考虑以下因素[48]：

1）合金的熔化温度。一般情况下，为了满足焊点在大多数电子产品中的服役温度，要求无铅钎料的固相线温度为180℃左右，由于受再流焊和波峰焊设备的最高温度设置，以及元器件和PCB的耐热性限制，要求液相线温度<220℃。而且，无铅钎料的凝固温度范围越小越好，一般，从液相线到固相线的温度范围最好控制在10℃以内。

2）具有良好的焊接性。在使用现有的设备和免清洗钎剂的条件下，液态钎料对母材应有良好的润湿性，并能在大气气氛下进行钎焊连接。

3）具有良好的导电、导热性能，以及较好的力学性能，如强度、耐热疲劳性等。

4）在电子产品的生产过程中性能稳定。如某些无铅合金在生产过程中只要成分发生微小变化，就会引起熔点发生很大变化，这样就不能满足大生产连续使用的需要。

5）低毒或无毒性，能满足环保对性能的要求。

6）尽量与现有的钎焊设备、工艺、PCB和元器件兼容，尽量在不更新设备、不改变现行工艺、材料的条件下进行钎焊连接。

7）从金属的资源和价格考虑，应尽量选择低成本和资源丰富的金属。

不难看出，要选择同时满足上述条件的无铅钎料是很困难的。

实际工作中，需要结合各企业的产品、设备以及工艺技术状况等因素进行综合考虑，所选择的无铅钎料最好是经过研究证明了的，或是权威机构所推荐的，或是已有成功应用实例的。例如，目前再流焊工艺多选用Sn-3.0Ag 0.5Cu钎料膏，波峰焊工艺则多选用Sn-0.7Cu钎料条，手工焊以及维修补焊等可选用Sn-0.5～3.0Ag 0.5Cu和Sn-0.7Cu钎料丝。

在小批量试验时，可选择比较有代表性的、价格便宜的电子设备作为实验对象。例如进行DVD的无铅组装，组装间距为0.4mm的QFP和0.5mm的连接器以及0603型CHIP元件，PCB的焊盘全部采用裸铜板。当采用SMT工艺时，可选用由钎料膏印刷机、高速贴片机、多功能贴片机、7温区再流焊炉等构成的生产线，选用Sn-3.0Ag 0.5Cu钎料膏进行再流焊组装。当采用波峰焊时，可选择无铅双波峰焊机，选用 Sn-0.7Cu 钎料条进行组装。手工烙铁钎焊以及补焊等可选用 40W 恒温烙铁，选择 Sn-3.0Ag 0.5Cu 或 Sn-0.7Cu 钎料丝。

2. 无铅钎料应用中的技术问题

无铅钎料的批量应用首先必须通过工艺技术试验和验证。目前应用比较多的无铅钎料是 Sn-3.0Ag 0.5Cu 钎料膏、Sn-0.7Cu 钎料条及钎料丝，下面主要介绍它们应用于再流焊和波峰焊工艺中的某些技术问题。

（1）无铅钎料的再流焊技术[4,20,21,33,42,48]　一般情况下，质量优良的 Sn-3.0Ag 0.5Cu 钎料膏的印刷工艺、滚动印刷性和脱模性是比较好的，在贴装工序钎料膏的湿强度也是良好的，一般不会出现明显的坍塌现象。

由于 Sn-Ag-Cu 和 Sn-Cu 共晶合金的熔点比 Sn-Pb 共晶高 34～44℃，且无铅钎料的润湿性和扩展性均较低，这在 OSP 板上情况更明显，而在其他 PCB 如浸银板、浸锡板以及无电镀镍金 EniG 板上的润湿和扩展性可能会略好一些。因此，用无铅钎料膏会出现一系列问题。当再流焊峰值温度 >250℃时，传统的 PCB 会出现明显的变色发黄现象。另外，与含铅钎料膏相比，焊点的光洁度会下降，焊盘有露铜现象，个别元件会发生位置上的偏移，焊点弯月面形成不佳且钎料爬升高度偏低，用 X 射线检查还可发现个别焊点存在着直径大小不等的气孔或空洞。

为了减少这些连接缺陷，可以采取以下技术措施：

1）增加钎剂的活性，即选择高活性的无铅钎料膏，以弥补无铅钎料润湿性之不足，满足无铅钎料钎焊连接对润湿性的要求。

2）适当增加印刷模板的开口尺寸，例如可以采用 1:1 开口，以减小再流焊以后出现露铜的缺陷。

3）在贴装工序应非常精确地修正贴装坐标，以克服因无铅钎料自修正能力较差所带来的缺陷。

4）进行再流焊温度设置试验，获得最佳温度设置曲线。

再流焊温度曲线的设置是非常重要的，它直接影响试验结果的成败，必须反复试验、多次测量，找出最佳的温度曲线。此外无铅钎料膏的印刷性、脱模性、触变性、坍塌性、湿强度、润湿性以及钎料球情况等，也必须重点关注。再流焊温度曲线的设置应考虑的主要问题如下：

① 为了降低再流焊产生的热应力，减少锡球的形成，并减缓锡须生长，炉温曲线应采用连续缓慢升温的模式，升温速度控制在 2.0℃/s 左右，以确保 PCB 上各点温度均匀，减小热冲击和热应力的影响。

② 为了兼顾部分含铅元器件以及连接器和 PCB 的耐热性能，再流焊的峰值温度应≤245℃，最好在 235～245℃之间。

③ 为了使 PCB 上各点温度均匀，应适当降低链条的传输速度，使无铅钎料在较低峰值温度下，能保持 40～70s 的熔化时间。

④ 由于再流焊炉温曲线峰值温度从使用含铅钎料的 225～230℃上升到 240～245℃，要求 PCB 和所有元器件应能承受 245℃的高温时间超过 40～70s，故必须充分考虑所选用元器件的耐高温特性。

5）由于采用高活性的钎剂系统，对于要求较高的电子产品在焊后需要及时进行清洗。

6）再流焊的设备改造。这与所选用的无铅钎料合金直接相关。通常，Sn-Ag-Cu 无铅钎料膏必须选用 5 个温度区域以上的再流焊炉，最好选 7 个温度区域或以上。批量生产已经证明，Sn-Ag-Cu 无铅钎料膏可以在大气气氛下进行钎焊连接，但采用氮气保护可以增强无铅钎料的润湿性和扩展性。因此，有条件时最好选择氮气保护。

7）在批量生产中，需要密切关注工艺参数，实施更加严格的监控手段，例如缩短炉温曲线测量的间隔周期，避免工艺失控。

除使用钎料膏以外，还有使用钎料球的 BGA 再流焊工艺，已往的研究表明，BGA 器件对无铅工艺具有良好的适应性。需要注意的是，钎料球与所选用的无铅材料应一致或具有兼容性。

（2）无铅钎料的波峰焊技术[4,20,33-36,42-44,48] 在波峰焊过程中，元器件一般不整体与高温的液态钎料接触或接触时间较短。由于钎焊温度比再流焊温度更高，显然对 PCB 和元器件的热冲击更加强烈，但作用的时间较短。在波峰焊工艺中，使用无铅钎料应注意的主要问题是钎料的润湿性、填缝能力、焊点之间的桥接和拉尖、PCB 和元器件的耐热性以及氧化严重等问题。

例如应用 Sn-0.7Cu 无铅钎料进行波峰焊，与使用含铅钎料相比，焊接疵点率会有所增加，会出现“半焊”或 PCB 焊盘露铜现象，少数焊点会出现偏移，对于密集的焊点会出现桥连和拉尖，焊点表面暗淡且会产生龟裂现象，锡锅中锡渣量会明显增多。另外，PCB 会变色、变形，且出炉后温度很高，会影响下一工序的操作。

为了克服或减少上述问题，可以采取以下技术措施：

1）由于无铅钎料对母材的润湿性能较差，必须选用高活性的钎剂，以弥补无铅钎料合金润湿性之不足，来满足无铅钎料钎焊连接对润湿性的要求。钎剂的耐热性要与预热温度和钎焊温度相匹配，同时钎剂的高温分解也应满足环保的要求。

2）为了防止或减少波峰焊锡炉中钎料的氧化，需要使用抗氧化性能好的无铅钎料，或在锡锅中添加抗氧化剂，或使用有机还原剂。为了提高钎焊质量和减少钎料的氧化，还可以采用氮气保护。

3）因为无铅钎料的漫流性和填缝能力较差，需要提高钎焊温度来改善流动性，例如使用 Sn-0.7Cu 无铅钎料，锡炉温度应控制在 270℃左右。

4）为降低热冲击的影响，需要提高预热温度至 120～130℃左右。

5）为减少焊点的桥连，需要增加 PCB 与波峰之间的角度，适当降低链条的传输速度，例如将链条的传输速度调整为 1.2～1.4m · min^{-1}，以延长在液态钎料中驻留的时间。

6）对于可靠性要求较高的产品，焊后应及时进行清洗，以免活性的钎剂残渣产生腐蚀和降低线路之间的绝缘电阻。

7）应定期检测钎料成分，防止生产过程中铅的污染，并密切关注含铜量的上升。在无铅波峰焊生产线上，必须把所有的含铅钎料清理干净，如不小心带入铅将会导致铅含量超标或引起其他事故。此外，铜和铁的污染也不容忽视，在长期的批量生产过程中，铜、铁的污染足以导致整个无铅工艺的失控，尤其是 Sn-Ag 合金对铜的溶解非常敏感。对于 Sn-Cu 合金，当 Cu 的质量分数改变 0.2%，其液相线温度将会上升 6℃。因此，应定期检测波峰钎料槽中合金的化学成分，一旦发现合金成分出现异常或出现杂质超标现象，应及时更换波峰钎料。

8）为了使波峰焊设备适应无铅钎料的要求，需要进行设备改造。在预热段，应更换新的加热元件或使预热区加长；由于传统的不锈钢锡锅易被腐蚀而导致损坏，可以在波峰焊锡锅表面添加耐腐蚀涂层，或更换钛合金材料制造的锡锅；其他相关的机械结构和传动装置都要适应新的要求而进行改造。在波峰焊工序的后端，可以增设强制风冷，使通过波峰的 PCB 迅速降温，以减小温度对印制电路板的影响。当然，购买新的波峰焊锡机不失为一种很好的选择。

9）由于应用无铅钎料的工艺窗口更窄，必须采取更加严格的工艺制度，增加必要的过程控制手段，避免工艺失控的现象发生，才能保证无铅波峰焊生产线的正常生产。

10）由于无铅钎焊温度的提高，要求 PCB 和元器件必须能耐受更高的温度。例如，要求 PCB 在钎焊中和焊接后不变形、不变色，要求元器件必须能耐受 270℃ 以上高温。同时，还要求焊盘和元器件引线表面镀层材料与无铅钎料兼容。在大多数情况下，应选用无铅钎料加工制造的元器件。

使用无铅钎料需要引起注意的另一个问题是产生锡的晶须。锡晶须易在无铅电镀之后的表面生长，其长度可达几毫米，这种锡晶须极易造成电路之间发生短路。

以上讨论了无铅钎料在再流焊、波峰焊中的应用，另外，还有采用 Sn-3.0Ag 0.5Cu、Sn-0.7Cu 无铅钎料丝进行手工补焊或维修，其方法比较简单，不作详细讨论。

目前，无铅钎料主要应用于表面贴装行业。无铅钎料的应用并不是单纯的用无铅钎料替换含铅钎料的简单过程。电子产品的无铅焊技术是一项系统工程，影响因素很多，涉及的内容包括元器件、PCB、钎焊设备、钎剂、工艺技术、检测标准、产品成本等。无铅钎料的应用需要工艺、设计、采购、制造以及质量管理等各个部门的合作。由于影响因素很多，存在的问题也很多，而许多问题还没有得到圆满的解决，因此需要循序渐进，并采取更加严格的工艺控制手段来实施无铅焊组装或封装。

4.5.5 无铅钎料的局限性

最后，让我们对无铅钎料的局限性进行一些客观的分析。

无疑，无铅钎料经过多年的研究取得了很大的成绩。例如，研究表明，现有的无铅钎料可以与印制电路板材料兼容，现有的电子组装设备经过适当改造以后也可以用于无铅电子组装，部分无铅钎料的力学性能及焊点的耐热疲劳性能也优于或相当于锡-铅共晶钎料等。

尽管已经研究出了许多种无铅合金，但无论哪一种无铅合金，与传统的锡-铅钎料相比，从钎料最基本的物理性能如熔点及润湿性，到钎料的使用工艺问题及焊点的可靠性都有着或这或那的缺点，尤其是对于钎料的两个重要指标——熔点和润湿性，无铅钎料的差距还很大。另外，无铅钎料仍未能从根本上解决电子产品对环境的污染问题，在资源保证及价格等若干方面，也存在着许多问题[20]。

在各种无铅钎料合金系中，由于 In、Bi 均为稀有元素，且 Sn-In、Sn-Bi 合金熔点过低，故 Sn-In、Sn-Bi 系合金不可能大量用作电子钎焊材料。由于 Sn-Sb 合金熔点过高，且 Sb 有毒性，故 Sn-Sb 合金只能少量用于高温下的特殊钎焊连接。虽然 Sn-Zn 共晶合金的熔点比较接近 Sn-Pb 共晶合金，但由于 Zn 的化学活性太高，易氧化，导致 Sn-Zn 共晶合金主要以钎料膏的形式用于再流焊。Sn-Ag 钎料的力学性能、抗氧化性能都较优越，但熔点较高，润湿性较差，且高温下对 Cu 会产生溶解和扩散，一般不大量使用。目前，使用比较多的是 Sn-

Cu、Sn-Ag-Cu 共晶无铅钎料。可见，无铅钎料的选择范围被大大压缩了。显然，仅凭少数几种无铅合金是不能满足所有电子钎焊连接需要的，换句话说，少数几种无铅合金是不能代替众多的含铅合金的。无疑，这对彻底实现电子产品的无铅化带来了困难。

由于电子产品的无铅化不仅涉及整个电子制造业上下游产业链的所有领域，而且还涉及电子制造业以外的有色金属及材料加工领域，因此无铅钎料引发了一系列技术、经济和社会问题，包括[11,26,49-52]：

1）目前具有工业应用价值的无铅钎料，如 Sn-Cu、Sn-Ag-Cu 的熔点比 Sn-Pb 共晶钎料高出 33～44℃，使钎焊温度相应提高，这就需要淘汰或改造以前使用的钎焊设备、工艺和不能适应高温的元器件、PCB 基板以及配套的原辅材料。同时，对于原来的钎料生产设备也需要进行相应的更新改造。

2）无铅钎料的含锡量高，钎焊温度也高，不仅增加能耗，而且将促使连接界面金属间化合物的生长（见第 2 章）。由于金属间化合物是硬而脆的，会降低接头的可靠性，影响接头的导电、导热性，还可能导致焊点提前失效。

3）润湿性方面，无铅钎料明显弱于含铅钎料，例如在 Cu 基板上以同种 RMA 钎剂进行试验，前者的润湿角一般为 32°～50°，而后者仅为 10°左右。也就是说，无铅钎料的钎焊性较差。

4）钎焊时，由于必须使用高活性钎剂来弥补无铅钎料的润湿性之不足，加之大幅度提高钎焊温度，这就必然会造成大量低挥发组分污染大气；而由于钎焊以后有大量离子残留在基板上，必须用有机溶剂来反复清洗，这又增加了对水源的污染。

研究表明，无铅钎料引入的 Ag、Cu、Sb、In 等元素对公众健康也是有一定危害的。另外，由于无铅钎料的钎焊性差，因此必然会造成更多的连接缺陷，从而缩短电子产品使用寿命，会导致产生更多的电子垃圾。

5）平行测试结果表明，与 Sn-Pb 共晶合金相比，无铅钎料的氧化速度要高出 40%～50%，也就是说，无铅钎料的浪费大，利用率低。如在量大面广的浸焊、拖焊、波峰焊中推广应用，会造成贵重金属的严重浪费。

6）无铅钎料的工艺性能差，如润湿时间长，润湿力低，漫流性差，不仅会使操作困难，而且带来的连接缺陷较多。如：桥连、拉尖、露铜、虚焊、气孔、空洞、焊点龟裂等现象。此外，Ag、Cu 及 Zn 等元素易引起焊接区残留的 H^+、Cl^- 迁移产生电极反应，从而引起短路。

7）无铅钎料在使用中的工艺窗口普遍较窄，例如，Sn-0.7Cu 在波峰焊过程中，由于高温下 Sn 的氧化和 Cu 的溶入，只要 Cu 含量增加 0.2%，就会使钎料的液相线温度升高 6℃，导致产生更多的连接缺陷甚至失败。这为电子产品的生产控制带来了很大的难度。

8）与含铅钎料相比，由于无铅钎料凝固应力较大，焊缝更容易产生气孔，焊点表面极易产生凝固缩松和龟裂，甚至产生焊点剥离，还有其他许多连接缺陷。也就是说，无铅焊点的可靠性是值得继续探讨的。

9）由于无铅钎料锡含量很高，还存在着易长锡晶须的问题。锡晶须的生长，会导致短路。此外，还有与现有钎剂不匹配，长期服役应用的经验和数据缺乏，国际专利对我国的限制等一系列技术问题，不一一列举。

10）最后，无铅钎料的推广应用，必然会大量增加锡和银的消耗，势必造成资源短缺，原料价格暴涨，直接提高钎料成本。目前我国年产锡13万t，消耗锡钎料12万t，随着时间的推移，锡钎料的消耗还将进一步增大。我们不能把全部锡都拿来生产钎料。如汽车、电光源等行业大量使用的高铅钎料也采用以锡、银代铅，全球锡的供应将会更加紧张，这势必进一步加速锡、银资源的枯竭，并将严重影响其他各工业门类的协调发展。

地球上锡、银资源是很有限的，且锡、银与电子工业的关联度极大，因此，加速锡、银资源的枯竭将会直接影响电子工业自身的存在。

综上所述，即便电子钎料无铅化了，其他工业门类使用的钎料将仍然是含铅化。电子钎料的无铅化并不能使所有钎料无铅化。在世界范围内，要彻底取代含铅钎料必须要付出极其惨重的代价，并需要相当长的时间。除非人类能够发现一种比锡的地壳储量更大、性能更好的元素来取代锡的地位，同时寻找到一种能彻底取代铅的元素，否则，迫于欧盟等国家环保的压力，今后电子钎料就只能是含铅和无铅并存的格局。

4.6 锡钎料金属的回收与环境保护

20世纪全球经济高速发展，大量机电产品极大地丰富了人们的物质文化生活，与此同时，废旧机电产品的数量也以惊人的速度增长，由此造成的生态破坏、环境污染、资源浪费等问题日益突出。据统计，造成全球污染的70%以上排放物来自制造业，每年约产生55亿t无害废物和7亿t有害废物。为缓解资源短缺和资源浪费的矛盾，保护生态环境，最大限度回收利用废旧机电产品所蕴含的财富，在中国大力推动废旧机电产品资源化，具有重大现实意义[53]。

中国工程院院长徐匡迪院士在2004年世界工程师大会报告上提出，废旧机电产品资源化的基本途径包括减量化（Reduce）、再利用（Reuse）、再制造（Remanufacture）、再循环（Recycle），即“4R”战略。减量化主要是指在满足社会需求的情况下尽量少地消耗资源并减少环境污染；再利用主要是指对经检验合格的废旧产品零部件的直接使用；再制造则是指高科技维修的产业化；再循环主要是指实现材料的回收利用[53]。

为了延续锡资源对经济社会发展的服务年限，其中最重要的措施是锡钎料及其他有色金属的回收和再利用，这就是所谓的循环经济。它对节约资源、保护环境具有极其重大而深远的意义。

从环保的角度，电子产品的无铅化切断了铅的污染源，从源头上消除了电子产品中铅对环境的污染。但是，铅的冶炼加工行业、蓄电池行业、铅化工产品的生产和使用行业对环境的污染是非常严重的，电子制造业中铅的污染远远没有其他行业所带来的铅污染严重。如前所述，全世界每年用铅量已超过700万t，其中电子钎料用铅仅占0.5%左右。显然，电子钎料的无铅化，是不能解决全社会严重的铅污染问题的。因此，从全社会来考虑，治理铅污染的重点是铅的冶炼加工行业、蓄电池行业、铅化工产品的生产和使用行业。除非全面禁止对铅的开采和冶炼，要彻底消除铅对地球环境的污染是不可能的。然而，由于全球经济的发展，全世界对铅资源的开采、加工和使用却有越演越烈之势。

从资源的角度，必须走循环经济的道路。尤其是锡、银等金属资源十分有限，只有发展循环经济，才能延续资源对社会经济发展的保证年限。因此，对钎料在生产、使用过程中产生的废渣必须全面回收，经过冶炼加工后再利用；对服役期满的电子垃圾，也必须全面回收，经过集中处理加工，回收其中的各种有价金属和非金属材料[12]。那种采用填埋或焚烧的办法，既浪费资源，又严重污染环境，是不可取的。

对锡钎料来说，除了在生产和使用过程中会有微量铅的挥发以外，铅对环境的污染主要是由电子产品的废弃造成的。因此，回收和处理电子废弃物才能重点消除电子钎料对环境的污染。从这个意义上讲，无铅化只是目前表面贴装业应对欧盟“两项指令”的临时措施[21]。

电子废弃物对环境的污染不仅仅是铅的问题，还有许多其他金属和化学物质对环境均会产生污染。因此，不论使用含铅钎料还是无铅钎料，都存在着电子垃圾的回收和处理问题，那种认为使用无铅钎料就不需要再回收电子垃圾的观点是很愚昧的，也是完全错误的。

最值得肯定的是，我国已经注意到电子废弃物的专业化处理，它是电子信息产品污染控制工作中的另一个重点。目前，电子废弃物的专业化处理是急待解决的一项重大任务。大量的废旧电子产品流入城市、乡村，没有经过统一的回收处理，既是对资源的严重浪费，又对环境造成严重污染。因此，需要加大废旧电子产品的回收力度，建立完善的回收体系，促进循环经济的发展。要建立废旧电子产品回收处理的长效机制，需要确立一定的制度和相应的政策法规体系，才能从根本上解决电子产品的污染问题。

为了提高电子废弃物回收利用效果，防止在回收利用中造成二次污染，需要政府来进行统筹规划，统一协调，建立电子废弃物回收利用产业基地。例如，我国正在建设的天津子牙环保产业园废旧电子信息产品拆解回收基地，就是一个治理电子垃圾污染的重大举措。

天津子牙环保产业园是集进口废旧机电产品拆解、再生资源利用、原材料深加工为一体的高标准环保型产业园区，每年园区内拆解各种废旧机电产品达100万t，可向市场提供50万t铜、15万t铝、20万t铁以及15万t橡塑材料，年交易额达240亿元，是目前我国北方最大的也是唯一的再生资源综合利用及有色金属集散地。该项目是“十一五”规划的重点建设项目，占地4km^2，投资10.28亿元，每年可拆解废旧家电产品1500万台，将形成以华北为中心，覆盖整个北方的国家级示范基地。

最后，仍然应该肯定的是，在国际尤其是欧盟禁止含铅电子产品准入的形势下，为了满足出口的需要，争取更大的经济效益，我国应该密切跟踪国际无铅软钎焊的研究进展，积极开展相关无铅钎料质量与可靠性评定，积极做好技术储备，并根据国际市场变化适时地调整和生产无铅电子产品，才能赢得更大的市场空间。与此同时，我们应该加速废旧电子电器产品回收处理技术的研究开发，使电子垃圾资源化，变废为宝，变害为利，走循环经济之路，这才是治理电子产品污染和促进社会循环经济发展的必由之路。

总之，资源与环境是人类社会赖以生存和发展的大问题。我们应该从更高的角度、更深的层次来认识电子产品的绿色化，只有加强在制造、使用、回收过程中的绿色化的设计与开发，才能从根本上解决资源与环境的矛盾，保证社会可持续发展。

参考文献

[1] 张启运，庄鸿寿. 钎焊手册 [M]. 北京：电子工业出版社，1999.

[2] 杜长华，赵晓举. 世界主要国家软钎焊材料技术标准 [J]. 四川有色金属，1999.

[3] 田中和吉. 电子产品焊接技术 [M]. 孟令国，黄琴香，译. 北京：电子工业出版社，1984.

[4] 张文典. 实用表面组装技术 [M]. 北京：电子工业出版社，2006.

[5] 陈方，杜长华，杜云飞．电子焊料的工艺性能及影响因素［J］．电子元件与材料，2006，25（7）：6-8.
[6] 张训鹏．冶金工程概论［M］．长沙：中南工业大学出版社，2005.
[7] 黄位森．锡［M］．北京：冶金工业出版社，2000.
[8] 中国电子材料行业协会锡焊料分会．锡金属面临供需平衡“临界点”［J］．锡焊料，2006（9）：48.
[9] 黄迎红．我国锡的消费现状及发展趋势分析［J］．锡业科技，2002，3（3）：64-69.
[10] 中国电子材料行业协会锡焊料分会．锡铅锌评述［J］．锡焊料，2007（1）：23-25.
[11] 杜长华，陈方，王卫生．电子钎料绿色化的新途径［J］．材料导报，2006，20（3A）：15-18.
[12] 武增华，刘金权，王艳兰，等．电子垃圾资源化中管理对策研究［J］．环境保护，2003，7：14-17.
[13] 中国电子材料行业协会锡焊料分会．锡的评述［J］．锡焊料，2006（12）：20-23.
[14] 材料科学技术百科全书编委会．材料科学技术百科全书［M］．北京：中国大百科全书出版社，1995.
[15] 李松瑞，田荣璋．铅及铅合金［M］．长沙：中南工业大学出版社，1996.
[16] 邱竹贤．有色金属冶金学［M］．北京：冶金工业出版社，2006.
[17] 朱祖泽，马克毅．铜冶金学［M］．昆明：云南科技出版社，1995.
[18] Du Changhua，Chen Fang，Li Jianzhong．Research progress on electronic soldering materials［C］// The 4th Annual Conference on Materials Science and Engineering．London，1996.
[19] 杜长华，陈方，刘宝权，等．新型 Sn-Pb-Ag 系列电子软钎料的研制［J］．四川有色金属，1998（1）：21-26.
[20] 钱乙余．国内外无铅焊料发展综述［C］// 锡焊料行业联络网 10 周年会议．海口，2003.
[21] 张曙光，何礼君，张少明，等．绿色无铅电子焊料的研究与应用进展［J］．材料导报，2004，18（6）：72-75.
[22] 杜长华，等．高性能电子软钎焊合金材料制备新工艺（鉴定资料）．重庆工学院，2004.
[23] 王松柏，王承楷，杨世文，等．GB/T 8012—2000 铸造锡铅焊料［S］．北京：中国标准出版社，2001.
[24] 杨丽娟，顾小龙，陶立，等．GB/T 3131—2001 锡铅钎料［S］．北京：中国标准出版社，2001.
[25] 金属腐蚀手册编委会．金属腐蚀手册［M］．上海：上海科学技术出版社，1987.
[26] 陈方，杜长华，杜云飞．含铅焊料绿色化的途径［J］．电子元件与材料，2006，25（11）：1-3.
[27] 孙秋霞．材料腐蚀与防护［M］．北京：冶金工业出版社，2005.
[28] 孙跃，胡津．金属腐蚀与控制［M］．哈尔滨：哈尔滨工业大学出版社，2003.
[29] 李铁藩．金属高温氧化和热腐蚀［M］．北京：化学工业出版社，2003.
[30] Lee N C．Lead-free soldering-where the world is going［J］．Adv Microelectron，1999，26：29-35.
[31] Abtew M，Selvaduray G．Lead-free Solders in Microelectronics［J］．Mate Sci Eng，2000，27：95-141.
[32] 菅沼克昭．无铅焊接技术［M］．宁晓山，译．北京：科学技术出版社，2004.
[33] 杜长华，陈方，杜云飞．Sn-Cu、Sn-Ag-Cu 系无铅钎料的钎焊特性研究［J］．电子元件与材料，2004，23（11）：34-36.
[34] 陈方，杜长华，杜云飞．液态 Sn-Cu 合金的恒温热氧化性能研究［J］．电子元件与材料，2006，25（1）：49-51.
[35] 陈方，杜长华，黄福祥．Sn-0.7Cu 无铅钎料对铜引线材料的润湿性［J］．材料导报，2004，18（9）：99-101.
[36] 陈方，杜长华，杜云飞．熔融无铅焊料对电子产品微连接的钎焊性研究［J］．重庆科技学院学报，2006，8（1）：27-29.
[37] 长崎诚三，平林真．二元合金状态图［M］．刘安生，译．北京：冶金工业出版社，2004.

[38] Park J Y, Kang C S, et al. The analysis of the withdraw force curve of the wetting cure using 63Sn-37Pb and 96. 5Sn-3. 5Ag eutectic solders [J]. Electron Mater, 1999, 28: 1256-1262.
[39] 周瑞山，吴经玲，薛树满，等. SMT工艺材料 [M]. 成都：四川省电子学会SMT专委会，1999.
[40] Anderson I E, Foley J C, Cook B A, et al. Alloying effects in near-eutectic Sn-Ag-Cu solder alloys for improved micro-structural stability [J]. Electron Mater. 2001, 30: 1050-1059.
[41] Glazer J. Metallurgy of low temperature Pb-free solders for electronic assembly [J]. Int Metal Rev, 1995, 40: 65-92.
[42] Chen Fang, Du Changhua, Du Yunfei. Solderability of melting lead-free solder to tiny joint of electronic products [C]//The International Conference on Mechatronics and Information Technology. Abstracts 3rd IC-MIT'2005, Chongqing China, 2005: 386.
[43] 杜长华，陈方，黄伟九. 液态Sn-3. 5Ag-0. 6Cu无铅钎料对铜的高温润湿行为 [C]//第四届《材料科学与工程》科技学术论文集. 北京：原子能出版社，2005: 77-80.
[44] 陈方，杜长华，杜云飞. Sn-3. 5Ag-0. 6Cu合金对铜引线的钎焊性研究 [J]. 焊接技术，2005, 34 (4): 49-51.
[45] Chen Hongtao, Wang Chunqing, Li Mingyu. Influence of Thermal Cycling on the Microstructure and Shear Strength of Sn3. 5Ag0. 75Cu and Sn63Pb37 Solder Joints on Au/Ni Metallization [J]. J. Mater. Sci. Technol., 2007, 23 (1): 68-72.
[46] 于大全，赵杰，王来. 稀土元素对Sn-9Zn合金润湿性的影响 [J]. 中国有色金属学报，2003, 13 (4): 1001-1004.
[47] Ma Haitao, Xie Haiping, Wang Lai. Effect of Trace of Bi and Ni on the Microstructure and Wetting Properties of Sn-Zn-Cu Lead-free Solder [J]. J. Mater. Sci. Technol., 2007, 23 (1): 81-84.
[48] 贾建军. 长虹无铅工艺技术研究及应用 [J]. 电子工艺技术，2005, 26 (2): 63-67.
[49] 熊胜虎，黄卓，田民波. 电子封装无铅化趋势及瓶颈 [J]. 电子元件与材料，2004, 23 (3): 29-31.
[50] 中国电子材料行业协会锡焊料材料分会. 求解无铅化四大难题 [J]. 锡焊料，2005 (12): 27-28.
[51] 吴顺丰，王磊，吴懿平. 电子产品无铅化的环保新问题 [J]. 电子元件与材料，2004, 23 (11): 71-73.
[52] 电子元件与材料编辑部. 电子元件与材料综合信息：无铅化的难点在哪里 [J]. 电子元件与材料，2006, 25 (1): 48.
[53] 徐滨士，朱胜，姚巨坤. 废旧机电产品资源化 [J]. 科技导报，2005, 23 (204): 17-19.

第 5 章　钎剂及其他辅助材料

在电子钎焊连接过程中，钎剂是必不可少的，它在连接过程中起着非常重要的作用。钎剂的英文是 Flux，意思为促进 Flow in soldering[1]。钎剂在钎焊连接中的作用不仅只是帮助流动，它的主要功能是去除被焊金属（母材）及钎料表面的氧化物，同时降低表面张力，加速连接界面金属间的反应。因此，从某种意义来讲，钎剂与化学反应中的催化剂相似，它能起到加速连接界面反应的作用。不同的钎焊工艺、钎焊设备，不同的元器件材质，必须选用不同的钎剂。随着电子产品的快速更新换代，钎焊连接方法和连接材料日趋多样化，钎剂的功能也在不断扩展。只有钎剂和钎料的有机结合，才能满足电子微连接技术发展的需要。

在钎焊连接工艺过程中，除了使用钎料、钎剂以外，还要用到清洗剂、贴装胶、阻焊剂、防氧化剂、插件胶等化学制品。本章主要介绍上述钎剂及其他化学辅助材料。

5.1 钎剂的作用机理

5.1.1　钎剂应具备的特性

电子产品的钎焊连接，通常是采用锡钎料将元器件的内引线或外引线连接起来，或将相互分离的功能元器件与电路板连接起来，以形成导电通路。在空气中，除了纯金和铂以外，几乎所有的金属均会发生氧化，表面形成氧化膜。在电子产品中涉及的需要连接的母材，包括印制电路板上的线路、焊盘，元器件的内引线材料，引线框架材料，元器件的引出端等均会发生表面氧化而妨碍钎焊连接。因此，一般需要在钎焊连接之前或者在钎焊连接期间在被焊金属表面上涂敷化学试剂，来有效地除去母材表面的氧化物，例如人们早期使用的 $ZnCl_2$ 水溶液。涂敷的化学试剂主要起帮助焊接的作用，因此将这种能净化被焊金属和钎料表面以帮助焊接的化学物质称为钎剂。

对钎剂的特性要求如下[2-4]：

（1）具有较好的化学活性　从钎焊原理我们知道，要获得一个好的焊点，必须要先制备一个完全无氧化的金属表面。但金属一旦暴露于空气中，就会生成氧化膜，这种氧化膜不能用传统的溶剂来清洗，此时必须靠钎剂与氧化膜起化学作用来清除氧化物，才能获得良好的连接界面。钎剂的化学活性主要是指它净化金属表面的能力。钎剂的化学活性越强，去除金属表面氧化膜的能力就越强。钎剂必须具有快速去除表面氧化物的能力。

钎剂与金属氧化膜的化学反应有以下几种类型：

1）钎剂与金属氧化膜相互起化合作用生成第三种物质。例如，松香钎剂去除金属氧化膜即是这种反应。松香主要成分为松香酸和异构双萜酸，当钎剂加热后与氧化铜反应，形成绿色透明的铜松香，易溶入未反应的松香内与松香一起被清除，即使有残留，也不会腐蚀金属表面。

2）氧化物直接被钎剂剥离。例如，用氢气作保护气氛，即是典型的剥离氧化物的反应。在高温下，氧化物暴露在氢气中，氢夺取金属氧化物中的氧生成水，使氧化膜被剥离。这种方式常用于半导体零件的钎焊连接。

3）前述两种反应并存。例如用有机酸或无机酸作钎剂。几乎所有的有机酸或无机酸都能去除氧化物，但是只有少部分能用作钎剂。

（2）具有较低的熔点和一定的热稳定性　钎剂需要在钎料熔化之前去除金属表面的氧化膜，因此，钎剂的熔点必须低于钎料的熔点。同时，钎剂要在一定温度下才能去除金属的氧化膜，在反应的同时，还必须形成保护膜，以防止被焊区表面的再度氧化，直到液态钎料取代钎剂为止。所以钎剂必须能承受高温，在钎焊操作温度下具有一定的热稳定性。

（3）具有在不同温度下的适应性　在某些场合，不仅要求钎剂具有热稳定性，还应考虑在不同温度下的适应性。

通常，钎剂在某一温度范围与金属氧化物的反应速度最快。例如 RA 型钎剂，只有当温度达到某一程度时卤素离子才会大量分解出来清理氧化物，而此温度必须在钎焊作业的温度范围之内。另一个例子，如使用气态物质（氢气）作钎剂，当反应时间一定时，需要调节温度以满足清洁母材表面的需要。

当温度过高时，可能降低或失去钎剂的活性，如松香钎剂在超过 315℃时几乎无任何反应。如果无法避免高温时，可延长预热时间，使其充分发挥活性后再进行钎焊。为了防止焊后发生腐蚀现象，也可以利用此特性使钎剂钝化，但在应用上要特别注意受热时间与温度。

（4）具有低的表面张力和流动性　通常要求钎剂的润湿扩展速度比熔化的钎料快，才能达到预先净化表面的目的。

（5）具有低的密度和粘度　以利于钎剂能被熔化的钎料所取代，并能覆盖在焊点表面，起保护作用。

（6）具有很好的润湿能力和助扩散能力　为了清除金属表面的氧化层，钎剂对母材金属和钎料应有很好的润湿能力，以增强钎料的扩散性。在钎料及其他条件不变时，通常以钎料的扩散率或扩展率作为衡量钎剂能力强弱的指标。

（7）具有环保性和易操作性　钎剂在高温下产生的烟雾小，不产生有毒气体和强烈的刺激气味，有利于环境保护和生产人员的身心健康。同时，焊后残留物少，易去除，腐蚀性小，不吸湿，不导电，不沾手。

（8）其他　除上述以外，还要求钎剂在常温下长期贮存不变质。

5.1.2 钎剂的作用机理

在用或不用钎剂的场合，液态钎料在固体母材表面的润湿扩展如图 5-1 所示。

在图 5-1a 中没有使用钎剂，此时由于在母材和钎料液体表面均包裹着一层氧化膜，阻碍了固-液界面原子间的相互接近，使液态钎料不与固体母材润湿。图 5-1b 是使用了钎剂的情况，由于钎剂的作用，在母材和液体钎料表面包裹着的氧化膜被清除，使固－液界面之间金属原子相互接近到能产生键合作用的距离，同时降低固/液和液/气相之间的界面张力，故液态钎料对固体母材能产生良好的润湿。

钎焊连接质量的好坏与钎料、钎剂、钎焊工艺以及母材的材质有关，其中钎剂是十分重要的。在钎焊连接过程中，钎剂的主要作用如下[4,6-8]：

（1）清除金属表面的氧化物　钎剂的主要功能是去除金属表面的氧化物。钎剂中所含

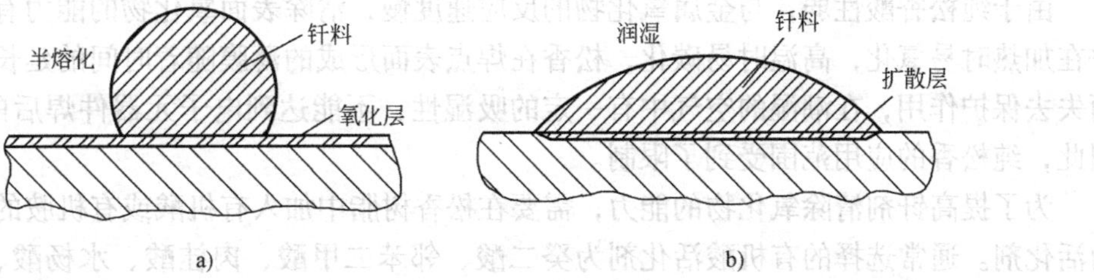

图 5-1 钎剂对钎料润湿性的影响[5]

的活性物质能与包裹在母材表面和钎料液体表面的金属氧化物迅速发生化学反应，清洁焊接区的金属表面，使新鲜的金属裸露出来，使界面金属原子接近到发生键合作用的距离，从而产生新的金属键。

(2) 保护焊接区，避免高温下金属表面的再氧化　电子产品的钎焊连接大多数都是在大气气氛下进行的，只有少数是在保护气氛下进行的。一般说来，随温度的升高，金属表面的氧化会加剧。因此，在钎焊高温下，无论是已被清洁干净的钎料表面还是母材表面都可能发生再氧化。钎剂具有成膜性，它可以在金属表面形成薄薄的保护膜，这层保护膜覆盖在金属表面上，将空气和金属隔绝开来，因而能在钎焊过程中避免高温下焊接区金属表面的再氧化。

(3) 降低液态钎料的表面张力，增强润湿性　钎剂能显著降低液态钎料的表面张力，从这个意义上讲，它是液态钎料金属的表面活性剂。不同的钎剂对液态钎料表面张力的影响程度是不同的，一般而言，随着钎剂活性的增强，对钎料表面张力的影响越大。例如，Sn-40Pb 钎料在250℃时的表面张力为 $0.5N\cdot m^{-1}$，当使用松香异丙醇溶液作钎剂时表面张力为 $0.41N\cdot m^{-1}$，当使用0.2%有机氯化物作钎剂时表面张力为 $0.38N\cdot m^{-1}$，当使用0.5%有机氯化物作钎剂时表面张力为 $0.36N\cdot m^{-1}$，当使用1%有机氯化物作钎剂时表面张力为 $0.35N\cdot m^{-1}$，当使用无机盐作钎剂时表面张力为 $0.33N\cdot m^{-1}$。根据润湿平衡原理，降低液态钎料的表面张力，就能显著降低液态钎料对母材表面的润湿角，因而能显著改善钎料对母材金属的润湿性。

(4) 改善液态钎料的漫流性，增强填缝能力　根据表面物理化学理论，降低液态钎料的表面张力，就能降低液态钎料原子的内聚力，使液态钎料容易变形和流动，从而提高液态钎料的流动性和填缝能力。

(5) 改善焊接区热量的传递和平衡　在钎焊连接过程中，由于钎剂的熔化温度低于钎料的熔化温度，液体钎剂具有良好的传热性和挥发性。因此，借助于钎剂，可将热能从热源迅速传递到被焊区域，同时在被焊区域能加快热量的传递并使温度均衡，可以避免焊接区域局部过热而造成损坏，并形成良好的连接质量。

下面以松香树脂型钎剂为例，进一步分析钎剂的活性及作用机理[9]。

对于纯松香树脂型钎剂，其主要成分是松香酸，分子式为 $C_{19}H_{29}COOH$。松香酸是一种弱有机酸，酸值在165mgKOH/g左右，在高温下能还原液态钎料和PCB铜箔表面上的氧化膜。随着温度的变化，松香酸在175℃左右开始显示出活性，在300℃左右活性消失，而在更高的温度下则发生碳化。这种钎剂去除铜箔表面氧化膜的反应为

$$2C_{19}H_{29}COOH + CuO \longrightarrow (C_{19}H_{29}COO)_2Cu + H_2O\uparrow$$

由于纯松香酸性弱，与金属氧化物的反应速度慢，清除表面氧化物的能力有限，而且松香在加热时易氧化，高温时易碳化，松香在焊点表面形成的薄膜随着时间的延长易产生龟裂而失去保护作用，在潮湿的空气中有一定的吸湿性，不能达到电子元器件焊后的绝缘要求。因此，纯松香的应用范围受到了限制。

为了提高钎剂清除氧化物的能力，需要在松香树脂中加入有机酸或有机胺的氢卤酸盐作为活化剂。通常选择的有机酸活化剂为癸二酸、邻苯二甲酸、肉桂酸、水杨酸、氨基丙酸、谷氨酸、氯代水杨酸、硬脂酸等；选择的有机胺的氢卤酸盐活化剂为二乙胺盐酸盐、盐酸羟胺、乙二胺盐酸盐等。

在钎焊过程中，任何有机酸与金属氧化物反应均生成有机盐和水，以达到去除氧化膜的目的。有机酸与金属氧化物反应的通式为

$$2RCOOH + MeO \longrightarrow (RCOO)_2Me + H_2O\uparrow$$

因为有机酸的活性主要是通过形成羧酸盐来实现的，所以有机酸活性的大小与它们的酸性有关。羧酸的强弱可用离解常数 K_a 来表示

$$K_a = [H]^+[RCOO^-]/[RCOOH] \tag{5-1}$$

羧酸的强弱一般采用 K_a 的负对数 PK_a 来表示，$PK_a = -\lg K_a$。PK_a 值越小则酸性越强。几种有机酸的酸值列于表5-1。

表5-1 几种有机酸的物理常数[8]

化学名称	熔点/℃	PK_a 值	酸值/$mgKOH\cdot g^{-1}$
邻苯二甲酸	200℃分解	PK_1:2.95 PK_2:5.41	
癸二酸	134.5	PK_1:4.55 PK_2:5.52	555
肉桂酸	133	4.43	
氯代水杨酸	173~177		
水杨酸	159(76℃升华)	2.98	406
硬脂酸	70~71	6.37	197

研究表明，各种有机酸对松香树脂的活化能力顺序为：谷氨酸 > 邻苯二甲酸 > 癸二酸 > 氯代水杨酸 > 水杨酸 > 肉桂酸 > 氨基丙酸 > 硬脂酸。在松香树脂中，随着有机酸含量的增加，钎剂与金属氧化物的作用增强，但这并非是无限的。加入的有机酸的种类不同，所呈现活性的特性也不相同。钎剂清除氧化物的能力固然与有机酸的含量有关，但过量反而会起不良影响，例如过量增大有机酸的含量会增大钎剂的酸值，降低水溶性电阻和绝缘电阻，以及降低防腐蚀性能等。

此外，有机酸在松香中的溶解性对活化作用将产生很大影响，并直接影响钎剂的质量和效率。研究表明，在松香型钎剂中，只有活化物质在松香中的溶解性好，才能充分发挥其作用，且钎焊后残渣的腐蚀性小，绝缘电阻高。

影响有机酸在松香中的溶解主要有两个方面的因素。一是加热温度的影响。不同的有机酸在松香中的溶解度和溶解速度不同。例如，当把松香加热到160℃时，加入癸二酸，此时松香呈淡黄色透明液体；而加入谷氨酸，其谷氨酸颗粒将呈弥散分布在松香中，当加热温度为

200℃时，谷氨酸颗粒消失，可得红棕色透明的液体；当采用熔点和分解温度较高的有机酸，如氨基丙酸，它的分解温度为295℃，需要将松香加热至300℃以上，这会造成松香炭化。二是化学作用的影响。以加入硬脂酸的松香型钎剂为例，硬脂酸与松香是不容易反应混合的，钎焊时硬脂酸与锡发生化学反应，生成具有不同长度的多脂肪链硬脂酸盐膜，这种带有长链的硬脂酸盐溶解性较差。

对于含有机胺的氢卤酸盐的松香型钎剂，在钎焊温度下，有机胺的氢卤酸盐分解成胺和相应的卤化氢，卤化氢有较强的去氧化物的能力，其反应为

$$MeO + 2HCl \longrightarrow MeCl_2 + H_2O\uparrow$$

含有机胺的氢卤酸盐的松香型钎剂去除金属氧化膜的能力随活化剂含量的增加而增强。有机胺的氢卤酸盐与有机酸相比，具有加入量小、活化能力强、作用速度快等特点。对于应用较多的二乙胺盐酸盐、盐酸羟胺，其活化能力基本相当，而乙二胺盐酸盐的活化能力最小。由于这类物质都含有氯离子，为了防止氯离子对母材的腐蚀，应将含氯量（质量分数）控制在0.2%以下或者更低。

对于水溶性钎剂，通常采用有机酸和有机胺作活化剂，其去除金属氧化膜的原理与上述基本相同。由于这类物质易溶于水，故配比及要求较低，清除氧化物的能力较强，焊后可用水将钎剂残留物清洗干净。

对于免清洗钎剂，同样是由活化剂和溶剂组成的，加入的其他助剂有缓蚀剂、消光剂和发泡剂等。这种钎剂的去膜机制仍与上述相同，只是由于这种钎剂的固体含量低、离子残渣少、不含卤素、绝缘电阻高，因此焊后不需清洗。

此外，还有无挥发性钎剂，其组成是不用松香而使用少量的有机物，不用有机溶剂而采用水作溶剂，这是一种环保型的钎剂。

5.2 钎剂的组成、分类和选用

5.2.1 钎剂的化学组成

传统的钎剂通常以松香为基体。除松香之外，钎剂还包括以下成分：活性剂、成膜物质、添加剂和溶剂等[4,7-9]。

（1）松香　松香具有弱酸性和热熔流动性，并具有良好的绝缘性、耐湿性、无腐蚀性、无毒性和长期稳定性，是不可多得的钎剂材料。目前在电子产品的连接与组装技术中采用的大多是以松香为基体的活性钎剂。由于松香随着品种、产地和生产工艺的不同，其化学组成和性能有较大差异，因此，对松香的优选是保证钎剂质量的关键。

（2）活性剂　活性剂是为了提高助焊能力而加入的化学活性物质。活性是指活性剂与钎料和被焊材料表面氧化物起化学反应，以便清洁金属表面和促进润湿的能力。

活性剂分为无机活性剂（如氯化锌、氯化铵等）和有机活性剂（如有机酸及有机卤化物等）。通常无机活性剂助焊性能好，但作用时间长、腐蚀性大，不宜在电子装联中使用；有机活性剂性能柔和、作用时间短、腐蚀性小、电气绝缘性好，适宜在电子装联中使用。

一般，活性剂的含量依使用目的而异。当需要钎剂的活性强时，应适当增大含量。若使

用卤化物作活性剂时，最好控制含氯量（质量分数）在0.2%以下。

（3）成膜物质　加入成膜物质后，能在钎焊表面形成一层致密的有机膜，对焊点和基板起保护作用，具有防腐蚀性和优良的电气绝缘性。常用的成膜物质有松香、酚醛树脂、丙烯酸树脂、氯乙烯树脂、聚氨酯等。成膜物质的加入量应适当，加入过多会影响扩展率，使助焊作用下降。对于普通家用电器或腐蚀性、绝缘性要求不高的电子产品，使用成膜物质的钎剂在焊后对电器部件可以不用清洗，因而可以降低成本。

（4）添加剂　添加剂是为适应工艺和环境而加入的具有特殊物理和化学性能的物质。常用的添加剂包括：

1）调节剂。为调节钎剂的酸性而加入的成分，如三乙醇胺可以调节钎剂的酸度；在无机钎剂中加入盐酸可抑制氧化锌生成。

2）消光剂。能使焊点消光，在操作和检验时克服眼睛疲劳和视力衰退。一般加入无机卤化物、无机盐、有机酸及其金属盐类，如氯化锌、氯化锡、滑石、硬脂酸铜、钙等。

3）缓蚀剂。加入缓蚀剂能保护印制电路板和元器件引线，具有防潮、防霉、防腐蚀性能，又保持了优良的焊接性。用于缓蚀剂的物质大多是含氮化物为主体的有机物。

4）光亮剂。能使焊点发光，可加入甘油、三乙醇胺等，一般加入量（质量分数）约为1%左右。

5）阻燃剂。为保证使用安全，提高抗燃性而加入的成分。

（5）溶剂　工业钎剂大多是液态的，为此必须将钎剂的固体成分溶解在一定的溶剂里，使之成为均相溶液。大多采用异丙醇和乙醇作为溶剂。用作钎剂的溶剂应具备以下条件：

1）对钎剂中各种固体成分均具有良好的溶解性。

2）常温下挥发程度适中，在钎焊温度下迅速挥发。

3）气味小，毒性低。

除松香型钎剂以外，还有水溶性钎剂、免清洗钎剂等，它们的化学组成在此不一一列举。

5.2.2　钎剂的分类

钎剂有不同的分类方法，按产品形态分为固体钎剂和液体钎剂两大类。

从技术的角度，钎剂一般按化学成分、活性的高低、固体含量的多少进行分类。

1. 按化学成分分类

按化学成分，电子钎焊使用的钎剂可分为下列几类[4-8,10]。

（1）松香型钎剂　这种钎剂是以松香为基，加入适当的活化剂以及其他添加剂而成的。固体钎剂主要用于灌注钎料丝，以及用于人工补焊。固体钎剂用溶剂溶解后即为液体钎剂，主要用于浸焊、波峰焊、拖焊、搪锡、热风整平等操作时使用。在焊接以后，可用溶剂法、半水法、皂化法进行清洗。

（2）水溶性钎剂　水溶性钎剂一般是液体，可溶解于水，通常采用有机酸和有机胺作活化剂，在焊接以后可采用水来清洗。

（3）免清洗钎剂　免清洗钎剂同样是由活化剂和溶剂组成的，加入的其他助剂有缓蚀剂、消光剂和发泡剂等。特点是固体含量低、离子残渣少、不含卤素、绝缘电阻高，因此焊后不需清洗。

（4）无挥发性钎剂　无挥发性钎剂的组成是不用松香而使用少量有机物，不用有机溶剂而采用水作溶剂，相对来说，它是一种环保性能较好的钎剂。

2. 按活性分类

对于松香型钎剂，按其活性强弱的高低可分为四类[4-8,10]。

（1）低活性型　低活性松香型钎剂代号为R。它一般由纯松香或在纯松香中加入少量活化剂组成，使用时活性低，主要用于可靠性要求很高的电子产品的钎焊，焊后可免清洗。

（2）中活性型　中活性松香型钎剂代号为RMA。它一般是在松香中加入适量活化剂组成，活性中等，可用于许多通用电子产品的钎焊，多数情况下焊后不需清洗，仅对可靠性要求很高的电子产品焊后才需要清洗。

（3）活性型　活性松香型钎剂代号为RA。它在松香中加入较多活化剂，活性好，主要用于焊接性差的元器件的钎焊连接，焊后需要进行清洗。

（4）高活性型　高活性松香型钎剂代号为RSA。它在松香中加入的活化剂含量较大，活性很高，主要用于焊接性差的某些元器件引线或镍铁合金的钎焊，焊后必须进行清洗。

关于钎剂活性程度的标识，目前，在IPS-A-610B等标准中，已采用L、M和H来表示，其中：

L0、L1型——表示低活性钎剂。

M0、M1型——表示中等活性钎剂。

H0、H1型——表示高活性钎剂。

3. 按钎剂中固体含量分类

这种钎剂主要是按液体钎剂中松香含量的多少来进行分类的。按其中固体含量的高低，可分为三类。

（1）低固含量型　固体含量（质量分数）2%～5%，用于免清洗钎焊连接。

（2）中固含量型　固体含量（质量分数）6%～10%，用于通用电子产品钎焊连接。

（3）高固含量型　固体含量（质量分数）>15%，用于民用电子产品钎焊连接。

5.2.3　钎剂的选择和使用

1. 选择钎剂应考虑的因素[3,4,7,8,11,12]

以上一般性地介绍了钎剂的成分及分类，有助于选择钎剂和对焊后表面残渣进行分类，以制订适当的清除措施。

在配制钎剂时，使用了各种不同的化学材料。使用者应大致了解钎剂的基本组成，推测焊后所产生的钎剂残渣的化学成分，进而确定清洗钎剂残渣的方法，以达到所要求的清洁度。钎剂的配方属于技术机密，一般不予公开，所以必须按生产厂商提供的说明书进行使用。

在选择钎剂之前，必须认真学习专业知识，分析被连接对象，并结合具体使用的钎料和钎焊工艺来挑选钎剂。选择钎剂不仅要考虑不同电子产品焊接的需要，同时还要注意避免不良后果及所产生的负作用。要考虑的因素如下：

1）国家标准或行业技术标准规定的技术指标。

2）母材表面的清洁度和焊接性。

3）所用钎料的工艺性能及与钎剂的匹配性。

4）钎剂的化学活性和热稳定性。

5）焊后的清洁要求和钎剂的腐蚀性、绝缘性。

6）对环境和人体健康的影响。

7）经济性。

对上述参考要点必须综合考虑，选择适当的钎剂，这是获得良好钎焊效果的重要步骤，它对提高钎焊质量、减少焊接缺陷、降低生产成本、提高经济效益都具有重要意义。在注意技术要求和经济效益的同时，还要考虑环境保护和使用安全，如某些化学成分在受热或燃烧时所产生的烟雾会污染空气，严重地损害人体健康；焊后大量清洗溶液的流失，会严重污染水源。

2. 钎剂使用的注意事项[3,7,8,11,12]

钎剂的使用，尤其是自动化生产线上钎剂的使用，应注意以下几个方面：

1）通常液体松香钎剂在使用过程中，其密度应控制在0.83～0.86g·cm^{-3}范围内。如果密度过大，则钎剂中固体含量增大，粘度增加，流动性变差，会影响涂敷的均匀性，并妨碍液态钎料同金属表面的接触与润湿，易引起钎料收缩和搭接等现象；如果液体钎剂密度过小，会使钎剂的化学清洁作用下降，也会导致焊接不良。所以，液体钎剂的密度应经常进行监测。

2）在使用过程中要防止水分的混入。通常，液体钎剂的密度试验是在无水分混入的情况下进行的，如有水分混入时，会产生密度测试误差，同时会使钎剂的作用能力降低，容易产生焊接不良等缺陷。另外，还会使钎剂中溶剂的沸点上升，在预热时，溶剂不能充分挥发，不仅会降低去除金属表面氧化物及其他污染物的能力，产生焊接不良现象，还会在焊接温度下产生爆炸和飞溅。对于固体钎剂，如有水分混入，所灌注的钎料丝会产生气泡和断芯，在使用时会产生飞溅现象。

3）对片式元器件与PCB焊盘的焊接，钎剂本身的气体发生量要尽量少。因为在钎焊时，钎剂产生的气体会滞留在片式元件周围，妨碍液态钎料同焊接点的接触，以致产生钎料润湿不良和气孔现象。合成的聚合松香为主要成分的钎剂的气体发生量较少。

4）钎剂的耐热性不能低于160℃。在较高的预热温度下，如钎剂产生粘附现象，钎焊时会失去流动性，从而影响钎焊质量，以致出现漏焊、搭焊现象。

5）防止钎剂被氧化和污染。钎剂在空气中会氧化，潮湿环境会造成水的污染。因此，每次使用后要将钎剂灌入塑料桶内密封，反复使用的钎剂一般应每月更换一次。

5.3 钎剂的性能评价

5.3.1 钎剂的工艺性能

以下介绍的钎剂主要是液体钎剂。液体钎剂的工艺性能包括外观、发泡能力、扩展率、相对润湿力、焊后残渣干燥度等。[5,12]。

（1）外观　钎剂在焊后会残留在PCB上，残留物的状态和颜色会影响PCB板面的外观。合格的钎剂应均匀一致，透明，无沉淀、浑浊及分层现象，无异物。如果是免清洗钎剂，则应清澈透明。

（2）发泡能力 发泡能力是钎剂的重要工艺指标之一。松香型钎剂固体含量（质量分数）大于6%时，都具有良好的发泡能力。对低固体含量免清洗钎剂应通过发泡器试验合格后，才能用发泡方法涂敷钎剂；否则，只能采用喷雾涂布或其他方式进行涂布。

（3）扩展率 扩展率是表征钎剂活化能力的重要指标。对于松香型钎剂，R型的扩展率应不低于75%；RMA型的扩展率应不低于80%；RA的扩展率应不低于90%；低固体免清洗钎剂的扩展率应不低于80%。试验时扩展率越大，其助焊的作用越强。

（4）相对润湿力 相对润湿力同扩展率一样，也是用来表征钎剂活性能力的重要指标。相对润湿力采用润湿平衡测试仪进行试验，测试规定时间的润湿力。润湿平衡测试仪又称可焊性测试仪，用它既可以评价钎剂的助焊性，也可以评价元器件的焊接性。通常，在做相对润湿力的评价试验时，取3s时的润湿力与理论润湿力之比，这个比值越大，其助焊效果就越好。

（5）焊后残渣干燥度 在大量民用电子产品生产过程中，通常使用液态松香型或免清洗钎剂，焊接后不再清洗，因此要求钎剂的焊接残渣应保持干燥，否则钎剂残渣会粘接各种污染物，影响电子产品的电气性能。一般在焊接1.5h后，将白垩粉撒在其表面，再用毛刷轻轻往下刷，不应有白垩粉粘在钎剂残渣上的现象。

5.3.2 钎剂的理化指标

通常，评价液体钎剂的理化指标包括：固体含量、酸值、卤素含量、铜镜腐蚀性、水萃取液的电阻率以及绝缘电阻等[5,12]。

（1）固体含量 固体含量以加入溶剂中的固体化学物质的质量占钎剂总质量的百分比（质量分数）来表示。不同类型的钎剂其固体含量（质量分数）的大致范围是：松香型钎剂≥16%；水溶性钎剂8%～10%；低固免清洗钎剂1%～3%。

（2）卤素含量 卤素是钎剂中最主要的活化剂，卤素含量是以卤素的质量占钎剂中固体部分质量的百分比来表示。一般情况下，卤素含量越高，其腐蚀性就越大。以松香型钎剂为例，钎剂中卤素的含量范围是：R型——不应使铬酸银试纸呈白色或浅黄色；RMA型——同R型；RA型——0.07%～0.2%；低固免清洗型——无卤素。

（3）铜镜腐蚀性 铜镜腐蚀性试验能直观反映钎剂的腐蚀性强弱。一般铜镜镀层为70～80nm，涂敷钎剂放置24h后，铜镜上不能出现侵蚀的痕迹。判别标准为：R型——铜镜表面基本无变化；RMA型——铜膜不应有穿透性的腐蚀。

（4）水萃取液的电阻率 钎剂在水中会电离而导电，使水溶液电阻率下降，特别是当钎剂中卤素含量超过0.2%时，水溶液的电阻率会明显降低。因此，在焊接后钎剂的残留物会导电，直接影响电子产品的电气性能。不同钎剂的水溶液电阻率规定如下：R型$\geq 1\times10^5\Omega\cdot cm$；RMA型$\geq 5\times10^5\Omega\cdot cm$；RA型$\geq 5\times10^4\Omega\cdot cm$。

（5）绝缘电阻 将涂敷钎剂的印制电路板在高温高湿环境中放置一定时间，然后再测量其绝缘电阻，用以评估钎剂的绝缘性能。不同类型的钎剂的绝缘电阻应符合以下规定：R、RMA型——一级$1\times10^{12}\Omega$，二级$1\times10^{11}\Omega$；RA型——一级$1\times10^{11}\Omega$，二级$1\times10^{10}\Omega$；免清洗型——一级$1\times10^{12}\Omega$，二级$1\times10^{11}\Omega$。

5.4 几种常用的钎剂

目前，工业上常用的钎剂主要有无机钎剂、松香型钎剂、水溶性钎剂、免清洗钎剂、无VOC钎剂等。

1. 无机钎剂

无机钎剂主要由无机酸和盐（如盐酸、氢氟酸、氯化锡、氟化钠或钾、氯化锌等）组成，它的腐蚀性很强。无机钎剂对电子产品由于存在潜在的腐蚀性，所以在电子装配中很少使用，有时无机钎剂也用作电子元器件表面镀锡的钎剂。无机钎剂能够去除铁和非铁金属（如不锈钢、铁镍合金、铜）表面上的氧化膜，它一般应用于非电子产品的钎焊连接，如铜管的钎焊。无机钎剂的优点是活性高，比较经济；缺点是化学活性残留物可能引起腐蚀和严重的局部失效。

2. 松香型钎剂[4,5,9-15]

固体松香钎剂是以松香为基体，另外添加少量活化剂以及其他特殊助剂（增润剂、消光剂、缓蚀剂、发泡剂等）组成的。将固体松香钎剂按一定比例溶于乙醇或异丙醇溶剂中，即获得液体松香钎剂。松香型钎剂的使用历史悠久，至今仍广泛应用于各种电子产品的钎焊连接。目前，在自动化大生产中，主要使用液体松香钎剂。下面介绍松香钎剂中的主要化学成分。

（1）松香　松香即松香脂。采用蒸馏加工的方法，从松杉的树脂中分离出液态松节油（$C_{10}H_{16}$）以后，即得到固体松香。

松香的化学成分与产地有关，并受环境条件的影响而改变。松香的主要成分是松香酸，分子式为$C_{19}H_{29}COOH$。松香酸是一种弱酸，在高温下能还原锡钎料及PCB铜箔表面的氧化膜，促进液态钎料在母材表面上产生润湿、漫流和填充焊缝。液态松香具有成膜性，在焊接过程中它可以覆盖焊接部位而防止新鲜金属表面的再氧化，同时在焊接后也可在焊点上形成一层致密的有机膜而对焊点形成良好的保护作用。松香还具有良好的防腐性能和电气绝缘性能。在液体钎剂中，可用松香来调节液体钎剂的密度，并可以利用松香来控制液体钎剂的发泡性能。

松香作为钎剂的缺点是熔点低，有粘性和吸潮性，在温度和湿度作用下松香膜易发白，并易产生龟裂。通过对松香进行改性，可提高结构的稳定性，如通过氢化处理减少松香结构中的双键，可提高松香的热稳定性。常用的改性松香有氢化松香、歧化松香、聚合松香等。

（2）活性剂　活性剂又称活化剂，它是钎剂中最关键的成分。活性剂一般是有机物并呈强还原性，通常是有机酸、有机胺或它们的氢卤酸盐。含氯的有机活性剂在加热时能释放出HCl，微量的HCl能清除液态钎料及母材金属表面的氧化物，并能有效降低熔融钎料的表面张力，改善液态钎料对母材表面的润湿性。

活性剂的含量通常用氯离子（Cl^-）占钎剂中固体总量的百分数来表示。随着Cl^-含量的提高，钎剂的活性增大。表现在随着Cl^-含量的增大，润湿速率迅速提高，润湿力显著增大。但活性剂的加入量并不是无限的，当Cl^-的含量达到一定程度以后这种变化就趋于平缓。随着活性剂含量的增加，其焊接性得到改善，但同时也会导致钎焊完成后PCB表面钎剂残留物的绝缘电阻降低，腐蚀性增加。

活性剂主要包括以下化合物：

1）含氮有机物。主要包括伯胺、仲胺、叔胺及其相应的氢卤酸盐。例如乙二胺盐酸盐；环已胺盐酸盐；醇胺及其相应的盐，如三乙醇胺盐酸盐；肼及其相应的氢卤酸盐，如溴化肼等；酰胺，如甲酰胺、尿素等。

2）有机酸及其盐。如已酸、庚酸、月桂酸、草酸、酒石酸、乳酸、谷氨酸和硬脂酸锌；脂肪族多元羧酸及其衍生物，如丁二酸及相应的酸酐。

3）无机酸。如磷酸等。

(3) 添加的其他助剂 根据需要，钎剂中还可添加少量其他的助剂，包括消光剂、缓蚀剂、表面活性剂等。

对面积较大的PCB上由于焊点数量多，焊点反光强烈，会使检验人员视觉疲劳，为了降低焊点表面的光亮度，往往需要加入少量的带有消光作用的化学助剂，如加入脂肪酸及其盐，来避免焊点表面强烈的反光现象。

为了降低钎剂中含有的活性剂带来的腐蚀现象，有时需要在钎剂中加入缓蚀剂，以便在不影响钎剂功能的同时，降低对母材表面的腐蚀。

表面活性剂是一类有机物，可显著降低钎剂本身的表面张力，促进钎剂系统中各种添加剂的溶解，使钎剂对液态钎料和母材表面起到快速润湿的作用。实际上它协同活性剂起助焊作用，但用量过多会降低焊接后的表面绝缘电阻。

(4) 溶剂 通常使用的溶剂是乙醇、异丙醇及其两者的混合物。对液体钎剂而言，溶剂一般要占80% ~90%以上，它的作用是溶解松香，并使各种添加剂均匀地溶解和分散在液相中，同时可用于调节钎剂的浓度。

在松香型钎剂中，如加入的活性剂较多，或对焊接后表面腐蚀性、绝缘性以及清洁度要求很高，那么在焊接以后，就需要用溶剂来把钎剂的残留物清洗干净。常用的清洗溶剂是氟利昂（FC-113）或1,1,1-三氯乙烷。氟利昂（FC-113）或1,1,1-三氯乙烷具有优异的清洗性能，非常适用于松香型钎剂焊接的电子产品的清洗，然而近年来发现氟利昂（FC-113）和1,1,1-三氯乙烷会严重破坏大气臭氧层，给人类生态环境带来极大危害。

3. 水溶性钎剂[4,5,7,8,16,17]

为了保护生态环境，应减少氟利昂的使用量。其途径：一是研究新型的清洗剂；二是致力于开发新型的钎剂。

顾名思义，水溶性钎剂就是可以溶解于水的钎剂，因此，可以采用水作为清洗剂。水溶性钎剂主要是采用有机酸作为活化剂，故又称之为OA型钎剂。OA型钎剂的残留物也是水溶性的。水溶性钎剂也可以是一种溶于乙醇或乙二醇的有机溶液。水溶性钎剂一般都有较高的活性，它的残留物比松香钎剂有更大的腐蚀性和电导率，在基板装配完成后必须用水将钎剂残留物清洗干净。

水溶性钎剂最大的优点是可以采用水作为清洗剂，而且不影响PCB的外观。目前已研制出腐蚀性较弱或非腐蚀性的水溶性钎剂，在焊接后可以达到免清洗的要求。

水溶性钎剂主要是由活性剂、润湿剂和溶剂组成的，具体介绍如下。

(1) 活性剂 它是用于清洁焊接表面的主要化学活性成分。显然，水溶性钎剂中的活性剂易溶于水。通常，水溶性钎剂使用的活性剂是有机酸、有机胺及其盐。

有机酸包括：乳酸、谷氮酸、酒石酸、氨基酸、油酸、柠檬酸等。

有机胺包括：尿素、三乙醇胺等。

有机酸和有机胺盐包括：苯胺盐酸盐、谷氨酸盐酸盐、二甲基铵盐酸盐等。

(2) 润湿剂　水溶性钎剂中常用的润湿剂有甘油以及非离子型表面活性剂。润湿剂的作用是使钎剂能在很宽的温度范围内包围金属表面，促进钎剂散布、渗透，降低钎剂的表面张力，增强钎剂与液态钎料和固体母材金属表面的润湿性。

(3) 溶剂　用于溶解上述有机物的物质叫溶剂。使添加的各种有机物溶解于溶剂中，目的是便于涂布。水溶性钎剂使用的溶剂通常是水或有机溶剂的混合物。

在焊接时，溶剂是应该被挥发出去的物质。通常水的汽化热及比热容都大大高于普通的有机溶剂，例如，每立方厘米水的汽化热为2260 J，从室温到沸点所需热量为340 J；而每立方厘米异丙醇的汽化热为550 J，从室温到沸点所需热量为40 J。可见，在焊接时，溶剂中水的挥发需要的热量约为异丙醇的4.4倍。如果预热温度和时间不够，溶剂中水的挥发就不完全，而会留到波峰焊时受液态钎料高温加热时才挥发，这会使PCB在波峰焊过程中吸取更多的热量而导致焊接温度的下降。另外，如焊缝深部含有水分，在波峰焊过程中还会产生爆炸、飞溅以及气孔现象。为了避免这种现象，也可选用高沸点的溶剂，例如乙二醇或聚乙烯乙二醇等。

有机盐的水溶性钎剂是以有机氢卤化物为基础，例如盐酸二甲胺、环六丙氨酸氢卤化物、盐酸胺等有机酸氢卤化物。这种钎剂通常还含有丙三醇（甘油）或聚乙烯乙二醇、非离子化的表面活化剂和壬基（苯）酚聚氧乙烯。应注意的是，聚乙烯乙二醇能降低环氧基板材料的绝缘电阻，并给予基板亲水性，使它在高温环境对电击穿敏感。

有机酸的水溶性钎剂是以有机酸为基础，例如乳酸、谷氮酸、酒石酸、氨基酸、油酸、柠檬酸等。这种钎剂不含卤素，但由于它们的活性较低，所以必须适当增大加入量，以提高酸的浓度。这种钎剂的优点是在基板上即使留有它的残留物也可以保存一段时间而不会产生严重腐蚀。

4. 免清洗钎剂[4,5,7,8,16-21]

如前面所述，电子产品焊接以后用氟利昂进行清洗时，会严重破坏大气臭氧层，给人类生态环境带来极大危害。为了解决这个问题，最好的办法就是免清洗。

免清洗钎剂是随着电子工业的发展及环境保护的需要而产生的一种新型钎剂。低固体含量的钎剂（LSF）是近几年研制开发的新型免清洗钎剂，它既能满足高密度电子组装技术的需要，又免去了焊后的清洗过程，避免了臭氧层耗损物质（ODS）类溶剂对生态环境的破坏。

低固体免清洗钎剂具有固体含量低、离子残渣少、不含卤素、绝缘电阻高、不需清洗、不影响焊接后PCB的外观等优点。但由于这种钎剂的固体含量一般低于5%（质量分数），而且人们希望低于3%，使得这种钎剂的活性不太理想。要在如此低的固体含量之下获得高的活性势必需要增加活性剂的添加量，而这对于其他各项综合性能指标的兼顾又会遇到困难。

目前，低固含量免清洗钎剂已在国内外得到广泛应用。一般，固含量低于10%（质量分数）的松香型免清洗钎剂可以用于民用产品，固含量低于5%（质量分数）的松香型钎剂可以用于清洁度要求较高的电子产品的焊接。应特别指出，单一的低固含量并不能完全证明可以免清洗，至少应同时考虑固含量、腐蚀性、焊后绝缘电阻以及离子污染物指标。目前国内外有关低固含量免清洗钎剂的技术指标如下：

外观：无色透明，无刺激性气味；

密度：0.8～0.81g·cm^{-3}；

固含量 w（%）：<3.0%；

Cl^-含量：无；

扩展率：≥80%；

铜镜腐蚀性：通过；

绝缘电阻（焊后）：$>10^{11}\Omega$；

离子污染物 NaCl（$\mu g/cm^2$）：1级 <1.6；2级 <1.6～3.0；3级 <3～6.0。

松香型免清洗钎剂主要是由松香、活性剂和溶剂组成的，添加的其他助剂有缓蚀剂、消光剂、发泡剂等。

（1）松香　一般来讲，免清洗钎剂必须以合成改性树脂为基础，其优点是在高温下显示活性，而在常温下则显示惰性。因而它既具有助焊性能，又具有良好的电气性能，常温下还能对电子线路起保护膜的作用。通常，采用烃、醇或酯类物质作为成膜剂。

（2）活性剂　通常，使用单一的活性剂其助焊作用是有限的。因为每一种活性剂都有特定的分解温度范围。分解温度低的活性剂，其清洁金属表面氧化物的时间在预热的初始阶段；分解温度高的活性剂，在低温阶段的清洁功能是很弱的，而在高温阶段才会显示出较强的清洁功能。

低固免清洗钎剂的活性剂通常是选用几种不同分解温度的活性剂，即采用复合活性剂。目的是希望在波峰焊的预热阶段（90～110℃）时，在某种活性剂的作用下先将母材表面的氧化物清洁干净，当温度升至焊接温度（183～230℃）时，又在某种活化剂的作用下能继续去除熔融钎料表面的氧化物，并促进液态钎料表面张力降低，使液态钎料迅速润湿母材金属表面。

目前，低固含量的钎剂大多以弱有机酸为活性剂。我们知道，活性成分在助焊过程中的作用机理主要是除去基板表面的氧化膜。某些有机物虽然具有良好的助焊性，但腐蚀性较大；有机胺类无腐蚀性，但活性较弱。因而可考虑将两者结合起来使用，例如脂肪酸、芳香酸和氨苯酸等。

此外，可以采用对有机活性剂的改性，即在有机活性剂的分子链接上某些具有表面润湿功能的基团，使这种活性物质既有还原性，又有优良的润湿性，以降低钎料表面张力，提高扩展率。

（3）其他助剂　包括润湿剂、抗氧化剂、缓蚀剂和发泡剂等，功能原理与其他钎剂中的助剂相同，但配合时应注意整体的协调性和数量。

（4）溶剂　良好的溶剂，既要对焊接表面具有良好的保护作用，又要有适当的粘度。在松香型免清洗钎剂中使用的溶剂一般是有机溶剂，其质量分数占90%以上，满足低固免清洗钎剂的有机溶剂占97%以上。可见这种液体钎剂的主要化学成分是有机溶剂。有机溶剂通常应在焊接预热阶段即大部分挥发除去，故钎剂中不应含有过多的高沸点溶剂。一般松香型免清洗钎剂中的溶剂都采用混合有机溶剂。有时还会使用助溶剂，如无卤素、非松香型低固含量免清洗钎剂采用醇类物质为溶剂，醚、酯后菇烯类化合物作为助溶剂。

5. 无 VOC 钎剂[2-5,7,8,10,21]

挥发性有机化合物，简称 VOC（Voratile Organic Compounds）。顾名思义，无挥发性钎剂就是不用挥发性有机化合物的钎剂，简称无 VOC 钎剂。这种钎剂是在水溶性钎剂和低固含量免清洗钎剂的基础上发展起来的。它是综合了水溶性钎剂和低残留免清洗钎剂的优点，推出的无 VOC 钎剂。

我们知道，松香型低固含量免清洗钎剂中采用的是有机溶剂，尽管它们不会对大气臭氧层产生破坏作用，但它们散发在低层大气中时，会形成光化学烟雾，对人类健康有危害作用。因此，松香型低固含量免清洗钎剂属于 VOC 钎剂。人们自然会想到，不使用松香而使用少量的有机物，不使用有机溶剂而采用水作溶剂，由此，无 VOC 钎剂应运而生。无 VOC 钎剂的其他成分与松香型低固含量免清洗钎剂大致相同，相对来说，它是一种比较环保的钎剂。

无 VOC 钎剂的活性完全取决于所加入的有机活性剂的种类和数量，有机活性剂含量高，则活性强；反之则活性低。事实上，完全无 VOC 是很难做到的，无 VOC 钎剂只是有机物的相对挥发量很低而已。无 VOC 钎剂的优点是无卤素、低残留、免清洗、储存及运输方便，不会影响操作人员的身体健康，对环境没有大的直接危害。

在使用无 VOC 钎剂时，由于水是一种极性溶剂，溶于水中的有机物呈离子化状态，对波峰焊设备的相关部件，如管道、喷头等具有一定的腐蚀性。由于无 VOC 钎剂中大量采用水作溶剂，其挥发过程吸热量大，要求焊接时的预热温度应适当提高，时间要适当延长，才能确保水分在 PCB 与钎料波峰接触前充分挥发，避免焊接时出现爆炸、飞溅现象。

随着焊接工艺的发展，钎剂获得了很快的发展。如果从波峰焊机发明之日算起，也已有 50 多年的历史。事物都是一分为二的。在电子产品制造中，钎剂的作用是帮助焊接，给人们带来了方便，但同时也给人类生存环境带来了危害。随着人们环保意识的增强，如何消除或降低这些危害的问题已提到议事日程。20 世纪 70 年代以来，随着再流焊工艺的推广，特别是通孔元件再流焊工艺的使用，也给钎剂带来了挑战。目前国内外正在研究不使用钎剂的波峰焊方法，已经取得了一定的进展。因此，在电子产品微连接组装中，腐蚀性强、污染大的钎剂将会逐步退出市场，而低腐蚀、环保型的钎剂将会得到更多的应用。

自 20 世纪 80 年代以来，我国电子行业发生了巨大变化，不仅规模庞大，而且部分产品已经达到国际先进水平，电子工业已经成为国民经济的支柱产业。因此，我们必须抓紧开发研究，使电子化学产品与电子行业相配套，才能满足电子信息产业的发展的需要。

5.5 清洗剂

如前所述，电子微连接工艺中，当焊接完成以后，如钎剂残留物或者其他污染物存留在印制电路板焊点或线路表面上时，会造成腐蚀，还会因为离子污染或电路侵蚀而造成电气故障，因此必须及时进行清洗。

5.5.1 清洗剂的作用机理

通常，把任何可使电路、元器件或组件的物理、化学或电气性能受到不良影响的表面沉积物、杂质、微粒等称为污染物。在清洗过程中，为了方便地去除污染物，必须了解这些污染物的附着情况，弄清污染物的结合状态，才能正确选择不同的清洗剂和清洗方法。

电子产品连接与组装中的污染物分为极性的（或离子型的）、非极性的（或非离子型的）、颗粒状的三大类。弄清它们在印制电路板上的结合或附着形式以及危害是很重要的。

极性污染物是指在一定条件下可以电离为离子的一类物质，如卤化物、酸及其盐，它们主要来源于钎剂或钎料膏中的活化剂。当离子杂质在有水分存在的条件下，就会导电，引起电路故障并产生电化学腐蚀。

非极性污染物主要是指焊接以后残留钎剂中的有机物，如松香残渣、波峰焊使用的防氧化油、胶带以及人体油脂等，它们自身呈粘性，并会吸附灰尘，还会影响 PCB 的外观。

颗粒状污染物主要是指工作环境中的尘埃、烟雾、静电粒子以及其他颗粒污染物，它们会使电子产品的电气性能下降。

下面从微观的角度来讨论污染物在 PCB 上的附着或结合形态[4,5,8]。

从微观上来看，物质与物质之间的结合与附着，是依靠原子与原子或分子与分子相结合。

原子与原子的结合称为化学键结合。这种结合实质是两种物质之间发生了化学反应，产生了新的物质，形成离子化合物或共价化合物。这种结合的键能较强，一般为 4.2×10^5 ~ $8.4\times10^5 J\cdot mol^{-1}$。例如松香酸在高温下会与金属氧化物反应生成松香酸盐，就是化学键结合。

分子与分子的结合称为物理键结合。这种结合是指污染物与 PCB 之间以分子间引力相结合，它没有产生新的物质，只是依靠分子之间的作用如范德华力（包括诱导力、取向力和色散力）、氢键力等的作用进行结合。这种结合的键能相对较低，一般在 0.8×10^3 ~ $2.1\times10^4 J\cdot mol^{-1}$之间。例如松香以及残胶等与 PCB 的结合、污染物在 PCB 上的物理沉积等就属于物理键结合。

另外，污染物与 PCB 之间的结合还有一种吸附型的结合。简单吸附作用形成的结合仍属于分子结合或物理结合，但如果在物理吸附的同时产生某种化学反应，即同时产生物理吸附和化学吸附，这时，化学键结合与物理键结合并存。

无论污染物与 PCB 之间依靠化学键结合或物理键结合，均会使污染物附着在 PCB 上，由于存在键能的作用而增大清洗的难度。清洗剂的作用机理就在于破坏污染物与 PCB 之间的化学键或物理键的结合力，从而达到将污染物与 PCB 分离的目的。

通常，极性物质易溶解在极性溶剂中，非极性物质易溶于非极性溶剂之中。实际生产中，大多数松香残留物都是非极性聚合物和部分极性物质的混合物，这种情况下就要使用既能溶解极性物质又能溶解非极性物质的两性溶剂。为了保证将极性和非极性物质全部溶解，通常采用混合溶剂，最好配合成恒沸溶剂。所谓恒沸溶剂，是由两种或两种以上的溶剂混合而成的具有恒定沸点的溶剂，它在使用中具有较好的稳定性。

5.5.2　清洗剂的组成与性能

清洗剂中的极性溶剂包括乙醇和水等，非极性溶剂包括氯化物和氟化物两种。

早期采用的清洗剂主要是乙醇、丙酮、三氯乙烯等，现在广泛应用的是以三氯三氟乙烷（简称 CFC-113）和甲基氯仿为主体的两大类清洗剂。

由于纯 CFC-113 和甲基氯仿在室温尤其在高温条件下能和活泼金属反应，影响了它在使用和储存中的稳定性。为了改善清洗效果，常常在 CFC-113 和甲基氯仿清洗剂中加入低级醇，如甲醇、乙醇等。但醇的加入会引起一些副作用：一方面，CFC-113 和甲基氯仿易与醇反应，在有金属共存时更加显著；另一方面，低级醇中带入的水分还会引起水解反应，由此产生的 HCl 具有强腐蚀性。

有人做了实验，当采用的浸泡溶液为 CFC-113 时，铜在其中浸泡 2 天，其表面严重腐蚀；当采用 CFC-113 + 异丙醇作浸泡溶液时，铜在其中浸泡 1 天，其表面就严重腐蚀；当采用 CFC-113 + 乙醇作浸泡溶液时，铜在其中浸泡不到 1 天，其表面就严重腐蚀。

因此，需要在 CFC-113 和甲基氯仿中加入稳定剂。在 CFC-113 清洗剂中常用的稳定剂有乙醇酯、丙烯酸酯、硝基烷烃、缩水甘油、炔醇、*n*-甲基吗啉、环氧烷类化合物。

几种普通有机清洗剂的组成（体积比）如下[7]：

（1）共沸混合物清洗剂

配方一：	四氯二氟乙烷	72
	异丙醇	28
配方二：	四氯二氟乙烷	85
	n-丙醇	15

（2）溶剂混合物清洗剂

配方一：	三氯三氟乙烷	92.0
	甲醇	4.0
	乙醇	2.0
	异丙醇	1.0
	硝基甲烷	1.0
配方二：	三氯三氟乙烷	94.05
	甲醇	5.70
	硝基甲烷	0.25
配方三：	三氯三氟乙烷	93.5
	乙醇	3.5
	异丙醇	2.0
	硝基甲烷	1.0

以 CFC-113 为主要成分的清洗剂脱脂效率高，对油脂松香及其他树脂有较强的溶解能力，表面张力小，具有较好的润湿性，对金属材料不腐蚀，不会损害元器件和标记，并且易挥发。由于 CFC-113 是一类强破坏臭氧层的物质而受到禁用，故人类正在积极寻找其他代用品。

目前已开发出代替 CFC 的有机清洗剂主要有下列几种类型[5]：

（1）改性 CFC　通过加氢的办法，取代了 CFC 中的部分氯原子，使 CFC 破坏臭氧层的能力大大减低，这类溶剂有 HCFC-14lb、HCFC-225Ca、HCFC123、HCFC225Cb。

（2）卤化碳氢化合物　这类溶剂是在三氯乙烯溶剂的基础上加以改进的，通过增加稳定剂，如美国 ICI 公司开发的 METHOKLONE 和 TRIKLONE，它们能在大气层中自行分解，不会在大气中积累，也不会破坏臭氧层，并且是非温室效应的气体。

（3）*n*-甲基-乙-吡咯烷酮（NMP）　NMP 是一种常用的低毒性、高闪点、低挥发性、去污能力强的有机溶剂，它可以与水和许多有机溶剂相混合，在使用中可以单独使用，也可以同其他溶剂并用，其废液不需特殊处理，特别适用于超声波清洗。

(4) 乙二醇醚类溶剂　乙二醇醚类溶剂有良好的清洗能力和清洗效果。由于它的沸点高，故可以通过加热以增加清洗能力，但溶剂的成本高，限制了它的使用范围。使用中还应该注意此类溶剂能引起塑料和弹性材料的膨胀和龟裂。

(5) 醇类溶剂与酮类溶剂　早期的钎剂中所使用的就是乙醇与异丙醇，醇类溶剂也是优良的清洗剂，特别是醇类溶剂具有高的极性和较强的溶解钎剂残渣的能力。但低碳的醇类其闪点低，使用中应注意安全性。通常醇类与其他低极性的溶剂可以改善极性溶剂的性能并能增强清洗能力，例如早期的CFC-113中就利用添加一定量的乙醇和甲醇来改变极性。此外低碳类的醇，由于吸水性强，通常在清洗的板面上会出现发白现象。

5.6 贴装胶

贴装胶实际上是一种粘接剂。它在电子产品组装工艺过程中主要是起粘接、定位或密封作用。贴装胶涉及的种类较多，如固定片式元器件的贴片胶、对线圈和部分元器件起定位作用的密封胶、临时粘接表面组装元器件的插件胶等。

在上述粘接剂中，最重要的是贴片胶，贴片胶主要使用在波峰焊工艺过程当中。在波峰焊前，有时需要采用贴片胶将元器件尤其是片式元器件暂时固定在PCB上，以免元器件在后续工序中发生偏移或者脱落。当贴片胶与被粘接的材料表面紧密接触时，在贴片胶与被粘接的材料表面之间将产生分子之间的作用力。

当贴片胶与粘接表面之间一旦发生接触，相互之间就受到一个弱的分子力的吸引，这种弱的分子力叫做范德华力。当任何两种材料接触并产生润湿时，又会产生一定的分子亲和力，不同材料之间的接触产生的分子亲和力不同。显然，两种材料之间的分子亲和力越大，其粘接强度就越大。

润湿性还与相接触表面或界面张力相关。两种材料表面的接触润湿效果如何，主要取决于表面或界面张力和亲和力的共同作用。当新形成的界面自由能低于原来单独存在的界面自由能时，两种材料的接触才能产生润湿。

另外，粘接作用力的大小还取决于贴片胶和被粘接材料的接触表面积的大小及表面微孔的多少。当贴片胶与被粘接表面接触时，它趋向于流动并取代被粘接表面微孔内的气体。贴片胶和被粘接表面的接触面积越大，其粘接作用力越大；表面微孔数目越多，贴片胶在表层下的渗透就越多，贴片胶的机械粘接强度也就越高。

5.6.1 贴装胶的组成和分类

1. 贴装胶的组成[4,5,7]

通常，贴装胶由基体树脂、固化剂、增韧剂、填料以及触变剂混合而成。

(1) 基体树脂　树脂是贴装胶的主要成分，一般采用环氧树脂和丙烯酸酯类聚合物。近年来也用聚氨酯、聚酯、有机硅聚合物以及环氧树脂-丙烯酸酯类共聚物。

(2) 固化剂　常用的固化剂为双氰胺、三氟化硼-胺络合物、咪唑类衍生物、酰胺、三嗪和三元酸酰肼等。

（3）增韧剂　单纯的基体树脂固化以后呈脆性，为提高基体树脂的塑性，一般需要在配方中加入增韧剂。常用的增韧剂有邻苯二甲酸二丁酯、邻苯二甲酸二辛酯、液体丁腈橡胶和聚硫橡胶等。

（4）填料　填料的作用是提高贴装胶的电绝缘性能和耐高温性能，还可使贴装胶获得合适的粘度和粘接强度。常用的填料有硅微粉、碳酸钙、膨润土、白炭黑、硅藻土、钛白粉、铁红和炭黑等。

2. 贴装胶的分类[4,5,7]

（1）按基体材料分类　按基体材料分类，贴装胶可以分为环氧树脂和丙烯酸酯两大类。

1）环氧树脂型贴装胶。环氧树脂是最老的和用途最广的热固型、高粘度的贴装胶，可以做成液体、膏状、薄膜和粉剂等形式。它可以是单组分，也可以是双组分系统。单组分环氧树脂需要冷藏保存，为了加快环氧树脂的聚合反应速度，一般在带有循环空气的普通固化炉内在高温下快速进行固化。双组分环氧树脂贴装胶由环氧树脂和催化剂、硬化剂或固化剂的第二组分混合而成，两种组分的充分混合，便可引起环氧固化和聚合反应。

环氧树脂型贴装胶通常由环氧树脂、固化剂、增韧性、填料以及触变剂混合而成，一般以热固化为主。典型的国产环氧树脂型贴装胶的配方（质量比）为：环氧树脂63%，无机填料30%，胺系固化剂4%，无机颜料3%。

环氧树脂型贴装胶的主要成分和作用如下：

① 环氧树脂。环氧树脂的结构式如下：

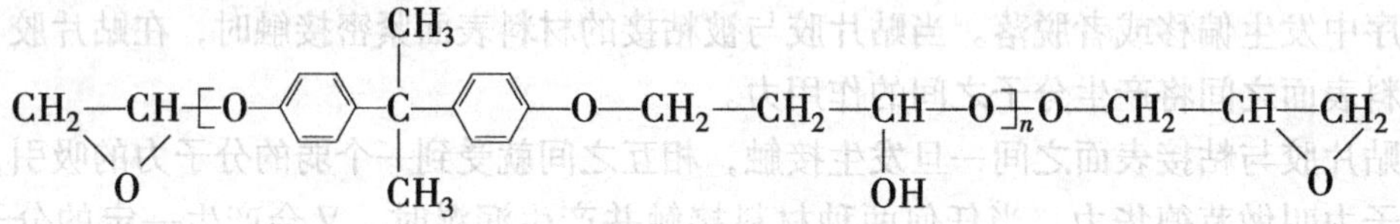

从环氧树脂的结构可见，它本身是热塑性的线型结构大分子，大分子的末端有两个环氧基团，可供开环发生交联反应，链中间有羟基“— OH”和醚键“— O —”，故有强的粘附性和柔韧性。因此环氧树脂不仅可以用作一般的粘接胶，而且具有优异的稳定性和电气性能。当加入固化剂后，可促使双氧基团开环，交联而成网状结构而具有粘合性。

② 固化剂。常用的固化剂可以分为以下几类：

胺类固化剂，如二乙胺、二乙烯三胺，这类固化剂可以使树脂在室温下固化。

酸酐类固化剂，如顺酐、苯酐，这类固化剂可以使树脂在高温下固化。

咪唑类固化剂，这类固化剂可以使树脂在中温下固化。

还有一种类型的固化剂则是潜伏性中温固化剂，即环氧树脂贴装胶，它的特殊性就在于在低温下它几乎不与环氧树脂发生化学反应或仅仅以极低的速度参与反应，但一旦遇到适合的温度，例如中温120～150℃左右，就能迅速地同树脂反应，这样就能使贴装胶在低温下有较长的储存期，遇到中温就能迅速固化以适应大生产需要。

③ 填料。贴装胶具有触变性才有利于涂布。加入各种填料，如加入白炭黑等一类触变剂，其目的是为了实现贴装胶涂布的工艺性能。加入甲基纤维素，以利于减低软化点，并起到调控粘度的作用。

④ 其他添加剂。为了实现一些特殊目的，还需要增加其他添加剂。如添加颜料以利于生产中进行观察；添加润湿剂以增加胶的润湿能力和粘性；添加阻燃剂以防止燃烧。

环氧树脂型贴装胶的各种原材料，如固化剂、填料、各种添加剂，不仅有配方的要求，而且也有粒度的要求。通常可与胶混合抗料后采用轧滚机加工，并通过过滤使其粒度小于50μm，方能符合使用要求。

2）丙烯酸类贴装胶。通常，丙烯酸类贴装胶是光固化型的贴装胶。它不能在室温固化，一般采用短时间紫外线照射或用红外线辐射进行固化，固化温度约为150℃，固化时间约为数十秒到数分钟。其特点是固化时间短，但强度不及环氧树脂型贴装胶。

丙烯酸类贴装胶的组成是以丙烯酸类树脂为基础，再添加光固化剂、填料等成分。丙烯酸类贴装胶的主要成分和作用如下：

① 丙烯酸类树脂。丙烯酸类树脂的结构式为

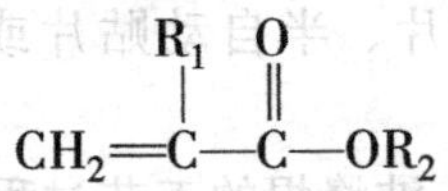

在丙烯酸类树脂的结构式中，当 R_1 为不同种类的基团时，如甲基—CH_3、乙基—CH_2CH_3，其树脂的性能将有所变化。随着碳链的增加，丙烯酸树脂的韧性增加。

② 固化剂。丙烯酸类树脂采用光固化，一般是通过加入过氧化物，并在光或热的作用下实现固化。通常采用的光固化剂是安息香甲醚类，它在紫外光的激发下能释放出自由基，促使丙烯酸类树脂胶中双键断开，其反应能在极短的时间内进行。

丙烯酸类贴装胶只须避光保存，其固化的工艺条件也容易控制。例如，采用2～3kW的紫外灯管，在距SMA 10cm高的位置照射烘烤10～15s即可完成固化。

为了防止光固化时产生阴影效应，通常可在加入安息香甲醚类光固化剂的同时，加入少量热固化性的过氧化物。这样，使丙烯酸类贴装胶在强大的紫外光灯照射下，既产生光固化，又产生热固化，从而可消除阴影效应。

至于丙烯酸贴片胶中的填料等其他成分，与环氧树脂贴装胶类似，不再作介绍。

（2）按功能分类　按使用功能的不同进行分类，贴装胶有结构型、非结构型和密封型。

结构型贴装胶用来把两种材料永久地粘接在一起，这种粘结剂在固化状态是坚硬的，具有高的机械强度，故两种材料可牢固地接合并能承受一定的荷重。

非结构型贴装胶在固化状态下也是坚硬的，这种粘结剂可用来暂时固定某些荷重不太大的物体，如把SMD粘接在PCB上，以便进行后续的波峰焊接。

密封型贴装胶通常是一种软的粘接剂，主要用于粘接两种不受荷重的物体，如用于填充缝隙、密封或封装器件等。

（3）按化学性质分类　按化学性质分类，贴装胶有热固型、热塑型、弹性型和合成型。

热固型贴装胶主要用于把片式元件粘接在PCB上，主要有环氧树脂、腈基丙烯酸酯、聚丙烯和聚酯。热固型贴装胶在固化之后再加热时不会软化，因此不能再次用于粘接。热固型贴装胶有两种商品：一种是树脂和固化剂包装时已经混合，它使用方便，质量稳定，但要求存放在冷冻条件下，以免固化；另一种是将树脂和固化剂分别包装，使用时才混合。它对保存条件无特殊要求，但使用时要注意配比，以免影响性能。

热塑型贴装胶是树脂和固化剂在包装时已经混合好的，特点是固化后再加热时可以重新软化，重新形成新的贴装胶而获得再次利用。

弹性型贴装胶呈乳状胶，塑性好，具有较大的伸长率，它由合成的或天然的聚合物与溶

剂配制而成。如尿烷、硅树脂和天然橡胶等。

合成型贴装胶是将热固型、热塑型和弹性型贴装胶进行组合配制而成的。它综合利用了每种材料的最有用的性能，如环氧-尼龙、环氧聚硫化物和乙烯基-酚醛塑料等。

另外，还可按贴装胶的涂布方式，分为针式、注射式、丝网漏印等贴装胶。

5.6.2 贴装胶的使用和性能要求

贴装胶又叫贴片胶，是应用于表面组装的特种胶接剂，又称为表面组装用粘接剂。在表面组装技术中，通常用贴装胶预先把SMA/SMD固定到PCB上，再进行波峰焊。采用的涂胶方法有针式转移法、注射法、丝网漏印法。不同的涂胶方式对贴装胶的粘度有不同的要求。在点胶后可采用手工贴片、半自动贴片或采用贴装机自动贴片，然后进行固化。

一般，表面组装技术中的贴装胶-波峰焊的工艺过程是：涂胶→贴片→固化→波峰焊→清洗。

为了保证表面组装的质量和可靠性，贴装胶不仅应能粘接元器件，而且应具有优良的电气性能和工艺性能。对贴装胶的使用和性能有如下要求[4,5,7,22,23]：

（1）储存性能　对树脂和固化剂已经混合好的贴装胶，需采用低温储存，贴装胶从低温箱内取出后一般要在室温条件下平衡一段时间，搅匀后再使用。要求贴装胶在常温下性能稳定、寿命长、质量一致、无毒无味、使用方便。

（2）涂布性能　通常采用丝网印刷、压力点胶等方法将贴装胶涂布在PCB上。由于贴装的元器件都非常小，贴装胶应涂布在两焊盘的中心处，要求贴装胶具有合适的粘度，以满足不同施胶方式、不同设备、不同施胶温度的需要。保证涂布时不拉丝、无拖尾；涂敷后能保持足够的高度，而不形成太大的胶底；涂敷后到固化前胶滴不应漫流，以免流到焊接部位，影响焊接质量；胶点光滑、饱满、不塌落，形状与大小一致。

（3）贴装性能　贴装胶必须有适当的粘接力和粘接强度，在焊接前应能有效地固定片式元器件，不会出现元器件的位移，更不能出现脱落。而在贴装调整时应方便，并能更换不合格的元器件。贴装胶的剪切强度通常为6~10MPa。

（4）固化性能　元器件被贴到PCB上以后，进入固化炉中在140℃左右的温度下加热固化。要求贴装胶的固化温度不能高，固化速度快，以避免PCB面翘曲和元器件的损伤，以及焊盘氧化；固化时无挥发性气体放出，无气泡产生；不产生漫流，以免污染焊盘，影响焊接；另外，还应阻燃。

（5）焊接性能　焊接是在高温下进行的，因此要求固化后的贴装胶能耐受230℃以上的高温，尤其是使用无铅钎料时，要求能耐受260℃以上的温度。同时强度要高，元器件不应脱落，不与钎剂等发生反应，以免影响SMA的电气性能。

（6）其他性能　要求固化后的贴装胶在PCB焊后的清洗过程中具有稳定的化学性能，抗潮湿，耐溶剂，耐腐蚀；由于贴装胶固化后始终残留在元件上，要求贴装胶具有优良的电气性能。

此外，在采用贴装胶-波峰焊后，元器件中心被粘牢，两端头又被焊牢，维修时却要求在一定温度和外力下能方便地去除已损坏的元件，因此要求粘接剂应具有热变形温度，即达到一定温度时发生软化，以便于拆除已损坏的元件。

5.7　焊接的其他辅助材料

5.7.1　阻焊剂

在焊接过程中，特别在浸焊和波峰焊中，必须使钎料只在需要焊接的部位上产生焊接，而与不需要焊接的部位无任何作用。因此，必需采用一种耐高温的阻止焊接的涂料，使它在PCB 上不需要焊接的地方形成一层阻焊膜，把凡是不需要焊接的部位统统保护起来，以起到阻焊的作用，这种阻焊材料叫做阻焊剂。

按成膜方法的不同，阻焊剂可分为热固化型和光固化型两大类。热固化型阻焊剂是利用热固化成膜；光固化型阻焊剂是利用光固化成膜。

热固化型阻焊剂使用的成膜材料主要有酚醛树脂、环氧树脂、氨基树脂、醇酸树脂等。这些成膜材料一般都需要在 130～150℃加热固化。热固化型阻焊剂价格便宜，粘接强度高，这是它的优点；缺点是使用时加热温度高，时间长，使印制电路板容易变形，能源消耗大，不利于连续化生产。所以目前热固化型阻焊剂已被逐步淘汰。

光固化型阻焊剂使用的成膜材料是含有不饱和双键的乙烯树脂，包括不饱和聚酯树脂、丙烯酸（甲基丙烯酸）、环氧树脂、丙烯酸聚氨酸、不饱和聚酯、聚氨酯、丙烯酸酯等。光固化型阻焊剂在高压汞灯下照射 2～3min 即可固化，因而可节约大量能源，提高生产效率，便于自动化生产。目前，光固化型阻焊剂是电子信息产业大量采用的阻焊剂。

在焊接过程中，使用阻焊剂以后的优点如下[23]：

1）由于覆盖了所有不需焊接的部位，可以减少产生桥接、拉尖、短路以及虚焊等情况的发生。

2）由于阻焊剂覆盖部分尺寸的精确性，可以减少印制电路板的返修，提高焊接质量。

3）由于除了焊盘外的其他部位均不上锡，可以节约大量的钎料。

4）使用带有色彩的阻焊剂，可使焊接后的印制电路板的板面显得整洁美观。

5）因印制电路板板面部分被阻焊剂覆盖，能降低焊接时印制电路板的温度和受到的热冲击，使板面不易起泡、分层，同时也起到保护元器件和集成电路的作用。

5.7.2　防氧化剂

防氧化剂是为防止焊接时波峰焊锡槽中钎料的氧化，而加入的一种有机覆盖剂。防氧化剂对节约焊锡，防止钎料质量下降，保证焊接质量具有重要作用，因而在波峰焊生产中得到普遍应用。

防氧化剂可以分为两类：一类是低相对分子质量的防氧化剂，它是一种聚苯醚和聚苯醚羧酸的混合物，这种防氧化剂耐热性好，使用寿命长，但由于制备较困难、成本高等因素的制约而难以大量推广使用；另一类防氧化剂主要是由油类和还原剂组成的，根据需要还可以添加适量的热稳定剂和防蚀剂。通常，这类防氧化剂所采用的油主要是矿物油、动物油、植物油和蜡等，所用的还原剂主要是不饱和羧酸、天然树脂及合成树脂。这类防氧化剂的成本低，还原能力强，目前，已在波峰焊生产中广泛使用[7]。

实际上不含还原剂的防氧化剂只是一种起隔离空气作用的有机物，它使高温下液态钎料尽可能少地与空气中的氧接触，以减少产生氧化浮渣，节约钎料。含还原剂的防氧化剂不仅具有防氧化作用，而且还具有还原性，它能将焊接高温下生成的氧化浮渣还原成金属。

但是，使用防氧化剂会给波峰焊操作带来一些麻烦，会产生有机物的挥发和烟雾，还会有着火的危险，在生产上应引起注意。

5.7.3 插件胶

插件胶是指固定插装元器件时临时性使用的胶粘剂。常见插件胶有改性丁基胶、热熔胶以及松香树脂的无机胶粘剂等。

对插件胶的要求是：在室温下呈固态，加热至70~80℃时熔化，方便储存和使用；电绝缘性好，耐高温，具有适当的粘接强度并兼有一定的助焊性。

5.8 导电胶

5.8.1 导电胶的组成及分类

常用的导电胶一般是由基体材料和导电填料组成的。其中基体材料是导电填料的载体，它包括以下几部分[24]：

(1) 预聚体　环氧树脂、聚氨酯、酚醛类树脂等。

(2) 固化剂　胺类、咪唑化合物、有机酸、酸酐等。

(3) 增塑剂　邻二甲酸酯类、磷酸三苯脂等。

(4) 稀释剂　丙酮、乙二醇乙醚、丁醇等。

导电填料主要使用银粉、铜粉、金粉、碳粉以及复合粉体。

导电胶有两种类型：一种是本征导电胶，是指分子结构本身具有导电功能的共轭聚合物，这类导电胶电阻率较高，导电稳定性及重复性差且成本较高，因此实用价值有限；另一种是非导电聚合物中填充导电粒子的复合导电胶，电阻率较低，具有较大的实用价值，从20世纪50年代发明导电胶以来，该技术获得了长足的发展。

按照基体的不同，导电胶可分为热塑性和热固性两种。热固性导电胶的基体材料最初是单体或预聚合物，它在固化过程中发生聚合反应，高分子链连接形成三维交联结构，在高温下很稳定，不易流动；而热塑性基体材料由很长的聚合物链构成，这些聚合物链很少有支链，不易形成交联的三维网状结构，所以在高温下易流动。

按照导电方向的不同，可分为各向异性和各向同性导电胶。各向异性导电胶只在Z方向导电，在X-Y方向不导电，有相当好的细线印刷能力；各向异性导电胶有胶状和薄膜状两种形态，广泛用于液晶显示电路板、倒装芯片等线间距极小的电连接。一般来说各向异性导电胶中金属粒子的浓度远低于“穿流阈值”，因此不能形成导电通道，能够在Z方向导电是因为在固化的同时对准对应的焊盘施加压力，促使在这一方向形成导电通道。这对工艺和设备的要求较高，不容易实现，因而使各向异性导电胶的使用受到了限制。

一般认为，导电胶的导电机理有以下两个方面[24]：

(1) 接触效应　由于导电粒子之间的相互接触，形成链状导电通路。同时，增加内压有利于导电粉体颗粒的接触，提高其导电性。

（2）隧道效应　除一部分导电粒子直接接触形成导电外，没有直接接触的导电粒子在胶中以孤立体或小团聚体的形式存在，不参与导电。但在电压作用下，相距很近的粒子上的电子还可通过导体之间的电子跃迁产生传导，能借热振动越过势垒而形成较大的隧道电流。

5.8.2　几种导电胶介绍

在电子工业中，用环氧树脂为基体制备的胶粘剂具有优良的粘附性能、较高的机械强度、较小的收缩性和耐化学腐蚀性，适合于制备综合性能优良的结构胶粘剂，应用最为广泛。导电胶的填料主要有金粉、银粉、铜粉、碳粉以及复合填料等。几种导电胶介绍如下[24,25]。

1. 银导电胶

银的电阻率低，氧化缓慢，其氧化物也具有导电性，这使得银成为最广泛使用的导电胶填料之一。银粉导电胶体积电阻率$\leqslant 3\times10^{-6}\Omega\cdot m$，并且能长期在260℃下工作。近年来，人们已开始尝试用纳米微粒制成导电糊、绝缘糊和介电糊等，已在微电子工业上发挥作用。通常超微颗粒的熔点低于粗晶粒的熔点，例如银的熔点约为960℃，而超细的银粉熔点可以降低到100℃。因此用超细银粉制成导电浆料可以在低温进行烧结，此时基片可不采用耐高温的陶瓷材料，甚至可采用塑料等低温材料。德国用纳米银代替微米银制成的导电胶，可以节省银粉50%，用这种导电胶焊接金属和陶瓷，涂层不需太厚，而且涂层表面平整，备受使用者的欢迎。但是银资源紧缺，价格昂贵，在直流电场和潮湿条件下会产生银迁移现象，使导电性降低，影响其使用寿命。

2. 铜导电胶

铜的体积电阻率与银相近，其价格仅是银价格的1/40，是导电胶理想的导电填料。国内生产的铜粉导电胶品种较多。目前，研制的铜粉导电胶的体积电阻率已达到$(1.05\sim8.5)\times10^{-6}\Omega\cdot m$，Tanigaki研制的铜粉导电胶的电阻率最小达$10^{-7}\Omega\cdot m$。铜导电胶的致命弱点是铜的化学性质比银活泼得多，在空气中，新制备的铜粉表面会迅速形成Cu_2O和CuO的薄膜，尤其是比表面积大的细铜粉氧化速度更快，使其导电性迅速下降，甚至形成不导电的氧化膜。解决方法是：使用酚醛类树脂和胺类耦合剂，加还原剂还原氧化铜或者对铜进行表面处理，如镀银或铜表面磷化形成络合物。为降低颗粒之间的接触电阻，改善导电性能，低熔点合金开始被使用在导电胶中，这样在固化过程中随温度的升高使金属颗粒之间可以形成连接而降低电阻。

3. 金导电胶

金导电胶在通常环境中基本没有迁移现象，可以在苛刻的环境中工作，所以对可靠性要求高而芯片尺寸小的电路，金导电胶就成了必要的材料。并且片状金粉导电胶导电性能优于球状导电胶的导电性能，而两种粉末混合后达到了导电性和工艺性的最佳效果。金导电胶也存在许多缺点，如价格过高、固化温度较高等。

4. 石墨导电胶

鳞片状石墨具有较好的导电性能，但其层状结构使之不适合单独用于导电胶中，通常要和炭黑混合使用。球状的炭黑粒子填充于层状的石墨之间，给石墨层施加一定的压力，使其能够更好地接触，从而可以提高石墨导电胶的导电性能。石墨导电胶的最大优点是性能比较稳定，有一定的耐酸碱能力，价格低廉，相对密度小，分散性能好，但是电阻率较高，一般只能用于中阻值浆料。

5. 纳米碳管导电胶

目前广泛应用于导电胶中的导电填料一般为碳、金、银、铜和镍。金的导电性好并且性能稳定，但是其价格高；银的价格较低，但是在电场下会产生迁移等现象，使导电性能降低，影响使用寿命；铜、镍价格便宜，在电场下不会产生迁移，但是温度升高会发生氧化，增加了电阻率；碳粉作为导电材料，其不足在于碳粉易于氧化，在长时间高温下使用易于形成碳化物，使其电阻变大，因而导电性能下降，而且受环境的影响比较大。而利用纳米碳管作为导电胶的导电填料，由于纳米碳管有着很强的力学性能，可以大大增加导电胶的拉伸强度，使导电胶的拉伸强度达1700MPa；并且由于纳米碳管的管状轴承效应和自润滑效应有着很强的摩擦性能、耐酸碱性和耐腐蚀性，因此大大提高了纳米碳管导电胶的使用寿命和抗老化性。

6. 复合导电胶

目前，导电胶发展最大的特点是打破以环氧树脂-银粉为单-品种的局面，制备出酚醛-电解银粉、环氧-尼龙-还原银粉、环氧-橡胶-银粉和聚氨酯-还原银粉等新型品种，以及活性铜粉导电胶、镀银铜粉导电胶、碳纤维导电胶和复合粒子导电胶等。

采用银-铜-石墨-镍等混合金属-非金属材料制备的新型导电胶粘剂中，铜能够很好地分散在金和镍的表面，镍层能够存在于金和铜之间形成一个阻挡层，防止铜进一步分散。导电填料达到最佳比例时，导电胶固化温度低，仅为150℃，固化时间短，仅为1h，且这种导电胶性能稳定，经过50天放置之后，性能基本不发生变化。

导电胶作为一种新型的复合材料日益受到人们的重视，有着广阔的市场前景。目前，我国胶粘剂生产的工艺技术已取得长足进步。据了解，以辐射法、紫外光固化法和互穿网络法等为代表的新的生产技术，在改进产品性能、提高产品质量方面起到了十分重要的作用，并且耐高温和无机导电胶也有新的突破。

但是我国导电胶差距依然较大，还存在许多需要解决的问题。国内导电胶的综合性能较低，与国外相比，在电导率、老化频漂稳定性、粘接强度、贮存期等方面有明显的差距。要大幅度提高国产导电胶的性能，需要解决以下几个方面的问题：

(1) 开发新体系　寻找新的树脂和固化剂及其配方，制备多功能、高性能的导电胶。环氧树脂导电胶的粘接强度相对Pb/Sn体系偏低，银系导电胶有银迁移和腐蚀作用，铜和镍易氧化，电导率较低且固化时间相对较长。因此，聚合物的共混（导电胶和导电聚合物的共混，改善其综合性能）和改性及由此制备的新型导电聚合物是近几年的研究重点。

(2) 开发新型的导电颗粒　制备以纳米颗粒为主导的导电填料、覆镀合金或低共熔合金作为导电填料，并且对导电粒子的表面进行活性处理是制备导电胶粘剂的重要条件。

(3) 实现新的固化方式　室温固化耐高温连接材料是未来的发展趋势。目前热固化导电胶体系仍占主导，其固化剂及耦合剂多用胺类等，对环境会造成污染。利用光固化、电子束固化已经在涂料、油墨、光刻胶、医用胶中得到广泛应用。利用光固化、电子束固化可以得到金属钎料的连接强度，这将极大地推动导电胶的应用。另外，微波固化、光固化+热固化的双重固化体系也是未来的发展方向。

参考文献

[1]　金泉军. Sn-9Zn无铅电子钎料新型助焊剂研究［J］. 电子元件与材料，2005，24（5）：27-29.
[2]　李来丙. 电子工业产品助焊剂的研究进展［J］. 表面贴装技术，2004，8：64-65.
[3]　马炳根. 助焊剂的特性及使用［J］. 电子与仪表技术，1994，4：39-41.
[4]　周瑞山，吴经玲，薛树满，等. SMT 工艺材料［M］. 成都：四川省电子学会 SMT 专业委员会，1999.
[5]　张文典. 实用表面组装技术［M］. 北京：电子工业出版社，2006.
[6]　田中和吉. 电子产品焊接技术［M］. 孟令国，黄琴香，译. 北京：电子工业出版社，1984.
[7]　吴兆华，周德俭. 表面组装技术基础［M］. 北京：电子工业出版社，2002.
[8]　周德俭，吴兆华. 表面组装工艺技术［M］. 北京：国防工业出版社，2002.
[9]　丁克俭，钱乙余，范富华. 活性剂在松香基软钎剂中的软钎焊性研究［C］//. 锡深度加工研讨会论文集. 北京：中国有色金属工业技术经济研究院，1991.
[10]　Changhua DU，Fang CHEN. Research progress on electronic soldering materials［C］//. 4th Annual Conference on Materials Science and Engineering. London，1996.
[11]　曾士良. 助焊剂及选用［J］. 电子测量技术，1992，4.
[12]　杜长华，赵晓举. 世界主要国家软钎焊材料技术标准［J］. 四川有色金属，1999.
[13]　黄起森，周浪，等. 锡锌合金无铅电子钎料有机活化松香助焊剂［J］. 电子工艺技术，2006，27（1）：44-46.
[14]　许宝库. 国内外松香型助焊剂及松香基焊料的发展动态［J］. 皮革化工，2000（2）：25-28.
[15]　Vaynman S，Fine M E. Development of fluxes for lead-free solder containing zinc［J］. Scripta Materialia，1999，41（12）：1269-1271.
[16]　周伶. 水溶性有机助焊剂［J］. 山西省电子，2002（3）：43-45.
[17]　王伟科，赵麦群，等. 焊膏用水溶性免清洗助焊剂的研究［J］. 新技术新工艺，2006（3）：57-60.
[18]　揭元萍. NCSF-1新性免清洗助焊剂的研制［J］. 化工时刊，1997，11（9）：32-34.
[19]　曹海燕，李晓明. 免清洗助焊剂的可靠性评价［J］. 电子工艺技术，2001，21（4）：155-156.
[20]　刘密斯. 电子工业中的免清洗技术［J］. 电子展望与决策，1995（2）：44-46.
[21]　徐冬霞，雷永平，等. 无VOC水基免清洗助焊剂的研究［J］. 电子元件与材料，2005，24（12）：26-28.
[22]　Harper C A. 电子组装制造［M］. 贾松良，等译. 北京：科学出版社，2005.
[23]　黄纯，费小萍，等. 电子产品工艺［M］. 北京：电子工业出版社，2001.
[24]　代凯，施利毅，方建慧，等. 导电胶粘剂的研究进展［J］. 材料导报，2006，20（3）：116-118.
[25]　蔺永诚，陈旭. 各向异性导电胶互连技术的研究进展［J］. 电子与封装，2006，6（7）：1-8.

第6章 微连接材料的性能与试验方法

电子微连接方法很多，但大多数场合是采用钎焊，所用的材料主要是软钎焊材料。本章主要介绍电子锡钎料的工艺性能，以及钎料、焊点的力学性能及其试验方法。

6.1 微连接用钎料的工艺性能

随着人类社会信息化步伐的加快，电子钎焊作为先进制造技术的重要组成部分已成为当代科学技术研究的重要领域之一[1]。由于钎料的工艺性能直接决定电子钎焊连接能否进行以及连接质量的优劣，因此改善钎料的工艺性能，就能促进电子组装的技术进步和发展。

6.1.1 锡钎料在钎焊过程中的行为

电子精密连接主要采用软钎焊，包括烙铁焊、浸渍焊、波峰焊、再流焊、BGA（球栅阵列）焊，还包括凸点连接的热压焊、超声焊、热压超声波焊及扩散钎焊等。所用的钎料主要为锡基合金，包括由Sn、Pb、Sb、Cu、Bi、In、Ag、Au等形成的二元、三元、四元系合金，这些合金主要制成锭、条、棒、丝、板带、箔、片、球、粉、膏等制品使用[2]。无论采用哪一种钎焊方法和钎料制品，其共同之处都是采用在低于母材固相线温度条件下将钎料熔化，让液态钎料在母材的间隙中或表面上产生润湿和毛细流动而填充间隙或铺展，同时在液态钎料与固态母材的界面之间产生溶解、扩散以致生成金属间化合物（IMC），当热源离开以后，液态钎料随之冷却、凝固而实现金属键合[3]。钎焊时，一般根据熔化温度来选择钎料，生产实践中往往根据液态钎料充分浸润和填充间隙而使接头“天衣无缝”作为钎焊质量的判据。

因此，在钎焊热循环过程中钎料的行为主要表现为相态变化。但是，在钎料相变过程中发生着一系列界面物理化学反应，这些反应始于固态钎料的熔化，终于液态钎料的凝固。我们可以进一步将钎料在钎焊过程中的行为分为熔化、界面反应、凝固结晶三个阶段，其中最重要的是界面反应，它包括界面的润湿，钎料的流动、填充、铺展，固/液相之间的相互溶解、扩散等[1]。研究结果表明，液态钎料对母材的润湿和扩散，一般只在母材表面几微米至几十微米的范围内进行。

综上所述，钎焊过程中钎料的工艺性能除熔化和结晶过程以外，主要是指液态钎料的物理化学性质。

6.1.2 钎料的工艺性能及影响因素

钎料的工艺性能是指它在使用过程中表现出来的性能。据调查，在电子钎焊过程中碰到的技术问题多数是液态钎料的行为问题。液态钎料在固态母材表面的润湿、流动、填充、铺展是钎焊的前提，没有这个前提条件，即使钎料的物理性能、力学性能和微观组织结构再好对焊缝的形成也没有贡献。

从熔化到凝固结晶的过程中，钎料的各个性质是相互联系和影响的[3-6]。例如，钎料的熔化温度决定钎焊的温度范围，钎料固、液相线温度之差决定其熔化或凝固的速度；液态钎料表面的氧化会阻碍界面原子的结合以达到所需的原子间距，因而直接影响钎料的润湿、流动、填充、铺展能力；液态钎料对母材的毛细润湿作用将决定钎料与母材的结合能力，同时影响填缝能力；液态钎料在母材表面的铺展或漫流，一方面影响其填缝能力，另一方面又影响密集焊点之间钎料的分离能力；当界面原子相互存在一定的溶解、扩散时，对润湿和扩展是有利的，但过大的互溶度或扩散性则会在界面产生过多的金属间化合物，反而对润湿和铺展不利；在一定的钎焊温度下，钎料的熔点越低，固、液相线温度之差越小，则润湿性、流动性也越好。因此，钎料的工艺性能包含了多方面的内容，对这些性能必须进行辩证的综合分析，不能只强调某一个性能而忽视对其他性能的影响。

从使用的角度而言，依据钎料在钎焊过程中的行为，可将电子钎料的工艺性能及影响因素分析归纳总结如下。

1. 熔化/固化温度[7-11]

熔化/固化温度是钎料合金的固相线、液相线温度以及二者之间的温差。

钎焊热循环过程中，在加热阶段，固相线是钎料开始熔化的温度，也是液态钎料对固态母材开始产生界面作用的温度，而液相线是熔化终了温度；在冷却阶段，液相线是钎料凝固的开始温度，而固相线是凝固终了温度，也是液态钎料停止界面反应的温度。在固、液相线之间钎料呈糊状，固、液相线的温差越小，其熔化或凝固的速度越快，越有利于钎焊操作。

钎料的熔化/固化温度是由合金组分决定的。电子钎料一般使用锡基合金，除形成低熔共晶的情形以外，当在锡中加入低熔点金属组分时，其熔化温度一般会下降，而加入高熔点金属其熔化温度一般会上升。合金的组成越接近共晶点，其熔化温度越低，同时固、液相线的温差也越小；当钎料组成达到共晶点时，熔化温度最低，固、液相线温差为零。

2. 液态钎料的抗氧化性能[4,10-17]

液态钎料的抗氧化性能是在一定温度下，液态钎料抵抗氧化反应的能力。

熔融钎料的氧化，不仅会造成严重的钎料浪费，而且氧化膜会阻碍钎料与母材表面原子间的结合，还会导致氧化膜进入焊缝，产生各种连接缺陷。

根据液态金属氧化理论，液态钎料表面会强烈地吸附氧，在高温下被吸附的氧分子将分解成氧原子，氧原子失去电子变成离子，然后再与金属离子结合生成金属氧化物。反应式如下

$$O_2 \longrightarrow O + O$$

$$O + 2e \longrightarrow O^{2-}$$

$$xM^{n+} + yO^{2-} \longrightarrow M_xO_y$$

M_xO_y 为任意氧化物，M_xO_y 在液态金属新鲜表面暴露的瞬间即可生成。当形成一层单分子氧化膜后，进一步的反应则需要以电子运动或离子传递的方式穿过氧化膜进行。

液态钎料表面氧化渣量随时间的变化服从抛物线规律，即氧化速度符合下式

$$\Delta m = Akt^{1/2} \tag{6-1}$$

式中　Δm——氧化物的质量（g）；

A——表面积（cm^2）；

T——加热时间（min）；

k——氧化层生长系数，且

$$k = k_0 \exp(-B/T) \tag{6-2}$$

式中 T——加热温度（K）；

k_0 和 B——常数。

对 Sn-37Pb 合金来说，在 240℃下 $k \approx 10^{-6}$，而对于纯锡来说，其 k 值大约是 Sn-37Pb 合金的两倍。

氧化物 M_xO_y 按分配定律可部分溶解于液态钎料，同时由于存在浓度差使金属氧化物向内部扩散。随着氧化物的溶解和扩散，内部金属含氧逐步增多而使钎料质量变差。

氧化膜的组成、结构不同，其膜的生长速度、生长方式和氧化物在液态钎料中的分配系数将会有很大差异，而这又与钎料的组成密切相关。此外，氧化还与温度、气相中氧的分压、钎料表面对氧的吸附和分解速度、表面原子与氧的化合能力、表面氧化膜的致密度以及生成物的溶解和扩散能力等有关。

3. 液态钎料的润湿性能[5,6,11,18-25]

液态钎料的润湿性能是在一定温度下，液态钎料对母材产生润湿的快慢和润湿力的大小。

润湿性能差，将导致钎焊困难，容易产生虚焊、假焊、脱焊，直接影响焊缝的力学性能和电气性能，导致信号传输不畅，信息失真，灵敏度差，可靠性降低。

钎焊时，钎料对母材产生润湿的条件如下：

1）液态钎料和固体母材表面原子之间要有良好的亲和力。这取决于参与作用原子的半径及它们在元素周期表中的位置和晶体类型。在周期表中位置相近、晶格类型相同的元素，其互溶性较好。从键能分析，两种金属的界面上有同类原子和异种原子的键，其结合的先后、结合形态取决于金属与金属之间的键合能。

2）液态钎料与固体母材的界面原子要达到一定的距离。洁净的金属表面存在着原子引力所构成的力场，当界面原子紧密靠近并达到产生相互吸引以至结合的距离时，钎料和母材之间就会立刻产生润湿而形成金属键结合。

通常，润湿的快慢以润湿开始时间来表示，而润湿力的大小多以 3s 润湿力来表示。润湿的快慢和润湿力的大小与表面/界面张力密切相关，根据杨氏方程

$$\sigma_{sg} = \sigma_{sl} + \sigma_{lg}\cos\theta \tag{6-3}$$

式中 θ——润湿角；

σ_{sg}、σ_{sl}、σ_{lg}——分别为固/气、固/液、液/气相之间的界面张力。

可见，降低液体钎料的表面张力 σ_{lg} 或降低液体钎料与固体母材之间的界面张力 σ_{sl}，就可以降低润湿角 θ。而液态钎料的表面张力与温度、钎料合金的组成，以及表面膜的结构和性能等密切相关。需要指出的是，根据物理化学理论，液态钎料表面的氧化是一个降低表面张力的过程。如果仅从杨氏方程来分析，氧化似乎还可以增强润湿性。我们通过试验研究也证明，金属表面存在极薄的氧化膜时，用润湿平衡法测得的润湿力略有上升。但是，当氧化膜达到一定厚度时，将阻碍固/液界面原子间的接触，这时就会严重降低润湿性。

此外，可以通过改进钎料的制备工艺、提高钎剂的活性，以及合理选择钎焊的工艺参数

来提高液态钎料的润湿性能。

4. 液态钎料的漫流性[5,10,11,16,26]

液态钎料的漫流性是指一定温度下液态钎料在母材表面流动和扩展的能力。

液态钎料的漫流性与润湿性既有密切联系，又有显著区别。严格地讲，漫流性是液态钎料在母材表面的润湿性和流动性的综合表现。钎焊过程中，如液态钎料的漫流性差，将使钎料在被焊区扩展不足或在焊缝内产生空洞，使结合面积缩小，还容易使焊点或焊缝产生桥接或拉尖而导致短路。

显然，影响润湿和氧化的因素对漫流性均有影响。润湿性差，漫流性也较差；液态钎料发生表面氧化时，漫流性也会变差。此外，还有其他一些因素会影响钎料的漫流性，下面着重分析粘度对流动性的影响。

根据液体表面物理化学，要将钎料液滴分开，需要克服原子的内聚力做功，其数学表达式为

$$W_g = 2\sigma_{1-g} \tag{6-4}$$

式中　W_g——液态钎料的内聚功；

$\sigma_{1\text{-}g}$——液态钎料的表面张力。

从式（6-4）可见，液态钎料的表面张力 $\sigma_{1\text{-}g}$ 越大，其内聚功 W_g 就越大，则金属原子间的内聚力就越大，表现为液态钎料原子间的运动困难，即粘度增大，流动性就变差。

另外，在一定温度下，液态钎料内部成分的均匀性决定熔体性能的均匀性，其中杂质对性能具有重要影响。对于金属元素杂质而言，高熔点的金属杂质易在内部形成结晶中心而优先析出；低熔点的金属杂质易富集于晶界，它们在凝固过程中最后结晶，其结果是使流动性下降和固 - 液相转变温度区间拉长，易造成焊点畸变。对于非金属元素杂质而言，它们在熔体内部易形成缔合体或化合物，使金属熔体内部运动单元的体积增大，从而使粘度增大，流动性降低，易产生桥接、拉尖及其他连接缺陷。从这个意义上讲，钎料的“掺杂”不应具有随意性。

综上所述，可以认为，钎料在钎焊过程中的行为就是它的工艺性能，主要包括：钎料合金的固相线、液相线、抗氧化性、润湿性和漫流性等。影响钎料工艺性能的因素包括合金的组成、纯度和化学均匀性，母材的成分、性质和表面的洁净度，液态钎料的表面张力，钎焊温度、气氛、钎剂的活性，液态钎料表面膜的组成、结构和性能等。

使用工艺性能差的钎料，对电子产品生产危害极大。归纳如下：

1）钎料熔点的升高，必然导致钎焊温度随之升高。

2）钎料的抗氧化性能差，必然导致在高温熔融状态下其表面氧化渣量很大，不仅造成钎料的严重浪费，而且影响钎焊操作，还会导致氧化膜进入焊缝而产生连接缺陷。

3）钎料的润湿性能差，必然导致焊缝内产生虚焊、假焊、脱焊以及焊缝空洞，使有效结合面积降低，直接影响焊缝的力学性能和电气性能，还会导致信号传输不畅，信息失真，灵敏度差，使电子产品的可靠性降低。

4）钎料的漫流性能差，在连接过程中会造成钎料填充焊缝困难，如焊点的密度大、间隙小，这时熔融钎料很容易产生桥接和拉尖，会导致搭接短路和装配困难，甚至产生报废。

6.2 钎料工艺性能的试验方法

6.2.1 熔化温度的测定

1. 测量装置

熔化温度的测量采用差热分析仪，简称 DTA。差热分析仪的升温速度应可调且控温精度应不低于 0.5℃。

2. 测量步骤

1）将 10mg 待测钎料试样放入差热分析仪的样品室中，以每分钟 25mL 的流量给样品室充入氮气，并以每分钟 10℃的初始升温速率对试样升温。

2）当温度升至与待测钎料固相线温度相差约 30℃时，将升温速度降低至每分钟 2℃，并记录温度曲线。

3）根据记录的 DTA 曲线，确定熔化开始温度和熔化结束温度。

3. 曲线分析

典型的共晶钎料熔化温度测量所记录的温度-热效应曲线如图 6-1 所示，其曲线低温侧基线的延长线与熔化吸热峰低温侧切线的延长线之交点 T_1 对应的温度即为熔化开始温度。一般认为，其吸热峰 T_2 点对应的温度即为熔化结束温度。但是，严格说来，这只是钎料的共晶成分部分熔化终止的温度，钎料合金的液相线温度应比 T_2 点对应的温度高[7,8]。

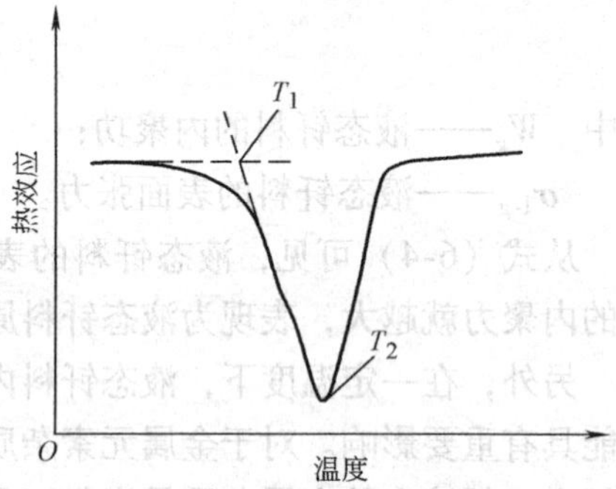

图 6-1 共晶钎料熔化的温度-热效应曲线

6.2.2 抗氧化性能试验

在高温下，熔融钎料的氧化，首先是空气中的 O_2 向钎料熔体表面移动，并被吸附在钎料表面上，被吸附的 O_2 分解为氧原子 O，氧原子 O 和部分氧分子 O_2 与钎料金属原子反应生成金属氧化物 M_xO_y，金属氧化物 M_xO_y 在表面形成氧化膜。氧化物 M_xO_y 按分配定律可部分溶解于金属熔液，同时由于浓差关系使金属氧化物 M_xO_y 向金属熔液内部扩散。由于空气中的氧源源不断穿透熔融金属表面氧化膜与内部金属原子进一步起反应，使氧化膜增厚，随着氧化物的溶解和扩散，内部金属含氧越来越多，使熔融金属的质量和性能越来越差。

电子钎料在使用过程中氧化渣产生的快慢和多少直接关系着材料的利用率和连接质量的好坏，因此，降低钎料的产渣量一直是钎料生产和使用单位所追求的目标。目前，钎料使用量最大的是波峰焊、浸焊和拖焊。波峰焊是利用熔融钎料循环流动形成的波峰面与插装有元件的 PCB 焊接面接触，使之完成焊接的过程。浸焊是将元器件或插装有元件的 PCB 焊接端浸入熔融钎料，使之完成焊接的过程。而拖焊则是将元器件或插装有元件的 PCB 焊接端浸入熔融钎料并移动一段距离，使之完成焊接的过程。由于波峰焊锡长期处于喷流状态，一般认为波峰焊时钎料处于“动态”，而浸焊和拖焊相对于波峰焊而言，其熔融钎料处于相对静止状态，故认为钎料处于“静态”。其他钎焊方法其熔融钎料一般处于“动态”与“静态”之间。

1. 静态条件钎料氧化渣量的测试方法[2,12,15,17]

1）称取指定钎料产品6000g，置于清洁的不锈钢坩埚内，在电炉上加热熔化（加热最高温度≤300℃），然后注入平面焊锡机的锡槽内。

2）设定平面焊锡机的锡槽温度，接通电源，直至锡槽温度恒定时，用宽度与锡槽相匹配的专用不锈钢刮渣器撇去表面浮渣，弃去。

3）起动计时器，每隔60s用刮渣器撇渣一次，每5min从锡槽表面取渣一次，持续60min。试验中应仔细记录试验现象。

4）用分析天平称量渣的质量。

5）结果评价：

以一定温度下单位时间、单位面积产生的氧化渣量进行评价，即

$$D = m_1/(tS) \tag{6-5}$$

式中 D——钎料氧化渣的产率（$g \cdot min^{-1} \cdot cm^{-2}$）；

m_1——氧化渣质量（g）；

t——试验时间（min）；

S——氧化面积（cm^2）。

从式（6-5）中可以看出，在一定温度下，单位时间、单位面积上氧化渣的产率D越大，钎料氧化就越严重，材料的浪费就越大，而且越容易出现焊接缺陷。

2. 动态条件钎料氧化渣量的定量测试方法[2,9,11,16,27]

锡钎料动态条件氧化渣量定量评价，采用“SJ/T 11319—2005 锡钎料动态条件氧化渣量定量试验方法”电子行业标准。该标准采用指定的专用小型波峰焊机模拟钎料实际使用时的动态条件，收集并计量在一定时间和温度条件下焊槽中产生的氧化渣，以单位质量钎料的氧化渣量进行评价，即动态氧化渣产率

$$D = m_1/m \times 100\% \tag{6-6}$$

式中 D——钎料氧化渣的产率（%）；

m_1——氧化渣质量（g）；

m——装入的钎料质量（g）。

6.2.3 焊接性试验

在一定的温度和时间内，母材金属表面被熔融钎料润湿的效果或程度，称为焊接性。焊接性是母材和钎料在规定条件下相互作用的度量，它与钎料、钎剂、母材和测试的温度、时间等条件有关。钎料和母材的化学成分、表面氧化程度、污染和清洁程度、表面的状态、钎剂的活性与清洁能力、测试设定的温度和时间等，都会影响焊接性测试结果。

前面已经介绍，只有当钎料金属原子与母材金属原子接近到一定的距离时，它们之间才能产生相应的引力。同时，只有当钎料金属与母材能相互溶解时，它们之间才能产生较好的亲和力。原子间的引力是一个物理概念，而原子间的亲和力是一个化学概念，所以软钎焊的润湿是在液/固相表面产生的复杂的物理化学过程。根据前面介绍的软钎焊机理可知，润湿

是实现软钎焊的前提，没有钎料金属与母材间的润湿，就不可能实现金属间的扩散，更不可能形成界面金属间化合物而使两种金属连接起来。因此，钎焊连接的质量首先取决于润湿的好坏，而润湿的程度则可以作为焊接性的度量。

根据表面物理化学，润湿的程度可用润湿角来表示，润湿角是由各相间的表面张力决定的。但要在高温下测定液态钎料与固体母材表面的接触角是十分困难的，所以人们研究了多种方法来对钎料的焊接性进行评价。

在电子产品的连接与组装过程中，同一电路板上有许多不同的元器件需要同时进行钎焊连接，为了在同一温度和时间内一次性完成众多接头的制造，那么就要求各种元器件的引脚及 PCB 焊盘的焊接性不能相差过大。一种材料被钎料润湿的能力是和它的焊接性密切相关的。焊接性既取决于钎料本身的固有性质，也取决于引脚表面的清洁等状况，此外，还取决于在储存中因环境侵蚀所造成的老化。当对元器件及 PCB 焊盘进行焊接性评定时，仅考虑元器件的引脚及焊盘在规定的温度和时间内被钎料所润湿的效果。当润湿效果优良时，称其焊接性好；反之则称其焊接性差。

焊接性测试有多种方法，如边缘浸渍法、铬铁法、液面上升法、润湿平衡法和钎料球法等。在这些方法中，一类是进行定性的评价，如边缘浸渍法，虽然它以润湿程度为依据，但不能获得定量的数据；另一类是进行定量评价，如润湿平衡法，它的优点是建立了一种以数据为基础的评定方法，但相对于前者它的设备投资较大，对操作人员的技术水平的要求也较高。下面分别介绍焊接性的各种实验方法。

1. 边缘浸渍法[28,29]

这种方法是最简单的润湿性试验方法。测试时，固体母材被垂直浸入到熔融钎料中，然后取出，其涂敷层的质量可借助放大镜来进行目测评价。

(1) 测试所使用的主要材料

1) 钎料。应先将钎料合金制成规定的形状，并符合使用要求。

2) 钎剂。焊接性测试中可使用活性或非活性钎剂，钎剂通常是由 25% 松香 +75% 异丙醇配制而成。在 25℃时，钎剂密度为 (0.843 ±0.005) $g\cdot cm^{-3}$。其他要求，可参照 GB/T 2423.28—1982 标准。钎剂不用时，应加盖密闭保存。

(2) 试验样品的准备　待测试验样品的表面在试验之前，不应被手指接触或受到其他污染，一般试验样品不应进行清洗，若有特殊要求，可将试验样品在室温下浸入中性有机溶剂去除油污。一般应在室温下，将试验样品的待测端浸入规定的钎剂中 5 ~10s，浸入钎剂时试样与液面成 20° ~45°角，浸入的深度必须大于样品浸入液态钎料的深度，允许待测样品在浸入钎料前干燥 5 ~10s。

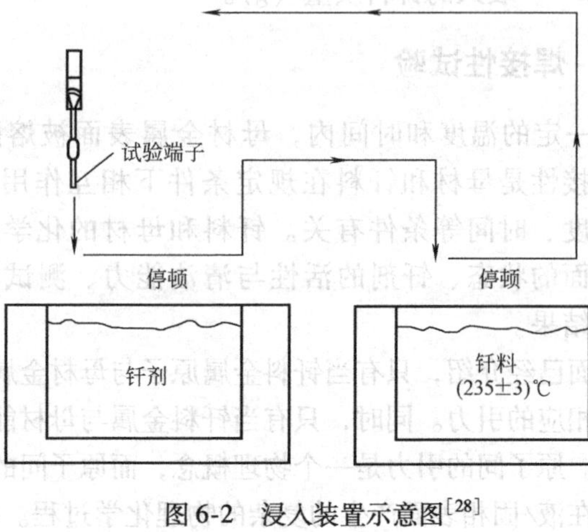

图 6-2　浸入装置示意图[28]

(3) 试验装置　试验装置如图 6-2 所示。钎料槽要求能保持恒温。试验样品浸入角、浸入速度、浸入时间和提出速度等参数都应在规定的范围内。元器件浸入时应与钎料液面成20°～45°角。试验时的摆动、振动应严格加以控制。

（4）试验操作程序

1）将钎料槽中的钎料加热到(235±3)℃，恒温。

2）将浸有钎剂的样品夹在夹具中。

3）样品浸入钎料槽前，先将熔融钎料液面上的氧化物及钎剂残渣撇去。

4）将涂有钎剂的试件引线与钎料液面成20°～45°夹角，以（25±6）mm·s⁻¹的速度浸入熔融钎料中，如图6-3所示。

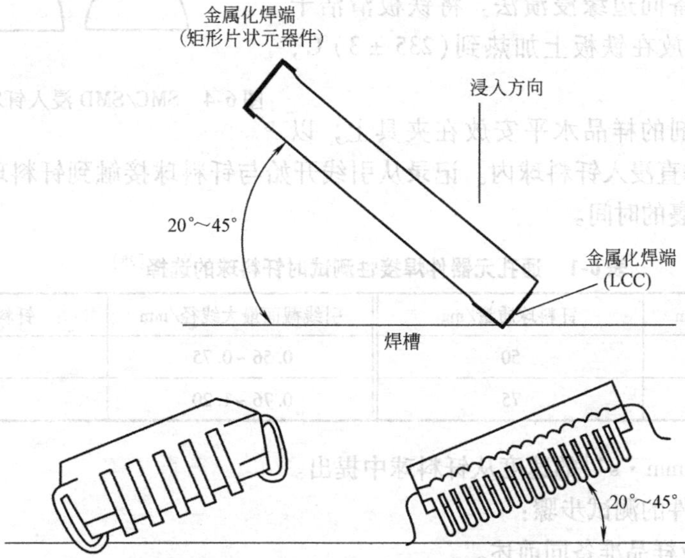

图6-3　SMC/SMD浸入角度示意图[28]

5）样品在熔融钎料中停留(5±0.5)s。

6）以(25±6)mm·s⁻¹的速度将样品从钎料中提出，在空气中冷却。

（5）试验结果的检测和评定　应使用至少能放大10倍的放大镜或双目显微镜，来检测样品待检查部分。对引线每个细微倾斜角度的坡度部分（约0.5mm或更小），使用的检测仪放大倍数应为30倍或70倍。引线浸入钎料的部分其表面应被钎料连续覆盖，或覆盖面积至少应达95%以上才算合格。引线表面的钎料镀层允许有少量分散的针孔等缺陷。

浸渍法一般适用于引脚较长的元器件以及PCB焊盘的焊接性试验。

2. 钎料球法[28-34]

钎料球法是最早用于焊接性测试的方法之一，已被国际电工委员会确定为一种标准方法。它可以测定截面为圆形、矩形的元器件引线的润湿时间以及PCB电镀孔的焊接性。

（1）原理　将一个熔融状态的钎料液滴或小球置于加热平台中的铁板上，使涂有钎剂的试验导线水平地下降进入钎料球内，初期试验导线将钎料等分为两部分，接着，导线被润湿。当润湿逐渐增加时，钎料球的两部分相遇并急骤并合，如图6-4所示。记录小球分开与并合的时间，二者之差便是润湿所需要的时间。

(2) 设备及要求　设备应能满足钎料球被加热到 (235 ±3)℃，并具有恒温和记录时间的功能。在铁板上放置钎料球，夹具应采用绝热材料制作，并能方便地将样品浸入熔融钎料球中。

(3) 试验方法步骤　有引线通孔元件的测试步骤如下：

1) 不同的样品，应选择不同的钎料球，详见表 6-1。

2) 样品的准备同边缘浸渍法。将铁板清洁干净，然后将钎料球放在铁板上加热到(235 ±3)℃，恒温。

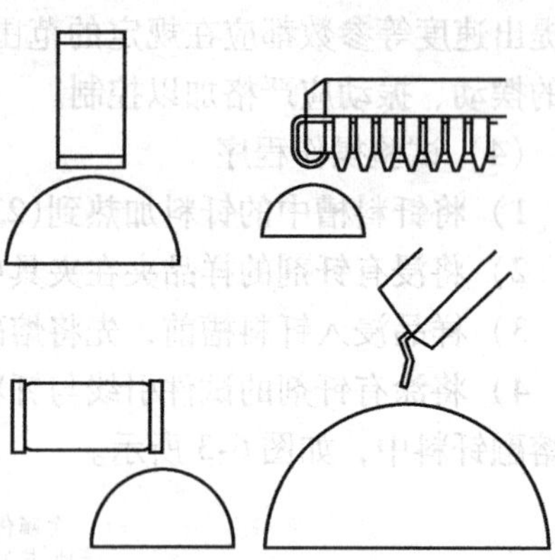

图 6-4　SMC/SMD 浸入钎料球的方向[28]

3) 将涂有钎剂的样品水平安放在夹具上，以 $5mm \cdot s^{-1}$ 的速度垂直浸入钎料球内。记录从引线开始与钎料球接触到钎料球被一分为二，至钎料球将引线包裹的时间。

表 6-1　通孔元器件焊接性测试时钎料球的选择[28]

引线截面最大线径/mm	钎料球质量/mg	引线截面最大线径/mm	钎料球质量/mg
<0.25	50	0.56 ~0.75	125
0.26 ~0.55	75	0.76 ~1.20	200

4) 将样品以 $5mm \cdot s^{-1}$ 的速度从钎料球中提出。

表面组装元器件的测试步骤：

1) 设备要求及样品准备同前述。

2) 钎料球的选用原则应以 SMC/SMD 焊端横截面积来选用，详见表 6-2。

表 6-2　SMC/SMD 焊接性测试钎料球的选择[28]

焊端横截面积/mm^2	<0.05	0.06 ~0.25	0.20 ~0.45	0.46 ~1.10
钎料球质量/mg	50	75	125	200

3) 待钎料球温度到达(235 ±5)℃时，用钎剂润湿钎料表面，以便露出光亮的未被氧化的钎料。

4) 将涂有钎剂的样品，以 $5mm \cdot s^{-1}$ 的速度垂直浸入熔融的钎料球内，记录试验过程中的润湿力-时间曲线。

(4) 试验结果的检测和评定　有引线的钎料球法试验结果的评定以试验过程所需要的润湿时间长短为依据，润湿时间越短，其引线焊接性越好。通常情况下，润湿时间为 1s，一般不能超过 2s。

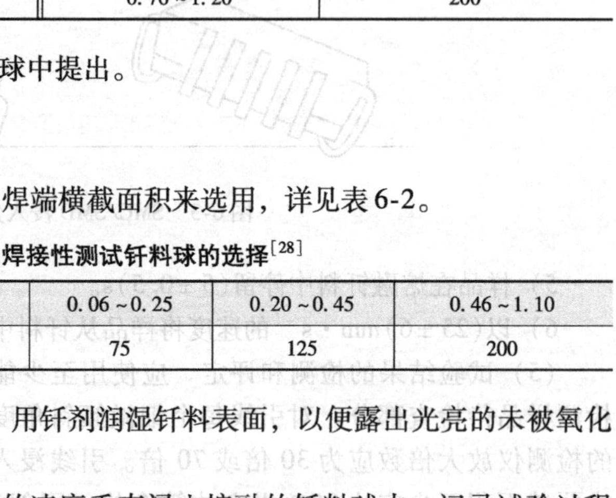

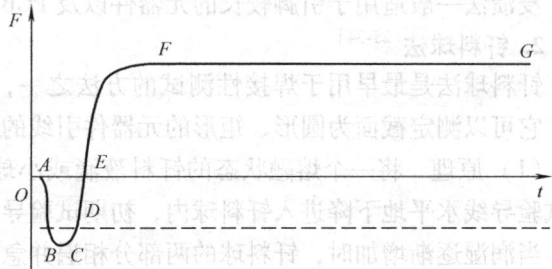

图 6-5　润湿力与润湿时间的关系曲线[28]

表面组装元器件的润湿曲线如图 6-5 所示。曲线中，O 点是样品初始浸入时刻，A 点表示钎料液面触及样品下端，B 点表示样品浸入至预先设置的深度。从 B 到 C 为诱导时间，样品在此期间从熔融钎料中获取足够的热量，并开始产生润湿。从 C 到 F 为润湿阶段，D 点表示样品只受浮力作用，E 点表示向上浮力与润湿力抵消，样品所受合力为零，F 点表示润湿力增长到最大值。

润湿曲线 $A \sim B$ 段为样品插入阶段，$B \sim C$ 段为样品诱导加热阶段，$C \sim F$ 段为样品被润湿阶段，G 以后为样品被提出阶段。

最大润湿力是在假设存在适当的表面张力常数和完全润湿条件下而得到的理论润湿力

$$F = \sigma L \cos\theta \tag{6-7}$$

式中　σ——与钎剂相接触的液态钎料的表面张力（$N \cdot mm^{-1}$）；

L——样品周长（mm）；

θ——润湿角（°）。

在整个试验过程中，若3s 内润湿力达到理论润湿力的2/3，则认为试验对象的焊接性良好。

3. 润湿平衡法[9,18-22,28-34]

（1）湿润平衡法原理　当样品浸入钎料时，样品、熔融钎料和大气构成一个三相体系。当达到平衡时，由于表面张力的作用，液态钎料将形成一个弯月面。在液/气表面张力 $\sigma_{l\text{-}g}$ 与固/液表面张力 $\sigma_{s\text{-}l}$ 之间所形成的夹角 θ 即为润湿角，如图6-6 所示。

根据杨氏方程，当液态钎料在固体母材上的润湿达到平衡时，则有

$$\cos\theta = \frac{\sigma_{s\text{-}g} - \sigma_{s\text{-}l}}{\sigma_{l\text{-}g}} \tag{6-8}$$

从式（6-8）可以看出，润湿角 θ 是由固/气、固/液和液/气之间的表面张力决定的。当 θ 变小时，湿润性变好；反之，湿润性变差。

然而，液态钎料在固体母材上的润湿角 θ 的准确测量是很困难的。如果将钎料冷却凝固后再进行测量，由于钎料凝固时各种力的作用，其润湿角必然会产生变化。从式（6-8）可以看出，可通过力的测量来反映润湿的特征，从而导出接触角 θ 和焊接性。这样，难以测量的润湿角参数就变成了较简单易测的力的测量。

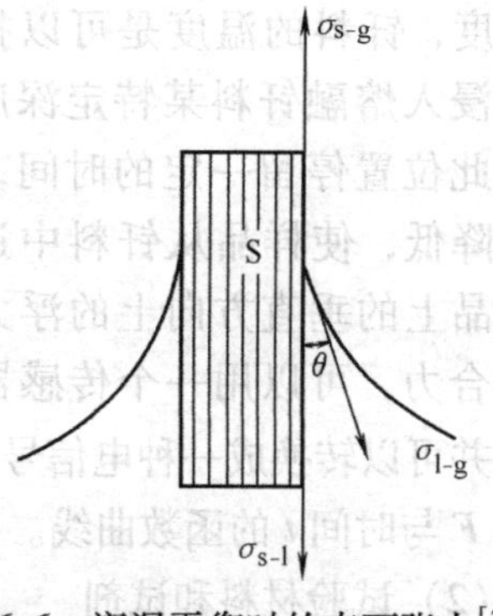

图6-6　润湿平衡时的表面张力[22]

当样品浸入熔融钎料槽时，将受到浮力和润湿力的作用，其合力 F 为

$$F = F_m - F_a \tag{6-9}$$

式中　F_m——润湿力；

F_a——浮力。

由于

$$F_m = \sigma_{l\text{-}g} L \cos\theta \tag{6-10}$$

$$F_a = \rho V g \tag{6-11}$$

式中 L——样品在弯月面区域内的周长；

ρ——熔融合金的密度；

V——样品浸入钎料中的体积；

g——重力加速度。

将式（6-10）、式（6-11）代入式（6-9）中，得

$$F = \sigma_{1\text{-}g} L\cos\theta - \rho V g \tag{6-12}$$

即

$$\cos\theta = \frac{F + \rho V g}{\sigma_{1\text{-}g} L} \tag{6-13}$$

当测试条件一定时，式（6-13）中的ρ、V、g、L、$\sigma_{1\text{-}g}$均为常数。可见，合力F的变化与θ的变化存在着直接的关系。因此，反映润湿质量参数的θ的测量，就可以转化为简单的润湿力和浮力的合力F的测量。这就是润湿平衡法定量测试焊接性的基本原理。

目前使用的润湿平衡可焊性测试仪，其原理如图6-7所示。在图6-7中，样品被悬挂在一台灵敏度很高的平衡器上，使样品的一端浸入到熔融钎料中某个预定深度，钎料的温度是可以控制的。当样品浸入熔融钎料某特定深度以后，使之在此位置停留一定的时间，随后把钎料槽降低，使样品从钎料中退出。作用在样品上的垂直方向上的浮力与表面张力的合力，可以用一个传感器来进行测定，并可以转换成一种电信号，这种信号通过放大后，在高速图像记录仪上被连续地记录成合力F与时间t的函数曲线。

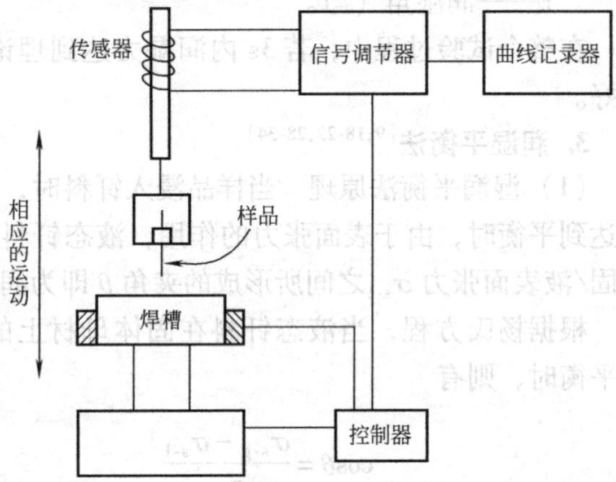

图6-7 润湿平衡可焊性测试仪原理图[22]

（2）试验材料和试剂

1）去离子水：室温下电阻率应大于1MΩ·cm。

2）丙酮、异丙醇：分析纯或以上纯度。

3）活性钎剂：将(25±0.1)g氢化松香加入(75±0.1)g异丙醇中，缓慢加热、搅拌溶为均匀溶液，加入(0.39±0.01)g二乙胺盐酸化物并搅拌溶解，配成活性钎剂待用。

4）酸洗液：分析纯盐酸5g(35%)，用95g去离子水稀释(1.75%)。

5）试件的制备。将直径为(0.6±0.03)mm的纯铜线裁剪成长度为(30±0.10)mm的一组（5个）试件，要求试件端面无毛刺且断面为标准圆形。试件用丙酮进行脱脂清洗，室温干燥后放入盛有酸洗液的超声波清洗机中清洗1min，从酸洗液中将试件取出，用去离子水充分清洗，经丙酮浸渍后，置室温干燥待用。

（3）测量步骤

1）将钎料放入可焊性测试仪的钎料槽内加热熔化，并将温度保持在(250±3)℃。

2）将试件的一端在钎剂中浸渍5s，浸入深度4～5mm。略微倾斜一些将试件从钎剂

中取出，使试件上没有多余的钎剂，如果试件端部有多余的钎剂液滴，可用清洁的滤纸吸去。

3）将试件放入可焊性测试仪的夹头中，使试件浸有钎剂的一端垂直对准钎料槽。

4）去除钎料槽表面氧化膜，起动可焊性测试仪，钎料槽以 $20mm \cdot s^{-1}$ 的速度自动匀速上移，使试件浸入熔融钎料3mm，并自动记录润湿力随时间变化的函数曲线。

（4）润湿曲线分析 典型的润湿性试验记录曲线如图6-8所示。

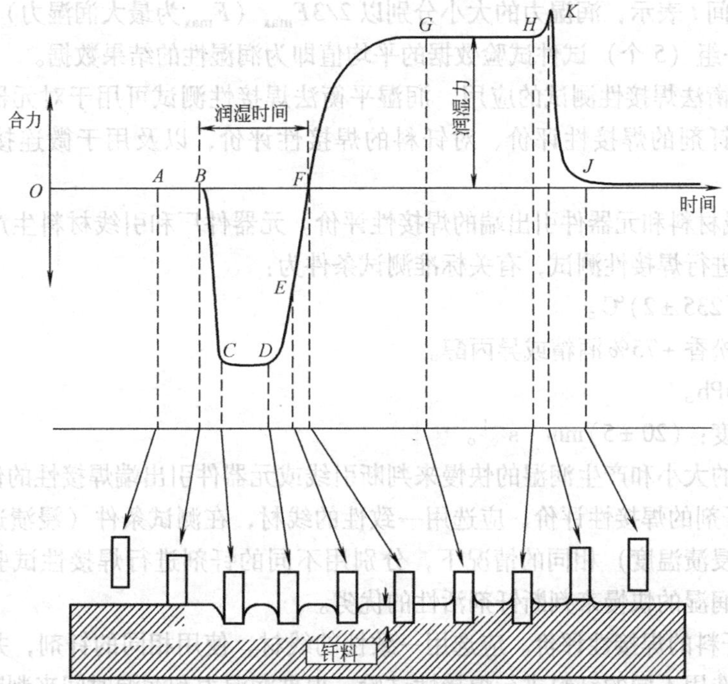

图6-8 润湿性试验记录曲线[28]

在润湿性试验记录曲线图中，横轴为时间，纵轴为合力。向上合力为正，向下合力为负。润湿曲线与横轴的交点合力为零。

在图6-8所示的润湿曲线中各点的说明如下：

A 点：试件进入熔融钎料之前。

B 点：试件开始同熔融钎料接触的时刻，也是测试开始点。

C 点：试件浸渍到规定的深度。从 *B* 点到 *C* 点，熔融钎料液面呈凹形，试件受到钎料表面张力和浮力的作用，它是阻止试件浸渍的。如果试件有很好的焊接性，并且试件的热容量很小，则在 *C* 点开始发生润湿。

D 点：如果试件需要的热容量大或试件涂的钎剂过多，则在 *D* 点才开始产生润湿。因此，从 *C* 点到 *D* 点的时间，是试件达到焊接温度和钎剂“激活”所需要的时间。

E 点：正在润湿过程中。从 *D* 点到 *E* 点，熔融钎料与试件处于润湿和凹面回升过程中，表面张力产生向上的分量越来越大。

F 点：熔融钎料凹下去的液面这时回到水平，表面张力的方向是水平的，垂直方向的主要作用力是浮力。过 *F* 点的时间称为零交时间，它是衡量产生润湿快慢的一个重要指标。

*G*点：在规定时间所测得的合力值。通常标准选择2s或3s，即2s或3s时的合力值。

*H*点：最大合力点。这时钎料“爬升”高度最高，润湿力最大。

*K*点：测试结束前一瞬间的合力值，通常*K*点的值同*H*点的值比较接近，表明润湿的稳定性好。如果*K*点比*H*点低很多，表明钎料沿着焊端“回落”，凸面有所下降，即产生失润现象。

电子行业相关技术标准规定，根据润湿性试验记录曲线，其润湿的快慢分别以润湿开始时间 t_0 和润湿时间 t 表示，润湿力的大小分别以 $2/3F_{max}$（F_{max}为最大润湿力）和3s时的润湿力 F_3 表示。一组（5个）试件试验数据的平均值即为润湿性的结果数据。

（5）润湿平衡法焊接性测试的应用　润湿平衡法焊接性测试可用于对元器件引出端的焊接性评价、对钎剂的焊接性评价、对钎料的焊接性评价，以及用于微连接工艺参数的研究。

1）用于引线材料和元器件引出端的焊接性评价。元器件厂和引线材料生产厂在产品出厂时，可用本法进行焊接性测试，有关标准测试条件为：

钎料温度：(235±2)℃。

钎剂：25%松香+75%酒精或异丙醇。

钎料：Sn-40Pb。

浸渍升降速度：$(20\pm5)\mathrm{mm\cdot s^{-1}}$。

根据润湿力的大小和产生润湿的快慢来判断引线或元器件引出端焊接性的优劣。

2）用于对钎剂的焊接性评价。应选用一致性的线材，在测试条件（浸渍速度、浸渍深度、浸渍时间、浸渍温度）相同的情况下，分别用不同的钎剂进行焊接性试验。根据润湿力的大小和产生润湿的快慢来判断钎剂活性的优劣。

3）用于对钎料的焊接性评价。应选用一致性的线材，使用相同的钎剂，并在相同的测试条件下，分别选用不同的钎料进行焊接性试验，根据润湿力和润湿时间来判断钎料焊接性的优劣。

4）用于焊接参数的研究。在固定试件、钎剂、钎料及相关参数条件下，改变钎料温度进行焊接性试验，可根据润湿数据获得最佳的焊接温度。在固定试件、钎剂、钎料及相关条件下，改变浸渍规定时间进行焊接性试验，可根据润湿数据获得应控制的浸渍时间。因此可以用来研究钎焊连接的最佳焊接参数。

6.2.4 漫流性试验

1. 漫流性试验原理[9,35,36]

液态钎料的漫流性，也称扩展率。它是在一定条件下，液态钎料在母材表面流动和扩展能力的量度。要使焊点尺寸准确并能有效分离，主要取决于钎料的漫流性能。本方法参照中国国家标准GB/T 11364—1989《钎料铺展性及填缝性试验方法》，以严格相同的条件在铜板表面上熔化不同的钎料，测试铺展面积或扩展率来对漫流性进行评价。

采用试件为一方形铜片，尺寸为30mm×30mm×(0.3~0.4)mm，用400号碳化硅砂布打磨使其表面光洁平整，并用适当的方法去除油污及氧化物，然后在铜板中心放置钎料，钎料一般为块状，若用细丝状钎料，则应弯成圈状，质量为0.1~0.2g，允许偏差为±1%。

对比试验时，用量必须一致。若使用钎剂，应选择在钎焊温度区间具有较高活性的钎剂，其用量应能覆盖住钎料。加热装置必须配有测温装置。以高于钎料液相线温度 40～50℃ 的温度进行加热，当达到规定温度约 30s 时，钎料熔融在试件上，轻轻取出，冷却后用乙醇除去残留物，用求积仪测定其铺展面积。铺展面积越大，表明钎料润湿角越小，即漫流性越好。也可用游标卡尺测量钎料层的高度，然后根据下式计算其扩展率

$$扩展率(\%)=\frac{D-H}{D}\times 100\% \tag{6-14}$$

式中　D——钎料样品为球形时的等效球径（mm），$D=1.24V^{1/3}$，V 为钎料样品的体积（mm^3）（V=钎料的质量/钎料的密度）；

H——漫流后钎料曲面的高度（mm）。

试验示意图如图 6-9 所示。

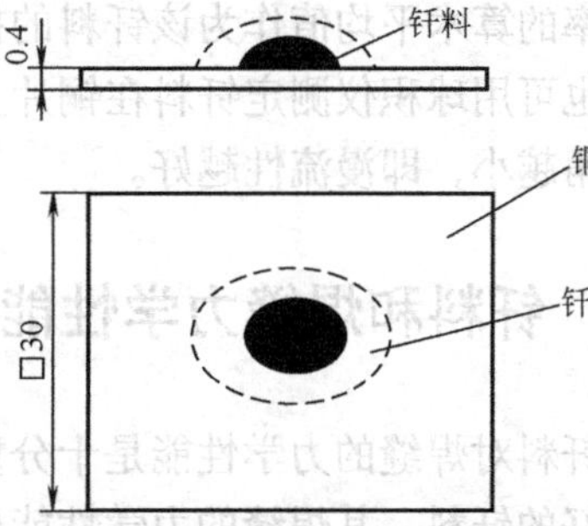

图 6-9　漫流性试验示意图

2. 试验装置

漫流性的测量装置如图 6-10 所示。

在图 6-10 中，是利用熔融钎料槽对试件进行加热，要求钎料槽具有控温和加热的功能，并能平稳地垂直升降，以便于液态钎料的表面能够与试件形成良好的接触。试样夹持器被安放在一个悬臂上，其水平高度一般保持固定。但也可以进行相反的设计，使钎料槽静止不动，而使安放有试件的悬臂能平稳地垂直升降，使液态钎料与试件形成良好的接触。升降控制应灵敏，一般采用电子控制机构。

3. 试验材料

1）无氧纯铜板：30mm×30mm×(0.30～0.40)mm。

2）氢化松香：质量符合 GB/T 14020—1992 规定。

3）异丙醇和丙酮：分析纯或以上纯度。

4）清洗溶剂：能保证去除焊接后的钎剂残渣。

5）去离子水：室温电阻率大于 1MΩ·cm。

6）0.5%(质量分数)过二硫酸铵溶液：将 250g 过二硫酸铵溶液和去离子水混合，加入 5mL 的浓硫酸（密度 1.84g·cm^{-3}），搅拌、冷却、稀释至 1L。

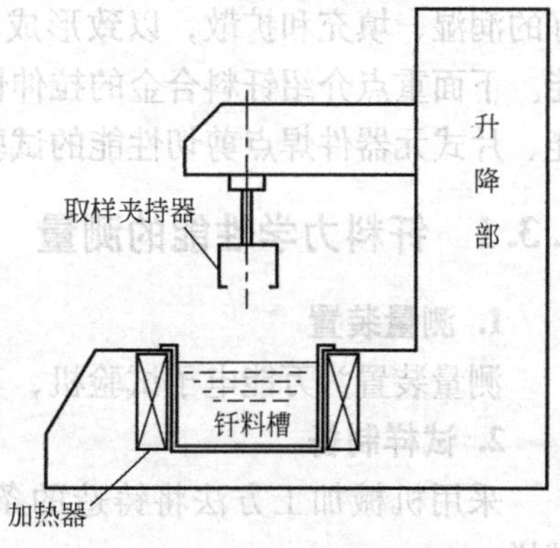

图 6-10　扩展率测量装置图

7）5%(质量分数)硫酸溶液：在 400mL 的去离子水中加入 50mL 的浓硫酸(密度 1.84g·cm^{-3})，搅拌、冷却，用水稀释至 1L；

8）活性钎剂：将(25±0.1)g 氢化松香加入（75±0.1)g 异丙醇中，缓慢加热、搅拌溶为均匀溶液，加入(0.39±0.01)g 二乙胺盐酸化物并搅拌溶解，配成活性钎剂待用。

4. 试样制备

1）将 30mm×30mm×(0.30～0.40)mm 的无氧纯铜板用 5%(质量分数)硫酸去除表面氧化膜，用去离子水充分清洗，经丙酮浸渍后，置室温环境干燥待用。

2）将待测无铅钎料加工成直径为 4mm、高 4mm 的圆台(体积为 50.25mm^3)。

5. 测量步骤

1）使用微量注射器或微量吸管，将0.02mL钎剂滴在试验铜板中心，再将钎料圆片放在试验铜板的中心位置，用同样方式制作一组(5个)试验件。

2）将试验件放入100℃干燥器中加热2min，使钎剂中的溶剂挥发掉。

3）使用升降机，使试验片底部与钎料槽内温度为(250±3)℃的熔融钎料呈水平接触。

4）让试验片同熔融钎料保持水平接触30s，使钎料熔化并在试验片上充分扩展。

5）由升降机将试验片从钎料槽中提升上来，室温自然冷却。

6）用清洗剂清洗残留在试验片上的钎剂，并用千分表测定无铅钎料熔融扩展后的高度。

6. 结果评价

按式（6-14）计算出钎料在铜片表面的扩展率。一组样品要求做5个试件，以5个样品扩展率的算术平均值作为该钎料的扩展率。扩展率越大，表明该钎料的漫流性越好。

也可用球积仪测定钎料在铜片上的铺展面积，在相同条件下，铺展面积越大，表明钎料润湿角越小，即漫流性越好。

6.3 钎料和焊缝力学性能的试验方法

钎料对焊缝的力学性能是十分重要的，一般说来，在相同连接质量的条件下，采用力学性能好的钎料，其焊缝的力学性能也较好。但是，并非钎料的力学性能好，其连接接头的力学性能就一定很好。如果选用钎料的工艺性能很差，那么，钎料的力学性能再好也是没有用的。只有在实现良好连接质量的前提下，即在钎焊连接过程中，液态钎料对固体母材产生良好的润湿、填充和扩散，以致形成良好的金属键合的前提下，焊缝才可能有良好的力学性能。下面重点介绍钎料合金的拉伸性能、焊缝的拉伸与剪切性能、QFP引线焊点45°拉伸性能、片式元器件焊点剪切性能的试验方法[9]。

6.3.1 钎料力学性能的测量

1. 测量装置

测量装置为万能电子试验机，其拉伸速度可调且精度不低于1级。

2. 试样制备

采用机械加工方法将铸造的条状钎料制备成一组(3个)如图6-11所示的哑铃状测量试样。

3. 测量步骤

1）在试样的L两端处作标记，并将其用合适的夹具固定在万能电子试验机上。

2）以20mm·min^{-1}的速度进行拉伸，记录试样断裂时的拉力值。

4. 计算

试样的抗拉强度和伸长率分别由式（6-15）和式（6-16）计算

$$\sigma_b = F/S \tag{6-15}$$

$$\delta = (L_1 - L)/L \times 100 \tag{6-16}$$

式中　σ_b——抗拉强度（N·mm^{-2}）；

F——试样断裂时的拉力（N）；

S——试样基准处的横截面积（mm^2）；

δ——伸长率（%）；

L_1——试样断裂时两端标记之间的距离（mm）；

L——试验前试样两端标记之间的距离（mm）。

一组（3 个）试样抗拉强度和伸长率的算术平均值即为该钎料的抗拉强度和伸长率。

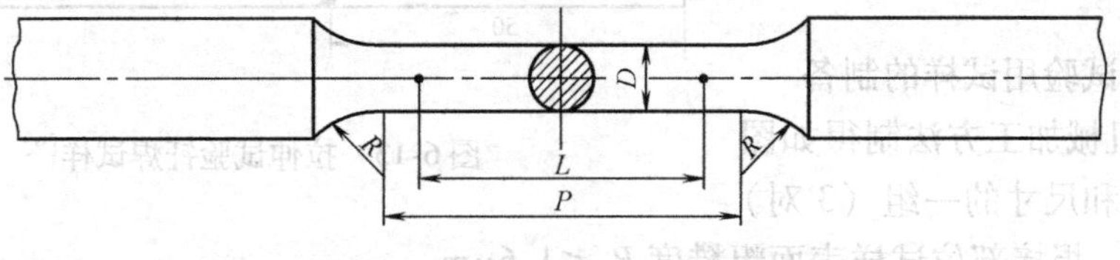

注：1. $R\geqslant15$mm，$P\approx60$mm，$L=50$mm，$D=10$mm。

2. 试样表面粗糙度 $R_a\leqslant1.6\mu m$，D 尺寸公差≤0.04mm。

图 6-11　钎料力学性能测量试样[9]

6.3.2　焊缝拉伸与剪切试验方法

1. 测量装置

测量装置为万能电子试验机，其拉伸速度可调且精度不低于 1 级。

2. 试验材料和试剂

1）去离子水：室温电阻率≥5kΩ · m。

2）丙酮、异丙醇：分析纯。

3）酸洗液：分析纯盐酸 5g(35%)，用 95g 去离子水稀释(1.75%)。

4）活性钎剂：将(25 ±0.1)g 氢化松香加入(75 ±0.1)g 异丙醇中，缓慢加热、搅拌溶为均匀溶液，加入(0.39 ±0.01)g 二乙胺盐酸化物并搅拌溶解，配成活性钎剂待用。

3. 试样的制备

（1）拉伸试验用试样的制备

1）采用机械加工方法制得如图 6-12 所示形状和尺寸的一组(3 对)纯铜拉伸试样，焊接部位试样表面粗糙度 $R_a\leqslant1.6\mu m$。

2）用丙酮对试样进行脱脂清洗，室温干燥后放入盛有酸洗液的超声波清洗机中清洗 1min，从酸洗液中将试样取出，用去离子水充分清洗，经丙酮浸渍后，置室温干燥待用。

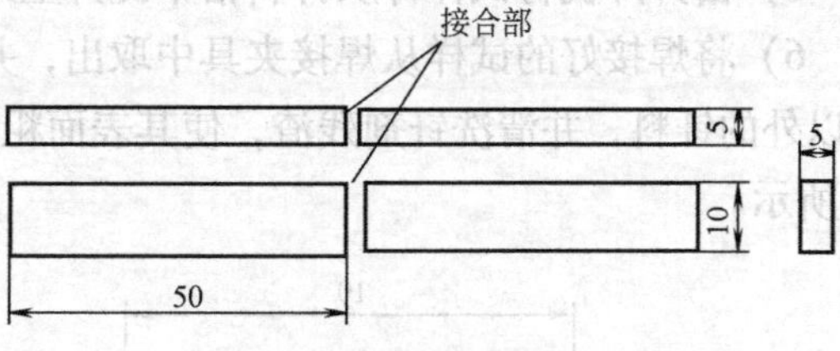

图 6-12　拉伸试验用纯铜试样的形状和尺寸[9]

3）将试样焊接面端部浸入钎剂中 5s，浸入深度以焊接面恰好完全接触钎剂液面为限。略微倾斜一些将试样从钎剂中取出，使试样上没有多余的钎剂，如果试样上有多余的钎剂液滴，可用清洁的滤纸小心将其吸去。

4）将试样放入专用焊接夹具中，并在两个焊接面之间放入适量的待测钎料片，使用如图 6-10 所示的升降机，使试样与钎料槽内的熔融钎料（钎料温度为 250℃ ±3℃）水平接触并持续 30s，使接合部位能够获得良好的焊接。

5）由升降机将试样从钎料槽中提升上来，室温自然冷却。

6）将焊接好的试样从焊接夹具中取出，并对焊接部位仔细进行机械加工，除去接合部位以外的钎料，并清洗干净钎剂残渣，使其表面粗糙度 $R_a \leqslant 25\mu m$。拉伸试验用焊接试样如图 6-13 所示。

7）以相同方法制备其余拉伸试样，待用。

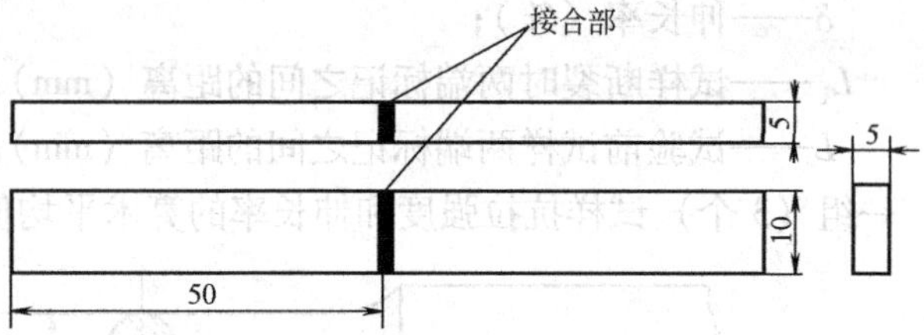

图 6-13 拉伸试验钎焊试样[9]

（2）剪切试验用试样的制备

1）采用机械加工方法制得如图 6-14 所示形状和尺寸的一组（3 对）纯铜剪切试样，焊接部位试样表面粗糙度 $R_a \leqslant 1.6\mu m$。

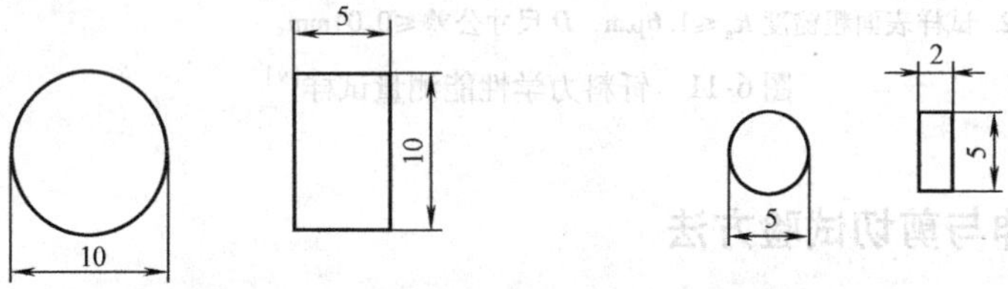

图 6-14 剪切试验用纯铜试样的形状和尺寸[9]

2）用丙酮对试样进行脱脂清洗，室温干燥后放入盛有酸洗液的超声波清洗机中清洗 1min，从酸洗液中将试样取出，用去离子水充分清洗，经丙酮浸渍后置室温干燥，待用。

3）将试样焊接面端部浸入钎剂中 5s，浸入深度以焊接面恰好完全接触钎剂液面为限。略微倾斜一些将试样件从钎剂中取出，使试样上没有多余的钎剂，如果试样上有多余的钎剂液滴，可用清洁的滤纸小心将其吸去。

4）将试样件放入专用焊接夹具中，并在两个焊接面之间放入适量的待测钎料片，使用如图 6-10 所示的升降机，使试件与钎料槽内的熔融钎料（钎料温度为 250℃ ±3℃）水平接触并保持 30s，使试样接合部位能够获得良好的焊接。

5）由升降机将试样件从钎料槽中提升上来，室温自然冷却。

6）将焊接好的试样从焊接夹具中取出，并对焊接部位仔细进行机械加工，除去结合部位以外的钎料，并清洗钎剂残渣，使其表面粗糙度 $R_a \leqslant 25\mu m$。剪切试验用焊接试样如图 6-15 所示。

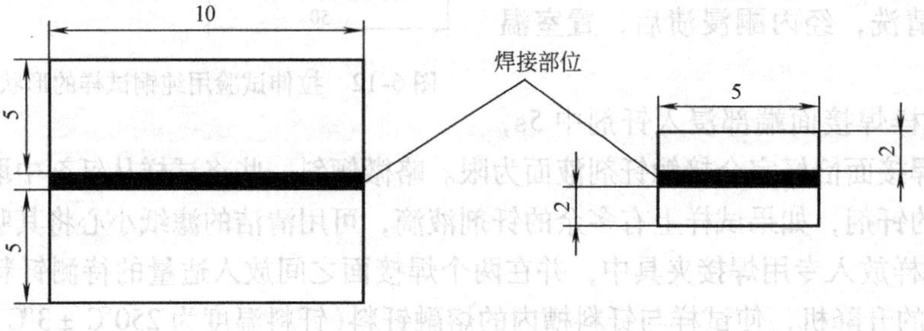

图 6-15 剪切试验的焊接试样[9]

7）以相同方法制备其余剪切试样，待用。

4. 测量步骤和结果计算

1）使用专用夹具，分别将拉伸和剪切试样固定在万能电子试验机上。

2）以20mm·min^{-1}的拉伸(剪切)速度，分别对拉伸试样和剪切试样进行拉伸试验和剪切试验，并记录试样断裂时的拉(剪)力。

3）计算抗拉强度和抗剪强度

焊点的抗拉强度由式（6-17）计算

$$\sigma_b = \frac{F}{A} \tag{6-17}$$

式中　σ_b——焊点的抗拉强度（$N \cdot mm^{-2}$）；

F——焊点的最大断裂负荷（N）；

A——焊接面积（mm^2）。

一组试样(3个)焊点抗拉强度的算术平均值即为所测量钎料焊点的抗拉强度。

焊点的抗剪强度由式(6-18)计算

$$\tau = \frac{F_s}{A} \tag{6-18}$$

式中　τ——焊点的抗剪强度（$N \cdot mm^{-2}$）；

F_s——焊点的最大断裂负荷（N）；

A——焊接面积（mm^2）。

一组试样(3个)焊点抗剪强度的算术平均值即为所测量钎料焊点的抗剪强度。

6.3.3　QFP引线焊点45°角拉伸试验方法

1. 测量装置

测量装置为万能电子试验机，其拉伸速度可调且精度不低于1级。

2. 试样制备

1）将QFP（四边扁平引线封装）和连接用基板（带有焊接图形的专用PCB）用丙酮进行脱脂清洗，室温干燥后放入酸洗液中用超声波清洗机中清洗1min，从酸洗液中将试样取出，用去离子水充分清洗，经丙酮浸渍后，置室温干燥。

2）将QFP和基板待焊接部位涂覆适量的活性钎剂，并用所要测量的钎料将QFP引线焊接在基板上，室温自然冷却。

3. 测量步骤

1）用如图6-16所示的专用夹具，将试样固定在万能电子试验机上。

2）以10mm·min^{-1}的拉伸速

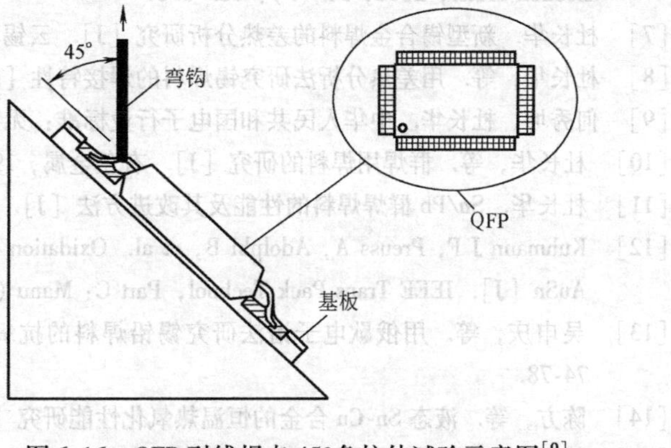

图6-16　QFP引线焊点45°角拉伸试验示意图[9]

度进行拉伸试验，并记录试样引线脱落时的拉力值。

6.3.4 片式元器件焊点剪切试验方法

1. 测量装置

测量装置为万能电子试验机，其拉伸速度可调且精度不低于1级。

2. 试样制备

1）将片式元器件和连接用基板（带有焊接图形的专用PCB）用丙酮进行脱脂清洗，室温干燥后放入盛有酸洗液的超声波清洗机中清洗1min，从酸洗液中将试样取出，用去离子水充分清洗，经丙酮浸渍后，置室温干燥。

2）在片式元器件基板待焊接部位涂覆适量的活性钎剂，并用所要测量的钎料将片式元器件焊接在基板上，室温自然冷却。

3. 测量步骤

1）将试样用专用夹具固定在万能电子试验机上。

2）如图6-17所示，用专用剪切夹具以10mm/min的速度进行剪切试验，并记录片式元器件脱落时的剪切力值。

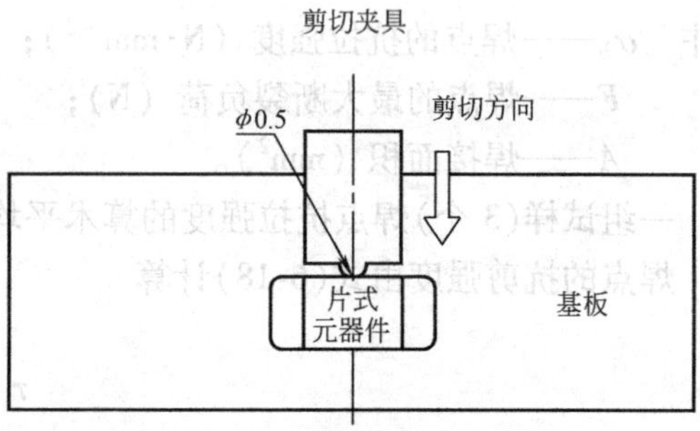

图6-17 片式元器件剪切试验示意图[9]

参考文献

[1] 陈方，等. 电子焊料的工艺性能及影响因素［J］. 电子元件与材料，2006，25（7）：6-8.

[2] 杜长华，等. 高性能电子软钎焊合金材料制备新工艺（鉴定资料）. 重庆工学院，2004.

[3] Hafer S，Butty V. Freezing dynamics of molten solder droplets impacting onto flat substrates in reduced gravity［J］. Int J Heat Mass Transfer，2001，44（18）：3513-3528.

[4] Kuhmann J F，Maly K，Preuss A，et al. Oxidation and reduction of liquid SnPb（60/40）under ambient and vacuum conditions［J］. J Electrochem Soc，1998，145（6）：2138-2142.

[5] Park Jae Yong，Ha Jun Seok，Rang Choon Sik. Study on the soldering in partial melting state（1）analysis of Surface Tension and wettability［J］. J Electron mater，2000，29（10）：1145-1152.

[6] Feng W F，Wang C Q. Electronic structure mechanism for the wettability of Sn-based solder alloys［J］. J Electron Mater，2002，31（3）：185-190.

[7] 杜长华. 新型锡合金焊料的差热分析研究［J］. 云锡科技，1984（1）：38-41.

[8] 杜长华，等. 用差热分析法研究锡焊料的焊接特性［J］. 云南冶金，1985（4）：44-48.

[9] 何秀坤，杜长华. 中华人民共和国电子行业标准：无铅焊料试验方法（讨论稿）. 2007.

[10] 杜长华，等. 群焊用焊料的研究［J］. 有色金属，1985（5）：48-51.

[11] 杜长华. Sn/Pb群焊焊料的性能及其改进方法［J］. 云锡科技，1988，15（1）：16-19.

[12] Kuhmann J F，Preuss A，Adolphi B，et al. Oxidation and reduction kinetics of eutectic SnPb，InSn，and AuSn［J］. IEEE Trans Pack Technol，Part C：Manu（1998）：1359-1362.

[13] 吴申庆，等. 用俄歇电子谱法研究锡铅焊料的抗氧化机理［J］. 东南大学学报，1989，19（4）：74-78.

[14] 陈方，等. 液态Sn-Cu合金的恒温热氧化性能研究［J］. 电子元件与材料，2006，25（1）：49-51.

[15] 甘贵生，杜长华，陈方. 液态锡焊料常见元素氧化的热力学分析［J］. 重庆工学院学报，2006，

(8)：60-62.
[16] 杜长华．我国新一代群焊材料的研制［J］．中国有色金属学报，1995，5（4）：121-123.
[17] Du Chang hua，Chen Fang，Li Jian-zhong．Research progress on electronic soldering materials［C］// The 4th Annual Conference on Materials Science and Engineering．London，1996.
[18] Chen Fang，Du Changhua，Du Yunfei．Solderability of melting lead-free solder to tiny joint of electronic products［C］// The International Conference on Mechatronics and Information Technology．Abstracts 3rd ICMIT'2005．Chongqing China．2005：386.
[19] 杜长华，陈方，黄伟九．液态Sn-3.5Ag-0.6Cu无铅焊料对铜的高温润湿行为［C］// 第四届《材料科学与工程》科技学术论文集，北京：原子能出版社，2005：77-80.
[20] 陈方，杜长华，杜云飞．Sn-3.5Ag-0.6Cu合金对铜引线的钎焊性研究［J］．焊接技术，2005，34（4）：49-51.
[21] 于大全，赵杰，王来．稀土元素对Sn-9Zn合金润湿性的影响［J］．中国有色金属学报，2003，13（4）：1001-1004.
[22] 杜长华，陈方，杜云飞．Sn-Cu、Sn-Ag-Cu系无铅焊料的钎焊特性研究［J］．电子元件与材料，2004，23（11）：34-36.
[23] 陈方，杜长华，黄福祥．Sn-0.7Cu无铅焊料对铜引线材料的润湿性［J］．材料导报，2004，18（9）：99-101.
[24] 陈方，杜长华，杜云飞．熔融无铅焊料对电子产品微连接的钎焊性研究［J］．重庆科技学院学报．2006，8（1）：27-29.
[25] Ma Haitao，Xie Haiping，Wang Lai．Effect of trace of Bi and Ni on the microstructure and wetting properties of Sn-Zn-Cu lead-free solder［J］．J Mater Sci Technol，2007，23（1）：81-84.
[26] Gao Y X，Fan H，Xiao Z．A thermodynamics model for solder profile evolution［J］．Acta mater，2000，48（4）：863-874.
[27] 何秀坤，杜长华，段曙光，陈方．SJ/T 1319—2005 锡焊料动态条件氧化渣量定量试验方法［S］．北京：中国标准出版社，2006.
[28] 张文典．实用表面组装技术［M］．北京：电子工业出版社，2006.
[29] 张启运，庄鸿寿．钎焊手册［M］．北京：电子工业出版社，1999.
[30] GB/T 2423.32—1985 电工电子产品基本环境试验规程 润湿称量法可焊性试验方法［S］．北京：中国标准出版社，1986.
[31] GB/T 2423.28—1982 电工电子产品基本环境试验规程 试验T：锡焊试验方法［S］．北京：中国标准出版社，1983.
[32] IEC 60068-2-54：2006 Environmental testing-part 2-54：Tests-Test Ta：Solderability testing of electronic components by the wetting balance method［S］．2006.
[33] Mil-Std-883 Method 2003 Solderability Testing［S］．US，2003.
[34] IEC 60068-2-69-1985 Environmental testing-part2-69：Tests-Test Te：Solderability testing of electronic components for surface mount technology by the wetting balance method［S］．1996.
[35] 杜长华，赵晓举．世界主要国家软钎焊材料技术标准［J］．四川有色金属，1999.
[36] GB/T 11364—1989 钎焊铺展性及填缝性试验方法［S］．北京：中国标准出版社，1990.

第7章 现代微电子封装技术

7.1 现代微电子封装技术概述

7.1.1 现代微电子封装技术的基本概念

电子封装是一个富于挑战、引人入胜的领域。它是集成电路芯片生产完成后不可缺少的一道工序，是器件到系统的桥梁。封装这一生产环节对微电子产品的质量和竞争力都有极大的影响。按目前国际上流行的看法认为，在微电子器件的总体成本中，设计占1/3，芯片生产占1/3，而封装和测试也占1/3，真可谓三分天下有其一。封装研究在全球范围的发展是如此迅猛，而它所面临的挑战和机遇也是自电子产品问世以来所从未遇到过的。封装所涉及的问题之多之广，也是其他许多领域中少见的，它需要从材料到工艺、从无机到聚合物、从大型生产设备到计算力学等许许多多似乎毫不关连的专家的协同努力，是一门综合性非常强的新型高科技学科。

在现代微电子器件制作过程中，有前道工序和后道工序之分，二者以硅圆片切分成芯片为界，在此之前为前道工序，之后为后道工序[1,2]。

前道工序通常是指根据设计要求将各种电阻、电容、二极管、双极型三极管、场效应晶体管等元器件集成到同一硅片上，以形成具有特定功能的电路，从整块硅圆片入手，经过氧化、光刻、扩散、外延等制作工艺的过程。

后道工序通常是指从硅圆片切分好后的一个一个芯片入手，进行装片、固定、芯片互连、塑料灌封、引出接线端子、按印检查等工序，完成作为器件、部件的封装过程。

电子封装（Packaging）通常是在后道工序中完成的，并可定义为：利用膜技术和微连接技术，将微电子器件及其他构成要素在框架或基板上布置、固定及连接、引出接线端子，并通过可塑性绝缘介质灌封固定，构成整体立体结构的工艺。

在真空电子管时代，将电子管等器件安装到管座上构成电路设备一般称为“组装和装配”。1947年11底美国电报电话公司（AT&T）贝尔实验室（Bell LAB）的三位科学家巴丁（Bardeen）、布拉坦（Brattain）和肖克莱（Shockley）发明了第一只晶体管，该发明于1972年获得诺贝尔奖。1958年诺伊斯（Bob Noyce）发明晶体管制造的平面工艺，同年基尔比（Jack Kilby）发明了第一块集成电路，该集成电路含有2个晶体管和1个电阻，如图7-1所示，该发明于2000年获得诺贝尔奖。这三个发明在开创微电子技术的同时，也掀开了微电子封装的历史篇章。

7.1.2 现代微电子封装技术的发展历程

封装技术是随着集成电路的集成度的不断提高和芯片特征尺寸的逐渐减小而发展起来的。20世纪50年代是以三根引线的TO（Transistor Outline Package——TO，即晶体管外壳）

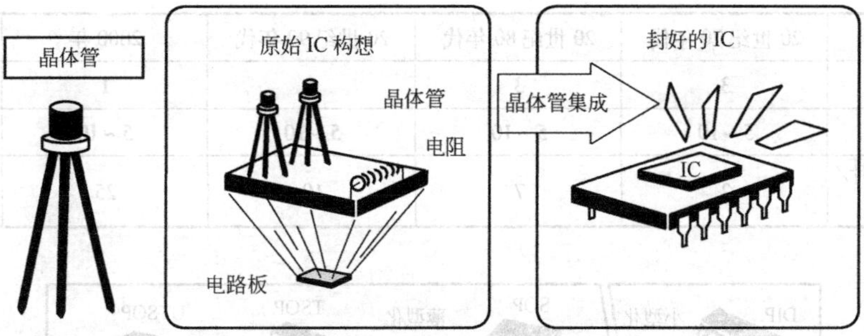

图 7-1 第一块集成电路的发明[3]

型金属-玻璃封装外壳为主，后来又发展为各类陶瓷、塑料封装外壳。晶体管经过 10 年的发展后，1958 年随着第一块集成电路的出现，集成多个晶体管的硅芯片的输入/输出（I/O）引出脚相应也增加了，这就大大推动了多引线封装外壳的发展，不过，仍以 TO 型的金属-玻璃封装外壳为主。20 世纪 60 年代，小规模集成电路迅速发展到中等规模集成电路，与之相适应的双列直插式引线封装（Double In-line Package——DIP）也开发出来了，这种封装结构很好地解决了陶瓷与金属引线的结合，热性能和电性能俱佳。20 世纪 70 年代是 IC 飞速发展的时期即大规模集成电路时代。20 世纪 80 年代随着 SMT 的迅猛发展，与此相适应的各类表面组装元器件（SMC/SMD）的封装也相继出现。诸如 LCCC（无引线陶瓷芯片载体）、PLCC（塑封有引线芯片载体封装）和 QFP（四侧引脚扁平封装器件）等，并达到标准化，形成批量生产。进入 20 世纪 90 年代，随着超大规模集成电路的发展，美国、日本等国相继开发出 PGA（阵列网格引脚封装）、BGA（球栅阵列封装）、CSP（芯片尺寸封装）等封装技术，特别是 CSP 封装面积与芯片面积之比小于 1.2:1，这样，解决了长期存在的芯片尺寸小而封装体积大的矛盾，引发了一场微电子封装技术的革命。

然而，随着电子技术的进步，现代信息技术的飞速发展，电子系统的功能不断增强，布线和安装密度越来越高，加之向高速、高频方向发展，应用范围越加宽广，为了充分发挥芯片自身的功能，又开发出了 MCM（多芯片组件）。这种封装技术是将多个未加封装的 LSI（大规模集成电路）、VLSI（超大规模集成电路）、GSI（吉规模集成电路）和专用 IC 芯片（Application Specific Chip——ASIC）先按电子系统功能贴装在多层布线基板上，再将所有芯片互连后整体封装起来，它使现代电子封装技术达到了新的阶段。

从以上所述中可以看出，一代芯片必有与此相适应的一代电子封装。20 世纪 50、60 年代是 TO 的时代，70 年代是 DIP 的时代，80 年代是 QFP 和 SMT 的时代，而 90 年代则是 BGA 和 MCM 的时代。图 7-2 和表 7-1 分别示出了微电子封装的形成与进展[4,5]。

表 7-1 微电子封装技术的进展[1,4,5]

	20 世纪 70 年代	20 世纪 80 年代	20 世纪 90 年代	2000 年	2005 年
芯片连接	WB(丝焊)	WB	WB	FC(倒装焊)	低成本高 I/O FC
装配方式	PIH	SMT	BGA-SMT	BGA-SMT	DCA-SMT
无源元件	C-分立	C-分立	C-分立	C-分立组合	集成
基板	有机	有机	有机	DCA 基板	SLIM

（续）

	20世纪70年代	20世纪80年代	20世纪90年代	2000年	2005年
封装层次	3	3	3	1	1
元件类型数	5~10	5~10	5~10	5~10	1
硅效率(%)(芯片/基板)面积比	2	7	10	25	>75

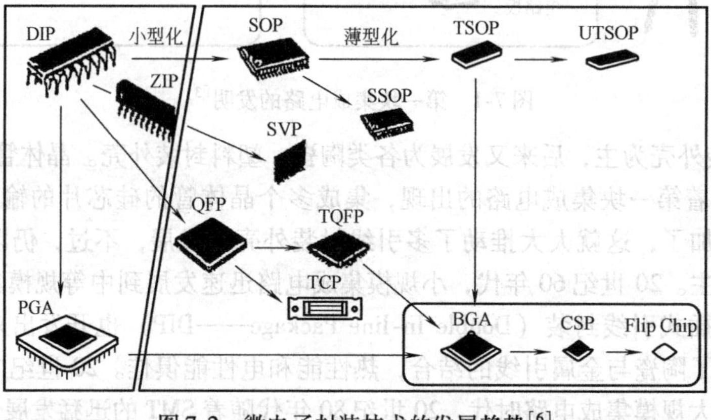

图7-2　微电子封装技术的发展趋势[6]

7.2　现代微电子封装的作用

7.2.1　微电子封装技术的重要性

一块IC制造出来了，就包含了所设计的一定功能，只要使用中能有效地发挥其功能并达到一定的可靠性，芯片要不要进行封装本来是无关紧要的，因为封装并不能添加任何价值，不适宜的封装，反倒会使功能下降。事实上，系统开发者很早就试图摆脱封装，而将IC直接安装到电路基板上。这种想法已由1960年IBM公司开发的凸点倒装芯片和AT&T公司开发的梁式引线所强化，并接着由Delco Electronics Lucent公司成功地将芯片倒装焊到陶瓷基板上而得以实现。但若普遍使用这种不封装的IC，由于种种原因，至今仍不能实现。这是因为使用经封装的IC有诸多好处，如可对脆弱敏感的IC芯片加以保护，易于进行测试，易于传送，易于返工及返修，引脚便于实行标准化进而适于装配，还可改善IC的热失配等，所以，对各类IC仍要进行封装。

随着微电子技术的发展，工艺特征尺寸不断缩小（现已降到0.2~0.3μm），在一块硅芯片上已能集成6~7千万个门电路，促使集成电路的功能更高更强，再加上整机和系统的小型化、高性能、高密度、高可靠要求，市场上性能/价格比竞争，IC品种、应用的不断扩展，这些都促使现代微电子封装技术的设计、制造技术不断向前发展，各类新的封装结构也层出不穷。反过来，由于现代微电子封装技术的提高，又促进了IC和电子器件的发展，而且，随着电子系统的小型化和高性能化，电子封装对系统的影响已变得和芯片一样重要。例如，具有同样功能的电子系统，既可以用单芯片封装进行组装，也可以改用MCM这一先进的封装技术，后者不但封装密度高，电性能更好，而且与等效的单芯片封装相比，体积可减小80% ~90%，芯片到芯片的延迟减小75%。由此可见现代微电子封装对电子整机系统的巨大影响。

所以，现代微电子封装不但直接影响着IC本身电的、热的、光的和力学的性能，影响其可靠性和成本，还在很大程度上决定了电子整机系统的小型化、可靠性和成本。而且，随着越来越多的新型IC采用高I/O引脚封装，封装成本在器件总成本中所占比重也越来越高，并有继续发展的趋势。现在，国际上已将电子封装作为一个单独的重要行业来发展，它不仅影响着电子信息产业乃至国民经济的发展，而且与每个家庭的现代化也息息相关。所以说，电子封装与国计民生的关系将会越来越紧密，其重要地位不言而喻。

目前，现代微电子封装技术已涉及到各类材料、电子、热学、力学、化学、可靠性等多种学科，是越来越受到重视并与IC芯片同步发展的高新技术。

7.2.2 封装的功能

电子封装的功能是对微电子器件（IC）进行保护，提供能源和进行散热冷却，并将微电子部分和外部环境进行电气和机械连接。无论是单个晶体管芯片还是吉规模集成电路（GSI），都必须进行封装。如果说IC是“大脑”，那么封装则是“神经”和“骨架”，没有封装，芯片就无法实现其应有的功能。

微电子封装通常有五种功能：电源分配、信号分配、散热通道、机械支撑和环境保护。

（1）电源分配 电子封装首先要能接通电源，使芯片与电路流通电流。其次，电子封装的不同部位所需的电源有所不同，要能将不同部位的电源分配恰当，以减少电源的不必要损耗，这在多层布线基板上更为重要。同时还要考虑接地线分配问题。

（2）信号分配 为使电信号延迟尽可能减小，在布线时应尽可能使信号线与芯片的互连路径及通过封装的I/O引出的路径达到最短。对于高频信号还应考虑信号间的串扰以进行合理的信号分配布线。

（3）散热通道 各种电子封装都要考虑器件、部件长期工作时，如何将聚集的热量散出问题。不同的封装结构和材料具有不同的散热效果，对于功耗大的电子封装还应考虑附加热沉或使用强制风冷、水冷方式，以达到在使用温度要求的范围内系统能正常工作。

（4）机械支撑 电子封装可为芯片和其他部件提供牢固可靠的机械支撑，还能在各种工作环境和条件变化时与之相匹配。

（5）芯片保护 半导体IC和其他半导体器件的许多参数，如：击穿电压、反向电流、电流放大系数、低频噪声等，以及器件的稳定性、可靠性都直接与半导体表面密切相关。半导体器件制造过程中的许多工艺措施也是针对半导体表面问题的。半导体芯片制造出来，在没有将其封装之前，始终都处于周围环境的威胁之中。在使用中，有的环境条件极为恶劣，更需将芯片严加保护。因此，电子封装提供对芯片的环境保护作用显得尤为重要[4,5]。

7.3 现代微电子封装技术的分类

7.3.1 封装分级

现代微电子封装技术主要是针对LSI、VLSI及GSI芯片的电子封装而言的。从硅圆片制作开始，微电子封装可以分为三个层次，如图 7-3 所示。

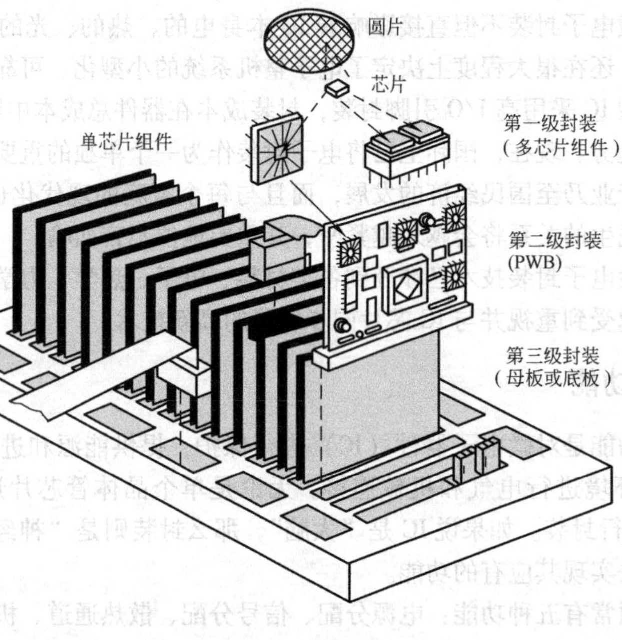

图 7-3　封装分级[3-5]

通常将单个芯片封装成单芯片组件(Single Chip Module——SCM)和将多个多芯片封装成多芯片组件(MCM)的封装，称为第一级封装。这一级封装首先是将一个或多个 IC 芯片上的输入/输出(I/O)焊区与引线框架连接起来，再用适宜的材料（金属、陶瓷、塑料等材料）将其封装好，并留出引脚，使 IC 成为有实用功能的电子组件。

将第一级封装和其他元器件组装到单层或多层 PCB 或其他基板上的封装，称为第二级封装。这一级所采用的安装技术包括通孔插装技术(THT)、表面组装技术(SMT) 和芯片直接安装技术(DCA)。二级封装还应该包括双层、多层印制电路板、柔性印制电路板和各种基板的材料、设计和制作技术。这一级也称板级封装或 PWB 级封装。除有特别要求外，这一级一般不再单独加以封装。若这一级已是完整的功能部件或整机(如电子计算器、通信机等)，为便于使用并保护封装件，最终也要将其安装在统一的壳体中。这一级组装的 PCB 或其他基板均是多层布线基板，使之成为电子系统（或整机）的插板、插卡或母板。

将二级封装插装到母板(Mother Board)上组成第三级封装。这是一级密度更高、功能更全、更好也更为庞大复杂的组装技术，是由二级组装的各个插板或插卡再共同插装在一个更大的母板上构成的，这实际上是一种立体组装 IC(3D)技术[2-4]，也称系统级封装。

微电子封装是个整体的概念，包括了从一级封装到三级封装的全部技术内容。在国际上，微电子封装是一个很广泛的概念，包含组装和封装的多项内容。微电子封装所包含的范围应包括单芯片封装(SCP)设计和制造，多芯片组件(MCM)设计和制造，芯片后封装工艺，各种封装基板的设计和制造，芯片互连与组装，封装总体电性能、力学性能、热性能和可靠性设计，封装材料、封装工模夹具以及绿色封装等多项内容。

7.3.2 封装分类

由于IC的种类繁多，不同的电路有不同的要求，因此对所有的IC采用同一种封装技术是不现实的。为了解决这个问题，许多类型的IC封装技术得到了迅速发展，这些技术在封装结构、封装材料、加工工艺、键合技术、大小、厚、薄、输入/输出引脚数目、散热能力、电气性能、可靠性和成本上等方面各有不同，因此封装的分类方式也很多。

按封装安装到PCB上的方式分为通孔插装式和表面组装式两大类型，这两种封装形式见表7-2。按基板类型可分为有机和无机基板两类。从封装材料来分，可分为金属封装、陶瓷封装、金属-陶瓷封装、塑料封装等类型。从成形工艺来分，又可以将封装划分为预成形封装（Pre-mold）和后成形封装（Post-mold）；至于从封装外形来讲，则有SIP（Single In-line Package）、DIP（Dual In-line Package）、PLCC（Plastic-leaded Chip Carrier）、PQFP（Plastic Quad Flat Pack）、SOP（Small-outline Package）、TSOP（Thin Small-outline Package）、PPGA（Plastic Pin Grid Array）、PBGA（Plastic Ball Grid Array）、CSP（Chip Scale Package）等。

表7-2 通孔插装式封装、表面组装式封装

通孔插装式封装		表面组装式封装	
	DIP（双列直插式引线封装）		SO或SOP（小外形封装）
	SH-DIP（收缩双列直插式引线封装）		QFP（四侧引脚扁平封装）
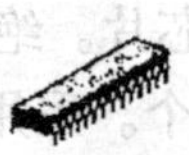	SK-DIP，SL-DIP（膜状双列直插式，细长双列直插式）		LCC（无引线芯片载体）
	SIP（单列直插式封装）		PLCC，SOJ（塑封有引线芯片载体封装）
	ZIP（锯齿形单列直插式封装）		BGA（球栅阵列封装）
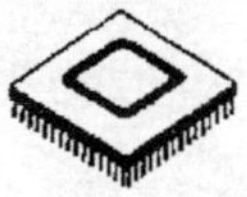	PGA（阵列网格引脚封装）		TCP（带载封装）
			CSP（芯片尺寸封装）

7.4 插装元器件的封装技术

7.4.1 概述

插装元器件按外形结构分类，有圆柱形外壳封装（TO）、矩形单列直插式封装（SIP）、双列直插式引线封装（DIP）和阵列网格引脚封装（PGA）等。这些封装的外形不断缩小，又形成各种小外形封装。

插装元器件按材料分类，有金属封装、陶瓷封装和塑料封装等。金属封装和陶瓷封装一般为气密性封装，多用于军品和可靠性要求高的电子产品中；而塑料封装由于为非气密性封装，适用于工艺简单、成本低廉的大批量生产，多用于各种民用电子产品。

各类插装元器件封装的引脚中心距多为 2.54mm，DIP 已形成 4～64 个引脚的系列化产品。

PGA 能适应 LSI 芯片封装的要求，I/O 数列达数百个。

7.4.2 SIP 和 DIP 的封装技术

单列直插式封装（SIP），引脚从封装一个侧面引出，排列成一条直线。通常，它们是通孔式的，管脚插入印制电路板的金属孔内。当装配到印制电路板上时封装呈侧立状。这种形式的一种变化是锯齿形单列直插式封装（ZIP），它的管脚仍是从封装体的一边伸出，但排列成锯齿形。这样，在一个给定的长度范围内，提高了管脚密度。引脚中心距通常为 2.54mm，引脚数为 2～23，多数为定制产品。也有把形状与 ZIP 相同的封装称为 SIP。

SIP 封装并无一定形态，就芯片的排列方式而言，SIP 可为多芯片组件（Multi-chip Module——MCM）的平面式 2D 封装，也可再利用 3D 封装的结构，以有效缩减封装面积。其内部接合技术可以是单纯的引线键合技术（Wire Bonding），亦可使用倒装焊（Flip Chip），也可二者混用。除了 2D 与 3D 的封装结构外，另一种以多功能性基板整合组件的方式也可纳入 SIP 的涵盖范围。此技术主要是将不同组件内藏于多功能基板中，亦可视为是 SIP 的概念，达到功能整合的目的。

DIP（Double In-line Package）是指采用双列直插式引线封装的集成电路芯片。绝大多数中小规模集成电路（IC）均采用这种封装形式，其引脚数一般不超过 100 个。采用 DIP 封装的 CPU 芯片有两排引脚，需要插入到具有 DIP 结构的芯片插座上。当然，也可以直接插在有相同焊孔数和几何排列的电路板上进行焊接。DIP 封装的芯片在从插座上插拔时应特别小心，以免损坏引脚。

DIP 封装具有以下特点：

1）适合在 PCB 上穿孔焊接，操作方便。

2）芯片面积与封装面积之间的比值较大，故体积也较大。

Intel 系列 CPU 中 8088 就采用这种封装形式，缓存（Cache）和早期的内存芯片也是这种封装形式[7-12]。

典型的 DIP 封装如图 7-4、图 7-5 所示。

7.4.3 PGA 的封装技术

阵列网格引脚封装 PGA（Pin Grid Array）为通孔插装式封装，其底面的垂直引脚呈阵列状排列，引脚长约 3.4mm。表面贴装型 PGA 在封装的底面有阵列状的引脚，其长度为 1.5～2.0mm。

PGA 封装示意图如图 7-6 所示。多数为陶瓷 PGA，用于高速大规模逻辑 LSI 电路，成本较高，引脚中心距通常为 2.54mm，引脚数为 64～447。为了降低成本，封装基材可用玻璃

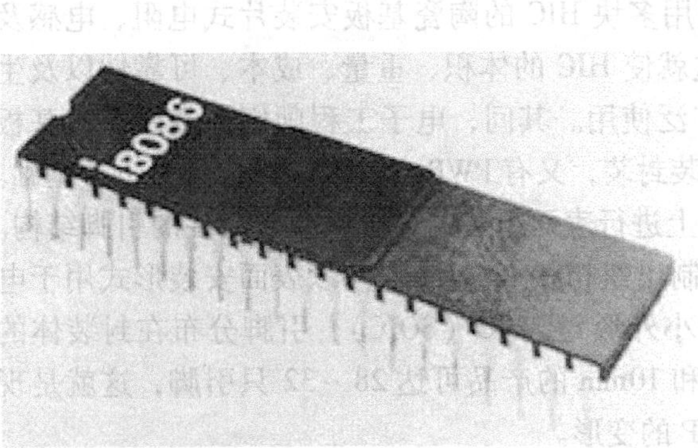

图7-4 DIP 封装的8086 处理器

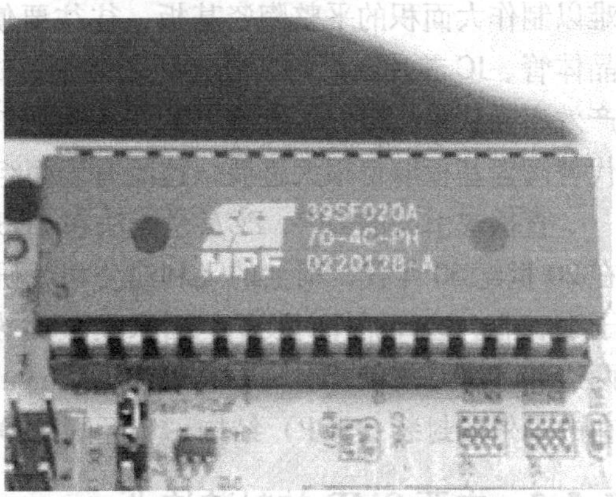

图7-5 DIP 封装的主板 BIOS 芯片

环氧树脂印制基板代替，也有 64 ~ 256 引脚的塑料 PGA。另外，还有一种引脚中心距为 1.27mm 的短引脚表面贴装型 PGA（碰焊 PGA）。贴装采用与印制基板碰焊的方法，因而也称为碰焊 PGA。因为引脚中心距只有 1.27mm，比插装型 PGA 小一半，所以封装本体可制作得小一些，而引脚数比插装型多(250 ~ 528)，是大规模逻辑 LSI 用的封装。封装的基材有多层陶瓷基板和玻璃环氧树脂印制基板。以多层陶瓷基材制作封装已经实用化。

图7-6 PGA 封装示意图

PGA 封装具有以下特点：

1）插拔操作更方便，可靠性高。

2）可适应更高的频率。

PGA 也衍生出多种封装方式。PGA 封装，适用于 Intel Pentium、Intel Pentium PRO 和 Cyrix/IBM 6x86 处理器；SPGA（Small Pin Grid Array，小外型阵列网格引脚封装），适用于 AMD K5 和 Cyrix MⅡ处理器；CPGA（Ceramic Pin Grid Array，陶瓷针栅阵列）封装，适用于 Intel Pentium MMX、AMD K6、AMD K6-2、AMD K6 Ⅲ、VIA Cyrix Ⅲ、Cyrix/IBM 6x86MX、IDT WinChip C6 和 IDT WinChip 2 处理器；PPGA（Plastic Pin Grid Array，塑料针栅阵列）封装，适用于 Intel Celeron 处理器（Socket 370）；FC-PGA（Flip Chip Pin Grid Array，反转芯片针栅阵列）封装，适用于 Coppermine 系列 Pentium Ⅲ、Celeron Ⅱ和 Pentium4 处理器[7-12]。

7.5 表面组装元器件的封装技术

7.5.1 概述

表面组装元器件是表面组装技术（SMT）的基础与核心，一般通称为片式元器件或表面组装元器件（SMC 或 SMD）。这里介绍有源片式元器件（SMD）的相关技术。20 世纪 50、60 年代，出现了厚、薄膜混合集成电路（HIC）的安装与焊接。对于一个复杂的电子线路，难以制作大面积的平整陶瓷基板，往往要使用多块 HIC 的陶瓷基板安装片式电阻、电感及晶体管、IC 芯片，再拼装成大块的基板，这就使 HIC 的体积、重量、成本、可靠性以及生产效率受到很大限制，影响 HIC 的发展及广泛使用。其间，电子工程师们探索用有机基板代替陶瓷基板取得很大进展，这既有表面组装封装，又有 PWB，为 SMT 的应用打下了基础。

直插式引脚的 DIP、PGA 是无法在 PCB 上进行表面组装的，必须改变封装的引脚结构。在 20 世纪 60 年代，荷兰的飞利浦公司就研制出纽扣状 IC 封装，并以表面安装形式用于电子手表业。这种器件封装结构后来发展成为小外形封装 IC（SOIC），引脚分布在封装体的两边并呈海鸥翼状，引脚中心距为 1.27mm 和 10mm 的产品可达 28～32 只引脚，这就是现在的小外形封装（SOP）结构，实际则是 DIP 的变形。

7.5.2 主要 SMD 的封装技术

1. SOP/SOIC 封装

SOP 是英文 Small Outline Package 的缩写，即小外形封装。SOP 封装技术由 1968～1969 年飞利浦公司开发成功，以后逐渐派生出 SOJ（J 型引脚小外形封装）、TSOP（薄小外形封装）、VSOP（甚小外形封装）、SSOP（收缩型 SOP）、TSSOP（薄的收缩型 SOP）及 SOT（小外形晶体管）、SOIC（小外形集成电路）等。

小外形封装引脚从封装两侧引出呈海鸥翼状（L 字形）。材料有塑料和陶瓷两种。另外也叫 SOL 和 DFP。SOP 除了用于存储器 LSI 外，也广泛用于规模不太大的 ASSP 等电路。在输入输出端子不超过 10～40 的领域，SOP 是普及最广的表面贴装封装。引脚中心距 1.27mm，引脚数 8～44。另外，引脚中心距小于 1.27mm 的 SOP 也称为 SSOP；装配高度不到 1.27mm 的 SOP 也称为 TSOP（见 SSOP、TSOP）。还有一种带有散热片的 SOP[6-11]。

2. 芯片载体封装

芯片载体（Chip Carrier）或 Quad 的封装，四边都有引脚，对高引脚数器件来说，是较好的选择。之所以称为芯片载体，可能是由于早期为保护多引脚封装的四边引脚，绝大多数模块是封装在预成形载体中。而后成形技术的进步及塑料封装可靠性的提高，已使高引脚数四边封装成为常规封装技术。其他一些缩写字可以区分是否有引脚或焊盘的互连，或是塑料封装还是陶瓷封装体。诸如 LCC（Lead Chip Carrier）、LCC（Leadless Chip Carrier）用于区分引脚类型。PLCC（Plastic Leaded Chip Carrier）是最常见的四边封装。PLCC 的引脚中心距是 0.050in[⊖]，与 DIP 相比，其优势是显而易见的。PLCC 的引脚数通常在 20～84 之间（20、28、32、44、52、68 和 84）[6-11]。

图 7-7 PLCC 封装的主板 BIOS 芯片

PLCC 封装的主板 BIOS 芯片如图 7-7 所示。

3. 四侧引脚扁平封装

四侧引脚扁平封装（QFP），或称为四方扁平封装，引脚从四个侧面引出呈海鸥翼状、

⊖ 1in = 0.0254m。

(L) 或J形等。QFP封装示意图如图7-8所示。该技术实现的CPU芯片引脚之间的距离很小，引脚很细，一般大规模或超大规模集成电路采用这种封装形式，其引脚数一般都在100以上。QFP封装的80286如图7-9所示。

图7-8　QFP封装示意图

图7-9　QFP封装的80286

QFP封装具有以下特点：

1）该技术封装CPU时操作方便，可靠性高。

2）其封装外形尺寸较小，寄生参数减小，适合高频应用。

3）该技术主要适合用SMT表面安装技术在PCB上安装布线。

QFP的缺点是，当引脚中心距小于0.65mm时，引脚容易弯曲。为了防止引脚变形，现已出现了几种改进的QFP品种。如封装的四个角带有树脂缓冲垫的BQFP；带树脂保护环覆盖引脚前端的GQFP；在封装本体里设置测试凸点、放在防止引脚变形的专用夹具里就可进行测试的TPQFP。在逻辑LSI方面，不少开发品和高可靠品都封装在多层陶瓷QFP里。引脚中心距最小为0.4mm、引脚数最多为348的产品已经问世。此外，也有用玻璃密封的陶瓷QFP。

四侧引脚扁平封装（QFP）其实是微细间距、薄体LCC，在正方或长方形封装的四周都有引脚。其管脚间距比PLCC的0.050in还要细，引脚呈海鸥翼状，与PLCC的J形不同。QFP可以是塑料封装，也可以是陶瓷封装，塑料QFP通常称为PQFP。PQFP有两种主要的工业标准，电子工业协会（EIA）的连接电子器件委员会（Joint Electronic Device Committee——JEDEC）注册的PQFP是角上有凸缘的封装，以便在运输和处理过程中保护引脚。在所有的引脚数和各种封装体尺寸中，其引脚中心距是相同的，都为0.025in。日本电子工业协会（EIAJ）注册的PQFP没有凸缘，其引脚中心距用米制单位，并有三种不同的间距：1.0mm、0.8mm和0.65mm，八种不同的封装体尺寸，从10mm×10mm到40mm×40mm，不规则地分布到三种不同的引脚中心距上，提供15种不同的封装形式，其引脚数可达232个。随着引脚数的增加，还可以增加封装的类型。同一模块尺寸可以有不同的引脚数目，这是封装技术的一个重要进展，意味着同一模具、同一切筋打弯工具可用于一系列引脚数的封装。但是，EIAJ的PQFP没有凸缘，这可能会引起麻烦，因为在运输过程中，必须把这些已封装好的器件放在一个特别设计的运输盒中，而JEDEC的PQFP只要置于普通的管子里就可以运输，因为凸缘可以使它们避免互相碰撞。EIAJ的PQFP的长方形结构还为将来高引脚数封装的互连密度带来好处。当引脚数大于256时，在0.100in间距的电路板上，长方形外形可达到较高的互连密度，这是因为周边的一些引脚可以通过模块下的通孔转换成平面引脚，达到 PGA 的互连密度。在正方形结构中，并非所有模块下的通孔均可以插入，必须有一些芯片的连接要转换到模块外形的外面，提高其有效互连面积。长方形结构可以使短边引脚数少于 64 个、引脚中心距不大于 0.025in（1mm）的所有引脚都插入模块底下的通孔中。PQFP 最常见的引脚数是 84、100、132、164 和 196[6-11]。

当引脚数目更高时，采用 QFP 的封装形式也就不太合适了，这时，BGA 封装应该是比较好的选择，其中 PBGA 也是近年来发展最快的封装形式之一。

7.6 球栅阵列封装技术（BGA）

7.6.1 BGA 的基本概念、特点和封装类型

1. BGA 封装的基本概念

BGA（Ball Grid Array）球栅陈列封装方式是在管壳底面或上表面焊有许多球状凸点，通过这些钎料凸点实现封装体与基板之间互连的一种先进封装技术。

1987 年，日本西铁城（Citizen）公司开始着手研制塑封球栅阵列封装的芯片（即 BGA）。而后，摩托罗拉、康柏等公司也随即加入到开发 BGA 的行列。1993 年，摩托罗拉率先将 BGA 应用于移动电话。同年，康柏公司也在工作站、PC 计算机上加以应用。直到五六年前，Intel 公司在计算机 CPU 中（即 PentiumⅡ、PentiumⅢ、PentiumⅣ等），以及芯片组（如 i850）中开始使用 BGA，这对扩展 BGA 应用领域起到了推波助澜的作用。目前，BGA 已成为极其热门的 IC 封装技术，其全球市场规模在 2000 年为 12 亿块，2005 年市场需求比 2000 年有 70% 以上幅度的增长。

BGA 封装比 QFP 先进，更比 PGA 好，但它的芯片面积/封装面积的比值仍很低。Tessera公司在 BGA 基础上做了改进，研制出另一种称为 μBGA 的封装技术，焊区中心距为 0.5mm，芯片面积/封装面积的比为 1:4，比 BGA 前进了一大步。

2. BGA 封装的特点[3-5,7,9,10,15]

1）I/O 数较多。BGA 封装器件的 I/O 数主要由封装体的尺寸和钎料球中心距决定。由于 BGA 封装的焊球是以阵列形式排布在封装基片下面，因而可极大地提高器件的 I/O 数，缩小封装体尺寸，节省组装的占位空间。通常，在引线数相同的情况下，封装体尺寸可减小 30% 以上。例如：CBGA-49、BGA-320（中心距 1.27mm）分别与 PLCC-44（中心距为 1.27mm）和 MOFP-304（中心距为 0.8mm）相比，封装体尺寸分别缩小了 84% 和 47%。

2）提高了贴装成品率，潜在地降低了成本。传统的 QFP、PLCC 器件的引线脚均匀地分布在封装体的四周，其引线脚的中心距为 1.27mm、1.0mm、0.8mm、0.65mm、0.5mm。当 I/O 数越来越多时，其中心距就必须越来越小。而当中心距 <0.4mm 时，SMT 设备的精度就难以满足要求。加之引线脚极易变形，从而导致贴装失效率增加。BGA 器件的钎料球是以阵列形式分布在基板的底部的，可排布较多的 I/O 数，其标准的钎料球中心距为 1.5mm、1.27mm、1.0mm，细中心距 BGA（也称为 CSP-BGA，当钎料球的中心距 <1.0mm 时，可将其归为 CSP 封装）的中心距为 0.8mm、0.65mm、0.5mm，与现有的 SMT 工艺设备兼容，其贴装失效率 $<0.001\%$。

3）BGA 的阵列钎料球与基板的接触面大、短，有利于散热。

4）BGA 阵列钎料球的引脚很短，缩短了信号的传输路径，减小了引线电感、电阻，因而可改善电路的性能。

5）明显地改善了 I/O 端的共面性，极大地减小了组装过程中因共面性差而引起的损耗。

6）BGA 适用于 MCM 封装，能够实现 MCM 的高密度、高性能。

7）BGA 和 μBGA 都比细中心距的脚形封装的 IC 牢固可靠。

BGA 封装示意图如图 7-10 所示。

图 7-10 BGA 封装示意图

3. BGA 封装的类型[3-5,7,9,10,15]

（1）PBGA（Plastic BGA）基板 一般为 2 ~4 层有机材料构成的多层板（Intel 系列 CPU 中，Pentium Ⅱ、Pentium Ⅲ、Pentium Ⅳ处理器均采用这种封装形式）。PBGA 封装的结构示意图如图 7-11 所示。

（2）CBGA（Ceramic BGA）基板 即陶瓷基板，芯片与基板间的电气连接通常采用倒装芯片（Flip Chip——FC）的组装方式（Intel 系列 CPU 中，Pentium Ⅱ、Pentium Ⅲ、Pentium Ⅳ处理器均采用这种封装形式）。

（3）FCBGA（Flip Chip BGA）基板 硬质多层基板。

（4）TBGA（Tape BGA）基板 基板为带状软质的 1 ~2 层 PCB 电路板。

（5）CDPBGA（Carity Down PBGA）基板 指封装中央有方形低陷的芯片区（又称空腔区）。

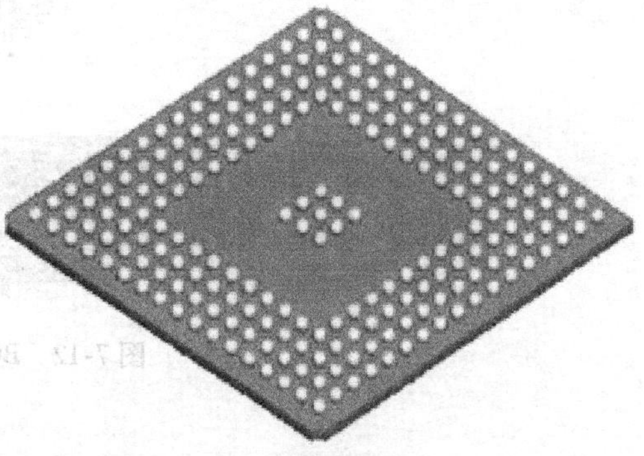

图 7-11 PBGA 封装的结构示意图

7.6.2 BGA 的封装技术

基板或中间层是 BGA 封装中非常重要的部分，除了用于互连布线以外，还可用于阻抗控制及用于电感/电阻/电容的集成。因此要求基板材料具有高的玻璃转化温度（约为 175 ~ 230℃）、高的尺寸稳定性和低的吸潮性，具有较好的电气性能和高可靠性。金属薄膜、绝缘层和基板介质间还要具有较高的粘附性能。

BGA 技术的出现便成为 CPU 和主板南、北桥芯片等高密度、高性能、多引脚封装的最佳选择。但 BGA 封装占用基板的面积比较大。虽然该技术的 I/O 引脚数增多，但引脚之间的距离远大于 QFP，从而提高了组装成品率。而且该技术采用了可控塌陷芯片法焊接，从而可以改善它的电热性能。另外该技术的组装可用共面焊接，从而能大大提高封装的可靠性；并且由该技术实现的封装 CPU 信号传输延迟小，适应频率可以提高很大。为了满足高速度、高性能、高引线数、高可靠、低功耗、小尺寸、低成本和更薄、更小、更轻的电子封装产品的发展要求，下一代 BGA 封装技术便应运而生，诸如略大于 IC 的载体（SLICC）、倒装焊 BGA（FCBGA）、基于 TAB 技术的 BGA（金属 TCP、S-FPAC、高密度 QFP）等，它们越来越多地应用于消费类电子产品中，诸如闪速存储器、全球定位系统、蜂窝电话、手掌游戏机和小型硬盘驱动器等。

采用 BGA 技术封装的内存（见图 7-12），可以在体积不变的情况下使内存容量提高 2～3 倍，BGA 与 TSOP 相比，具有更小的体积，更好的散热性能和电性能。BGA 封装技术使每平方英寸的存储量有了很大提升，采用 BGA 封装技术的内存产品在相同容量下，体积只有 TSOP 封装的 1/3。另外，与传统 TSOP 封装方式相比，BGA 封装方式有更加快速和有效的散热途径[3-5,7,9,10,15]。

图 7-12　BGA 封装内存

7.7　芯片尺寸封装技术（CSP）

随着全球电子产品个性化、轻巧化的需求风潮，封装技术也进步到 CSP（Chip Size Package）。它减小了芯片封装外形的尺寸，做到了裸芯片尺寸有多大，封装尺寸就有多大。即封装后的 IC 尺寸边长不大于芯片的 1.2 倍，IC 面积不大于晶粒的 1.4 倍。

芯片尺寸封装（CSP）是 20 世纪 90 年代初兴起的一种高封装效率的 IC 封装，其封装尺寸小、封装实体薄，多数具有阵列式排式的引出端，便于测试、老化和表面安装式组装，非常适合于便携式、高密度或高频电子器件的封装。

CSP 封装具有以下特点[8,11,12,14,15]

1）组装面积小，约为相同引脚数 QFP 的 1/4。

2）高度小，可达 1mm。

3）易于贴装，贴装公差≤±0.3mm（球中心距为 0.8mm 和 1mm 时）。

4）电性能好、阻抗低、干扰小、噪声低、屏蔽效果好。

5）高导热性。

CSP 与 QFP、BGA 的外形比较如图 7-13 所示。

CSP 封装又可分为四类[8,11,12,14,15]

1）传统导线架形式（Lead Frame Type）。代表厂商有富士通、日立、Rohm、高士达

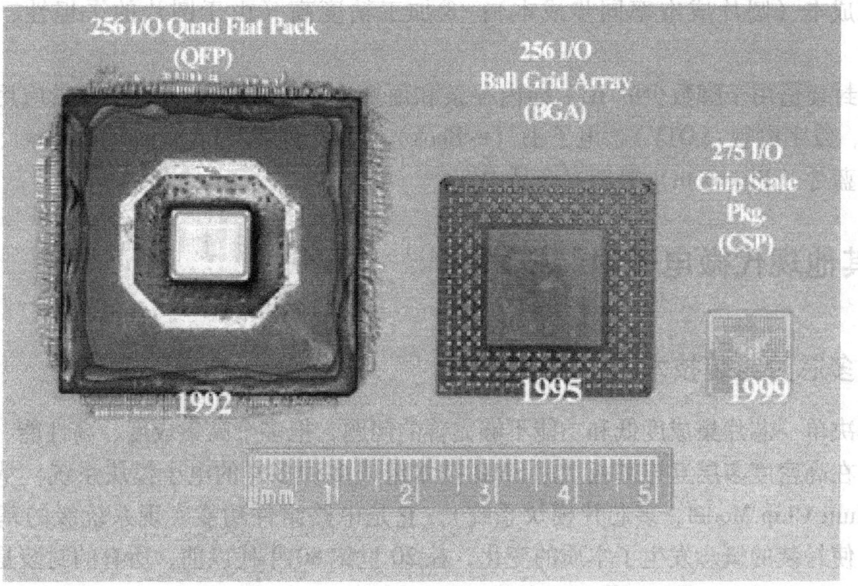

图7-13　CSP与QFP、BGA的外形比较

(Goldstar) 等。引线框架式CSP是由日本的Fujitsu公司研制开发的一种芯片上引线的封装形式，因此也被称为LOC (Lead On Chip) 型CSP。通常情况下分为Tape-LOC型和MF-LOC型 (Multi-frame-LOC) 两种形式，其基本结构如图7-14所示。

2) 刚性基板封装 (Rigid Substrate Interposer)。由日本Toshiba公司开发的这类CSP封装，实际上就是一种陶瓷基板薄型封装。它主要由芯片、氧化铝 (Al_2O_3) 基板、铜 (Cu) 凸点和树脂构成。通过倒装焊、树脂填充和打印3个步骤完成。它的封装效率 (芯片与基板面积之比) 可达到75%，是相同尺寸的TQFP的2.5倍。

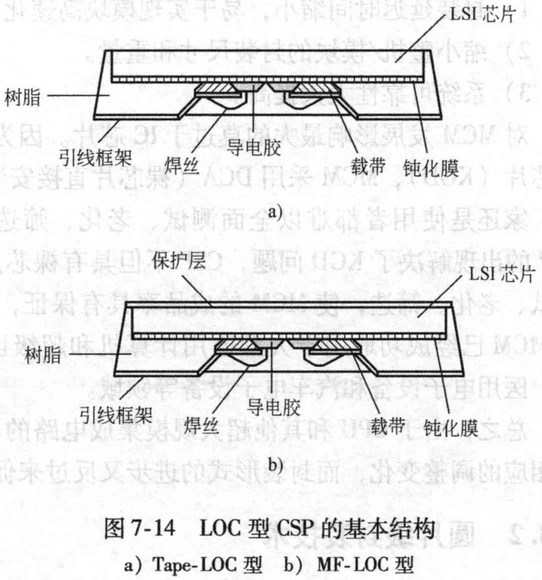

图7-14　LOC型CSP的基本结构
a) Tape-LOC型　b) MF-LOC型

3) 柔性基板封装 (Flex Circuit Interposer)。由美国Tessera公司开发的这类CSP封装的基本结构主要由IC芯片、载带 (柔性体)、粘接层、凸点 (Cu/Ni) 等构成。载带是由聚酰亚胺和Cu箔组成的。它的主要特点是结构简单，可靠性高，安装方便，可利用原有的TAB (Tape Automated Bonding) 设备焊接。

4) 圆片级CSP封装 (Wafer-Level Package)。由ChipScale公司开发的此类封装是在圆片前道工序完成后，直接对圆片利用半导体工艺进行后续组件封装，利用划片槽构造周边互连，再切割分离成单个器件。WLP主要包括两项关键技术，即再分布技术和凸焊点制作技术。它有以下特点：①相当于裸片大小的小型组件 (在最后工序切割分片)；②以圆片为单位的加工成本（圆片成本率同步成本）；③加工精度高（由于圆片的平坦性、精度的稳定性）。

CSP 封装适用于脚数少的 IC，如内存条和便携电子产品。未来则将大量应用在信息家电（IA）、数字电视（DTV）、电子书（e-Book）、无线网络 WLAN/igabitEthemet、ADSL/手机芯片、蓝牙（Bluetooth）等新兴产品中。

7.8 其他现代微电子封装技术

7.8.1 多芯片封装技术

为解决单一芯片集成度低和功能不够完善的问题，把多个高集成度、高性能、高可靠性的芯片，在高密度多层互连基板上用 SMD 技术组成多种多样的电子模块系统，从而出现了 MCM（Multi Chip Model，多芯片模块系统），它是电路组件功能实现系统级的基础。MCM 的兴起，使封装的概念发生了本质的变化，在 20 世纪 80 年代以前，所有的封装是面向器件的，而 MCM 可以说是面向部件的或者说是面向系统或整机的。MCM 技术集先进印制电路板技术、先进混合集成电路技术、先进表面组装技术、半导体集成电路技术于一体，是典型的垂直集成技术，对半导体器件来说，它是典型的柔性封装技术，是一种电路的集成。MCM 的出现为电子系统实现小型化、模块化、低功耗、高可靠性提供了更为有效的技术保障。

MCM 具有以下特点[3,8,11,12,14,15]

1）封装延迟时间缩小，易于实现模块高速化。

2）缩小整机/模块的封装尺寸和重量。

3）系统可靠性大大提高。

对 MCM 发展影响最大的莫过于 IC 芯片。因为 MCM 高成品率要求各类 IC 芯片都是良好的芯片（KGD），MCM 采用 DCA（裸芯片直接安装技术）或 CSP 组成，而裸芯片无论是生产厂家还是使用者都难以全面测试、老化、筛选，所以给组装 MCM 带来了不确定因素。CSP 的出现解决了 KGD 问题，CSP 不但具有裸芯片的优点，而且还可像普通芯片一样进行测试、老化、筛选，使 MCM 的成品率具有保证，大大促进了 MCM 的发展和推广应用。目前 MCM 已经成功地用于大型通用计算机和超级巨型机中，今后将用于工作站、个人计算机、医用电子设备和汽车电子设备等领域。

总之，由于 CPU 和其他超大规模集成电路的不断发展，集成电路的封装形式也不断作出相应的调整变化，而封装形式的进步又反过来促进了芯片技术的向前发展。

7.8.2 圆片级封装技术

传统上，IC 芯片与外部的电气连接是用金属引线以键合的方式把芯片上的 I/O 连至封装载体，并经封装引脚来实现的。随着 IC 芯片特征尺寸的缩小和集成规模的扩大，I/O 的间距不断减小、数量不断增多。当 I/O 间距缩小到 70μm 以下时，引线键合技术就不再适用，必须寻求新的技术途径。圆片级封装技术利用薄膜再分布工艺，使 I/O 可以分布在 IC 芯片的整个表面上，而不再仅仅局限于窄小的 IC 芯片的周边区域，从而解决了高密度、细间距 I/O 芯片的电气连接问题。

在众多的新型封装技术中，圆片级封装技术最具创新性，最受世人瞩目，是封装技术取得革命性突破的标志。圆片级封装技术以圆片为加工对象，在圆片上同时对众多芯片进行封装、老化、测试，最后切割成单个器件。它使封装尺寸减小至IC芯片的尺寸，生产成本大幅度下降。圆片级封装技术的优势使其一出现就受到了极大的关注，并迅速获得了快速的发展和广泛的应用。在移动电话等便携式产品中，已普遍采用了圆片级封装的EPROM、IPD(集成无源器件)、模拟芯片等器件。采用圆片级封装的器件门类正在不断增多，圆片级封装技术是一项正在迅速发展的新技术。

传统封装技术是以圆片划片后的单个芯片为加工目标，封装过程在芯片生产线以外的封装厂或封装生产线内进行。圆片级封装技术截然不同，它是以圆片为加工对象，直接在圆片上同时对众多芯片进行封装、老化、测试，其封装的全过程都是在圆片生产厂内运用芯片的制造设备完成，使芯片的封装、老化、测试完全融合在圆片生产流程之中。封装好的圆片经切割所得到的单个IC芯片，可直接贴装到基板或印制电路板上。由此可见，圆片级封装技术是真正意义上的批量生产芯片封装技术。

圆片级封装是尺寸最小的低成本封装。它像其他封装一样，为IC芯片提供电气连接、散热通路、机械支撑和环境保护，并能满足表面组装的要求。圆片级封装成本低与多种因素有关。第一，它是以批量生产工艺进行制造的；第二，圆片级封装生产设施的费用低，因为它充分利用了圆片的制造设备，无需投资另建封装生产线；第三，圆片级封装的芯片设计和封装设计可以统一考虑、同时进行，这将提高设计效率，减少设计费用；第四，圆片级封装从芯片制造、封装，到产品发往用户的整个过程中，中间环节大大减少，周期缩短很多，这必将导致成本的降低。此外，应注意圆片级封装的成本与每个圆片上的芯片数量密切相关，圆片上的芯片数越多，圆片级封装的成本也越低。

圆片级封装主要采用薄膜再分布技术、凸点技术等两大基础技术。前者用来把沿芯片周边分布的铝焊区转换为在芯片表面上按平面阵列形式分布的凸点焊区；后者用于在凸点焊区上制作凸点，形成钎料球阵列。

1. 薄膜再分布技术

薄膜再分布技术是指在IC圆片上，将各个芯片按周边分布的I/O铝焊区，通过薄膜工艺的再布线，变换成整个芯片上的阵列分布焊区，并形成钎料凸点的技术。它不仅生产成本低，而且能完全满足批量生产便携式电子装置板级可靠性标准的要求，是目前应用最广泛的一种技术。K&S公司、Apack公司、UnitiveElectronics公司、FraunhoferInstitute公司和Amkor公司是应用薄膜再分布技术的代表性公司。

常规工艺制成的IC圆片，经探针测试分类并给出相应的标记后就可用于圆片级封装。在封装之前，首先要对IC芯片的设计布局进行分析与评价，以保证满足阵列钎料凸点的各项要求。其次，要进行再分布布线设计。再分布布线设计分为初步设计和改进设计两个阶段进行。初步设计是将芯片上的I/O铝焊区通过布线再分布为阵列焊区，目的在于证实圆片级封装的可行性。按初步设计制造的圆片级封装，在设计、结构、成本等方面不一定是最佳的。圆片级封装的可行性得到验证之后，就可将初步设计阶段转入改进设计阶段。在这一阶段，要对初步设计进行改进，重新设计信号线、电源线和接地线，简化工艺过程及相关设备，以求获得生产成本最低的再分布布线设计。

薄膜再分布技术的具体工艺过程比较复杂，而且随着IC芯片的不同而有所变化，但一般都包含以下几个基本的工艺步骤：

1）在IC圆片上涂覆金属布线层间介质材料。

2）沉积金属薄膜并用光刻方法制备金属导线和所连接的凸点焊区。这时，IC芯片周边分布的小至几十微米的铝焊区就转成阵列分布的几百微米大的凸点焊区，而且铝焊区和凸点焊区之间由金属导线相连接。

3）在凸点焊区沉积UBM（凸点下金属层）。

4）在UBM上制作钎料凸点。

2. 凸点技术

钎料凸点通常为球形。制备钎料球阵列的方法有三种：①应用预制钎料球；②丝网印刷；③电化学沉积（电镀）。当钎料球中心距大于700μm时，一般采用预制钎料球的方法。丝网印刷法常用于钎料球中心距约为200μm的场合。电化学沉积法可以在光刻技术能分辨的任何钎料球中心距下沉积凸点。因此，电化学沉积法比其他方法能获得更小的凸点和更高的凸点密度。采用上述三种方法制备的钎料凸点，往往都须经再流焊形成要求的钎料球。

圆片级封装是一种表面组装器件，对钎料球阵列有严格的工艺要求。首先，在芯片和圆片范围内，钎料球的高度都要有很好的一致性，以获得良好的钎料球“共面性”。共面性是表面组装的重要要求。只有共面性好，才能使圆片级封装的各个钎料球与印制电路板间同时形成可靠的焊点连接。其次，钎料球的合金成分要均匀，不仅要求单个钎料球的成分要均匀，而且要求各个钎料球的成分也要均匀一致。钎料球材料成分均匀性好，回流焊特性的一致性也会好。焊点连接的可靠性同钎料量的多少有密切的关系。焊点的高度和直径增加时，将使热疲劳寿命提高。焊点连接的可靠性对钎料球的直径有一定的要求。对于中心距为0.75～0.8mm的IC器件来说，钎料球的直径通常为0.5mm。当中心距减至0.5mm时，钎料球直径将减小到0.30～0.35mm。

目前，用得最多的钎料球合金材料是Sn/Pb共晶合金。另外，还使用一些其他钎料球合金材料，例如，用于大功率键合的高Pb（95Pb/Sn）合金，用于环保“绿色”产品的无Pb合金等[3,8,11,12,14,15]。

7.9 现代微电子封装技术的现状及发展

7.9.1 IC、整机、市场对封装技术的推动作用

任何电子器件都是由芯片和封装两个基本部分组成，二者是相互依存又相互促进共同发展的。可以说，有一代电子整机，便有一代IC和与此适应的一代电子封装。因此，微电子封装技术的发展是与电子整机和IC的发展密切相关的。同时，由于电子产品的激烈竞争，也使电子产品的性能价格比不断提高，出现了多种多样高性能高质量的新型微电子封装。促进微电子封装发展的几个主要因素如下[4,5]：

（1）IC发展对电子封装的推动　众所周知，反映IC的发展水平，通常都是以IC的集成度及相应的特征尺寸为依据的。集成度决定着IC的规模，而特征尺寸则标志着工艺水平的高低。自20世纪70年代以来，IC的特征尺寸，几乎每4年缩小一半。RAM、DRAM和MPU的集成度每年分别递增50%和35%，每3年就推出新一代DRAM。但集成度增长速度

快，特征尺寸缩小得慢，这样，又使IC在集成度提高的同时，单个芯片的面积也不断增大，大约每年增大13%。同时，随着集成度的增加和功能的不断扩大，IC的I/O数也随之提高，相应的微电子封装的I/O引脚也随之增加。例如，一个50万个门阵列IC芯片，就需要一个700个I/O引脚的微电子封装。这样高的I/O引脚数，要把IC芯片封装并引出来，再延用大引脚间距又双边引出的电子封装（如2.54mmDIP）显然壳体大而重，安装面积不允许。从事电子封装的专家必然要改进封装结构，如将双边引出改为四边引出，这就是后来的LCCC或PLCC、QFP或PQFP，其I/O引脚间距也缩小到0.4mm、0.3mm。随着IC的集成度和I/O数进一步增加，后来再继续缩小间距，这种QFP在工艺上已难于实施，或者组装焊接的成品率很低（如0.3mm的QFP组装焊接失效率竟高达0.6%），于是封装的引脚由四边引出发展成为面阵引出，这样与QFP同样的尺寸，间距即使为1mm，也能满足封装具有更多I/O的IC的要求，这就是正在高速发展着的先进的BGA封装。

（2）电子整机发展对电子封装的驱动　电子整机的轻、薄、小型化和便携化，高性能、多功能化、高频高速化，使用方便、便宜且可靠性高等要求，促使微电子封装器件由插装型向表面组装型发展，并继续向薄型、超薄型、微细间距发展，进一步又由微细间距的四边引出向面阵排列的I/O引脚发展。其封装结构由DIP、PGA→SOP、TSOP、LCCC、PLCC、QFP、PQFP、TQFP→各类BGA、CSP、MCM→裸芯片DCA等。相应的安装基板也由单层板→双面板→多层板发展。表7-3反映出IC的封装、组装技术及发展趋势。

表7-3　与IC组装有关技术的发展[4,5]

年　份		1985	1990	1995	2000
组装形式		单面SMT TIH和SMT混装	双面SMT SMC、SMD	双面SMT 裸片及SMD混装	3D
IC	封装形式	SOP、QFP	TAB、FC	MCM-L MCM-C	MCM-D
IC	I/O数	50、100	300、500	1000、5000	—
MPU工作频率/MHz		25	50	100	200
有机基板		单面PCB 双面PCB	多层PCB	6~8层PCB	埋置C、R、IC
陶瓷基板		陶瓷(Al_2O_3)、 Ag/Pd导体	陶瓷(Al_2O_3)、 Cu导体	SiC、AlN	埋置C、R、IC模块

（3）市场发展对电子封装的驱动　微电子工业由于其固有的高投入一向被认为是“吞金业”，而它的高技术含量和日新月异的进步，芯片每4~5年产量就翻一番，使其又有丰厚的利润回报，因此，微电子工业又成为“产金业”。在半导体市场销售额几乎每4年翻一番的同时，销售额的年增长率也大致4年有一次大的涨落。再加上微电子技术固有的快速更新，向其他领域的渗透，使其又存在着激烈的竞争。微电子技术应用扩展到各个领域，深入到每个家庭及个人，使电子封装业呈现五光十色、应接不暇的局面，电子封装业再不是以往前道芯片的附属。而纷纷单独成立的众多封装厂家直接服务于用户，成为强大的封装产业。这样，封装产业和用户共同推动着封装技术不断向前发展。

由于电子产品更新换代快，市场变化大，新的电子封装产品要尽快投放市场，不但要交货及时还要质量好、品种多、花样新、价格低、服务好等。归结起来就是性能/价格比要高。近30年来，DIP-SOP、QFP-BGA、MCM是电子封装的必然发展之路，而塑封的低成本、广泛的封装适应性及适于大规模自动化生产，再加上低应力、低杂质含量、高粘附强度模塑料的出现等，使其比金属、陶瓷封装具有更高的性能/价格比，所以塑封占整个电子封装的比例高达90%以上。

7.9.2 现代微电子封装技术发展的特点

电子封装一向是跟踪有源器件芯片的发展而发展的，而现代微电子封装则是追随LSI、VLSI和GSI芯片的发展而发展的。

IC工艺技术的发展以及市场的竞争，都对现代微电子封装技术提出了更高的要求，也使现代微电子封装技术呈现出先进封装层出不穷的良好局面。概括起来，现代微电子封装技术的发展有如下一些特点[1,4,5]：

（1）向高密度及高I/O引脚数发展，引脚由四边引出向面阵排列引脚发展 目前，LSI、VLSI和GSI的集成度越来越高，其单位体积内的信息量随之提高，I/O数也已超过1000个，四边引出封装引脚间距越来越小，封装的难度也越来越大。用各种SOP只能满足100个以下I/O的封装要求，PQFP在缩小引脚间距（0.4mm）的情况下虽然能达到封装376个I/O引脚的产品，但封装300个I/O以下的引脚更适宜。而面阵排列的陶瓷柱阵列（Ceramic Column Grid Array——CCGA）已达1089个引脚，陶瓷BGA（CBGA）已达625个引脚，焊点间距已达0.5mm，载带BGA（TBGA）达到1000个引脚。

（2）向表面组装式封装（SMP）发展，以适合表面组装技术（SMT） SMP在迅速增加，而各类插装式DIP在很快减少，所占比重则由1990年的70%降至2000年的10%。而1993年SMP则首次超过插入式封装而成为IC的主要封装形式。1998年以后SMP一直占IC总封装量的80%以上。

（3）从陶瓷封装向塑料封装发展 以PDIP、SOP和PQFP为代表的塑料封装始终占市场生产总量的93%~95%，而陶瓷封装则从1990年的5.6%降到1994年的2%左右。至2000年塑料和陶瓷封装分别占90%和1%，它们所占份额的减小是其他各类封装份额增加的缘故。

（4）从注重发展IC芯片向先发展后道封装再发展芯片转移 由于后道封装对芯片的制约，芯片投资大、发展慢，而后道封装却投资小见效快，所以各国都纷纷建立独立的后道封装厂，这已被美国、韩国和东南亚，我国的台湾、香港所采用。前几年，封装曾向东南亚和南亚转移，近几年都看好中国，大有纷纷抢占中国电子封装市场的趋势。现已有十多家外商在中国内地独资建厂，投入资金已超过5亿美元。

7.9.3 现代微电子封装发展趋势

从IC的发展趋势再结合到电子整机和系统的高性能化、多功能化、高频化、小型化、便携式、高可靠以及低成本等要求，可以推断现代微电子封装的发展趋势，主要包括以下几个方面：

1）具有的I/O数将更多。

2）应具有更高的电性能和热性能。

3）将更轻、更薄、更小。

4）将更便于安装、使用、返修。

5）可靠性会更高。

6）性能/价格比会更高，成本却更低，达到物美价廉。

人类已进入信息时代，以 Internet 为代表的信息产业正席卷全球，在这个过程中，电子信息工业的发展起着决定性的作用。它已成为现代经济的先导产业，是经济增长的强大动力，信息化程度的高低已成为衡量一个国家现代化水平的标志。电子封装业将顺应半导体技术的发展而不断向前发展，“轻、薄、短、小”是电子产品封装的主要特点，也是 IC 封装的总趋势。

参考文献

[1] 况延香，马莒生．迈向新世纪的微电子封装技术［J］．印制电路与贴装．2001，1：53-58.

[2] 杨平．微电子设备与器件封装加固技术［M］．北京：国防工业出版社，2005.

[3] Rao R Tummala. 微系统封装基础［M］．黄庆安，唐洁影，译．南京：东南大学出版社，2005.

[4] 况延香，朱颂春．现代微电子封装技术［M］．成都：四川省电子学会 SMT 专委会，1998.

[5] 中国电子学会生产技术分会丛书编委会．微电子封装技术［M］．合肥：中国科学技术大学出版社，2003.

[6] 张文典．实用表面组装技术［M］．北京：电子工业出版社，2006.

[7] 田民波．电子封装工程［M］．北京：清华大学出版社，2003.

[8] 刘汉诚，李世玮．芯片尺寸封装：设计、材料、工艺、可靠性及应用［M］．北京：清华大学出版社，2003.

[9] 中国集成电路大全编委会．集成电路封装［M］．北京：国防工业出版社，1993.

[10] 周良知．微电子器件封装：封装材料与封装技术［M］．北京：化学工业出版社，2006.

[11] 杜润．先进的芯片尺寸封装（CSP）技术［J］．电子工业专用设备，2006，9：36-42.

[12] Reza Ghaffarian. Chip scale package issues［J］. Microelectronics Reliability，2000，40：1157-1161.

[13] HALD D R. A review of the advanced packaging technologies［J］. Surface Mount Technologies，1997（9）：54-58.

[14] 鲜飞．芯片封装技术介绍［J］．半导体技术，2004（08）：49-52.

[15] 李福泉，王春青，张晓东．倒装芯片凸点制作方法［J］．电子工艺技术，2003，24（2）：62-66.

第 8 章　芯片互连技术与材料

8.1 芯片互连技术

8.1.1 芯片互连技术的特点和分类

在集成电路制造过程中，需要经过芯片→互连→封装→测试等环节才能得到所需要的微电子器件。芯片互连就是指芯片表面电极与引线框架之间的连接，其接头主要起机械和电气连接的作用，以确保芯片与外电路的输入/输出畅通并实现各种信号功能的转换和集成。

微电子器件连接的尺寸极其微小，已达微米级甚至纳米级。与常规焊接方法相比，其特点如下[1,2]：

1）由于连接对象的微细化，在传统焊接技术中可以忽略的某些因素此时却成为影响连接质量的决定性因素，如溶解量、扩散层厚度、表面张力、应变量等。

2）由于微电子材料结构、性能的特殊性，需要采用特殊的连接方法。微电子材料在形态上为薄膜、厚膜、箔等，且箔、膜不是单独存在而是附着在基板上，其电路的互连绝大多数是异种材料的连接，除了机械连接以外，更重要的是电气连接，因此不能对器件的功能产生任何影响。

3）由于接头的界面在服役过程中受到力、热等的作用会随时间而发生变化，这将逐步影响连接的力学、电气性能及其可靠性。因此要求连接精度很高，键合时间很短，对加热、加压等能量的控制要非常精确。

根据引线形式的不同，芯片互连主要分为引线键合（WB）、倒装焊（FCB）、载带自动键合（TAB）和梁式引线技术（BLB）等。

8.1.2 引线键合技术

引线键合技术（Wire Bonding——WB）是芯片互连最常用的技术，目前 90% 均采用这种方法[3]。WB 技术又称线焊，即将裸芯片电极焊区与电子封装外壳的输入/输出引线或基板上金属布线焊区用金属细丝连接起来。其连接结构如图 8-1 所示。它通过热、压力、超声等外加能量去除被连接材料表面的氧化膜，借助于球-楔（Ball-Wedge）或楔-楔（Wedge-Wedge）等键合工具实现连接。按外加能量形式的不同，引线键合可分为热压键合、超声波键合、热超声波键合三种方法。根据键合工具的不同，又可分为球键合和楔键合两种。其焊区金属一般为 Al 或 Au，连接材料多为 $\phi10 \sim \phi200\mu m$ 的 Au、Al（或 Al-Si、Al-Mg）、Cu 金属

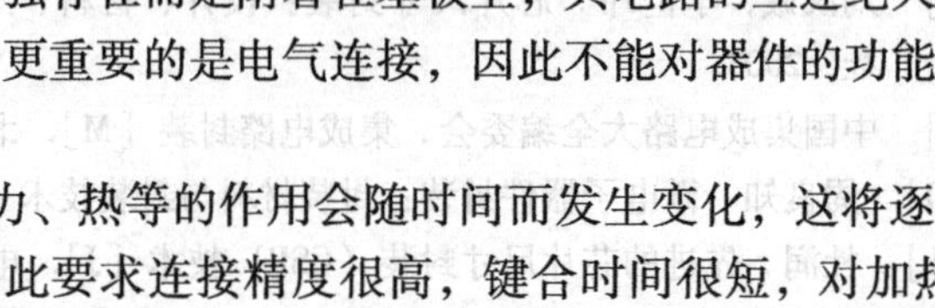

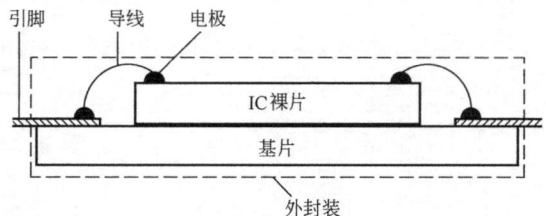

图 8-1　引线键合连接结构[4]

丝。引线键合技术具有方便灵活，工艺简单、成本低、散热性好，但其焊点面积较大而不利于组装密度的提高等特点。

1. 热压键合[2,5,6]

热压键合（Wire Thermo-compression Bonding）是利用加热和加压使金属细丝与 Al 或 Au 金属焊区压焊在一起的方法。其原理是通过加热加压使焊区金属发生塑性变形，同时破坏压焊界面上的氧化层，使压焊的金属丝与焊区金属接触面的原子间相互作用，即界面原子相互扩散而形成连接接头。该方法所用的键合工具主要有楔形压焊头，也有针形和锥形压焊头。焊接时对每个焊点施加的压力一般为 0.5 ~ 1.5N，焊头加热温度为150℃左右，而芯片加热温度通常达 300℃以上。

由于这种方法加热温度高，容易使芯片受到损坏，焊丝和焊区发生氧化，同时，还容易形成紫色的脆性 Au-Al 金属间化合物而影响连接质量，以及“柯肯达尔效应”（Kerkendal）的作用，即 Au 向 Al 中扩散形成 Au_2Al（白斑）而在接触面上造成空洞，引起器件失效。故这种方法使用得越来越少。

2. 超声波键合[2,5,6]

超声波键合（Wire Ultrasonic Bonding）是利用超声波振动和压力的共同作用，通过键合工具——楔，把连接材料 Al 丝紧压在被连接硅芯片上的 Al 表面电极上，破坏键合面的氧化层（Al_2O_3），从而实现原子间的键合，以形成牢固的接头，其工艺过程如图 8-2 所示。

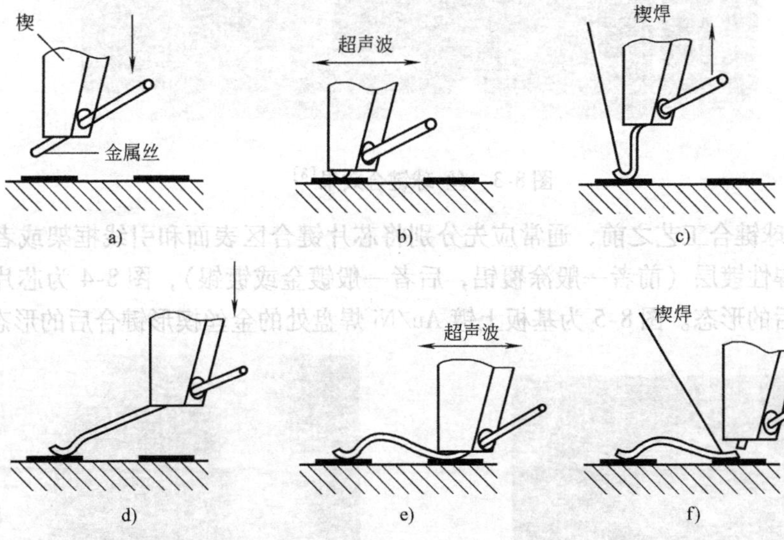

图 8-2　超声波键合工艺过程[2]

超声波键合与热压键合相比，具有如下特点：可有效去除金属氧化层，提高焊接质量，焊接强度高；不需要加热，可在常温下进行，对芯片无热损害；可根据不同需要调节超声波键合能；改变键合条件可焊接不同直径的 Al 丝或宽 Al 带等。而且 Al-Al 超声波键合不产生任何金属间化合物，这对微电子器件的可靠性和长期使用寿命是非常有利的。但这种方法也存在一定缺点：一是对芯片表面电极表面粗糙度比较敏感；二是金属丝的尾丝不好处理，不利于提高器件的集成度；三是由于第二个焊点要与第一个焊点的压丝方向一致，因而实现自动化的难度较大，生产效率较低。

3. 热超声波键合[2]

热超声波键合（Wire Thermo-ultrasonic Bonding）实际上是超声波键合的一种变化，即外加热量输入。它综合了热压键合和超声波键合两者的优点，通过超声波的振动去膜与热扩散的共同作用而实现连接。由于在键合过程中加热温度低（一般为 120～180℃），且不用考虑第一个焊点向第二个焊点运动时的方向性，因此热超声波键合效率较高，适用于难于连接的厚膜混合基板的金属化层。

4. 丝-球键合[2,7,8]

目前有 93% 的芯片互连采用丝-球键合（Wire Ball Bonding）工艺，其中广泛采用的是热超声金丝球键合。丝-球键合效果如图 8-3 所示。

图 8-3 丝-球键合效果[8]

在进行丝-球键合工艺之前，通常应先分别将芯片键合区表面和引线框架或者基板焊盘上涂覆一层可焊性镀层（前者一般涂覆铝，后者一般镀金或镀银），图 8-4 为芯片焊盘上的金丝球形键合后的形态。图 8-5 为基板上镀 Au/Ni 焊盘处的金丝楔形键合后的形态。

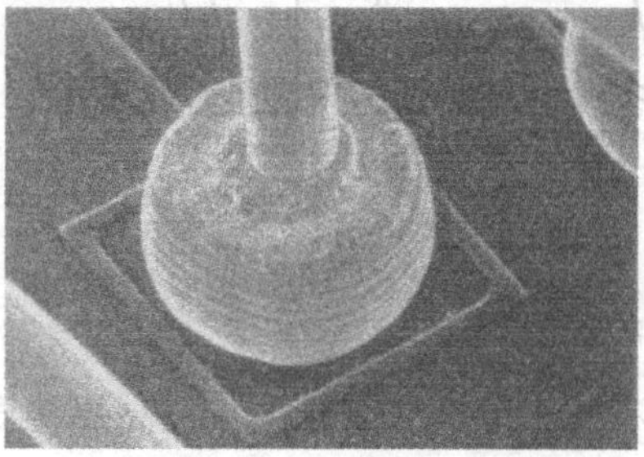

图 8-4 芯片焊盘上的金丝球形键合[8]

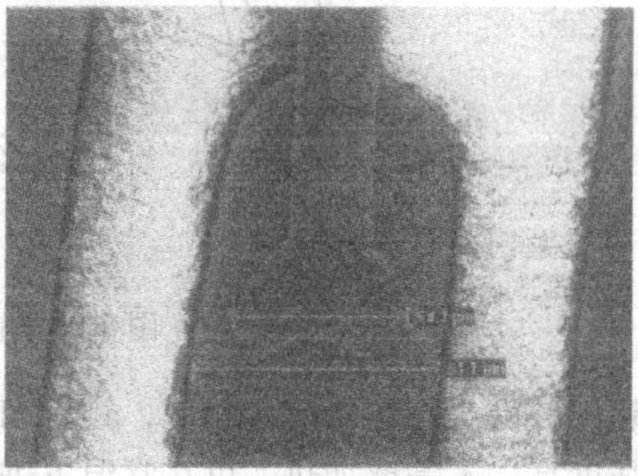

图 8-5 基板上镀 Au/Ni 焊盘处的金丝楔形键合[8]

丝-球键合工艺过程如图 8-6 所示。

从图中可知，丝-球键合的主要工艺步骤如下：

① 从毛细管劈刀端头孔中伸出金丝，并用丝夹夹紧。

② 用电火花产生的热能使引线丝端头形成球形，然后用毛细管劈刀端面压住。

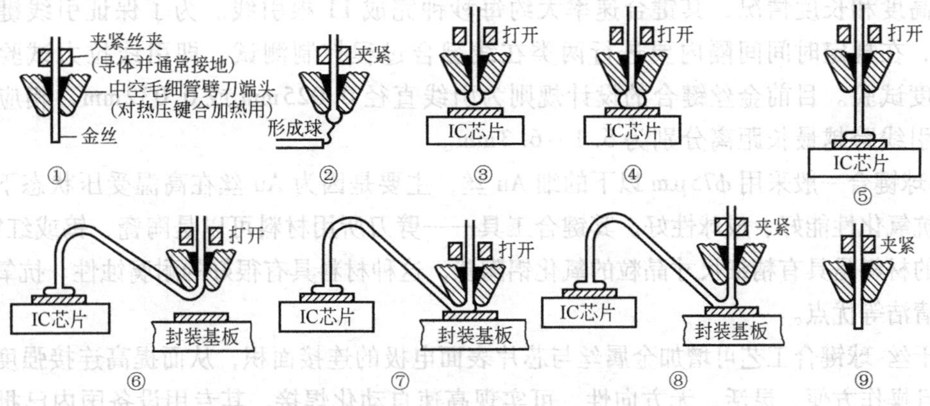

图 8-6　丝-球键合工艺过程示意图[8]

③ 将毛细管劈刀移到 IC 芯片键合焊盘上方。

④ 下降毛细管劈刀端头，让球与焊盘接触。通过加热、加压和超声波振动完成金丝球与焊盘的键合。

⑤ 金丝球键合到芯片上之后，将丝夹松开，引线丝可从毛细管端头自由伸出，上移毛细管劈刀端头至规定的高度。

⑥ 在毛细管劈刀端头移向封装基板键合焊盘运动的过程中引线形成拱形。

⑦ 下降毛细管劈刀端头，直至引线与封装基板键合焊盘接触，在界面上施加热、力和超声能量形成楔形键合。

⑧ 毛细管劈刀从键合区抬起，并在预定高度，将引线拉断。在此过程中为了防止引线从毛细管劈刀脱出，毛细管劈刀端头须将金丝用丝夹夹紧。

⑨ 引线键合过程完成，并留下引线头为下次球形键合做好准备。

丝-球键合的优点是键合毛细管劈刀端头的几何形状是对称的。毛细管劈刀端头首先将金丝形成球形，再压到芯片上（见图 8-6①～④）。在压力和热超声作用下将球键合到管芯上。使用对称的劈刀端头可以在球形键合周围 360°的方向上完成楔形键合（见图 8-6⑤～⑨）。这种在球形键合后可以向任何方向布放引线的能力对于高速自动键合来说是非常关键的因素，这意味着在球形键合后不需要转动键合头或封装台就可完成楔形键合，因此其键合速度快于超声波 Al 丝键合。

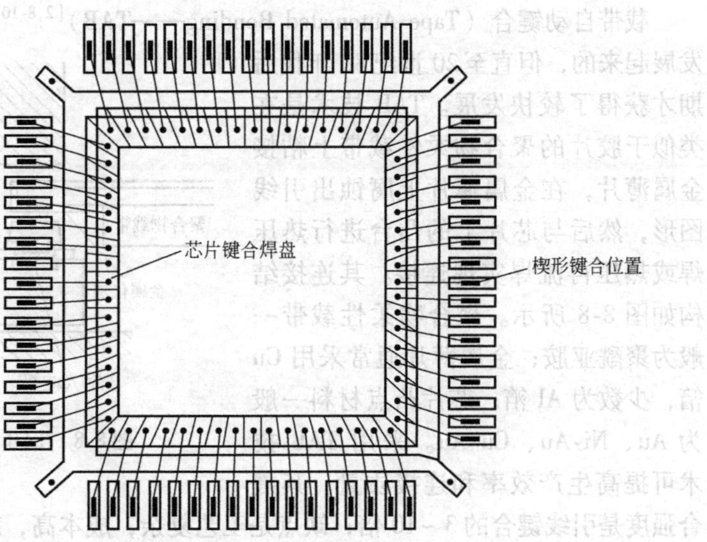

图 8-7　热超声球形-楔形引线键合示意图[8]

图 8-7 所示为用现代化自动键合机完成丝-球键合的示意图，根据引线

拱弧的高度和长度情况，其键合速率大约每秒钟完成 11 根引线。为了保证引线键合的可靠性，在规定时间间隔内要进行两类在线键合过程控制测试，即引线拉力试验和球剪切强度试验。目前金丝键合的设计规则为引线直径 0.025mm 或 0.032mm，相应的每种直径引线跨越最长距离分别为 5.1～6.3mm。

丝-球键合一般采用 $\phi75\mu m$ 以下的细 Au 丝，主要是因为 Au 丝在高温受压状态下容易变形、抗氧化性能好、成球性好。其键合工具——劈刀所用材料可以是陶瓷、钨或红宝石。最常用的材料是具有精细尺寸晶粒的氧化铝陶瓷，这种材料具有很好的耐腐蚀性、抗氧化性和易于清洁等优点。

由于丝-球键合工艺可增加金属丝与芯片表面电极的连接面积，从而提高连接强度和可靠性，且操作方便、灵活、无方向性，可实现高速自动化焊接。其专用设备国内已批量生产。由于采用金丝球键合时，金丝球与芯片铝表面电极会形成“紫斑”，影响连接可靠性，同时耗用大量贵金属，生产成本较高。为消除“紫斑”现象，降低成本，国内外已开发出替代 Au 丝的材料，主要是 Cu 丝和 Al 丝[2]。

5. 楔键合[7,9]

楔键合工艺中，金属丝穿过楔形工具背面的通孔，与被键合表面形成 30°～60°角，如图 8-2a 所示。在楔形工具的压力或超声波能量的作用下，金属丝和焊盘金属的纯净表面接触并最终形成连接。楔键合工艺既适用于 Au 丝，也适用于 Al 丝。二者的区别在于 Al 丝采用室温下的超声波键合，而 Au 丝采用 150℃下的热超声键合。楔键合的一个主要优点是适用于精细尺寸，如 $50\mu m$ 以下的焊盘间距。但由于键合工具的旋转运动，其总体速度低于热超声球键合。最常见的楔键合工艺是 Al 丝超声波键合，其成本和键合温度较低。而 Au 丝楔键合的主要优点是键合后不需要密闭封装，由于楔键合形成的焊点小于球键合，特别适用于微波器件。

8.1.3 载带自动键合技术

载带自动键合（Tape Automated Bonding——TAB）[2,8-10]是为了弥补引线键合之不足而发展起来的，但直至 20 世纪 80 年代后期才获得了较快发展。TAB 技术是在类似于胶片的聚合物柔性载带上粘接金属薄片，在金属薄片上腐蚀出引线图形，然后与芯片上的凸台进行热压焊或热压再流焊实现连接。其连接结构如图 8-8 所示。聚合物柔性载带一般为聚酰亚胺；金属薄片通常采用 Cu 箔，少数为 Al 箔；芯片凸点材料一般为 Au、Ni-Au、Cu-Au。采用 TAB 技术可提高生产效率和连接质量，其键合强度是引线键合的 3～10 倍；缺点是工艺复杂，成本高，芯片通用性差，芯片上的凸台制作、返修较困难。

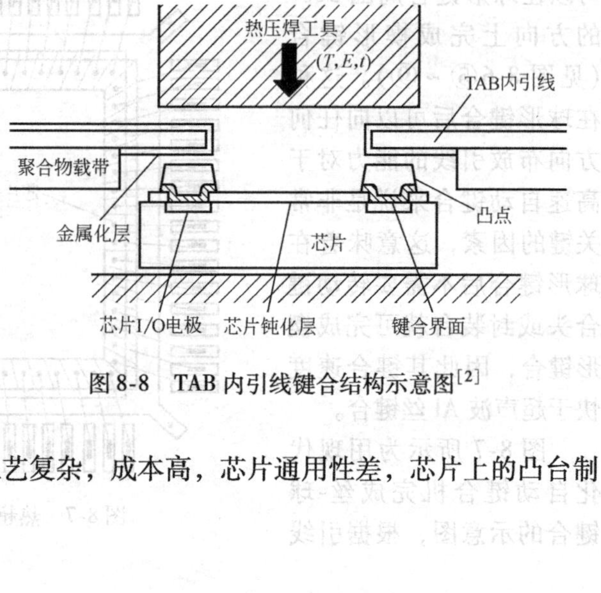

图 8-8 TAB 内引线键合结构示意图[2]

8.1.4 梁式引线技术

梁式引线技术（Beam Lead Bonding——BLB）是采用覆层沉积方式在半导体硅片上制备出由多层金属组成的梁，用这种梁代替常规的内引线实现与外电路的连接。每根梁式引线是一种集成接触而非机械制成的连接，因而提高了电路的可靠性。把梁式引线焊到芯片上主要采用热压焊。由于梁的制作工艺复杂、成本很高，因此BLB技术主要用于军事、宇航等高技术领域[2]。

8.1.5 倒装焊技术

倒装焊技术（Flip Chip Bonding——FCB）[2,5,6,8,12-14]也称为倒装芯片法，即在硅芯片的键合区先预制出金属凸点，然后通过热压焊、热超声或再流焊等方法把芯片倒装焊接在基板上。FCB应用示意图和结构如图8-9和图8-10所示。

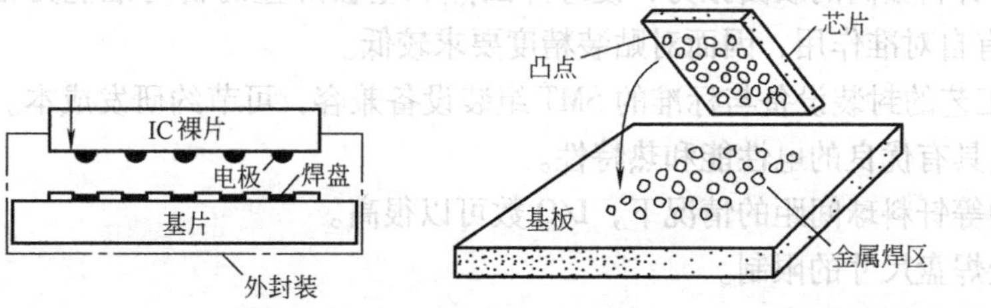

图8-9 倒装芯片示意图[4,11]

倒装焊技术是20世纪60年代初由美国IBM公司研发的，其目的一是解决手工引线键合效率低而无法满足大批量生产的需要；二是随着芯片功能越来越强，外引线数不断增加，引线间距一再缩小，采用呈阵列排布的金属凸点代替金属丝的方法可克服引线键合技术的局限性。它将传统的引线连接变为凸点连接，由原来引线键合的两个焊点变为一个，大幅度地减小了封装尺寸，提高了生产效率，缩短了信号传输的路径。在IC的输入/输出（I/O）数目不断增加和内部连接要求越来越高的形势下，倒装焊技术标志着内引线连接由引线向凸点发展的趋势。

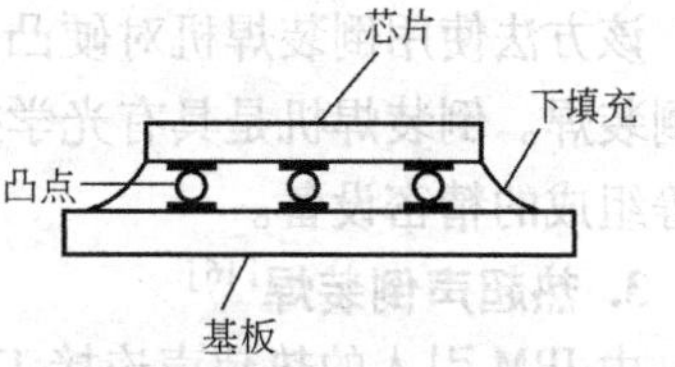

图8-10 倒装芯片结构图[11]

倒装焊技术具有以下特点：一是在基板上直接倒装芯片；二是对应的互连位置必须有凸起的焊点；三是基板和芯片的凸焊点成镜像对称；四是多接头同时实现连接。因此，倒装焊技术主要包括了凸点制作、焊接工艺以及接点之间填充环氧树脂等关键技术。20世纪90年代以来，为满足电子产品趋向小型化、薄型化、轻量化、多功能、便携式发展的要求以及新工艺、新材料的不断涌现，大大加快了倒装焊技术的实用化进程。

凸点芯片倒装焊技术包括多种不同工艺，常见的有受控塌陷连接（Controlled Collapse Chip Connection）（即C4技术）、热压倒装焊、热超声倒装焊、环氧树脂光固化法、各向异性导电胶粘接法。这几种方式各有其特点，所应用的场合也各有不同。

1. C4互连工艺[5,6,15]

该工艺是最早应用的芯片倒装焊接工艺，其目的是为了克服原来手工引线键合可靠性差和生产效率低的缺点。这种方法应用于对各类 Pb/Sn 钎料凸点进行再流焊接。该技术是国际上最为流行并且最具有发展潜力的倒装焊技术。因为它可采用常规的 SMT 贴装设备在 PCB 上直接贴装 C4 芯片并倒装焊，从而达到大规模生产的目的。

C4 倒装芯片的工艺流程为：印制钎料膏→芯片贴装→再流焊→清洗→下部填充→固化。具体过程是在硅圆片上的芯片凸点制作完成后，用专用设备（芯片分选器）从硅圆片中取出单个芯片，将其倒装并放置在小型华夫盘中；用丝印机在基板上丝印钎料膏，或在基板上涂敷一些钎剂作芯片定位的粘接剂；再用带有图像识别系统的高精度贴片机，经过精确对位，把芯片放置在基板上；贴片完成后，把基板放入设置好温度曲线的再流炉中进行焊接，焊接温度视共晶钎料的熔点而定；焊接完成后，要用适当的溶剂清洗钎剂残留物；最后要进行底部填充环氧树脂工艺，包括点胶、固化等工序，固化工艺大约为在 150℃ 下保持 3h。这样，就完成了 C4 工艺的互连过程。

C4 工艺的主要优点有：

1）由于钎料很高的表面张力，使芯片凸点和基板焊盘的自对准能力很强，再流焊时，钎料球熔化有自对准作用，因而对贴装精度要求较低。

2）C4 工艺的封装设备与标准的 SMT 组装设备兼容，可节约研发成本。

3）焊点具有优良的电性能和热特性。

4）在中等钎料球间距的情况下，I/O 数可以很高。

5）不受焊盘尺寸的限制。

6）可以适于批量生产。

7）可大大减小尺寸和重量。

2. 热压倒装焊[5,6]

该方法使用倒装焊机对硬凸点如 Au 凸点、Ni/Au 凸点、Cu 凸点、Cu/Pb/Sn 凸点等进行倒装焊。倒装焊机是具有光学摄照对位系统、捡拾热压超声焊头、精确定位承片台及显示屏等组成的精密设备。

3. 热超声倒装焊[16]

由 IBM 引入的热超声连接工艺是在引线键合的基础上发展而来，它能够解决当前其他各类封装工艺存在的某些缺陷。其工艺原理是：在一定的压力和温度下，对芯片的凸点施加超声波能量，在一定的时间内凸点与基板的焊盘产生结合力，从而实现芯片与基板的连接。热超声方法的凸点界面结合是一个摩擦过程，首先是界面接触和预变形，即在一定给定压力下，凸点与基板接触并在一定程度上被压扁和变形；接着是超声作用，先除去凸点表面的氧化物和污染层，然后温度剧烈上升，凸点发生变形，凸点与基板焊盘的原子相互渗透直到处于一定范围之内。所以热超声倒装焊的关键工艺参数是压力、温度、超声波功率和焊接时间。

热超声倒装焊的主要工艺步骤如图 8-11 所示。

当芯片凸点和基板制作完成后，把基板固定在加热台上，加热台采用恒温加热法，加热温度大约为 150℃左右；利用真空吸头通过夹具夹持芯片，并利用光学系统实现芯片与基板焊盘的对准；带有芯片的夹具缓慢下降，直至芯片凸点与基板焊盘相互接触，并施加一定的压力；对芯片施加超声波能量，使凸点发生形变与焊盘结合；焊接完成后，释放真空吸力，夹具提升。

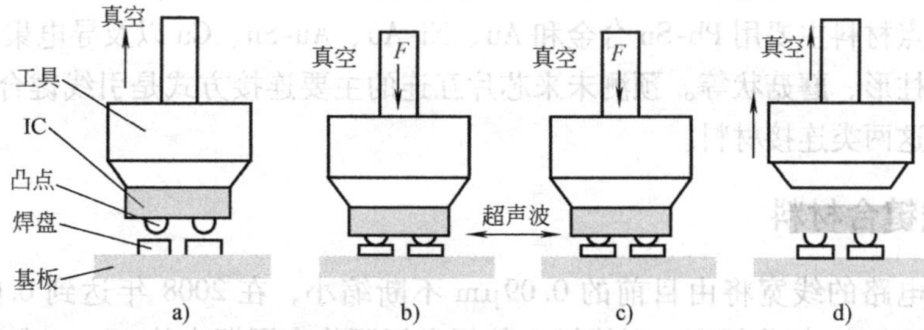

图 8-11　热超声倒装焊工艺步骤[16]

作为一种倒装焊方式，热超声连接除了具有芯片倒装焊的共性外，还具有其他独特的优点：由于超声波能量的引入，焊接工艺过程简单，焊接工艺中采用的压力和温度很低，这对基板和芯片起着保护作用；焊凸点材料允许有多种选择，可以选择金凸点或者铝凸点；是一种干燥、清洁、无铅连接，对人体和环境无损害。由于具备这些优越性，热超声连接已经被认为是满足下一代芯片封装要求的具有发展潜力的新工艺和新技术。

4. 环氧树脂光固化法[5-6]

这是一种微凸点倒装焊法。与一般倒装焊截然不同的是，此方法利用光敏树脂光固化时产生的收缩力，将凸点与基板上金属焊区牢固地互连在一起，不是“焊接”而是“机械接触”。其工艺步骤是：在基板上涂光敏树脂→芯片凸点与基板金属焊区对位贴装→加压的同时用紫外光（UV）固化，最终完成倒装焊。

5. 各向异性导电胶粘接法[5,6,17]

作为电气和机械连接的粘接剂材料——ACA 可用于倒装芯片互连，替代钎料凸点和下填充料的组合形式。该材料在一个方向上导电，而在另外两个方向上是绝缘的。它可以被直接施加于键合区，芯片放在上面。由于垂直方向上的导电性，芯片与基板之间能发生电气连接，但该材料不会使相邻的连接点短路。芯片粘接的一步工艺操作代替了制作凸点、焊接和下填充几步工艺。ACA 的主要优点是无铅、不用焊剂、工艺温度低以及不需要下填充。但它可能被限制在较低性能和较低热应力的场合。

6. 倒装焊后的芯片下填充[5,6,11]

倒装焊后的芯片下填充，就是在倒装焊芯片的下面，或在钎料球（或钎料柱）组装安装器件的管壳下面填充环氧树脂，用以把芯片与封装外壳基板，或封装外壳基板与组装的印制电路板粘接起来，从而使它们之间由于热膨胀失配集中产生的热应力均匀地分散在整个芯片或封装外壳基板下面的填充料和钎料连接点中，并可以保护芯片免受环境气氛如湿气、离子等污染，也可经受机械振动和冲击。

倒装芯片技术是当今最先进的微电子封装技术之一，它将电路组装密度提升到了一个新高度。随着 21 世纪电子产品体积的进一步缩小，倒装芯片的应用将会越来越广泛。

8.2　芯片连接材料

不同的芯片互连方法，其连接材料不同。引线键合采用直径为 10 ~ 200μm 的 Au、Al

（或 Si-Al、Mg-Al）、Cu 丝；载带自动键合一般采用厚度为 20 ~ 70μm 的 Cu 箔或 Al 箔；而倒装焊的凸焊点材料主要用 Pb-Sn 合金和 Au、Ni-Au、Au-Sn、Cu 以及导电聚合物，其形状多为球形、圆柱形、蘑菇状等。预测未来芯片互连的主要连接方式是引线键合和倒装焊[3]，下面重点介绍这两类连接材料。

8.2.1 引线键合材料

未来集成电路的线宽将由目前的 0.09μm 不断缩小，在 2008 年达到 0.057μm，直至 2018 年的 0.018μm，与此相应，引线键合的焊盘间距将在同期内从 35μm 减小到 20μm[3]。为适应这种变化，引线键合材料将不断向更细直径、更高性能及更低成本的方向发展。

键合丝应具有的性能是：电导率高，导电能力强；与导体材料的结合力强；化学性能稳定，不会形成有害的金属间化合物；可塑性好，易于焊接，并能保持一定的形状；具有规定的抗拉强度和伸长率等。

1. 键合 Au 丝[7,18-22]

键合 Au 丝是指纯度为 99.99%，线径为 18 ~ 50μm 的高纯金或合金丝。由于 Au 具有化学性能稳定、抗氧化性强，不与酸和碱发生反应，延展性好易拉成细丝，在大气环境下熔融时能形成稳定的球状，并具有良好的导电性能，至今仍是引线键合丝的主要材料。

键合 Au 丝主要有以下几项特性：

1）机械强度。要求 Au 丝能承受树脂封装时应力的机械强度，具有规定的拉断力和延伸力。

2）成球特性好。

3）接合性。Au 丝表面无划疵、脏污、尘埃及其他粘附物，使 Au 丝与半导体芯片之间、Au 丝与引线框架之间有足够的接合强度。

4）作业性。随着 Au 丝长度的加长，要防止卡丝。

5）要求金丝直径精度要高，表面无卷曲现象。

6）焊接时焊点没有波纹。

键合 Au 丝直径一般在 20 ~ 50μm 之间。由于大部分使用在高速自动键合机上，最高速焊机每秒可完成 7 ~ 10 根键合线。因此要求 Au 丝具有均匀稳定的力学性能和良好的键合性能。为适应自动化规模生产，同时要求每轴丝的长度在 300m、500m 或 1000m，国外的微细丝已达到 2000m，甚至 3000m 供货。

键合 Au 丝按用途及性能分为普通 Au 丝（Y）、高速 Au 丝（GS）、高温高速 Au 丝（GW）和特殊用途 Au 丝（TS）。当 Au 丝的伸长率一定的时候，高速键合机用 Au 丝与手动键合机用 Au 丝的室温强度是不一样的，按大小顺序 GW 型最大，Y 型最小；Au 丝的实际使用温度一般在 250 ~ 350℃，高温强度还是 GW 型的 Au 丝最大，Y 型最小。伸长率则是 Y 型 Au 丝最大，GW 型最小。高速键合机一般使用强度较大的 GW 和 GS 型 Au 丝，Y 型 Au 丝则主要用于手动键合机。

为了满足微细 Au 丝各种各样的性能要求，Au 丝的分类，还可以弧度高低的不同分为高弧度、中弧度、低弧度 Au 丝。微细 Au 丝的端部熔成球状压焊到半导体电极上，Au 丝球在熔化的时候，球颈附近 Au 丝发生再结晶，形成再结晶领域。产生弧度的时候 Au 丝在比母线软的再结晶领域和母线的界面变形，再结晶领域越长弧度越高；反之再结晶领域越短，弧度越低。

据预测，未来几年内键合 Au 丝的直径将减小到 15μm 左右。随着 IC 向微型化发展，对键合Au丝的技术指标要求越来越高，近年来研究的主要内容如下：

1）通过添加微量元素和合金优化设计，以利于细线加工，降低成本，提高强度和在高温振动环境下的使用性能。添加的元素主要有：Ca、Y、Sm、Be、Ge等，这几种元素合计的质量分数最佳范围是（4.0～5.0）$\times 10^{-3}\%$。例如，添加Be可以细化晶粒，有利于Au丝的拉制并提高再结晶温度，但加入Be过量会使Au丝变得硬而脆。

2）针对键合Au丝细线化、接合性和降低成本问题，日本、德国相继开发出高性能的Au-Ag、Au-Ni、Au-Sn、Au-Cu等新型微细合金丝，其中w_{Ag}在20%～50%之间的Au-Ag键合丝的开发较为成功，通过添加Ag提高了丝的强度、耐热性、成环性，满足了丝材微细化的要求。

3）为防止Au丝和芯片上的铝电极键合时由于高温作用产生紫色的脆性Au-Al金属间化合物（紫斑）而影响连接质量，以及"Kerkendal"效应即Au向Al中扩散形成Au_2Al（白斑）而在接触面造成空洞的现象发生，采取的主要手段是提高微细Au丝的纯度至99.99%以上，或通过调整微量元素的种类和数量，延迟Au和Al的相互扩散以控制"紫斑"和"白斑"的形成。

2. 键合Al丝[23]

Al丝具有良好的导电、导热能力和耐蚀性，易与集成电路芯片上的铝电极形成良好的键合并很稳定。超声键合主要采用Al丝。但由于纯Al过于柔软而不能拉制成微细丝，因此需在铝基体中添加合金元素来提高强度，近年来对Si-Al、Mg-Al合金研究和应用较多，也有少量的Cu-Al或Cu-Si-Al丝。

随着我国电子工业的迅速发展，对ϕ0.40mm以下的铝硅微细丝需求比例占硅铝丝总量的40%。而目前国内生产的铝硅微细丝直径大多在ϕ0.40mm以上，不论从力学性能、稳定性、产品规格、单丝长度、表面质量等方面都无法与国外相比，特别是ϕ0.40mm以下的性能很难满足微电子器件厂商的要求，需要依靠进口维持生产。

3. 键合Cu丝[24-27]

为了降低芯片互连成本，人们一直在寻求廉价材料来代替昂贵的Au丝。

由于铜丝具有优良的力学性能、电性能以及热性能，是替代Au丝和Al丝的理想材料。Cu丝（99.99%）与同纯度的Au丝相比具有更好的抗拉、抗剪强度和延展性，因而可使键合用Cu丝的直径减少到15μm。采用更细直径的Cu丝来代替Au丝，从而可使引线键合的间距缩小。铜在20℃时的电阻率为1.694μΩ·cm，金为2.20μΩ·cm，铜的导电性比金高33%，而熔断电流比Au丝高，另外，随着芯片密度的提高和体积的缩小，芯片制造过程中的散热是非常重要的，铜比金和铝的传热性能好，且铜的热膨胀系数比铝低，其焊点的热应力也较低，因此以Cu丝来代替Au丝和Al丝是很有意义的。

目前的困难是由于Cu丝的焊接性较差而阻碍了它的大量使用，随着芯片技术的发展，铜丝键合已成为研究的热点。近年来，人们对铜丝焊、劈刀材料及新型的合金钎料丝进行了一些新的工艺研究，克服了铜易氧化及难以焊接的缺陷。采用铜丝键合不但使封装成本下降，更主要的是作为互连材料，铜的物理特性优于金。特别是采用以下三种新工艺，更能确保铜丝键合的稳定性。

（1）充惰性气体的EFO工艺　常规用于金丝球焊工艺中的EFO是在形成钎料球过程中的一种电火花放电。但对于Cu丝球焊来说，在成球的瞬间，放电温度极高，由于剧烈膨胀，气氛瞬时呈真空状态，但这种气氛很快和周围的大气相混合，常造成钎料球变形或氧化。氧化的钎料球比那些无氧化层的钎料球明显坚硬，而且不易焊接。新型 EFO 工艺是在成球过程中增加惰性气体保护功能，即在一个专利悬空管内充入氮气，确保在成球的一瞬间与周围的空气完全隔离，以防止钎料球氧化，钎料球质量极好，焊接工艺比较完善。这种新工艺不需要降低周围气体的含氧量，采用通用的氮气即可，因此降低了成本。

（2）OP2 工艺　Cu 丝球焊和 Au 丝球焊的正常焊接温度为 175～225℃。在该温度范围内，铜线很快被氧化，如果表面没有保护层就无法焊接。所以需要进行抗氧化的表面处理，形成可靠的可焊接表面层。

（3）MRP 工艺　丝焊键合工艺的有限元模型的建立为焊接材料和工具图形的效果提供了新的认识。通过对 Au 丝钎料球和 Cu 丝钎料球的变形而产生的压力图形进行比较，可以看出在 Cu 丝球焊过程中的底层焊盘的力要大一些。同样高度的 Cu、Au 钎料球，Cu 钎料球的焊接压力大，硬度明显高于 Au，但比 Au 钎料球容易变形。硬度和模量是钎料丝的主要参数。为降低其硬度，以前人们是依靠采用纯度高达 99.999% 或 99.9999% 的 Cu，因为纯度低则硬度高。

目前最新的方法是结合专利的焊接和钎料丝制造工艺，在降低模量的同时提高了焊接的质量和产量。MRP 工艺可以提高 Cu 焊点的抗拉强度，一般对于 10μm 直径的 Cu 来说，采用 MRP 的焊点可以承受的拉力可达 0.05～0.06N，若不采用 MRP，焊点拉力仅为 0.01～0.02N。此外，还可改善由细直径焊接接头和细间距劈刀产生的 Cu 球焊接点的失效模式。

8.2.2　倒装芯片用连接材料

FCB 的连接材料主要是凸点，下面介绍凸焊点的类型及制作方法。

1. 凸点的类型

根据使用的材料、制作方法和焊接工艺的不同，凸点主要有钎料凸点、硬凸点和聚合物凸点[11,13-15,28-35]。

（1）钎料凸点　C4 互连是最早应用的芯片倒装焊接工艺，也是国际上最流行并最有发展潜力的倒装焊技术。C4 工艺中芯片凸点最初是由依次蒸发的薄膜金属制成的，即依次蒸发 Cr、Cu 和 Au，以保证通孔的密封，同时为钎料凸点提供一种可焊的导电基底，接着再蒸发一层很厚的（100～125μm）97Pb/3Sn 钎料，作为初始导电层和芯片与基板间的焊接材料。但随着半导体圆片尺寸的增大，凸点直径变小，以及把较低熔点的钎料用作凸点应用，尤其是具有 Sn/37Pb 共晶钎料。基于这些原因，很难用厚金属掩膜来制作凸点，而是用电镀法和光刻图形法相结合的制造技术来代替，目前用此法生成的凸点最小直径可到 40μm。

目前在 C4 互连工艺使用的钎料凸点材料主要是 Pb-Sn 钎料，这是因为 Pb-Sn 合金具有成本低、焊接性和抗疲劳性优良、熔融温度范围可调及理想的物理、力学性能，所以被广泛采用。

根据不同的用途，有高铅高熔点钎料：97Pb/3Sn（314～320℃）、95Pb/5Sn（305～315℃）、90Pb/10Sn（268～301℃）；中温钎料：37Pb/63Sn（183℃）、40Pb/60Sn（183～190℃）；低熔点钎料：如 52Sn/48In（117℃）等几类。随着人类环保意识的增强，无铅钎料凸点也逐渐成为研究热点。通过对 Sn-3.5Ag、Sn-0.7Cu、Sn-3.8Ag-0.7Cu 钎料凸点的研究，发现在相同条件下形成的金属间化合物（IMC）的厚度比 37Pb/63Sn 凸点大 35%～150%，其主要原因是由于锡含量高及回流温度高而加快了 IMC 的生长。

（2）硬凸点　硬凸点材料一般是 Au、Ni-Au、Au-Sn 和 Cu，通常是采用电镀方法形成高度为 20μm 左右的凸点。Au 凸点还可以采用 Au 丝球焊的方法形成，其特点是：制作工艺较钎料凸点简单，但组装中需要专门的定位设备和粘接剂。采用 Au 凸点进行倒装焊是比较先进的技术，由于 Au 价昂贵，目前仅用于玻璃上芯片（COG）封装的 LCD 等。用硬凸点作连接材料的倒装焊主要采用热压焊和热超声焊，其中热超声焊工艺简单，连接效率高，可靠性好，是芯片互连领域中具有发展潜力的新工艺。

（3）聚合物凸点　这种凸点是采用导电聚合物制作而成的，主要用于环氧树脂导电胶的连接。其特点是：工艺步骤较少，工艺温度低于 160℃，并可采用低价格的基板。它是一种高效、低成本的互连凸点，作为一种新兴的方法尚在发展之中。

2. 制作凸点的方法[14]

在倒装芯片封装过程中，凸点的形成是其工艺过程的关键。倒装芯片虽有各种差异，但基本结构都是由 IC、UBM 和凸点组成的。图 8-12 是一个典型的凸点结构图。其中 UBM 是芯片焊盘与凸点之间的金属过渡层，主要起粘附和扩散阻挡的作用，一般称为凸点下金属。UBM 的形成对凸点制作十分关键，其质量好坏直接影响凸点的质量、倒装焊接的合格率和封装后凸点的可靠性。UBM 通常由三层金属膜组成，即粘附层：与 Au、SiO_2、SiN、Al 等形成良好的粘附，并保证和 Al 层及 Au 凸点能低阻接触且热应力小，一般选用 W、Cr、Ti 等；阻挡层：能阻挡凸点材料与 Al、Si 间的相互扩散，避免凸点材料进入 Al 层，形成金属间化合物，一般选用 W、Pd、Ni 等；金属浸润层：主要起两个作用，一是能和凸点材料良好浸润，焊接性好，不会形成金属间化合物，二是保护粘附层和阻挡层的金属不被氧化、玷污，一般选用 Au 膜、Au 的合金膜。UBM 通常采用电子束蒸发或溅射工艺，布满整个圆片。需要制作厚金属膜时，则采用电镀或化学镀工艺。生产中常用的电镀法、模板法和蒸发法制作 Pb/Sn 钎料凸点和 Au 凸点都需要有凸点下金属。

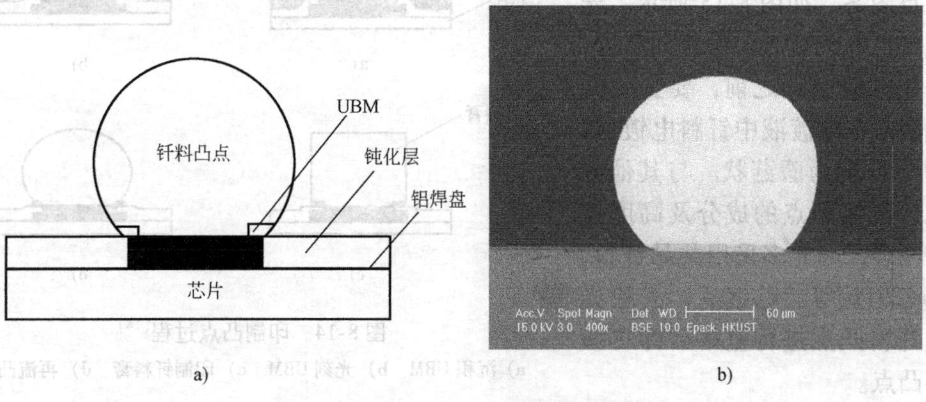

图 8-12　典型的凸点结构示意图[14]
a）示意图　b）截面形貌

由于所采用的凸点材料不同及其应用的要求不同，凸点的制作方法有很多，主要有下面一些方法。

（1）蒸发沉积法　其蒸发过程如图 8-13 所示，通常采用金属掩膜来形成 UBM 和钎料凸点的样式图案。在形成 UBM 后，钎料蒸发而在焊盘上形成凸点，此时凸点呈锥形。凸点的高度取决于蒸发的钎料量、掩膜高度及其开口尺寸。通常在蒸发过程之后，要对钎料凸点进行重熔，以形成球形凸点。

另一种蒸发过程是采用光刻胶代替金属掩膜。钎料蒸发并沉积到焊盘和光刻胶上，在光刻胶和焊盘上沉积的钎料是不连续的。通过取下光刻胶，其上的钎料也被去除，剩余的钎料即形成钎料凸点。

该方法较为常用，它简单而成熟，但蒸发时间长且设备费用高。适用于低I/O数、焊区尺寸较大的IC凸点制作，不适合批量生产。该方法的关键工艺技术是掩模板制作。

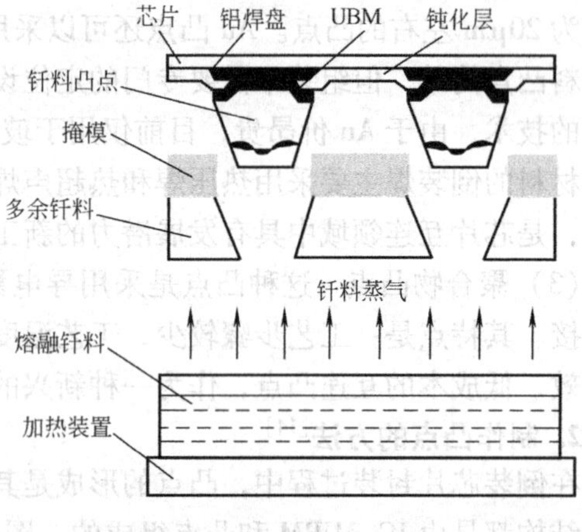

图 8-13 蒸发沉积凸点过程[14]

（2）模板印制法 现在大量采用的模板印制方法如图 8-14 所示，通过涂刷器和模板，将钎料膏涂刷在焊盘上。目前广泛应用的焊盘间距为 200～400μm。对于小间距焊盘，由于模板印刷不能均匀分配钎料体积，因此，应用受到了一定的限制。影响模板印制工艺质量的因素主要包括印制压力、间隙高度、环境控制、重熔温度曲线等参数，而钎料合金颗粒的大小和分布却是直接影响印制钎料凸点均匀性的一个重要因素，一般允许的最大颗粒直径为欲填充模板孔径最小宽度的1/3。模板印制法的特点是工艺比较简单、成本低。适合于制作各种尺寸以及 Pb/Sn 比例的钎料凸点，可批量生产。关键工艺技术是制作模板及钎料球的均匀性，以及钎料膏印制厚度的一致性。

（3）电镀法 在电镀法中，形成 UBM 后，在焊盘上涂覆光刻胶以形成凸点图案，如图 8-15 所示。光刻胶可决定电镀凸点的形状和高度，因此，在电镀凸点之前，要去除光刻胶残渣。在电镀液中钎料电镀后，形成的凸点多为蘑菇状。与其他方法相比，电镀凸点的成分及高度控制比较困难，因此多采用共晶钎料，如 63Sn/37Pb 等。电镀后，去除光刻胶，钎料凸点进行重熔后即可获得球形凸点。

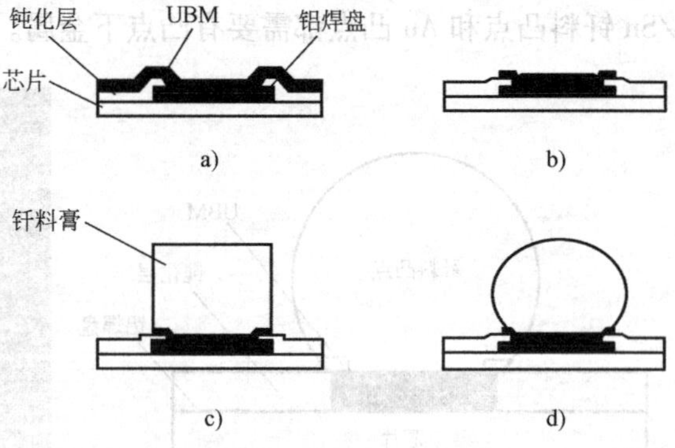

图 8-14 印制凸点过程[14]

a）沉积 UBM b）光刻 UBM c）印制钎料膏 d）再流凸点

该方法被大批量生产普遍采用，可制作各类凸点，IC 上的 I/O 数、焊区尺寸大小及凸点间距均不限。该方法的关键工艺技术是光刻及电镀。

（4）微球法 微球法凸点形成过程如图 7-16 所示。采用此方法首先要制备钎料微球，并将其放于特定的容器中。通过振动器使微球跳动到一定高度，把带有吸孔的载板以较小的距离置于容器上方，以获得数量准确的微球，微球被保存在吸孔处。由于微球尺寸较小或其表面有水分等污染物，过量的微球被粘附到吸孔外的其他位置；又由于微球质量很轻，则会出现一个吸孔位置粘附多个微球。为除去多余的微球，同时准确保持微球在吸孔位置，可采

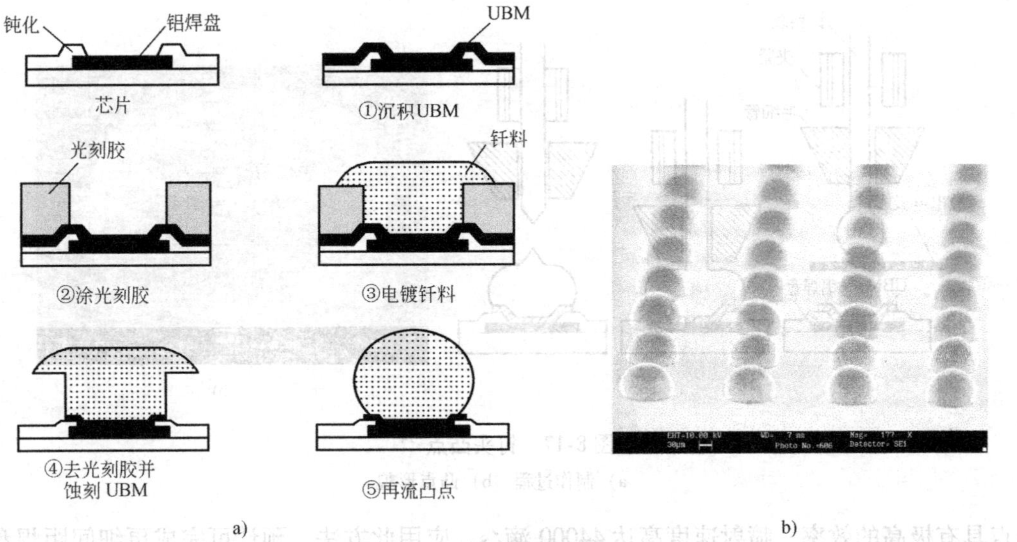

图 8-15　电镀凸点[14]

a）制作过程　b）凸点形貌

用超声振荡工艺。随后用图像处理方法来检查吸孔与微球位置的准确性，若发现多余微球则应去除，缺少微球则添加上。

当确认微球处于合适位置后，就要进行从载板向芯片焊盘的转移。将载板与通过钎剂处理过的芯片表面呈镜像对好，相互接触，在载板背面施加压力，促使微球转移到芯片焊盘上。芯片表面的钎剂有利于使微球在其表面保持足够的时间，直至通过重熔过程使微球连接到 UBM 上。

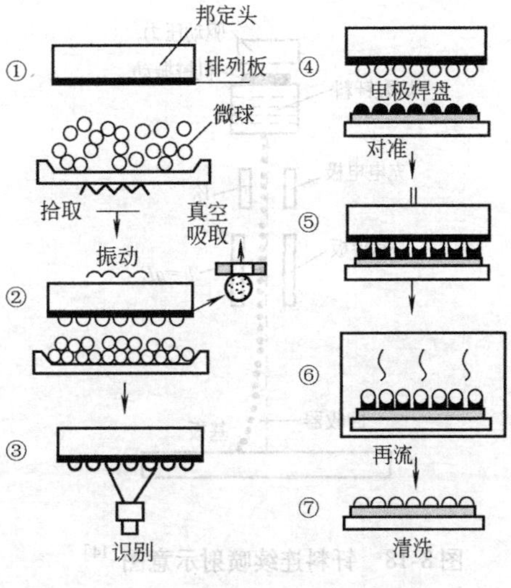

图 8-16　微球法凸点成形过程[14]

（5）钉头凸点　钉头凸点的成形过程如图 8-17a 所示。钎料丝的选择通常要求与 UBM 匹配，可使用 Au 丝或铅基钎料丝。凸点成形过程与引线键合中的 Au 丝球键合过程相同，不同之处在于丝端成球后，在球上端加热使之断开，获得的凸点形状多为蘑菇状或钉头状，随后通过重熔可获得具有特定高度的球形凸点，如图 8-17b 所示。

（6）化学镀法　它的特点是不需多层金属化，但要生长出中间层再化学生长凸点金属。凸点高度受限，适合于单芯片凸点制作。该方法成本最低，其关键工艺技术是 Al 焊区二次浸 Zn 处理，去除氧化层同时生成中间金属层。化学镀的问题是镀层均匀性较差。

（7）钎料液滴喷射法　此法又称 MJT（金属喷射技术），是一种创新的钎料凸点形成技术，它借鉴了计算机打印技术中广泛使用的喷墨技术。熔融的钎料在一定压力的作用下，形成连续的钎料滴，通过静电控制，可以使钎料微滴精确地滴落在所需位置。该技术制作钎料

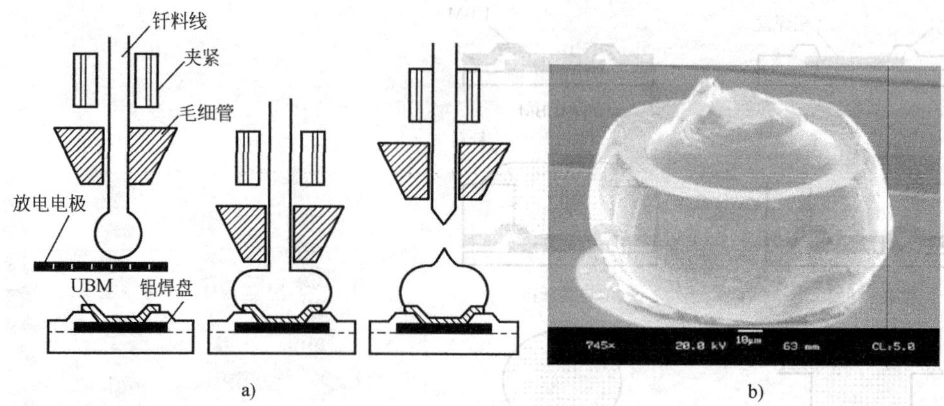

图 8-17 钉头凸点[14]

a）制作过程 b）凸点形貌

凸点具有极高的效率，喷射速度高达 44000 滴/s。应用此方法，预计可完成更细间距焊盘凸点的制作，有望成为一种工业标准。

采用这种方法制作钎料凸点不需要掩膜设备，钎料液滴喷射方式主要有两种：连续型和按需型，分别如图 8-18 和图 8-19 所示。前者喷射频率可在 5000～44000Hz，后者频率一般低于 2000Hz。

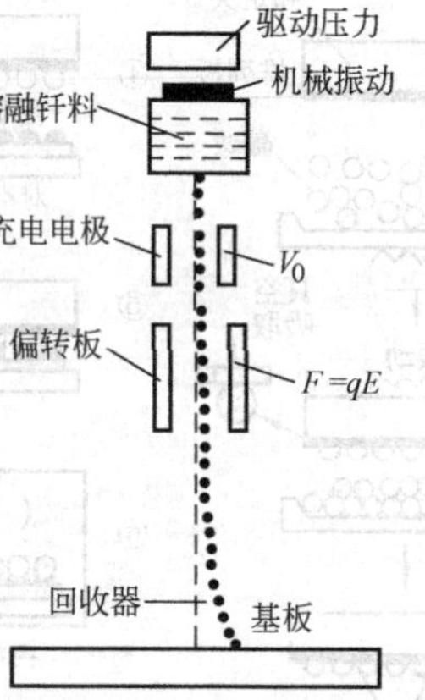

图 8-18 钎料连续喷射示意图[14]

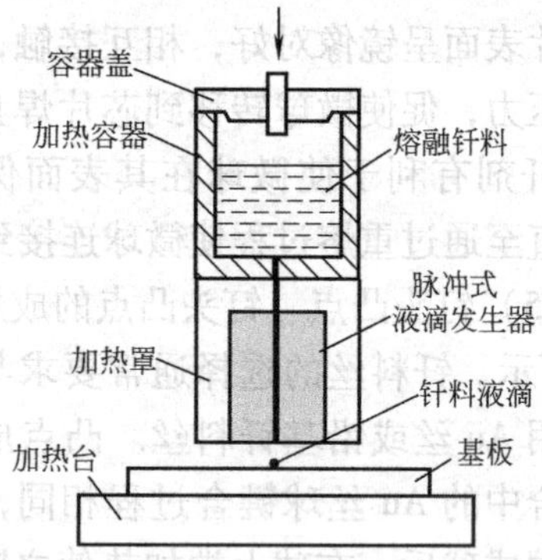

图 8-19 钎料按需喷射示意图[14]

连续喷射系统产生重复的液态金属流，在压电传感器驱动及机械振动触发下，金属流断开形成非常均匀一致的熔化金属液滴。通过随之充电并通过偏转电场过程，控制液滴运动轨迹。只有部分液滴喷射到焊盘上，其余液滴进入回收器用来重复使用。通常连续喷射液滴直径是喷嘴直径的两倍，在喷嘴周围采用惰性气体，一方面可促进液滴的断开喷射，同时可防止钎料液滴的氧化。连续型系统的缺陷在于大量喷出液滴并未被全部使用，虽然采用了配套的再循环系统，但仍不能克服这一缺点。

在按需喷射系统中，流体体积的脉冲变化由配置在流体周围的压电材料变形或电阻加热引起。这种体积变化引起流体压力/速度传感，促使钎料液滴由喷嘴脉冲喷出。在此系统中，通过调节控制脉冲，只有当需要时才产生液滴，液滴尺寸基本与喷嘴尺寸相同。通常由于喷嘴与芯片焊盘间距仅1mm，液滴在此运动过程中所受的外部影响很小，通过在喷嘴周围惰性气体的保护，可保证钎料液滴成形并防止氧化。

凸点的制作方法有很多，各自适应于特定的要求，都有一定的应用。近年来，凸点的大批量制作普遍采用电镀法，占70%，其次是蒸发法和模板印制法，分别约占18%和8%。目前，电镀法制作凸点高达80%以上，蒸发法下降到2%，模板印制法略有上升，约占10%。

然而现有各种方法都存在一定的缺点，技术还不够成熟。对倒装芯片技术来说，尽管与以往的封装技术相比有明显的优势，但要使其得到广泛的应用，必须使其工艺成本不超过以往的电子封装技术。为获得成本优势，需要新的封装材料与工艺，而选择一种合适的凸点制作技术则是非常重要的。现有技术仍不能完全满足要求，新的更具有优势的凸点制作技术仍有待发展。

8.3 芯片互连技术与材料发展展望

未来微电子器件内连接的对象将日趋复杂，尺寸更加微细，焊点间距更加密集，连接工艺将趋于多样化，设备趋于精密化，热源将逐渐由电能向超声能、激光能扩展，而连接材料将向高性能、低成本高可靠性、微细化、绿色化方向发展。

目前键合引线用Au丝占90%左右，其线径为18～50μm，预测未来几年内将减小到15μm左右。我国键合Au丝生产已基本形成国企、合资及生产研究相结合的体系，主要单位有山东贺利氏招远贵金属材料有限公司、常熟特种电子材料厂、昆明贵金属研究所、北京有色金属研究院等，年产量约1800kg，而需求量约为13000kg，国产Au丝无论在产量和质量上都不能满足市场的需要，尤其是高档键合Au丝主要依靠进口[36]。目前国产Al-Si丝线径大多在40μm以上，40μm以下的Al-Si丝不论从力学性能、稳定性、产品规格、单丝长度、表面质量等方面都无法与国外产品相比，其性能很难满足微连接的要求。而键合Cu丝虽然未来有可能代替Au丝，但目前国内尚处于研究阶段。大力研究开发微细Au丝、Al丝、Cu丝已刻不容缓。

由于IC的输入/输出（I/O）数目不断增加和连接要求越来越高，微电子内连接有从引线向钎料球发展的趋势。20世纪90年代以来，倒装焊的实用化进程非常迅速，但受到成本和可靠性等因素的制约，短期内还无法在大范围内取代引线键合而成为内连接的主流。国外对倒装焊的研究主要集中于凸点制作、焊接工艺以及连接点之间填充环氧树脂等关键技术。国内近年来积极引进锡球生产技术，锡球直径已能达到0.3mm，但更微细锡球的制造难度很大，短期内还无法取得突破。预测未来倒装焊互连间距将从目前的50μm逐渐减小到10μm以下，倒装焊凸点尺寸也将随之变小。日本东京大学近年提出了Cu膜-Cu膜直接互连的概念，即表面活化室温连接技术（SAB），预示着最后将实现无凸点（Bump-less）互连[37]。

综上所述，由于我国电子信息产业相对于发达国家起步较晚，集成电路芯片制造业所占市场份额很小。据统计，世界IC制造业美国占40%，日本占25%，韩国占12%，我国仅占1.2%。因此，我国内引线连接技术和材料与发达国家相比差距很大。我国IC产业必须与材料制造业紧密配合，共同攻关，才能使我国内引线连接技术和材料获得跨越式的发展，使我国早日从电子制造大国变为制造强国。

参考文献

[1] 王春青．电子封装和组装中的微连接技术［J］．现代表面贴装资讯，2004，3（6）：1-10.
[2] 李志远，钱乙余，张九海．先进连接方法［M］．北京：机械工业出版社，2004.
[3] 何田．先进封装技术的发展趋势［J］．电子工业专用设备，2005，34（5）：5-8.
[4] 王卫平．电子产品制造技术［M］．北京：清华大学出版社，2005.
[5] 况延香，朱颂春．现代微电子封装技术［M］．成都：四川省电子学会SMT专委会，1998.
[6] 中国电子学会生产技术分会丛书编委会．微电子封装技术［M］．合肥：中国科学技术大学出版社，2003.
[7] 马鑫，何小琦．集成电路内引线键合工艺材料失效机制及可靠性［J］．电子工艺技术，2001，2（5）：185-191.
[8] Harper C A. 电子组装制造［M］．贾松良，等译．北京：科学出版社，2005.
[9] Rao R Tummala. 微系统封装基础［M］．黄庆安，唐洁影，译．南京：东南大学出版社，2005.
[10] Li Ming-Hsien，Caleb. Improving bonding strength of tape-automated bonding technology by implementing statistical process control：a case study［J］．International Journal of Advanced Manufacturing Technology，2006，27（3/4）：372-380.
[11] 王明．倒装芯片和封装技术［J］．集成电路通讯，2003，21（2）：24-40.
[12] 谢晓明．倒装芯片技术简介［J］．环球SMT与封装，2004，4（2）：28-32.
[13] 张如明．凸点实现的倒装焊推进微电子封装技术的发展［J］．世界产品与技术，2002（11）：29-31.
[14] 李福泉，王春青，张晓东．倒装芯片凸点制作方法［J］．电子工艺技术，2003，24（2）：62-66.
[15] 张彩云，任成平．凸点芯片倒装焊接技术［J］．电子与封装，2005，5（4）：13-15.
[16] 隆志力，吴运新，王福亮．芯片封装互连新工艺热超声倒装焊的发展现状［J］．电子工艺技术，2004，25（5）：185-188.
[17] 蔺永诚，陈旭．各向异性导电胶互连技术的研究进展［J］．电子与封装，2006，6（7）：1-8.
[18] 杜连民．键合金丝及其发展方向［J］．电子材料，2002，1（2）：1-5.
[19] Nobawer G T，Moser H. Analytical approach to temperature evaluation in bonding wires and calculation of allowable current［J］．IEEE Trans Adv Packaging，2000，23（3）：426-435.
[20] 朱建国．键合金丝的最新进展［J］．新材料产业，2001，12（7）：33-34.
[21] 田春霞．电子封装用导电丝材料及发展［J］．稀有金属，2003，27（6）：782-787.
[22] 井手兼造．半导体用金合金线：日本，特开平11-307574［P］．1998.
[23] 邱元桂．高强度微细硅铝丝铸造方法和加工工艺的研究［J］．有色金属与稀土应用，2001（3）：1-6.
[24] 赵钰．高级IC封装中新兴的细铜丝键合工艺［J］．混合微电子技术，2001，12（2）：89-93.
[25] 陈新，李军辉，谭建平．芯片封装中铜线焊接性能分析［J］．贵金属，2004，25（4）：52-57.
[26] Khoury S L，Burkhard D J，Galloway D P，et a1. A Comparison of Copper and Gold Wire Bonding on Integrated Circuit Devices［C］//. Proceedings-Electronic Components Conference，1990，1：768-776.
[27] Jian C，Deryse D，Rathev P，et a1. Mechanical Issues of Cu-to-Cu Wire Bonding［J］．IEEE Transactions on Components & Packaging Technologies，2004，27（3）：539-545.
[28] 蔡坚，陈正豪，贾松良，等．一种低成本倒装芯片用印刷焊凸点技术的研究［J］．电子元件与材料，2003，22（9）：34-36.

[29] 郭志扬，金娜，郝旭丹. 倒装焊凸点材料及焊盘金属化［J］. 微处理机，2002（2）：20-26.

[30] Patterson D S, Elennius P, Leal J A. Wafer bumping technology-a comparation analysis of solder deposition processes and assembly considerations [J]. Advances in electronic packaging, 1997 (1) : 337-351.

[31] Rinne G A. Solder bumping methods for flip chip packaging [C] //Electronic Components and Technology Conference, 1997: 240 - 247.

[32] Jeon Y, Paik K, Bok W, et al. Studies on Ni-Sn Intermtallic compound and P-Rich Ni Layer at the electroless Ni UBM-solder interface and their effects on flip chip solder joint reliability [C]//IEEE Proceedings of Electronic Components and Technology Coference, 2001: 69-75.

[33] Zhang CJ, Lin LL. Thermal fatigue properties of lead-free solder on Cu NiP Under Bump Metallurgies [C]//IEEE Proceedings of Electronic Components and Technology Coference, 2001: 463-470.

[34] Balkan HD, Patterson G, Burgess C, et al. Flip-chip reliability: Comparative characterization of lead-free (Sn/Ag/Cu) and 63Sn/Pb eutectic solder [C]//Proceedings of international microelectronic packaging, 2001.

[35] ylak B, Kumar S, Perlberg G. Optimizing the wire bonding process for 35μm ultra-fine-pitch packages [C]//Proceedings of SEMICON Singapore 2001 Technical Symposium, Singapore, 2001.

[36] 胡国强. 谈入世后我国键合金丝产业如何应对 IC 业的发展［J］. 有色金属加工，2002，31（1）：17-20.

[37] 徐忠华，须贺唯知. 表面活化连接/SAB 微电子系统超高密度互连技术［J］. 电子工业专用设备，2004，33（9）53-57.

附录　微连接术语中英文对照

A

Adhesives　贴装胶
Anti-Oxidation Capability　抗氧化性能
Anti-Oxidation Reagent　防氧化剂
Application Specific Chip（ASIC）　专用 IC 芯片
Assembly Density　组装密度
Avoid Cleanout Flux　免清洗钎剂

B

Ball Grid Array（BGA）球栅陈列封装
Ball-Wedge Bonding　球-楔键合
Beam Lead Bonding（BLB）　梁式引线技术
Beam Reflow Soldering　光束再流焊
Brazing　硬钎焊
Bulk Feeder　散装式供料器

C

Capacitor　电容器
Centering Jaw　定心爪
Centering Unit　定心台
Ceramic Pin Grid Array（CPGA）　陶瓷针型栅格阵列封装
Chip Carrier　芯片载体
Chip On Board（COB）　板上芯片
C-Hip Quad Pack 或 C-Hip Carrier　C 形四边封装器件
Chip Scale Package（CSP）　芯片尺寸封装
Cleaning After Soldering　焊后清洗
Cleanout Reagent　清洗剂
Communication　通信
Computer　计算机
Consumer Electronics　消费类电子产品
Controlled Collapse Chip Connection　受控塌陷连接，即 C4 技术
Copper Clad Laminates（CCL）　覆铜箔层压板，即覆铜板
Cylindrical Devices；Metal Electrode Face Component（MEFC）　圆柱形表面组装元器件

D

Direct Chip Attach（DCA） 芯片直接安装技术
Dispensing 滴涂
Double In-Line Package（DIP） 双列直插式引线封装
Drawbridge 或 Manhattan Effect 吊桥，即曼哈顿现象
Dual In-Line Package（DIP） 双列直插式封装
Dual Wave Soldering 双波峰焊
Dummy Land 工艺焊盘

E

Electric Conduction Adhesive 导电胶

F

Flip Chip（FC）倒装芯片
Feeder Holder 供料器架
Feeders 供料器
Fine Pitch Devices（FPD） 细间距器件
Fine Pitch 细间距，即不大于0.65mm的引脚间距
Flex Circuit Interposer 柔性基板封装
Flexible Stencil 或 Flexible Metal Mask 柔性金属漏版
Flip Chip Bonding（FCB） 倒装焊技术
Flip Chip Pin Grid Array（FC-PGA） 反转芯片针脚栅格阵列封装
Flux Bubbles 钎剂气泡
Flux 钎剂，即软钎钎剂
Flying 飞片
Focused Infrared Reflow Soldering 聚焦红外再流焊

G

Gull Wing Lead 翼形引线

H

Hot Air Reflow Soldering 或 Convection Reflow Soldering 热风再流焊
Hot Air/IR Reflow Soldering 或 Convertion/IR Reflow Soldering 热风红外再流焊

I

I-Lead I形引线
In-Circuit Inspection 在线检测
Inductance 电感
Information Technology（IT） 信息电子技术

Infrared Reflow Soldering（IR） 红外再流焊
In-Line Placement 流水线式贴装
Integrated Circuit（IC） 集成电路
Interface Metal Compound（IMC） 金属间化合物
Interface 界面
International Institute For Welding（IIW） 国际焊接协会
IR Oven 红外炉

J

J-Lead J形引线

L

Large Scale Integration（LSI） 大规模集成电路
Laser Reflow Soldering 激光再流焊
Lead Coplanarity 引脚共面性
Lead Foot 引脚
Lead Frame Type 传统导线架形式
Lead Pitch 引脚间距
Leaded Ceramic Chip Carrier（LDCC） 有引线陶瓷芯片载体
Leadless Ceramic Chip Carrier（LCCC） 无引线陶瓷芯片载体
Lead 引线
Local Fiducial Mark 局部基准标志
Located Soldering 局部软钎焊
Low Temperature Paste 低温钎料膏

M

Mass Soldering 群焊
Medium Scale Integration（MSI） 中等规模集成电路
Melting Temperature 熔化温度
Metal Stencil 金属漏版
Micro-Joining Selected Committee（MJSC） 微连接技术委员会
Miniature Plastic Leader Chip Carrier 微型塑料有引线芯片载体
Moist Capability 润湿性能
Mother Board 母板
Multi Chip Model（MCM） 多芯片模块系统
Multi-Chip Module（MCM） 多芯片组件

N

No-Clean Solder Paste 免清洗钎料膏
Nozzle 吸嘴

O

Overflow Capability 漫流性

P

Packaging 电子封装
Pick And Place 贴装
Pin Grid Array（PGA） 阵列网格引脚封装
Pin Transfer Dispensing 针板转移式滴涂
Placement Accuracy 贴装精度
Placement Direction 贴装方位
Placement Equipment 或 Pick-Place Equipment 或 Chip Mounter 贴装机、贴片机
Placement Head 贴装头
Placement Pressure 贴装压力
Placement Speed 贴装速度
Plastic Ball Grid Array（PBGA） 塑料球栅阵列封装
Plastic Pin Grid Array（PPGA） 塑料针栅阵列封装
Plastic Quad Flat Pack（PQFP） 塑封四边扁平封装器件
Plastic-Leaded Chip Carrier（PLCC） 塑封有引线芯片载体封装
Polarity Cleanout Reagent 极性清洗剂
Polarity-Free Cleanout Reagent 非极性清洗剂
Prevent Soldering Reagent 阻焊剂
Printed Circuit Board（PCB） 印制电路板

Q

Quad Flat Pack（QFP） 四侧引脚扁平封装器件

R

Radio Tube 电子管
Rectangular Chip Component 矩形片状元器件
Reflow Soldering 再流焊
Resistor 电阻器
Resolution 分辨率
Rigid Substrate Interposer 刚性基板封装
Rosin Flux 松香钎剂
Rotating Deviation 旋转偏差

S

Screen Printer 丝网印刷机

Screen Printing Plate　网版
Screen Printing　丝网印刷
Self Alignment　自定位
Sequential Placement　顺序贴装
Shadowing Infrared Reflow Soldering　红外遮蔽
Shifting Deviation　平移偏差
Shrink Small Outline Package（SSOP）　收缩型小外形封装
Simultaneous Placement　同时贴装
Single Chip Module（SCM）　单芯片组件
Single In-Line Package（SIP）　单列直插式封装
Single Wave Soldering　单波峰焊
Skewing　偏移
Slump　塌落
Small Outline Diode（SOD）　小外形二极管
Small Outline Integrated Circuit（SOIC）　小外形集成电路
Small Outline Transistor（SOT）　小外形晶体管
Small Scale Integration（SSI）　小规模集成电路
Small-Outline Package（SOP）　小外形封装
Snap-Off-Distance　印刷间隙
Solder Balls　钎料球
Solder Shadowing　钎料阴影
Soldering　软钎焊
Solder　软钎钎料，即锡钎料
Squeegee　刮板
Stencil Printer　模版印刷
Stick Feeder　杆式供料器、管式供料器
Stringing　挂珠
Surface Mounted Assembly（SMA）　表面组装组件或表面安装组件
Surface Mounted Components/Surface Mounted Devices（SMC/SMD）　表面组装元器件
Surface Mounted Solder Joints　表面组装焊点
Surface Mounting Technology（SMT）　表面组装技术
Surface Tension　表面张力
Syringe Dispensing　注射式滴涂

T

Tape Automated Bonding（TAB）　载带自动键合
Tape Feeder 或 Tape Reel Feeder　带式供料器
Tape Packages　带状封装
Technical Capability of Solder　钎料的工艺性能

Thermal Conductive Reflow Soldering　热板再流焊
Thin Small-Outline Package（TSOP）　薄型小外形封装
Through Hole Packaging Technology（THT）　通孔插装技术
Transistor　晶体管
Tray Feeder　盘式供料器

V

Vapor Phase Soldering（VPS）　气相再流焊
Very Large Scale Integration（VLSI）　超大规模集成电路
Volatile Organic Compounds（VOC）　挥发性有机化合物

W

Wafer-Level Package　圆片级 CSP 封装
Waffle Pack Feeder　华夫盘式供料器
Water-Solubility Flux　水溶性钎剂
Wave Soldering　波峰焊
Wedge-Wedge Bonding　楔-楔键合
Welding　焊接
Wicking　吸锡或芯吸
Wire Ball Bonding　丝-球键合
Wire Bonding（WB）　引线键合技术
Wire Thermo-Compression Bonding　热压键合
Wire Thermo-Ultrasonic Bonding　热-超声波键合
Wire Ultrasonic Bonding　超声波键合